陕西省普通高等学校优秀教材一等奖
21 世纪高等院校自动化系列实用规划教材

高电压技术
(第 2 版)

主　编　马永翔
副主编　张永宜
参　编　郭云玲　闫群民
主　审　关根志

北京大学出版社
PEKING UNIVERSITY PRESS

内 容 简 介

本书是"21世纪高等院校自动化系列实用规划教材"之一，共分为8章，着重介绍了高电压技术的基本概念、基本原理和物理过程。主要内容包括与高电压有关的气体、液体、固体介质的放电过程、绝缘特性以及电场结构、大气条件等影响放电的因素，电气设备的绝缘试验原理及方法，过电压产生的物理过程及其防护措施，电力弱电防雷保护等内容。

本书可作为高等院校电气工程类专业学生的本科教材，也可供电力工程技术人员及其他领域中的高电压工作者参考使用。

图书在版编目(CIP)数据

高电压技术/马永翔主编. —2版. —北京：北京大学出版社，2016.9
21世纪高等院校自动化系列实用规划教材
ISBN 978-7-301-27206-0

Ⅰ.①高… Ⅱ.①马… Ⅲ.①高电压—技术—高等学校—教材 Ⅳ.①TM8

中国版本图书馆CIP数据核字（2016）第126777号

书　　　　名	高电压技术（第2版） Gao Dianya Jishu
著作责任者	马永翔　主编
责 任 编 辑	程志强
标 准 书 号	ISBN 978-7-301-27206-0
出 版 发 行	北京大学出版社
地　　　　址	北京市海淀区成府路205号　100871
网　　　　址	http://www.pup.cn　新浪微博：@北京大学出版社
电 子 信 箱	pup_6@163.com
电　　　　话	邮购部 010-62752015　发行部 010-62750672　编辑部 010-62750667
印 刷 者	北京虎彩文化传播有限公司
经 销 者	新华书店 787毫米×1092毫米　16开本　19.75印张　450千字 2009年1月第1版 2016年9月第2版　2022年12月第3次印刷
定　　　　价	55.00元

未经许可，不得以任何方式复制或抄袭本书之部分或全部内容。
版权所有，侵权必究
举报电话：010-62752024　电子信箱：fd@pup.pku.edu.cn
图书如有印装质量问题，请与出版部联系，电话：010-62756370

《21世纪高等院校自动化系列实用规划教材》
专家编审委员会

主任委员　　张德江

副主任委员　(按姓氏拼音顺序排名)

　　　　　　　陈　静　　　丁坚勇　　　侯嫒彬
　　　　　　　纪志成　　　任庆昌　　　吴　斌

秘书长　　　于微波

委　员　　(按姓氏拼音顺序排名)

　　　　　　　陈志新　　戴文进　　段晨旭　　樊立萍
　　　　　　　范立南　　公茂法　　关根志　　嵇启春
　　　　　　　蒋　中　　雷　霞　　刘德辉　　刘永信
　　　　　　　刘　原　　马永翔　　孟祥萍　　孟彦京
　　　　　　　聂诗良　　王忠庆　　吴旭云　　燕庆明
　　　　　　　杨新华　　尤　文　　张桂青　　张井岗

总　序

我们所处的时代被称为信息时代。信息科学与技术的迅速发展和广泛应用，深深地改变着人类生产、生活的各个方面。人类社会生产力发展和人们生活质量的提高越来越得益于和依赖于信息科学与技术的发展。自动化科学与技术涉及信息的检测、分析、处理、控制和应用等各个方面，是信息科学与技术领域的重要组成部分。在我国经济建设的进程中，工业化是不可逾越的发展阶段。面对全面建设小康社会的发展目标，党和国家提出走新型工业化道路的战略决策，这是一条我国当代工业化进程的必由之路。实现新型工业化，就是要坚持走科技含量高、经济效益好、资源消耗低、环境污染少、人力资源优势得到充分发挥的可持续发展的科学发展之路。在这个过程中，自动化科学与技术起着不可替代的重要作用，高等院校的自动化学科肩负着人才培养和科学研究的光荣历史使命。

我国高等教育中，工科在校大学生数占在校大学生总数的 35%～40%，其中自动化类专业是工科各专业中学生人数最多的专业之一。在我国高等教育已走进大众化阶段的今天，人才培养模式多样化已成为必然的趋势，其中应用型人才是我国经济建设和社会发展需求最多的一大类人才。为了促进自动化领域应用型人才培养，发挥院校之间相互合作的优势，北京大学出版社组织了此套《21 世纪高等院校自动化系列实用规划教材》。

参加这一系列教材编写的基本上都是来自地方工科院校自动化学科的专家学者，由此确定了教材的使用范围，也为"实用教材"的定位找到了落脚点。本系列教材具有如下特点。

(1) 注重实用性。地方工科院校的人才培养模式大多定位在高级应用型，对这一大类人才的培养要注重面向工程实践，培养学生理论联系实际、解决实际问题的能力。从这一教学原则出发，本系列教材注重实用性，注意引用工程中的实例，培养学生的工程意识和工程应用能力，因此将更适合地方工科院校的教学要求。

(2) 体现新颖性。更新教材内容，跟进时代，加入一些新的先进实用的知识，同时淘汰一些陈旧、过时的内容。

(3) 院校间合作交流的成果。每一本教材都有几所院校的教师参加编写。北京大学出版社事先在西安市和长春市召开了编写计划会和审纲会，来自各院校的教师比较充分地交流了情况，在相互借鉴、取长补短的基础上，形成了编写大纲，确定了编写原则。因此，这一系列教材可以反映出各参编院校一些好的经验和做法。

(4) 本系列教材几乎涵盖了自动化类专业从技术基础课到专业课的各门课程，到目前为止，列入计划的已有 30 多门，教材门数多、参与的院校多、参加编写人员多。

地方工科院校是我国高等院校中比例最大的一部分。本系列教材面向地方工科院校自动化类专业教学，将拥有众多的读者。教材专家编审委员会深感教材的编写质量对教学质量的重要性，在审纲会上强调了"质量第一，明确责任，统筹兼顾，严格把关"的原则，要求各位主编加强协调，认真负责，努力保证和提高教材质量。各位主编和编者也将尽职尽责，密切合作，努力使自己的作品得到读者的认可。尽管如此，由于院校之间、编者之间的差异性，教材中还是难免会出现一些问题和不足，欢迎选用本系列教材的教师、学生批评指正。

张德江
2006 年 1 月

第2版前言

本书是根据第1版《高电压技术》出版以来在全国部分高等学校电气工程专业的使用情况，并结合目前高电压技术领域的发展等方面进行的修订。

本书第2版编写过程中，仍然采用8章的编写体例，但内容做了修改与完善，主要体现在以下方面：①力求将基本物理概念及物理过程介绍清楚，对新技术进行适当介绍，对典型实用性数据进行了必要的扩充；②兼顾基本概念和实际应用两个方面，尽可能面向不同需求的读者；③在过电压防护部分，以最新 GB/T 50064—2014《交流电气装置的过电压保护和绝缘配合设计规范》为指导，对输电线路、发电厂及变电站防雷保护内容进行了重新组织与梳理；④充实了部分章节的习题及参考答案。

在形式上，每章前面给出该章的知识架构、教学目标与要求，并在章末提供相关的阅读材料，从而体现其可读性。

为了便于学习，书后还提供了习题参考答案。

本书第2版由马永翔编写绪论及第1、6、8章，郭云玲编写第2、7章及全书的习题参考答案，张永宜编写第3、5章，闫群民编写第4章并对习题参考答案进行了修改和完善，全书由马永翔进行统稿。

承蒙武汉大学的关根志教授在百忙之中仔细审阅了书稿，并提出了不少宝贵意见和建议，在此表示诚挚的谢意！

本书在编写过程中，还得到了兄弟院校及电力系统部分同志的帮助，在此一并致谢！

限于编者水平，书中难免存在不妥及疏漏之处，恳请读者批评指正。

编　者

2016年3月

目 录

绪 论 1
    阅读材料 0-1 5
    阅读材料 0-2 9

第 1 章 气体的绝缘强度 13
  1.1 气体放电的基本物理过程 14
      1.1.1 气体中带电质点的产生和
           消失 14
      1.1.2 汤森理论和帕邢定律 17
      1.1.3 流注理论 20
      1.1.4 不均匀电场中的放电过程 22
      1.1.5 冲击电压下气体间隙的
           击穿特性 26
  1.2 影响气体放电电压的因素 30
      1.2.1 电场形式对放电电压的影响 ... 30
      1.2.2 电压波形对击穿电压的影响 ... 31
      1.2.3 气体的性质和状态对放电
           电压的影响 33
  1.3 沿面放电 37
      1.3.1 沿面放电的物理过程 38
      1.3.2 影响沿面放电电压的因素 40
      1.3.3 影响绝缘子污闪的因素 44
      1.3.4 污闪事故的对策 49
  小结 51
  阅读材料 1-1 51
  习题 52

第 2 章 液体和固体介质的绝缘强度 ... 55
  2.1 介质的极化、电导和损耗 56
      2.1.1 电介质的极化 56
      阅读材料 2-1 59
      2.1.2 电介质的电导 62
      2.1.3 电介质的损耗 64

  2.2 液体介质的击穿 68
      2.2.1 液体介质的击穿机理 68
      2.2.2 影响液体介质击穿的因素和
           改进措施 68
  2.3 固体介质的击穿 71
      2.3.1 固体介质的击穿机理 71
      2.3.2 影响固体介质击穿的因素和
           改进措施 72
  2.4 绝缘介质的其他特性 74
      2.4.1 热性能 74
      2.4.2 机械性能 75
      2.4.3 吸潮性能 75
      2.4.4 生化性能 75
  小结 75
  阅读材料 2-2 75
  习题 76

第 3 章 电气设备的绝缘试验 78
  3.1 绝缘试验分类 79
  3.2 绝缘电阻及吸收比的测量 80
      3.2.1 绝缘电阻的测量 80
      3.2.2 吸收比的测量 81
      3.2.3 测量绝缘电阻的规定 82
      3.2.4 影响测量绝缘电阻的因素 82
  3.3 直流泄漏电流的测量 83
      3.3.1 试验接线 83
      3.3.2 影响测量泄漏电流的因素 84
  3.4 介质损失角 $\tan\delta$ 的测量 85
      3.4.1 测量介质损失角 $\tan\delta$ 的意义及
           适用范围 85
      3.4.2 西林电桥的基本原理 86
      3.4.3 影响 $\tan\delta$ 测量的因素 87

3.5 局部放电的测量 88
　　3.5.1 局部放电的物理过程 88
　　3.5.2 局部放电的测量原理及其
　　　　　主要参数 88
　　3.5.3 局部放电的测量方法 90
　　3.5.4 局部放电测量中的抗干扰
　　　　　措施 91
　　3.5.5 测试结果的分析与评定 92
3.6 绝缘油的气相色谱分析 92
　　3.6.1 充油电气设备内部
　　　　　产生气体 92
　　3.6.2 气相色谱分析法简介 93
3.7 交流耐压试验 95
　　3.7.1 交流高压试验设备概述 95
　　3.7.2 工频高压试验原理 97
　　3.7.3 串级高压试验变压器 98
　　3.7.4 工频高压的测量 101
　　3.7.5 操作规定 103
　　3.7.6 交流耐压试验注意事项 104
　　3.7.7 试验结果分析 104
3.8 直流耐压试验 105
　　3.8.1 直流高压的产生 105
　　3.8.2 直流耐压试验的特点 106
　　3.8.3 直流高电压的测量 107
　　3.8.4 直流耐压试验注意事项 108
3.9 绝缘试验主要项目及其特点 109
　　3.9.1 绝缘试验的主要项目 109
　　3.9.2 绝缘试验项目的特点 110
3.10 绝缘在线监测 111
　　3.10.1 目前在线监测
　　　　　　技术现状 112
　　3.10.2 红外监测的利用 112
3.11 试验记录、试验报告及试验结果
　　　分析 113
小结 114
阅读材料 3-1 115
阅读材料 3-2 117
习题 118

第4章 线路和绕组中的波过程 121
4.1 均匀无损单导线中的波过程 122
　　4.1.1 波传播的物理概念 122
　　4.1.2 波动方程 124
　　4.1.3 波阻抗与电阻的区别 126
4.2 行波的折射和反射 126
　　4.2.1 折射、反射系数 126
　　4.2.2 几种特殊条件下的折、反射 128
　　4.2.3 彼德森法则(简化线路波
　　　　　过程计算的等值电路) 131
4.3 无穷长直角波通过串联电感和
　　并联电容 131
　　4.3.1 直角波通过串联电感 132
　　4.3.2 无穷长直角波通过
　　　　　并联电容器 133
4.4 行波的多次折、反射 135
4.5 无损耗平行多导线系统中的波
　　过程 138
4.6 波在传播过程中的衰减与畸变 142
4.7 变压器绕组中的波过程 144
　　4.7.1 单相变压器绕组中的
　　　　　波过程 144
　　4.7.2 三相变压器绕组中的
　　　　　波过程 148
　　4.7.3 冲击电压在绕组之间的
　　　　　传递 149
4.8 旋转电机绕组的波过程 151
小结 151
阅读材料 4-1 152
习题 153

第5章 雷电及防雷保护装置 155
5.1 概述 156
5.2 雷电放电过程 157
5.3 雷电参数 160
5.4 避雷针和避雷线的保护范围 162
　　5.4.1 避雷针概述 162
　　5.4.2 避雷针的保护范围 163

5.4.3 避雷线 164
阅读材料 5-1 165
5.5 避雷器 165
　　5.5.1 避雷器及其基本要求 165
　　5.5.2 金属氧化物非线性电阻片 ... 166
　　5.5.3 氧化锌避雷器的基本工作
　　　　　原理及特点 168
　　5.5.4 氧化锌避雷器的主要特性
　　　　　参数 171
5.6 提高氧化锌避雷器保护性能的措施 ... 174
阅读材料 5-2 175
5.7 接地装置 176
　　5.7.1 接地及接地电阻 176
　　5.7.2 接地分类 177
　　5.7.3 接地电阻与电容的关系 178
　　5.7.4 接地体间的屏蔽效应 179
　　5.7.5 典型接地体的接地电阻 179
5.8 降阻剂 180
　　5.8.1 降阻剂的降阻机理 180
　　5.8.2 降阻剂的分类和应用 182
　　5.8.3 降阻剂的选择 184
小结 185
阅读材料 5-3 186
习题 187

第 6 章　输电线路、发电厂及变电站防雷保护 189

6.1 输电线路的感应雷过电压 190
　　6.1.1 雷击线路附近大地时线路上的
　　　　　感应雷过电压 190
　　6.1.2 雷击线路杆塔时导线上的
　　　　　感应过电压 192
6.2 输电线路的直击雷过电压和
　　耐雷水平 192
　　6.2.1 雷击杆塔顶时的过电压和
　　　　　耐雷水平 193
　　6.2.2 雷击导线时的过电压和
　　　　　耐雷水平 196

　　6.2.3 雷击避雷线档距中央 197
6.3 输电线路的雷击跳闸率 199
　　6.3.1 建弧率 199
　　6.3.2 有避雷线线路雷击跳闸率的
　　　　　计算 199
6.4 输电线路的防雷措施 202
阅读材料 6-1 209
6.5 发电厂、变电站的防雷保护 209
　　6.5.1 发电厂、变电站的直击雷
　　　　　保护 210
　　6.5.2 35kV 及以上变电站的
　　　　　进线段保护 212
　　6.5.3 三绕组变压器的防雷保护 213
6.6 配电系统的防雷保护 213
6.7 旋转电机过电压防护 214
　　6.7.1 概述 214
　　6.7.2 防雷保护措施 215
6.8 建筑物防雷 216
　　6.8.1 普通建筑物的防雷 216
　　6.8.2 特殊建筑物的防雷 218
小结 219
阅读材料 6-2 219
习题 220

第 7 章　电力弱电系统防雷保护 222

7.1 低压供电系统的防雷保护 223
　　7.1.1 雷电对供电系统的影响 223
　　7.1.2 供电系统的雷电保护 223
7.2 弱电系统防雷保护器件 224
　　7.2.1 气体放电管 224
　　7.2.2 氧化锌压敏电阻 226
　　7.2.3 齐纳二极管 228
　　7.2.4 SPD 浪涌防护器 229
7.3 电子设备的防雷保护 231
　　7.3.1 一级防护 231
　　7.3.2 二级防护 231
　　7.3.3 三级保护 232

7.4 微机保护与综合自动化系统的接地 233
小结 235
阅读材料 7-1 235
习题 239

第 8 章 操作过电压及其防护 240

8.1 概述 241
8.2 空载线路合闸过电压 242
 8.2.1 正常空载线路合闸过电压 242
 8.2.2 重合闸过电压 243
 8.2.3 空载线路合闸过电压的影响因素及限制措施 244
8.3 切除空载线路过电压 244
8.4 切除空载变压器过电压 245
8.5 操作过电压的限制措施 247
 8.5.1 利用断路器并联电阻限制分合闸过电压 247
 8.5.2 利用避雷器限制操作过电压 248
8.6 中性点接地方式对内过电压的影响 248
 8.6.1 中性点接地方式的特点 249
 8.6.2 中性点接地方式对内过电压的影响 249
8.7 绝缘配合的原则及方法 251
 8.7.1 绝缘配合的原则 251
 8.7.2 绝缘配合的基本方法 252
8.8 输电线路和变电所的绝缘配合 253
 8.8.1 绝缘子串的选择 254
 8.8.2 空气间距的选择 256
 8.8.3 变电站电气设备绝缘水平的确定 258
8.9 中性点接地方式对绝缘水平的影响 260
 8.9.1 中性点接地的优点 261
 8.9.2 中性点直接接地的缺点 261
小结 262
阅读材料 8-1 262
习题 267

附录 269

附表 1 球隙放电标准 1（IEC 1960 年公布） 269
附表 2 球隙放电标准 2（IEC 1960 年公布） 270
附表 3 国外一些高电压实验室的主要特性参数 271
附表 4 国内一些高电压实验室的主要特性参数 272

习题参考答案 273

参考文献 296

绪　　论

1. 高压输电的发展过程

1) 高压输电的出现与电压等级的提高

1890年在英国出现了从德特福德(Deptford)到伦敦(London)长45km的10kV输电线路，1891年在德国出现了从劳芬(Lauffen)到法兰克福长达170km的15kV三相输电线路。100年来，世界上的输电电压提高了100倍。表1给出了各电压等级在国际上首次出现的时间。

表1　交流输电各电压等级首次出现的时间

电压等级 /kV	10	50	110	220	287	380	525	735	1150
首次出现年份	1890	1907	1912	1926	1936	1952	1959	1965	1985

随着经济的发展，国民经济各行业对能源的需求日益迫切，国际能源机构预测，从近几年到2025年，全球能源需求将增加近一倍。电力工业作为能源工业的主力而受到极大的重视，在发达国家的能源消费比例中，电能占一多半。除火力发电、水力发电外，又发展了核能发电、太阳能发电、风力发电、海洋能发电、地热发电等多种新能源形式。但不管哪种发电形式都离不开电力的传输，离不开高压输电。

促使输电电压等级提高的直接动力就是对电力需求的激增。因为线路的输送容量P与交流输送电压U的二次方成正比，即$P=U^2/Z$，其中Z为线路波阻抗。对于架空线，各电压等级下的波阻抗和输送容量如表2所示。电缆的波阻抗只有几十欧姆，因此，在同样电压等级下，电缆线路比架空线路可以输送大得多的功率。但是电缆太贵，而且出故障后查找与修复起来都很困难，因此，目前国际上仍以架空线为主要的输电方式。

表2　交流输电各电压等级下输电线路的波阻抗与输送容量

系统电压/kV	220	330	500	750	1000	2000
波阻抗/Ω	400	303	278	256	250	250
输送容量/MW	121	360	900	2200	4000	16000

除了大容量输电需要高压输电以外，促使电压等级提高的另一个因素是电力的远距离输送，当发电中心远离用电中心时，高压输电就不可避免了。巨型水电站、巨型坑口电站群往往都远离城市，远离负荷中心，如长江、黄河的水电，山西、内蒙古的火电等。核电站也不会建在市中心，巨型空间太阳能地面接收站更是建在荒无人烟的地方才好。

2) 特高压输电的出现与展望

在高压输电行业中，习惯上称100kV以下为高压，100～1000kV为超高压，1000kV

及以上为特高压。20世纪60年代后期，国际上就开始了特高压输电的研究。苏联于1985年率先建成了1228km长的交流1150kV特高压线路，可送负荷5500MW，1985年开始部分投运，后因负载过小而降压至500kV运行。日本也于20世纪90年代建成了300km长的1000kV特高压线路，但至今仍运行在500kV。美、意、法等国，包括巴西等也早已开始了特高压的研究。苏联曾有人建议在2020年左右建设1800~2000kV线路，以送出西西伯利亚的巨大能源，并有人建议与北美联网，实现东西半球调峰。

各国发展特高压输电的原因不尽相同，俄罗斯是远距离、大容量两方面因素兼有，日本、意大利发展特高压，除大容量输电外，很关键的一点是为了减少电站出线回数，压缩线路走廊，节省土地资源。但是百万伏级的特高压输电毕竟有许多未解决的技术困难，因此，国际上目前实际投入工业运行的最高电压只有750kV等级的输电线路。加、美、俄、巴西、南非等国已有多年的实际运行经验，韩国也独立地建成了750kV输电线路。中国幅员辽阔，很多地方也已出现走廊紧张的问题了。2005年9月，西北电网已率先投运额定电压750kV的官亭—兰州东线路；2009年1月，1000kV特高压交流示范工程(晋东南(长治市)—南阳—荆门)正式投入运行；2013年9月，淮南—浙北—上海1000kV皖电东送特高压交流工程投运，成为世界特高压发展史上的又一个重要里程碑。2009年6月世界首条±800kV云(南)—广(东)特高压直流工程投入运行；2010年7月向家坝—上海±800kV特高压直流工程投入运行。另外，我国±1100kV级的特高压直流输电工程已在逐步实施之中。

3) 直流输电、紧凑型输电及灵活输电

因为直流电压不能利用变压器，所以交流输电最先得到迅速发展。20世纪50年代中期以来，随着各方面技术的进步，直流输电的优越性逐步得到体现，许多国家又逐步开始发展直流输电。我国多条远距离的西电东送线路即为直流输电线路。从输电的角度说，直流输电几乎没有距离的限制，也可用直流电缆在水下、地下输电，因此，在远距离输电上很有发展前景，但存在几大难题，例如，换流站设备昂贵，尚未造出性能满意的直流断路器，直流瓷绝缘子及钢化玻璃绝缘子耐污性能差等。各直流电压等级下的输送容量如表3所示。

表3 直流输电电压与输送容量

电压/kV	±400	±500	±600	±700	±800
双极容量/MW	500~1000	1000~3000	2500~4000	4000~6000	6000~9000
电流/A	600~1250	1000~3000	2100~3300	2150~4300	2800~5600

为了节省线路走廊资源，有时只好采取同塔双回，甚至同塔四回的超高压输电线路。虽然每回线路输送的功率并没有提高，但每条线路走廊的输送容量却大大提高。但是同塔多回线路也带来系统可靠性在一定程度上降低的问题。

高自然功率的紧凑型线路靠三相同塔窗来大大缩小相间距离，增大每相分裂导线的分裂半径，以减小电感，增大电容，从而降低线路波阻抗，提高输送容量。在同样电压等级下，高自然功率的紧凑型线路所需线路走廊窄，占地少，自然功率高，技术经济指标可比常规线路优越 20%～30%，甚至更高。在俄罗斯和巴西等国已有试验线路。我国第一条 500kV 紧凑型线路从昌平到房山，长 82km，相间中心距 6.7m，分裂半径为 0.75m，不同相子导线间最近距离 5.95m，线路波阻抗 191Ω，自然功率 1300MW，已于 1999 年 11 月投运，2001 年 5 月 6 日成功进行了 1600MW 的大功率输电试验。

2. 高电压、高场强下的特殊问题

有许多问题在低电压、低场强下并不突出，但当电压或场强高到一定程度后，不仅变得十分突出、十分特殊，还很不好解决，具体表现在以下方面。

1) 绝缘问题

没有可靠的绝缘，高电压、高场强甚至无法实现。高电压、高场强下的绝缘问题之所以突出就是因为对绝缘的要求太高，以致为绝缘所花的代价太高，而且可靠性往往还有问题。

(1) 绝缘材料。首先要选择性能优良的绝缘材料，要研究各种绝缘材料在高电压、高场强下的各种性能、各种现象以及相应的过程、理论，尤其是绝缘击穿破坏的过程及理论。在此基础上也可以开发新材料，进而大幅度提高性能。

(2) 绝缘结构(电场结构)。绝缘材料的性能并不能代表绝缘结构的性能，绝缘结构的性能才是实际的设备使用性能。同一种材料在不同的绝缘结构下其外在表现是不同的。对绝缘结构的研究就是要更好地利用材料的性能。

(3) 电压形式。研究绝缘问题是不能离开电压形式的，如工频或高频交流电压、直流电压、冲击电压等，同样的材料、结构在不同的电压形式下，绝缘性能也是不尽相同的。

(4) 高电压试验问题。对任何一门工程性很强的学科而言，实际的试验都是必不可少的。高电压试验面临的问题首先就是如何产生各种高电压，而且所产生的高电压在波形、幅值上都应该方便可调，这就需要研究各种经济、灵活的高电压发生装置。有了人为产生的高电压，如何对电气设备进行高电压试验也是很值得研究的。另外，还有如何测量高电压的问题，在各学科的研究中计量与测试都是研究的基础，因此，如何能测得准确、方便、及时是基本要求。低电压下各种电量的测量方法、手段、仪器很多，但高电压、高场强下的测量就不那么方便了。高强量、微弱量、快速量都不好测，而在高电压试验中这 3 类信号都有，微弱量受到高电压、大电流下的强电磁干扰也是普通干扰所不能比的。

2) 过电压防护问题

随着高电压设备上工作电压的升高，设备的造价也已升高，例如，一台 500kV、360MVA 的电力变压器，2007 年的出厂价已达 2600 万元左右。但在电力系统的运行过程中，还会有各种情况导致比工作电压高得多的过电压产生，例如，自然界的雷击，称为大气过电压或外过电压，又如由电力系统本身操作导致的参数变化引起振荡的过渡过程，称为操作过电压或内过电压。如果对这些过电压不加防护而完全用设备本身的绝缘去承受，将使设备的造价高到无法承受的地步。

所以要研究各种过电压的特点及形成条件，研究各种保护装置及其保护特性，研究电压、绝缘、保护三者之间的绝缘配合问题。

3) 电磁环境问题

高电压下的电磁环境问题可分为电磁兼容与生态效应两个方面。

(1) 电磁兼容问题在电子设备日益广泛应用的今天已经很热门了,高电压、高场强下各种电磁干扰信号更强,电磁兼容问题也就更突出。电压高场强下的电磁干扰主要有空间电磁干扰、线路传导干扰与地电位浮动干扰。在高电压测试技术中的抗干扰与这里的消除干扰、抗干扰有密切的联系,也有所不同。

(2) 生态效应 500kV 输电线正下方地面最大场强约 100V/cm,但随离开输电线距离的增加,地面场强衰减很快,这种场强当然是低压线路所没有的。特高压下地面场强与此差不多,110kV、220kV 线路下的地面场强要小一些。

20 世纪 70 年代初,苏联、西德、美国、法国、西班牙、加拿大、瑞典等国都对高压线路、变电站的工作人员及附近居民在长期电场下的健康情况进行了考察,以及病理学研究,至今未发现在 200V/cm 电场下有什么差异。

美国、日本等国对动物(白鼠小型哺乳动物、鸟类、蜜蜂)进行的研究也未得出任何统计性的差异,但是鸟类往往回避在带电的高压线上栖息。对作物、林木的研究表明,即便在 765kV 线路下,7～8kV/m 的场强不大可能影响作物生长。在树顶 20～25kV/m 的场强下,树枝端部有电晕烧伤现象,但这种烧伤对树木生长并无影响。

3. 高电压下的特殊现象及其应用

每门学科都有各自的理论、现象。高电压学科的特有现象可以举出许多,其中一些已得到应用,并有很好的发展前景,它已成为国内外广泛开展研究的方向。

1) 静电技术及其应用

静电除尘器效率达 99%以上,在国际上已得到广泛应用,在我国也成为大力发展的新型环保产品。静电除尘器在大型发电厂已成为与汽轮机、锅炉、发电机并称的 4 大主要设备。另外,在污水处理、选矿、印刷、纺织、喷漆、喷雾、食品保鲜等方面,各种利用电晕与静电现象制成的设备也得到了广泛的应用。

2) 液电效应及其应用

液电效应,即液体电介质在高电压、大电流放电时伴随产生的力、声、光、热等效应的总称。利用液电效应制成的肾结石体外碎石机、铸件清砂装置等已在国内外得到广泛的应用,在石油开采冰下大型桥桩的探伤等方面也已得到应用。

3) 线爆技术及其应用

强大的电流脉冲通过金属线时,会使金属线熔化、气化、爆炸。产生很强的力学效应及光、热、电磁效应,从而可以对难熔金属、难镀材料喷涂,也可以用线爆来模拟高空核爆炸或地下核爆炸。

4) 脉冲功率技术及其应用

许多高端技术领域、尖端武器领域,如可控热核聚变、激光技术、电子及离子加速器、电磁轨道炮等,包括美国的"星球大战"计划中的许多课题对脉冲功率的要求都越来越高。目前脉冲功率技术正向着高电压、大电流、窄脉冲、高重复率的方向发展,正在向着各民用工业领域、各学科方向迅速渗透发展。

绪 论

阅读材料 0-1

国际特高压输电发展现状

从 20 世纪 70 年代开始，苏联、日本、美国、意大利等国出于满足国内电力供应，实现电能的长距离、大负荷输送，解决输电走廊不足等不同原因，集中开展了特高压输电的研究和建设工作，取得了丰硕成果。经过近四十年的发展和实践考验，其中的成败得失和经验教训，为我国的特高压电网建设提供了有益的借鉴和参考。

苏联：第一条交流特高压工程的诞生地

苏联是世界上第一个建成交流特高压工程并投入工业化运行的国家，从 1981 年开始，先后动工建设了 5 段 1150kV 特高压线路，总长度为 2344km。分别是：埃基巴斯图兹—科克契塔夫，长度 494km；科克契塔夫—库斯坦奈，长度 396km；库斯坦奈—车里亚宾斯克，长度 321km；埃基巴斯图兹—巴尔瑙尔，长度 693km；巴尔瑙尔—依塔特，长度 440km。

苏联发展特高压输电，是由其能源分布和负荷中心位置决定的。苏联的西伯利亚地区水力资源丰富，且蕴藏大量煤炭，哈萨克斯坦地区也有大量煤炭资源，共计约 80%以上的发电一次能源集中在苏联的东部地区。但是，75%的电力负荷却位于欧洲部分，处于苏联的西部。为保证电力供应，必须实现由东向西的长距离、大负荷电能输送。

苏联的大量研究结果表明，按照当时的技术水平和国家计划规定的铁路运输价格，在大约 1000km 的距离内运输原煤是合理的。如果运输优质煤，距离则可以放宽到 2000～3000km。含热量低的褐煤则适宜就地建厂发电外送。

随着单机容量和电厂规模的迅速增大，输电容量和输电距离也在不断增加，随之要求电网主干线输送容量需相应增大，输电网电压等级越高，输送电力越经济。采用特高压输电不仅能远距离输送巨型电站和能源基地的电能，有效降低输电成本，而且可以强化系统的联网运行。因此，苏联在规划建设埃基巴斯图兹等总装机容量在 2000 万千瓦以上的大型电源基地的同时，规划建设交、直流特高压电网，将巨大电能送到 1000km 以外的莫斯科等负荷中心。

为了做好国内特高压输电线路的建设，苏联十分重视前期科研，开展了大量基础研究和产品开发。在 1972 年之前，苏联集中精力进行了特高压基础研究，重点研究了绝缘、系统、线路、设备以及对环境影响等问题，得到了大量研究成果，为特高压建设奠定了坚实的基础。1972—1978 年，苏联开展了设备研制攻关，进行样机试制；1978—1980 年转入正式生产的同时，将原型设备投入试运行考核。

1985 年 8 月，世界上第一条 1150kV 线路埃基巴斯图兹—科克契塔夫在额定工作电压下带负荷运行。1992 年 1 月 1 日，哈萨克斯坦中央调度部门把这段线路电压降至 500kV 运行。在此期间，埃基巴斯图兹—科克契塔夫线路段及两端变电设备在额定工作电压下运行时间达到 23787h。另一条特高压输电线路科克契塔夫—库斯坦奈线路段及库斯坦奈变电站设备在额定工作电压下运行时间达到 11379h。经过长时间的实际运行，特高压变电设备运行情况良好，线路未发生倒塔、断线、绝缘子损坏等导致线路停电的重大事故，证明了苏联的 1150kV 特高压输电技术具有较高的运行可靠性。

1990 年，苏联开始建设从埃基巴斯图兹到坦波夫的线路，用于将哈萨克斯坦境内的埃基巴斯图兹中部产煤区的煤电向欧洲部分负荷中心输送的直流特高压输电工程。该直流输电工程采用±750kV、600 万千瓦的输电方案。工程中所采用的直流设备均为苏联自行研制，并通过了型式试验。

苏联解体后(1991 年 12 月 25 日)，由于国民经济条件的恶化，用电及发电量长期停滞不前，送端电源因资金短缺而无法按预计目标建设，导致特高压线路负载过轻，输送容量仅为额定容量的 20%～30%，已经建成的工程被迫降压运行，原计划扩建的特高压线段也不能按计划建设。

但是，俄罗斯并没有放弃特高压输电。据了解，随着近年来俄罗斯国民经济的复苏，目前已经出现电力负荷增长的趋势。基于对电力发展的基本预测，俄罗斯统一电力公司计划重新启用 1150kV 输电线路。俄罗斯计划于 10 年内，在巴尔瑙尔与车里亚宾斯克之间重新架设 1150kV 线路，以加强系统联系，将东部大量的电能安全经济地输送到西部负荷中心。线路全线都将位于俄罗斯境内，分别通过卡拉苏克、鄂木斯克、库尔干，总长度约 1480km。随着经济的发展，俄罗斯的特高压输电将会有广阔的发展前景。

日本：在特高压输电中积极应用新技术

日本决定采用百万伏级交流输电技术，主要是从解决线路走廊紧张、电网的稳定性和短路电流超限等角度考虑的。通过对不同电压等级交流和超高压直流输电方式进行反复比较论证，日本得出的结论认为：800kV 线路输送能力较低，单位传输功率成本高，从经济、环境以及占用土地几方面看都不适合日本的情况。1500kV 线路虽然需要的回路数少，输送容量大，但从输电线路设计、设备制造等方面看，存在难以预料的困难。采用 1000kV 特高压交流(最高运行电压 1100kV)方案是最经济的。

20 世纪 70 年代，日本经济高速增长，电力需求年增长率为 6%～10%。根据当时的预测，日本东京市区的负荷将超过 5000 万千瓦。为了获得稳定的电源，东京电力公司在沿海发展大规模核电，其中位于日本海沿岸的柏崎刈羽核电站装机 812 万千瓦，位于太平洋沿岸的福岛第一和第二核电站分别装机 470 万千瓦和 440 万千瓦。为了适应柏崎刈羽核电站的扩建，东京电力公司决定建设从核电站到西群马开关站，以及西群马开关站到东山梨变电站和新今市开关站的同杆双回 1000kV 交流输电线路，从而加强关东西部地区电网，构成日本 1000kV 系统的南北向网架。从南磐城开关站经东群马开关站到西群马开关站的南磐城干线和东群马干线，将形成 1000kV 系统的东西向网架，同样采用同杆双回方案。

日本从 1972 年第一条 500kV 交流输电线路投入运行开始，就启动了特高压输电技术的研发计划，其特高压输电技术研究和设备研制经历了三个发展阶段：第一阶段(1972—1978 年)围绕输变电技术和设备的调查研究；第二阶段(1978—1982 年)围绕特高压输电技术开展基础性研究；第三阶段(1982—1985 年)围绕输电线路和变电站设备开展实用性试验研究。

在完成上述三个阶段工作的基础上，日本于1988年秋动工建设特高压线路。1992年4月28日建成从西群马开关站到东山梨变电站的西群马干线138km线路，1993年10月建成从柏崎刈羽核电站到西群马开关站的南新泻干线中49km的特高压线路部分。两段特高压线路全长187km，目前均以500kV电压降压运行。1999年完成东西走廊从南磐城开关站到东群马开关站的南磐城干线194km和从东群马开关站到西群马开关站的东群马干线44km特高压线路的建设，两段特高压线路全长238km。1995年特高压成套变电设备在新榛名变电所特高压试验场安装完毕，目前已投入运行。

值得关注的是，为适应本国国情，满足对特高压设备小型紧凑化的要求，以及解决地形、气候、污秽等特有问题的需要，日本在特高压输电方面采用了许多新技术，包括新材料、新设备和新工艺。关键的技术有：带分合闸电阻的断路器技术，可将相对地操作过电压限制到1.6倍的先进水平；高性能的氧化锌避雷器技术，使变电设备小型紧凑化，并与开关设备配合限制操作过电压；带分闸电阻的隔离开关，有效地限制切断母线时产生的幅值很高的陡波过电压。有利于变电设备的小型化和提高运行可靠性；高速接地开关技术，解决了因潜供电弧不能迅速熄灭而影响单相重合闸时间及成功率的难题。

另外，日本人口稠密，环保要求高，为了研究公众能接受而经济上又合理的输电技术，他们针对特高压输电的电磁环境影响开展了深入研究。结果表明，如果特高压线路采用合理的导线结构和布置方式，不会对人类生活及其所依赖的生态环境造成危害，各项环境影响的控制指标甚至可能低于已运行的500kV、750kV超高压线路。在特高压线路附近，人类经常活动区域的电场强度控制为5kV/m以下(动植物通常在电场强度50kV/m以上才能显现出反应)，对人类几乎没有影响。在线路的磁场影响方面，发现高达1.4mT的磁场对实验动物的生存和遗传无影响，而特高压线路下的最高磁场不到0.1mT。

美国：

尽管美国迄今尚未在工程中采用特高压输电技术，但在特高压输电技术方面进行了深入研究，并做了大量试验。美国从20世纪60年代后半期就开展了特高压输电技术的研究。当时，美国经济经历了将近二十年的快速增长期，电力工业也随之高速发展，发电量年均增长率达到8%左右，并预测未来几十年内用电将继续保持平均年增长6%以上的强劲势头。为了满足送电需求，输电电压等级迅速提高，1969年美国最高运行电压已达到765kV并有向更高电压等级发展的趋势。

美国特高压研究包括两个电压水平，一个是以美国电力公司(AEP)为代表的1500kV特高压(最高电压1600kV)，另一个是以邦德维尔电力局(BPA)为代表的1100kV特高压(最高电压1200kV)。通过建设特高压试验场，美国对包括线路、变压器、避雷器、断路器等设备在内的关键问题以及特高压线路的环境影响进行了逐一研究，证明了交流特高压输电技术的可行性，取得了较全面的成果。

20世纪80年代末90年代初，美国经济增长速度下降，产业结构发生重大调整，电力需求发展趋缓。同时，美国能源资源分布状况适合发展分布式能源，电源结构也相对合理。这几大因素降低了长距离大容量输电的需求，延缓了特高压技术的应用。

意大利：

意大利国家电力局(ENEL)根据本国电网发展经验，认为电力负荷每 20 年翻两番，需要同步引入新的电压等级。20 世纪 70 年代，意大利计划在南部海岸地区建设总容量为 500 万千瓦以上的核电站和火电站，并向北部工业区输送电力。ENEL 通过技术经济比较，认为在已有的 400kV 电网上叠加百万伏级的新电压等级电网是最好的选择。意大利计划采用 1000kV(最高运行电压 1050kV)特高压输电线路实现南电北送，并于 20 世纪末投运。

自 1971 年，意大利开始了 1000kV 特高压输电领域的研究、开发和论证工作。研究项目包括系统电压等级、设备基本特性和初步开发、与设计和制造密切相关的各种问题，以及线路和变电站设备原型的全电压试验。1976 年，在萨瓦雷托试验站建设了长度为 1km 的特高压试验线路和主要由 40m 电晕笼组成的电晕、电磁环境试验设施，进行了特高压的基础研究，确定了设备的基本特性，还完成了操作和雷电过电压试验，可进行噪声、无线电杂音、电晕损失的测量，机械试验和电场生态效应试验。该试验线路还与 200MVA 特高压试验变压器、气体绝缘开关设备相连，主要研究了试验性变电设备特性。

意大利还与本国主要制造商合作，制造了特高压系统的所有设备原型。这些设备原型在萨瓦雷托试验站和意大利中心电气试验室进行了电气试验和机械试验。据此完成了所有设备的设计和制造，并于 20 世纪 90 年代在试验工程中进行了全电压运行。

20 世纪 90 年代中期，在萨瓦雷托试验站已有建设规模的基础上，意大利进一步扩大了试验规模，建设完成了由 3km 的架空试验线路、400/1050kV 变压器、GIS 开关设备和 1000kV 电缆连线组成的试验工程。该工程从 1995 年 10 月—1997 年 12 月的带电运行中，仅发生了两次小的故障，第一次与电缆冷却系统有关，第二次与变压器冷却系统相关。意大利通过两年的全电压运行经验，证明了其设备设计的正确性。

20 世纪 90 年代后期，由于电力需求趋缓，意大利国家电力局的特高压计划未按期实施。

巴西：

巴西发展特高压输电主要是考虑水电资源的开发。巴西和巴拉圭两国合建的伊泰普水电站，容量为 1260 万千瓦，是目前世界上的第二大水电站，共 18 台机组，单机容量 70 万千瓦。第一台 70 万千瓦机组于 1984 年投运，全部机组于 1989 年年底投运。为了将大量水电远距离输送到负荷中心，经过充分论证和详细的经济比较，巴西选择了三回 765kV 交流和两回±600kV 直流的输电方案。

为了开发亚马逊河右岸几条重要支流的巨大水能，20 世纪 90 年代，巴西电力中央研究所开始与有关制造厂家共同研究特高压直流输电技术，制造了部分模型设备，并且进行了长期带电试验，取得了初步成果。目前，巴西正积极开展国际合作，参与我国主导的特高压直流输电研究。

加拿大:

加拿大北部和中部有丰富的水力资源,但电力负荷多集中在南部。为优化能源资源配置,加拿大对800kV交流输电、1200kV交流输电,以及±450~±800kV直流输电的方案进行了综合比较,认为采用双回1000kV输电方案为优选方案。加拿大魁北克水电研究院开展了大量研究,进行了电压达1500kV的线路和变电站空气绝缘试验,线路导线电晕的研究,分裂导线结构的研究,±600~±1200kV直流输电线路的电晕、电场和离子流特性的研究,不同分裂导线的动力特性和空气动力研究。但由于近年加拿大电力需求增长缓慢,北部巨型水电站建设推迟,特高压工程的实施也相应推迟。

(国家电网公司,刘泽洪)

阅读材料 0-2

交流还是直流——我国特高压输电的"两条路线"之争

我国特高压输电技术的发展,一直与争议相伴。从一开始对"特高压输电安全性、经济性"及"相关电工装备国产化能力"的质疑,到今天主要聚焦于特高压交流、直流优劣之辩,从未完全止歇。仍在持续中的特高压交、直流之争,其实质是电网发展技术路线之争,关系到我国电网发展的大方向,理应严谨而审慎地看待。

1. 交、直流输电技术的前世今生

其实,早在19世纪末,科学界就曾上演过一场"交、直流之争"。当时,围绕使用交流输电还是直流输电,科学家划分为截然不同的两派:美国发明家爱迪生、英国物理学家开尔文都极力主张采用直流输电;而美国发明家威斯汀豪斯和英国物理学家费朗蒂则主张采用交流输电。争论的结果是,交流输电以其组网和便捷的升压优势,成为电力系统大发展的起点。如今,电力技术经过100多年的发展,已同当年不可同日而语,而直流输电的优势也并未被忽视。中国工程院院士李国杰如此分析个中原因:"大功率电力电子技术的发展与成熟,使得直流输电受到青睐,远距离大功率输送促使直流输电进一步发展,直流输电系统还提高了电力系统抗故障的能力,无须进行无功补偿,同样电压等级的直流输电能输送更大功率,损耗小。"目前,世界各国几乎都采用了大范围交直流混合电网技术。随着电压等级从10kV、110kV到500kV,再到1000kV的不断升高,电网规模也在不断扩大,相应的交、直流输电技术始终同步发展,在工程应用上也实现了高度融合。

2. "直达航班"和"公路交通网"只能互补,不能互代

今天的交、直流之争中,面对质疑的一方,变成了交流输电技术。反对者最初从特高压交流输电技术是否安全入手,以战争时易被石墨炸弹摧毁为由,反对特高压交流输电。但是,"这一论据显然经不住推敲",国家能源局原局长、国家能源委员会委员张国宝解释说:"石墨炸弹是没有选择性的,无论是500kV还是1000kV,无论是交流还是直流,其原理都是挂在导线上造成短路故障,影响是一样的。"其后,争论的焦点又被引向国家

电网规划中的"三华"(华北、华中、华东)特高压交流同步电网:规模太大是否安全?该不该建设?对此,张国宝认为:"事实上,2009 年年初建成的晋东南—南阳—荆门 1000kV 特高压交流试验示范工程,已将华北、华中电网连接成一个同步大电网,自投运以来一直保持安全稳定运行,并没有出现反对者担心的安全问题。"他同时表示,这项工程使得华北、华中两大电网实现了水电、火电互补,夏季南方丰水,使华中地区水电得以满发,向华北送电。他为此还专程前往国家电力调度中心现场求证。

中国科学院院士、中国电力科学研究院(简称中国电科院)研究员周孝信指出,直流输电和交流输电只能互补,不能互相取代。他介绍,直流输电只具有输电功能、不能形成网络,类似于"直达航班",中间不能落点,定位于超远距离、超大容量"点对点"输电。直流输电可以减少或避免大量过网潮流,潮流方向和大小均能方便地进行控制。但高压直流输电必须依附于坚强的交流电网才能发挥作用。

交流输电则具有输电和构建网络双重功能,类似于"公路交通网",可以根据电源分布、负荷布点、输送电力、电力交换等实际需要构成电网。中间可以落点,电力的接入、传输和消纳十分灵活,定位于构建坚强的各级输电网络和经济距离下的大容量、远距离输电,广泛应用于电源的送出,为直流输电提供重要支撑。

中国工程院院士、国网电子科学研究院(简称国网电科院)研究员薛禹胜告诉记者:"电网的发展不可能单纯依靠直流输电,也不可能单纯依靠交流输电,而是需要构建交流、直流相互支撑的坚强电网。"他认为,无论从技术、安全还是经济的角度,构建交直流混合电网,才能充分发挥各自的功能和优势。"这已成为电网发展的基本规律和共识。""不能说我们今天的电网就是最完美、再没有发展余地的电网了。"张国宝展望:"未来能够保证安全的同步电网也许会更大。"

3. 特高压——电力的高速路

人类发现并使用电力以来,对于电力的需求一直以几何级数增长,与此相应,世界电网也经历了电压等级由低到高、联网规模由小到大、资源配置能力由弱到强的发展历程。1891 年,世界上第一条高压输电线路诞生时,电压只有 13.8kV;到 1935 年,美国将电压提高到 275kV,人类社会第一次出现了超高压线路;1959 年,苏联建成世界上第一条 500kV 输电线路;1969 年,美国建成了 765kV 超高压输电线路。2009 年以来,以我国自主知识产权建设的交流 1000kV、直流±800kV、±1100kV 特高压工程相继投运,它们的出现,是电力技术不断发展的产物,也是经济社会发展催生的必然结果。

特高压输电就像是"电力高速路",具有输电容量大、输送距离远、覆盖范围广的特点和能耗低、占地少的显著优势。随着特高压交直流输电技术的全面推广应用,电网不仅是传统意义上的电能输送载体,还是功能强大的能源转换、高效配置和互动服务平台。通过这个平台,煤炭、水能、风能、太阳能、核能、生物质能、潮汐能等一次能源能够转换为电能,实现多能互补、协调开发、合理利用;能够连接大型能源基地和负荷中心,实现电力远距离、大规模、高效率输送,在更大范围内优化能源配置;能够与互联网、物联网、智能移动终端等相互融合,满足客户多样化需求,实现安全、高效、清洁的能源发展目标。

4. 特高压路径依赖由"逆向分布"现实决定

这样一项具有显著优势的技术，为什么在我国而非其他国家率先落地？专家认为，我国一次能源基地和用电负荷中心呈"逆向分布"：76%的煤炭资源在北部和西北部，80%的水能资源在西南部，90%的陆地风能主要集中在西北、东北和华北北部，太阳能年日照超过3000h的地区主要在西藏、青海、甘肃、宁夏、新疆等西部省、区；而70%以上能源需求在东中部，距离一般为800～3000km。这就迫切要求电力实现经济高效的大规模送出和大范围消纳。建设特高压电网，就是为了满足大规模、远距离、高效率电力输送，保障能源供应。这是我国为建设生态文明社会而进行的最好实践。根据我国能源分布与消耗的区域特点，未来能源的流向是北部煤电、西南水电向华北、华中、华东等地区输送。特高压电网的建设有利于能源资源的优化配置，也有利于西部地区将资源优势转化为经济优势。

目前，我国已建成投运"两交两直"特高压工程，并一直保持安全稳定运行，全面验证了特高压输电的可行性和成熟度。基于特高压技术的跨国、跨洲能源输送和电网互联的建设，也成为全球范围内解决能源问题的长远之策。目前，除我国外，印度、巴西、南非、俄罗斯等都在积极发展特高压。

5. 特高压直流"万吨轮"需停靠特高压交流"深水港"

交流电网的电力交换能力应该与直流的容量相互匹配，才能使交流电网具有安全承接直流故障后潮流转移的能力，500kV交流电网与500kV直流是相互匹配的，特高压直流与特高压交流也是匹配的。"如果将500kV直流比作大型船只，那么特高压直流就是万吨巨轮，需要停靠安全、稳固的深水港，这个深水港就是特高压交流电网。"曾有人这样描述特高压交流与直流电网间的关系。

按照国家能源规划，加快推进国家综合能源基地建设，通过加大西电东送、北电南送输电规模，在更大范围内配置电力资源，解决电力发展中存在的生态环境日益恶化、能源供应成本持续上涨和煤电运持续紧张的矛盾。这是世界其他国家不曾遇到过的，而解决问题的关键，则是构建"强交强直"的特高压输电网络。

我国鄂尔多斯盆地、蒙西、山西等能源基地距离负荷中心相对较近，宜通过特高压交直流输送，既兼顾近区京、津、冀、鲁用电需求，又能满足华东、华中用电需要。新疆、蒙东、西南等能源基地相对较远，适宜通过特高压直流输送。

通过大量仿真分析计算，对多种电网规划方案进行了详细、全面的对比研究，专家得出了"三华"特高压同步电网即所需要的"合理的电网结构"的结论，使直流集中馈入规模趋于合理，提高了交流电网的支撑能力。构建"强交强直"输电格局，既能发挥直流远距离输电优势，又可确保电网的安全可靠、经济高效运行。

目前，随着特高压直流输电工程的陆续开工和投产，长三角地区500kV电网短路电流超标的风险已经显现，现有500kV交流电网与特高压直流不匹配的问题，将随着特高压直流工程的满载运行而变成现实，而由于相应的特高压交流工程迟迟不落实，使电网技术和运行人员对如何避免"强直流、弱交流"可能引发的连锁反应而忧心忡忡。加快建设特高压交流主网架，构建坚强合理的华东受端电网，已成为当前电网发展的当务之急。

凭借成功研制和应用特高压交直流输电技术，"毫无争议，中国是这一领域的领导者。"意大利电力电工技术实验研究中心高级顾问亚历山大·克莱里西，在2013年国际智能电网论坛上作出了这样的评价。当时，国际电工委员会主席克劳斯·武赫德尔面对众多国际媒体表示："中国的特高压输电技术在世界上处于领先水平，这种能够减少长距离输电损耗的技术，在世界其他地区也将有广泛的应用前景。中国成功地实现了特高压输电，全世界都对此给予了积极评价，有了这个标准，世界上其他国家就可以在此基础上继续发展，将特高压技术投入到应用中。"

(科技日报，瞿剑)

第 1 章
气体的绝缘强度

本章知识架构

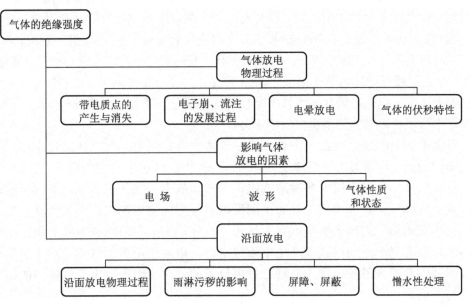

本章教学目标与要求

掌握气体放电的物理过程；
熟悉汤森论和流注理论的适用范围；
了解影响气体放电电压的因素；
熟悉 SF_6 气体的特性及使用范围；
掌握沿面放电的物理过程；
了解影响沿面放电的因素；
掌握提高沿面放电的措施。

通常气体中自由电荷极少，是良好的绝缘体。在外界因素如电场、紫外线、X射线以及放射线照射作用下，气体分子可发生电离，产生较多的自由电子和离子，这时的气体就能导电。气体放电有多种形式，如辉光放电、火花放电、电弧放电、电晕放电等。气体放电过程中常伴有光、热、臭氧等现象和产生等离子体，常被人们用来制作照明光源、电弧炉、电焊机、气体激光器、等离子喷镀器等。

1.1 气体放电的基本物理过程

1.1.1 气体中带电质点的产生和消失

气体常作为电力系统和电气设备中的绝缘介质，工程上使用得最多的是空气和SF_6气体。例如，架空线路中相与相之间、相与地之间、变压器外绝缘等就是利用空气的绝缘性能而作为绝缘介质的，在SF_6断路器和SF_6全封闭组合电器中则是以SF_6气体作为绝缘介质的。正常情况下，气体是绝缘体，但其中仍有少量的带电质点，这是在空中高能射线(如紫外线、宇宙射线及地球内部辐射线)作用下产生的。在电场作用下，这些带电质点进行定向运动而形成电导电流。因此，气体不是理想的绝缘体，不过，当电场较弱时，带电质点数极少，电流极小，气体仍是良好的绝缘体。

当气体中的电场强度达到一定数值后，气体中电流剧增，在气体间隙中形成一条导电性很高的通道，气体失去了绝缘能力，气体这种由绝缘状态突变为良导电状态的过程，称为击穿。气体中流过电流的各种形式统称为气体放电。气体击穿后，可因电源功率、电极形式、气体压力、气体状态等的不同而具有不同的放电形式：在气压低、电源功率较小时，为充满间隙的辉光放电；在大气压下，表现为火花放电或电弧放电；在极不均匀电场中，会在局部电场最强处产生电晕放电。在电场作用下，气体间隙中发生放电现象，说明其中存在大量带电质点，这些带电质点的产生与消失决定了气体中的放电现象的强弱与发展。

气体中带电质点的产生有两个途径：一是气体本身发生游离；二是在气体中的金属电极发生表面游离。

任何电介质都是由原子组成，原子则由一个带正电的原子核和围绕着原子核旋转的外层电子组成。由于原子所带正、负电荷相等，故正常情况呈中性。电子的能量不同，其所处的轨道也不同。通常电子能量越小，其轨道半径越小，离原子核越近。稳定的原子的外层电子都在各自的能级轨道上运转，此时原子的位能最小。当外界给予原子一定的能量使内层电子获得能量不能脱离原子核的束缚，只能跃迁到标志着能量更高的、离原子核较远的轨道上去时，该原子就处于激励状态，原子的位能也增加，这一过程称为激励。根据原子中电子的能量状态，原子有一系列可取的确定的能量状态，称为能级。原子的正常状态相当于最低的能级，用电子伏特作为微观系统中的能量单位。1eV的能量相当于一个电子行经1V电位差的电场所获得的动能，电子的电荷为1.6×10^{-19}C，因此，$1eV = 1V \times 1.6 \times 10^{-19}C = 1.6 \times 10^{-19}J$。

原子激励所需能量等于较远轨道与正常轨道的能级之差，称为激励能。处于激励状态的原子的寿命极短，仅能存在 $10^{-8} \sim 10^{-7}$s，之后会自动地返回到原始状态，以光子的形式释放出所吸收的能量，这一过程称为反激励。若吸收的外界能量足够大，使得原子中一个或几个电子脱离原子核的束缚而形成自由电子，中性原子失去电子成为正离子，该原子就被游离了。这一过程称为原子的游离过程，所需能量称为游离能。显然，原子游离后，增加了气体中的带电质点数目。原子从中性质点成为游离状态，必须吸收能量；处于激励状态的原子，也可再获得能量发生游离，称为分级游离。这种分级游离所需能量小于原子直接游离所需的能量。如果用电子的电荷除以用焦耳表示的激励能或游离能，则相应地得到用伏表示的激励电位或游离电位。

常见气体及金属蒸气的激励电位和游离电位见表 1-1。

表 1-1 常见气体及金属蒸气的激励电位和游离电位 (单位：V)

气体或金属蒸气	激励电位	游离电位
H_2	11.2	15.4
N_2	6.1	15.6
O_2	7.9	12.5
He	19.8	24.6
CO_2	10.0	13.7
H_2O	7.6	12.7
空气	…	16.3
铯蒸气(Cs)	1.38	3.88
钠蒸气(Na)	2.09	5.12
水银蒸气(Hg)	4.89	10.39

1. 气体中带电质点的产生

带电质点可由下面形式的游离形成。

1) 碰撞游离

在电场作用下，电子被加速获得动能 $\frac{1}{2}M_e V_e^2$。如果其动能大于气体质点的游离能，在和气体质点发生碰撞时，就可能使气体质点产生游离分裂成正离子和电子。这种游离称为碰撞游离。这是气体中带电质点数目增加的重要原因。因为电子的质量轻、体积很小，在与别的质点产生相邻两次碰撞之间的自由行程比离子的大得多，故在电场作用下，积累足够能量，再与其他质点碰撞，易发生碰撞游离。

2) 光游离

电磁射线(光子)的能量 $h\nu$ 等于或大于气体质点的游离能时所引起的游离过程称为光游离，在气体放电中起着重要的作用。

光具有波动、粒子二重性，光子是携带能量的质点，光游离相当于光子与气体质点发生碰撞。如果光子能量足够大就可以使气体质点在碰撞时发生游离,产生正离子和自由电子,此时产生的电子称为光电子。

在各种气体和金属蒸气中,可见光的光子所带能量不足以使气体质点游离,因此,可见光不可能发生光游离,但不排除由于分级游离而造成游离的可能性。导致气体光游离的光子可以是伦琴射线、γ 射线等高能射线,也可以是气体中反激励过程或异号带电质点复合成中性质点过程中释放出的光子,这些光子又可引起光游离。

3) 热游离

因气体分子热运动状态引起的游离称为热游离。其实质仍是碰撞游离和光游离,只是直接的能量来源不同而已。

在常温下,气体质点热运动所具有的平均动能远低于气体的游离能,不足以引起碰撞游离,而在高温下,如电弧放电时,气体温度可达数千摄氏度,此时气体质点动能就足以引起碰撞游离了;此外,高温气体的热辐射也能导致气体质点产生光游离。

4) 表面游离

放在气体中的金属电极表面游离出自由电子的现象称为表面游离。

使金属释放出电子也需要能量,以使电子克服金属表面的束缚作用,这个能量通常称为逸出功。各种金属的逸出功比气体的游离能小得多。常见金属的逸出功见表 1-2。

表 1-2　常见金属和金属氧化物的逸出功　　　　　　　　　　　(单位:eV)

金属或金属氧化物	逸　出　功	金属或金属氧化物	逸　出　功
铝	1.8	铁	3.9
银	3.1	氧化钡	1.0
铂	3.6	氧化铜	5.34
铜	3.9		

金属表面游离所需能量可以从下述途径获得。

(1) 正离子碰撞阴极。正离子在电场中向阴极运动,碰撞阴极时将其能量传递给电子而使金属表面逸出两个电子,其中一个与正离子结合而合成中性质点,另一个才可能成为自由电子。

(2) 光电效应。金属表面受到光的照射,也能产生表面游离。

(3) 强场发射。在阴极附近加上很强的外电场,其电场强度达 10^6 V/cm,将电子从阴极表面拉出来,称为强场发射或冷发射。

(4) 热电子发射。将金属电极加热到很高的温度,可使其中电子获得巨大能量,逸出金属。在电子、离子器件中常利用热电子发射作为电子来源,在强电领域,对某些电弧放电的过程有重要作用。

对于工程上常见的气体间隙的击穿来说,起主要作用的是正离子碰撞阴极的表面游离和光电效应。

需要说明的是:①不管是什么形式的游离方式,要在气体中产生自由电子,都应使气体外层电子或金属表面电子获得足够能量,以克服原子核的吸引力,且每次满足条件的碰撞不一定都能产生游离过程;②在气体质点相互碰撞中,还会产生带负电的负离子,这是由于自由电子和气体分子碰撞时，被气体分子吸附而形成负离子。负离子的形成虽然未减少带电质点的数目，但其游离能力比自由电子小得多。因此，负离子的形成对气体放电的发展是不利的，有助于气体抗电强度的提高。

2. 气体中带电质点的消失

在气体中产生带电质点的同时，也存在着带电质点的消失过程。带电质点的消失主要有以下3种方式。

(1) 带电质点在电场作用下进行定向运动，流入电极，中和电荷。

(2) 带电质点从高浓度区域向低浓度区域扩散。这是由质点的热运动造成的，电子由于体积、质量远小于离子，因而电子扩散比离子扩散快得多。

(3) 带电质点的复合。带正、负电荷的质点相遇，发生电荷的传递、中和而还原成中性质点的过程，称为复合。正、负离子的复合远比正离子与自由电子的复合容易得多，参加复合的电子大多数是先形成负离子后再与正离子复合的。在复合过程中，质点原先在游离时所吸取的能量以光子的形式释放出来。异号质点的浓度越大，复合越强烈。因此，强烈的游离区通常也是强烈的复合区，同时伴随着强烈的光辐射，这个区的光亮度也就越大。

气体中存在游离过程，也就存在复合过程。在电场作用下，气体间隙是发展成击穿还是保持其绝缘能力，取决于气体中带电质点的产生与消失。如果带电质点的产生占主要地位，气体间隙中的带电质点数目就增加，放电就能发展下去成为击穿；如果带电质点的消失占主要地位，气体间隙中带电质点数目就减少，放电就会逐渐停止，气隙尚能起绝缘作用。游离放电进一步发展和转变成气隙的击穿将随电场情况不同而异。

1.1.2 汤森理论和帕邢定律

对于均匀电场气隙的击穿，可用汤森理论来描述，这是20世纪初英国物理学家汤森(Townsend)在大量实验的基础上总结出来的。

图1.1(a)表示一个低气压下电介质为空气的平板电极。紫外线光源通过石英窗口照射到阴极板上，使之发射出光电子，一定强度的光照射所产生的光电子是一个常数。当在极板间加上可变直流电压后，极板间空气间隙的伏安特性如图1.1(b)所示。在 oa 段，电流随电压升高而增大，这是因为一定强度的光照射所产生的光电子是一个常数，随着电压升高，间隙中带电质点运动速度加大，单位时间内通过所观察面的电子数增多，电流随电压的增加呈线性关系。当电压升到一定值 U_a 后，电流趋于饱和，这是因为光照射产生的光电子是一个常数的关系，故电流仍取决于外界游离因素(紫外线光照射)，而和电压无关，这时气隙仍能良好绝缘。当电压继续升高到 U_b 时，又出现了电流随电压升高而迅速增大的现象，这时气隙中必然出现了新的游离因素。此因素是电子在电场作用下，已积累起足以引起游离的能量，当它与气体分子碰撞时，产生游离，即电子碰撞游离。

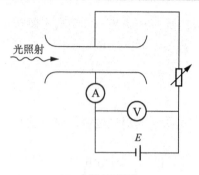
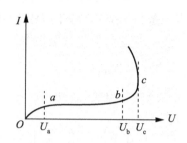

(a) 实验原理图　　　　　　　(b) 气隙中的伏安特性

图 1.1　气体间隙放电实验原理图及其伏安特性

设在外部游离因素光照射下产生的一个电子，在电场作用下，这个电子在向阳极进行定向运动时不断引起碰撞游离，气体质点游离后新产生的电子和原有电子一起，又从电场获得能量继续沿电场方向运动，引起游离。这样下去，电子数就像雪崩似地增加，形成电子崩，如图 1.2 所示。电子崩的出现，使气隙中带电质点数大增，故电流也大大增加了。

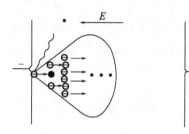

图 1.2　电子崩形成示意图

为寻求电子崩的发展规律，以 α 表示电子的空间碰撞游离系数，它表示一个电子在电场作用下由阴极向阳极移动单位距离所发生的碰撞游离数。α 的数值与气体的性质、气体的相对密度和电场强度有关。当温度一定时，根据实验和理论推导可知

$$\alpha = Ape^{-Bp/E} \tag{1-1}$$

式中　A、B——与气体性质有关的常数；
　　　p——大气压力；
　　　E——电场强度。

如图 1.3 所示，设一个电子沿电场方向行经 1cm 时与气体质点发生碰撞游离而产生出的平均电子数为 α。在外界游离因素光照射下，从阴极出发的 N_0 个电子，在电场的作用下，获得能量，引起碰撞游离。当到达距阴极 x 处的横截面上，单位时间内单位面积内有 n 个电子飞过。这 n 个电子行过 dx 之后，又会增加 dn 个新电子，其数目为

$$dn = \alpha n dx$$

变形后为

$$\frac{dn}{n} = \alpha dx \tag{1-2}$$

两边同时积分

$$\int_{N_0}^{N_x} \frac{dn}{n} = \int_0^x \alpha dx$$

当 $x=0$ 时，$n=N_0$，则

$$N_x = N_0 \exp\int_0^x \alpha \mathrm{d}x$$

在均匀电场中，α 是一个常数，则

$$N_x = N_0 \exp\int_0^x \alpha \mathrm{d}x = N_0 e^{\alpha x}$$

当 $x=s$ 时，到达阳极板的电子数为

$$N = N_0 e^{\alpha s} \tag{1-3}$$

式(1-3)表明：①当一个电子从阴极出发即 $N_0=1$ 时，行经整个间隙距离 s 后，由于产生碰撞游离，最终到达阳极的电子总数扣除它本身，新产生出的电子数是 $(e^{\alpha s}-1)$ 个，并同时产生了同 $(e^{\alpha s}-1)$ 一样多的正离子，由于电子的运动速度比正离子的快得多，因此，当全部电子进入阳极后，在气隙中遗留下了 $(e^{\alpha s}-1)$ 个正离子，这样可解释在图 1.1(b) 中电压过 U_b 后随着电压的升高，电流增加的原因；②当外界游离因素消失，$N_0=0$ 时，$N=0$，即只有碰撞游离因素(α 过程)，不能维持放电发展。这种需要依靠外界游离因素支持的放电称为非自持放电。

当电压继续升高到达 U_c 后，电流急剧突增，气隙转入良好的导电状态，并伴随着明显的光、声、热等现象。这说明此时间隙的放电又有了新的特点。当间隙上所加电压增到 U_c 时，由于强烈的游离将同时产生很多正离子。依上所述，一个电子行经 s 距离所产生的正离子数为 $(e^{\alpha s}-1)$ 个，这些正离子到达阴极时，使阴极表面游离出新的电子。这些新电子将会在电场作用

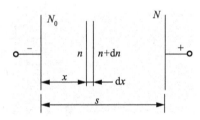

图 1.3 电子崩内电子数的计算图

下向阳极运动，又产生电子崩，重复上面的过程。设一个正离子撞击阴极产生出的自由电子数为 γ($\gamma<1$)，称为正离子的表面游离系数，则 $(e^{\alpha s}-1)$ 个正离子撞击阴极产生的电子数为 $\gamma(e^{\alpha s}-1)$。只要 $\gamma(e^{\alpha s}-1)\geqslant 1$，即阴极表面至少逸出一个电子，则即使外界游离因素不复存在，气隙中游离过程也能继续下去。这种只依靠电场就能维持下去的放电称为自持放电。放电进入自持阶段，并最终导致击穿。由此，均匀电场中由非自持放电转为自持放电的条件为

$$\gamma(e^{\alpha s}-1)\geqslant 1 \tag{1-4}$$

因为 $e^{\alpha s}\gg 1$，则式(1-4)可简化为 $\gamma e^{\alpha s}\geqslant 1$。

式(1-4)具有清楚的物理意义。一个电子从阴极到阳极途中，因电子崩而造成的正离子数为 $e^{\alpha d}-1$，这批正离子在阴极上造成的二次自由电子数应为 $\gamma(e^{\alpha d}-1)$，如果它等于 1，就意味着那个初始电子有了一个后继电子，从而使放电得以自持。

由非自持放电转入自持放电的电压称为起始放电电压 U_0。对于均匀电场，气隙被击穿，此后可形成辉光放电或火花放电或电弧放电，起始放电电压 U_0 就是气隙的击穿电压 U_b。对于不均匀电场，则在大曲率电极周围电场集中的区域发生电晕放电，而击穿电压 U_b 比起始放电电压 U_0 可能高很多。

以上描述均匀电场气隙的击穿放电的理论称为汤森理论。由式(1-4)可以推出自持放电时的放电电压为

$$U_b = \frac{Bps}{\ln\dfrac{Aps}{\ln\left(1+\dfrac{1}{\gamma}\right)}} = f(ps) \tag{1-5}$$

即当气体和电极材料一定时,气隙的击穿电压是气压 p 与间隙距离 s 乘积的函数。这个关系在汤森理论提出之前就已被帕邢(Paschen)从实验中总结出来,故称为帕邢定律。帕邢定律为汤森理论奠定了实验基础,而汤森理论为帕邢定律提供了理论依据。图 1.4 为几种气体击穿电压与 ps 的实验结果。

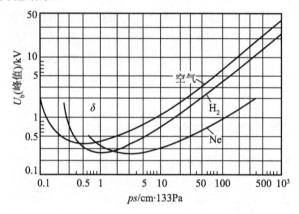

图 1.4 均匀电场中几种气体击穿电压 U_b 与 ps 的关系

击穿电压 U_b 存在最小值是因为,当 s 一定时,改变气体气压 p,p 增大,δ(气体的相对密度,指气体密度与标准大气条件下的密度比)随之增大,电子在运动过程中易与气体分子相碰撞,两次碰撞之间走过的路径(自由行程)很短。虽然碰撞次数增多,但电子积累的能量不足以引起气体分子发生游离,因而击穿电压升高;反之,p 减小,δ 随之减小,电子在运动中碰撞次数减少,击穿电压也升高。当 p 一定时,改变 s,也将改变击穿电压。增大 s,必然要升高电压才能维持足够的电场强度,使间隙击穿;反之,若减小 s,则电子由阴极运动到阳极时,碰撞次数太少,击穿电压就会升高。

1.1.3 流注理论

汤森理论是在低气压 ps 值较小条件下进行的放电实验基础上总结出来的,对低气压下小间隙的放电现象能作出很好的解释,但对于大气压的放电现象就不再适用。表现在以下 3 个方面:首先,在放电时间上,根据汤森理论,间隙完成击穿的时间包括形成电子崩及正离子到达阴极生成二次电子的时间,在大气压下气体的放电实际时间为以上数值的 1/100~1/10;其次,在放电外形上,按汤森理论,放电是均匀连续发展,充满整个间隙,但在大气压下,放电存在着明显分枝的明亮槽道式通道;最后,在击穿电压上,按汤森理论,U_b 与阴极材料有明显关系,在低气压下,选择适当的 γ 值,U_b 的计算值与实测值基本一致,而在大气压下 U_b 阴极材料无关,如选用同一 γ 值,其计算值与实测值相差甚远。

可见，汤森理论只适用于一定的 ps 范围。通常认为，空气中 $ps>200(cm\cdot 133Pa)$ 后，击穿过程将发生变化，不能再用汤森理论来说明。

工程上感兴趣的是在大气压下的气隙的击穿，用汤森理论不能很好地解释。在汤森以后，由 Leob 和 Week 等在实验的基础上建立起来的流注理论，能够弥补汤森理论的不足，较好地解释了这些现象。

流注理论认为电子的碰撞游离和空间光游离是形成自持放电的主要因素，并且强调了空间电荷畸变电场的作用，如图 1.5 所示。

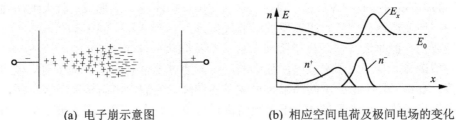

(a) 电子崩示意图　　　　(b) 相应空间电荷及极间电场的变化

图 1.5　平板电极间电子崩空间电荷对外电场的畸变作用

E_0—无空间电荷时外电场强度

下面扼要介绍用流注理论来描述均匀电场中气隙的放电过程，如图 1.6 所示。当外界电场足够强时，一个由外界游离因素作用从阴极释放出来的初始电子，在奔向阳极的途中，不断地产生碰撞游离，发展成电子崩(称为初始电子崩)。电子崩不断发展，崩内的电子及正离子数随电子崩发展的距离按指数规律而增长。由于电子的运动速度远大于正离子的速度($v_e \approx 1.5\times 10^7$ cm/s)，故电子总是位于朝阳极方向的电子崩的头部，而正离子可近似地看作滞留在原来产生它的位置上，并缓慢地向阴极移动，相对于电子来说，可以认为是静止的。由于电子的扩散作用，电子崩在其发展过程中，半径逐渐增大，电子崩中出现大量的空间电荷，电子崩头部集中了电子，其后直至电子崩尾部是正离子，其外形像一个头部为球状的圆锥体。因此，电子崩的游离过程集中于崩头，空间电荷的分布也是极不均匀的，这样当电子崩发展到足够程度后，空间电荷将使外电场发生明显畸变，如图 1.5 所示，大大加强了崩头及崩尾电场而削弱了崩内正负电荷区域之间的电场。

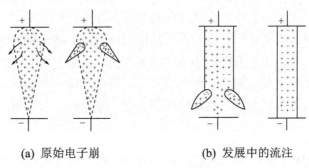

(a) 原始电子崩　　　　(b) 发展中的流注

图 1.6　正流注发展机理

当加在间隙上的电压 $U=U_b$(间隙的击穿电压)时，电子崩要跑完整个间隙距离 s，正、负离子的浓度才足够大，达到 10^8 数量级，即 $\alpha s =20$。初崩中正负离子间电场大大削弱，复合剧烈进行,同时放出大量光子。这些光子向四周辐射,此时光子能量已足够大,能使中性分子产生光游离,产生新的自由电子(称为光电子)。光电子处于一个被加强了的电场中,非常容易形成新的电子崩(称为二次崩),二次崩中的电子受初崩中正离子的吸引作用,就注入到初崩中,形成了正、负离子的混合质通道。此时离子浓度更高,达到 10^{13} 数量级,复合更剧烈进行,又不断向崩尾辐射出光电子,形成新的光游离,不断有光电子和二次崩产生。二次崩电子又不断渗入到初崩中来,使正、负离子的混合质通道不断伸长。这种正、负离子的混合质通道就称为流注。通过实测发现,流注每厘米有 20kV 的压降(在均匀电场中,空气的击穿场强为 30kV/cm)。因此,在均匀电场中流注一旦形成,就大大加强了剩余空间场强,使流注迅速伸长,迅速发展,其发展速度达到 $3\times10^8 \sim 3\times10^9$ cm/s,比电子运动速度还要快,此时流注从阳极向阴极发展,故称阳极流注(或正流注)。流注一旦到达阴极,将间隙接通,就形成了主放电,强大的电子流通过混合质通道,迅速向阳极跑,由于互相磨擦,产生了几千摄氏度的高温,形成了热游离,主放电由阴极向阳极发展,主放电通道才是等离子体,相当于导体,于是热游离通道贯穿整个间隙,间隙被击穿。由于流注发展速度比电子运动速度快 1~2 个数量级,故在时间和空间上大大加快了击穿过程。另外,正负离子间的相互吸引,使热游离通道变得很细,故其主放电通道是一细长通道,而不是充满整个电极面的放电,这时阴极材料在整个放电过程中已不起任何作用了。

很明显,流注的形成条件就是流注理论的自持放电条件。

若 $U>U_b$,则电子崩不需要经过整个间隙,其头部的游离程度已足以形成流注了。流注形成后,向阳极发展,所以称为负流注。其特点是部分流注是由于初崩中电子渗入到二次崩的正离子中,在负流注的发展中,电子的运动受到电子崩留下的正电荷的牵制,所以其发展速度较正流注要小。当流注贯通整个间隙时,间隙就击穿了。

1.1.4 不均匀电场中的放电过程

电力系统中所遇到的绝缘结构大多是不均匀的。不均匀电场的形式很多,绝大多数是不对称电场,少数为对称电场。不对称用棒-板间隙来代表,可根据其数据来估计绝缘距离;对称电场用棒-棒或球-球间隙来代表。电场的不均匀程度,用不均匀系数 k_e 表示,它是最大场强 E_{max} 与平均场强 E_{av} 的比值,即

$$k_e = E_{max}/E_{av} \tag{1-6}$$

$k_e<2$ 时,是稍不均匀场;$k_e>4$ 后,是极不均匀场。稍不均匀电场中击穿形式、过程和均匀电场中的类似,虽然电场不均匀,但还不能维持稳定的局部放电,一旦放电达到自持,必然导致整个间隙立即击穿。而在极不均匀场中间隙击穿前出现稳定的电晕放电,且放电过程具有显著的极性效应,间隙距离较长时,将出现先导放电过程。

1. 电晕放电

在电场极不均匀时,随间隙上所加电压的升高,在大曲率电极附近很小范围的电场足以使空气发生游离,而间隙中大部分区域电场仍然很小。在大曲率电极附近很薄一层空气中将具备自持放电条件,放电仅局限在大曲率电极周围很小范围内,而整个间隙尚未击穿。这种放电称为电晕放电。这是由大曲率周围的强场区气体游离造成的。伴随强场区中的游

离、复合，激励和反激励，发出大量光子，使起晕电极周围有薄薄的紫色光层，称为电晕层，电晕层以外的电场很弱，不再发生游离。

电晕放电是极不均匀电场所特有的一种自持放电形式，是极不均匀电场的特征之一。通常以开始出现电晕时的电压称为电晕起始电压，它低于击穿电压，电场越不均匀，两者的差值越大。

工程上经常遇到极不均匀电场，架空线路就是一个例子。在雨雪等恶劣气候环境下，在高压输电线附近可听到电晕的嗞嗞声，夜色下还可看到导线周围的紫色晕光，一些高压设备上也会发生电晕。

电晕损失的大小，与导线表面的电场强度、导线表面状况、线路通过地区的气象条件、线路所在地区海拔等因素有关，而导线表面电场强度又和电压等级、实际运行电压、导线间距、导线对地高度、导线半径等情况有关。影响电晕能量损耗的因素很多，使电晕损失计算很复杂。许多国家，按本国的具体情况，采用适合于自己国家的计算方法，如按经验公式计算、按本国气象条件推算、按电晕损失概率曲线推算、查曲线图表等。

对交流电压作用下输电线路上的电晕最早作系统研究的是美国工程师皮克(Peek)。他在一系列实验研究的基础上，总结出了计算输电线路上电晕的经验公式，称为皮克公式。

导线表面起晕场强有效值 $E_{y,e}$ 为

$$E_{y,e} = 21.4\delta m_1 m_2 \left(1 + \frac{0.298}{\sqrt{r_0 \delta}}\right) \tag{1-7}$$

式中　r_0——起晕导线的半径(cm)；

　　　δ——空气的相对密度，标准情况下的空气密度为1；

　　　m_1——导线表面状态系数，根据不同情况，为0.8~1.0；

　　　m_2——气象系数，根据不同气象情况，为0.8~1.0。

三相对称时，导线的起晕临界场电压有效值为

$$E_{y,e} = 21.4\delta m_1 m_2 \left(1 + \frac{0.298}{\sqrt{r_0 \delta}}\right) r_0 \ln \frac{s}{r_0} \tag{1-8}$$

式中　s——线间距离(cm)；

　　　r_0——导线半径(cm)；

　　　$E_{y,e}$——起晕临界电压(对地)(kV)。

导线水平排列时，则上式中的 s 应以 S_m 代替，S_m 为三相导线的几何平均距离为

$$s_m = \sqrt{S_{ab}S_{bc}S_{ca}} \tag{1-9}$$

式中　S_{ab}——A-B 的相间距；

　　　S_{bc}——B-C 的相间距；

　　　S_{ca}——C-A 的相间距。

按以上计算公式，当导线水平排列时，边相导线的起晕电压较中相的略低。

电晕损耗功率的经验公式为

$$P=\frac{241}{\delta}(f+25)\sqrt{\frac{r_0}{s}}(U-U_0)^2\times 10^{-5} \tag{1-10}$$

式中　f——电源频率(Hz)；

　　　U——运行相电压(kV)；

　　　U_0——起晕临界相电压(kV)；其他符号的意义同前。

式(1-10)纯粹是由实验得出的，适用于三相对称布置的线路，没有计及对击穿距离的影响，仅适用于电晕损失较大的场合，而不适用于天气较好的情况和光滑导线。另外，皮克公式出现时，输电电压尚未超过220kV，因此，该式有一定的局限性，对超高压及以上系统，各国只能根据实验线路上的实验数据，制订出一系列曲线表格，进行综合计算。

随着输电电压的提高，电晕问题也越来越突出。目前限制电晕的有效方法是改进电极的形状，增大电极的曲率半径，如采用均压环、屏蔽环；在某些载流量不能满足要求的场合，可采用空心的、薄壳的、扩大尺寸的球面或旋转椭圆等形式的电极，超高压输电线路采用分裂导线，但在330kV及以上线路，按照电晕要求选择的导线直径一般大于按经济电流密度选择的直径。为了经济，也为了避免选用直径过大的导线架设不易拉直，通常采用分裂导线的解决方法。即每相导线由两根或两根以上的导线组成。分裂导线在保持相同截面的条件下，导线表面积比单导线时增大，但导线的电容及电荷增加得很少，这就使得导线表面场强得以降低，限制电晕放电和增加线路输送功率。

根据相关规程规定，在海拔不超过1000m的地区，如果导线直径不小于表1-3所列数值，一般不必校验电晕，因此时导线表面积的工作场强已低于电晕起始场强。

表1-3　不必校验电晕的导线最小直径

额定电压/kV	60以下	110	154	220	330
导线直径/mm	—	9.6	13.7	21.3	2×21.3

近年来，各国对电晕进行的大量研究表明，对于500~750kV的超高压输电线路，在晴朗的天气时，电晕损耗一般不超过几千瓦/千米，而在阴、雨、雪、雾天气，可达100kW/km以上。因此，在设计超高压线路时，需要根据不同天气条件下电晕损耗的实测数据和线路参数以及沿线各种气象条件出现的概率等对线路的电晕损耗进行估算。

电晕放电对电力系统不利的方面主要有：电晕放电过程中的光、声、热的效应以及化学反应等都要引起能量损耗；同时，放电的脉冲现象会产生高频电磁波，对无线电通信造成干扰；电晕放电还使空气发生化学反应，生成臭氧、氮氧化物等产物，臭氧、氮氧化物是强氧化剂和腐蚀剂，会对气体中的固体介质及金属电极造成损伤或腐蚀。对于500kV及以上超高压系统，除了要考虑以上问题外，还需考虑电晕产生的噪声对环境的影响问题。

在某些特定场合下，电晕放电也有其有利的一面。例如，电晕可削弱输电线上雷电冲击或操作冲击电压波的幅值及陡度，使操作过电压产生衰减，电晕放电可改善电场分布，利用电晕原理已制成了静电除尘器、臭氧发生器及静电喷涂等设备。

2. 极性效应

在极不均匀电场中，间隙上所加电压不足以导致击穿时，在大曲率电极附近，电场最强,就可发生游离过程,形成电晕放电。在起晕电极附近积聚的空间电荷将对放电过程造成影响,使间隙击穿电压具有明显的极性效应。

决定极性要看表面场强较强的那个电极所具有的极性。在两个电极几何形状不同的场合(如棒-板间隙),极性取决于大曲率的那个电极的极性,而在两个电极几何形状相同的场合(如棒-棒间隙),极性则取决于不接地的那个电极的极性。

下面以棒-板间隙为例加以说明。

棒极为正极性时,如图 1.7(a)所示。电晕放电在棒极附近积聚起正的空间电荷,电子崩头部电子到达棒极后即被中和,如图 1.7(b)所示,从而削弱了紧贴棒极附近的电场,加强了外部空间的电场,如图 1.7(c)所示(图中曲线 1 为外电场的分布)。这样,随着电压升高,电晕放电区不断扩展,强场区将向板极方向推进,好像棒极向板极延伸了,使放电向板极迅速发展。

当棒极为负时,电晕产生后,电子崩由棒极表面出发向外发展,如图 1.8(a)所示。崩头的电子在离开强场区后,不能再引起新的碰撞游离,但仍向板极运行,而在棒极附近是电子崩留下的正的空间电荷,如图 1.8(b)所示,将加强与棒极之间的电场,而使其与板极间电场被削弱,如图 1.8(c)所示。继续升高电压时,电晕区不易向外扩展,整个间隙放电是不顺利的,因而此时间隙的击穿电压要比正极性时高得多,完成击穿的时间也比正极性时长得多。

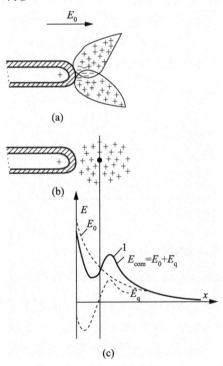

图 1.7 正棒-负板间隙中的电场畸变

E_0—原电场;E_q—空间电荷的附加电场;
E_{com}—合成电场

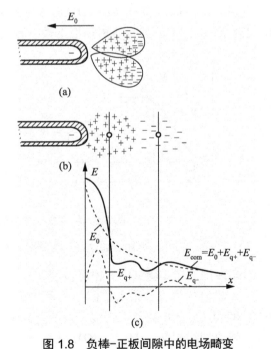

图 1.8 负棒-正板间隙中的电场畸变

E_0—原电场;E_q—空间电荷的附加电场;
E_{com}—合成电场

正、负流注到达对面极板，间隙被击穿。

当间隙距离较长时，在流注不足以贯穿两极的电压下，仍可发展成击穿。此时将出现逐级推进的先导放电现象。此时流注已发展到足够长度，有较多的电子沿流注通道流向电极，所有电子都将通过通道的根部进入电极，由于剧烈的摩擦产生高温，出现热游离过程。这个具有热游离过程、不断伸长的通道称为先导。先导加强了前方电场，引起新的流注，使先导通道向前逐级伸长。当电压足够高，先导贯穿两极，导致主放电和最终的击穿，间隙被短路，失去绝缘性能，击穿过程就完成了。

综上所述，在极不均匀电场中，气隙较小时，间隙放电大致可分为电子崩、流注和主放电阶段，长间隙的放电则可分为电子崩、流注、先导和主放电阶段。间隙越长，先导过程就发展得越充分。

1.1.5 冲击电压下气体间隙的击穿特性

1. 标准波形

电力系统中的过电压大多数是一种冲击电压，其持续时间短，在冲击电压下，气隙的击穿具有新的特性。

为了在实验室中模拟出实际系统中的过电压，以考验电气设备绝缘介质在过电压下的耐受能力，使所得结果便于比较，各国都制定了冲击电压标准波形。标准波形是根据电力系统中大量实测得到的雷电放电造成的电压波和操作过电压波制定的。

我国规定的标准雷电冲击电压波形与国际电工委员会(IEC)规定的标准波形一致，如图1.9所示。冲击波形是非周期性指数衰减波，可用波前时间T_1及半峰值时间T_2来确定。

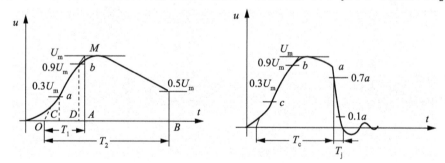

图1.9 标准雷电冲击电压全波及截波波形

T_1—波前时间；T_2—半峰值时间；T_c—截波时间；T_j—截波视在持续时间

雷电冲击波在实验室中获得时波前起始部分及峰值部分比较平坦，在示波图上不易确定原点及峰值的位置，采用了图中所示的等值斜角波头，取波峰值为1.0。在$0.3U_m$、$0.9U_m$和$1.0U_m$处作3条水平线，与波形分别相交于a、b点。直线ab与时间轴相交于O点，与峰值切线相交于M点，OM线为规定的波前，OM段在时间轴上的投影即为视在波前时间$T_1=T/0.6$。视在半峰值时间T_2则从O点量至波幅降至$0.5U_m$时对应的时间处。当波形有振荡时，应取其平均曲线为基本波形。国标GB 311—1993中规定了雷电标准冲击电压波的参数为$T_1=(1.2\pm30\%)\mu s$，$T_2=(50\pm30\%)\mu s$，峰值容许误差为±3%，此外，还应指出其极性(不接地电极相对于地面而言的极性)。标准雷电冲击电压波可表示为±1.2/50μs。为模仿线路上有放电点将波截断时的情况,还规定了截断时间 $T_c = 2 \sim 5\mu s$ 的截波波形,如图1.9所示。

对于操作过电压,过去一直用工频放电电压乘以操作冲击系数来反映操作冲击放电电压,对于电力系统的绝缘子和220kV及以下的空气间隙,一般取冲击系数为1.1。但在超高压系统中已公认这种代替是极不合理的,必须用操作冲击电压来进行实验。由于操作过电压的类型很多,为了模拟操作过电压,近年来提出了两种实验电压波形:一类是如图1.10所示的长波头的冲击波,国标规定操作冲击电压波形为250/2500μs,容许误差分别为±20%、±60%。当标准波形不能满足要求冲击波;另一类是如图1.11所示的衰减振荡电压波,其第一个半波的持续时间为 2000~3000μs,反极性的第二半波的峰值约为第一个半波峰值的80%。

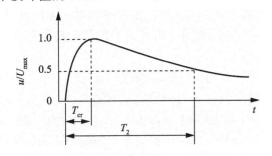

图 1.10 非周期性指数衰减操作冲击波　　图 1.11 衰减振荡操作冲击波

2. 放电时延

对气隙加上冲击电压,电压随着时间增长迅速由零上升到峰值后,又逐渐缓慢衰减,如图1.12所示。由图可见,当时间经过 t_0,电压升高到持续电压作用下的击穿电压 U_0(称为气隙的静态击穿电压)时,间隙并未立即击穿,而是经过 t_d 才能完成击穿。可见,气隙的击穿需要一定的形成时间才能完成。对于非持续作用的冲击电压,气隙的击穿与电压作用时间有很大的关系。

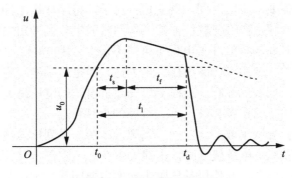

图 1.12 放电时间的形成

在图1.12中,把从开始升压的瞬间起到气隙完全击穿为止总的时间称为击穿时间 t_d,它由3部分组成。

(1) 升压时间 t_0：电压从零上升到静态击穿电压 U_0 所需的时间。在这以前气隙中不可能发展击穿过程。欲使气隙击穿，外加电压必须大于 U_0，这是气隙击穿的必要条件。

(2) 统计时延 t_s：从电压达到 U_0 的瞬间起到气隙中出现第一个有效电子为止的时间。第一个有效电子是指能够引起气隙中游离过程并最终导致击穿的那个电子。它不一定在外加电压达到 U_0 时出现，也不一定是间隙中出现的第一个电子。原因是：第一，间隙中受到外界因素的作用而出现自由电子需要一定时间；第二，出现的自由电子有些可能被中性质点俘获，形成负离子，失去游离能力，有的电子可能扩散到间隙以外，不可能产生游离；第三，即使已经引起游离，但由于一些不利因素的巧合，游离可能终止。因此，第一个有效电子的出现需要时间，上述这些过程都具有统计性，这个时间也服从统计规律。

(3) 放电发展时间 t_f：从出现第一个有效电子的瞬间到气隙完全被击穿的时间，也具有统计性。显然，$t_d = t_0 + t_s + t_f$。

对于短间隙(1cm 以下)，特别是电场比较均匀时，$t_f \ll t_s$，这时放电时延 $t_1 \approx t_s$，可以直接用示波器测量。由于每次放电统计时延不同，故通常讨论其平均值，称为平均统计时延。

平均统计时延与电压大小、照射强度等许多因素有关。平均统计时延随间隙外加电压增加而减少。这是此时气隙中出现的自由电子转变为有效电子的概率增加之故。用紫外线等高能射线照射气隙，使阴极释放出更多的电子，也能减少平均统计时延。利用球隙测量冲击电压时，有时需采用这一措施。阴极材料不同时，由于释放出电子的能力不同，平均统计时延也相异。电极裸露在空气中很久或放电多次以后，由于金属表面发热，其平均统计时延会大大增加。在极不均匀场中，由于电场局部增强，出现有效电子的概率增加，其平均统计时延较小，且和外游离因素强度的关系较小。

在较长间隙中，放电时延主要决定于放电发展时间。在较均匀电场中，由于气隙中电场比较均匀，且处处相等，因此，放电发展速度快，放电发展时间较短。在极不均匀电场中，则放电发展时间较长。显然，外施电压增加，放电发展时间也会减少。

3. 伏秒特性

由于气隙的击穿需要一定的时间才能完成，对于非持续作用的冲击电压，放电时延就不可忽略不计。同一气隙，在峰值较低但持续作用时间较长的冲击电压下可能击穿，而在峰值较高但持续作用时间较短的冲击电压下可能不击穿。因此，一个气隙的非持续时间电压下的击穿特性不能单一地用"击穿电压"来表达，而是对于某一定的电压波形，必须用电压峰值和击穿时间共同表达才行。工程上用气隙上出现的电压最大值与放电时间的关系来表征气隙在冲击电压下的击穿特性，称为气隙的伏秒特性。

伏秒特性是用实验方法求取的。对同一间隙，施加一系列标准波形的冲击电压，使间隙击穿，用示波图来获取。电压较低时，击穿发生在波尾，在击穿前的瞬时电压虽已从峰值下降到一定数值，但该电压峰值仍是气隙击穿的主要因素。因此，以间隙上曾经出现的电压峰值为纵坐标，以击穿时间为横坐标，得伏秒特性上一点；升高电压，击穿时间减小，电压甚高时可在波头击穿，此时以击穿时间为横坐标，击穿时电压为纵坐标得伏秒特性上又一点。当每级电压下只有一个击穿时间时，可绘出伏秒特性如图 1.13 所示，为一条曲线。

但击穿时间具有分散性,在每级电压下可得一系列击穿时间。所以实际的伏秒特性不是一条简单的曲线,而是以上下包络线为界的一个带状区域,如图1.14所示。

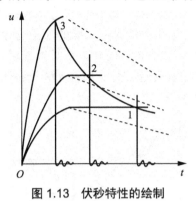

图1.13 伏秒特性的绘制

1,2—波尾击穿;3—波头击穿

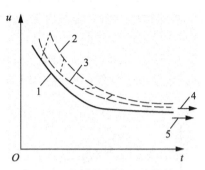

图1.14 伏秒特性实际分散情况

1—0%伏秒特性;2—100%伏秒特性;
3—50%伏秒特性;4—50%冲击击穿电压;
5—0%冲击击穿电压(即静态击穿电压)

这是一簇曲线。每级电压下,击穿时间低于下包络线横坐标的数值为0%,该曲线以左区域完全不发生击穿;大于上包络线所示数值的击穿概率为100%,该曲线以右区域每次都击穿。在上、下包络线之间的区域,可视为击穿时间具有不同击穿概率的数值。这样的一簇曲线,制作的工作量相当大,制作过程相当烦琐。因此,工程上常用50%概率的伏秒特性来大致表示气隙的伏秒特性,即在这条曲线上的电压作用下,间隙有50%的击穿次数的击穿时间是小于曲线上所标的时间。同理,上、下包络线也相应地称为100%伏秒特性和0%伏秒特性。

在工程上还常用"50%击穿电压"和"2μs冲击击穿电压"。50%击穿电压$U_{50\%}$是指在该电压下进行多次实验,气隙击穿概率为50%。该电压表征了气隙冲击击穿特性的基本耐电性能,是一个重要参数,反映了间隙能耐受多大峰值的冲击电压作用而不致被击穿的能力。这一电压已接近伏秒特性带的下边缘,在图1.14中已定性地标出。2μs冲击击穿电压$U_{2\mu s}$指气隙在该电压下发生击穿放电,其击穿时间大于或小于2μs的概率各为50%。它也是击穿发生在标准波峰值附近的电压。用这两个电压可以大致反映出击穿电压和击穿时间的关系,但其测定就简单多了。

伏秒特性形状和间隙电场的均匀程度有关。对于不均匀电场,由于平均击穿场强较低,且流注总是从强场区向弱场区发展,放电发展到完全击穿需较长时间,如果不提高电压峰值,可相应减小击穿前时间,放电发展时间延长,分散性也大。因此,伏秒特性在击穿时间还相当大时,便随时间t的减少而有明显的上翘。在均匀场或稍不均匀场中,平均击穿场强较高,流注发展较快,放电发展时间较短,因此,其伏秒特性较平坦,如图1.15所示。

伏秒特性对于比较不同设备绝缘的冲击击穿特性具有重要意义。如果一个电压同时作用在两个并联的绝缘结构上,其中一个绝缘结构先击穿,则电压被截断短接,另一个就不会再被击穿,称前者保护了后者。若某间隙s_1的50%冲击击穿电压高于另一间隙s_2的数值,并且间隙s_1的伏秒特性始终位于间隙s_2之上,如图1.15所示,则在同一电压下,s_2都

将先于 s_1 击穿，s_2 就能可靠地保护 s_1 被击穿。但如图 1.16 所示，间隙 s_1 和 s_2 的伏秒特性相交，若用间隙 s_2 保护间隙 s_1 则虽然在冲击电压峰值较低时，s_2 先于 s_1 击穿，能对 s_1 起保护作用；但在高峰值冲击电压作用下，s_1 先于 s_2 击穿，s_2 不起保护作用。这就与持续电压作用下的情况不同。由此可见，单是 50%冲击击穿电压不能说明间隙的冲击击穿特性。在考虑不同绝缘结构的配合时，为了全面地反映问题的冲击击穿特性，就必须采用间隙的伏秒特性。从图 1.16 可知，如果要求保护设备能可靠地保护被保护设备，保护设备的伏秒特性必须全面低于被保护设备的伏秒特性，且越平坦越好。

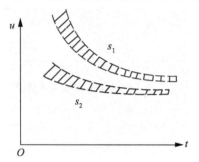

图 1.15 极不均匀场间隙(s_1)和均匀及稍不均匀场间隙(s_2)的伏秒特性

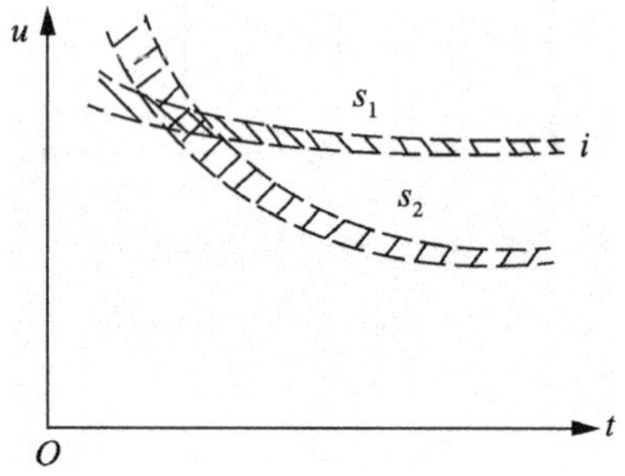

图 1.16 两个间隙伏秒特性交叉的情况

另外，同一间隙，对不同电压波形，其伏秒特性不同，若无特殊说明，一般指标准波形下得到的伏秒特性。

1.2 影响气体放电电压的因素

1.2.1 电场形式对放电电压的影响

1. 均匀电场中的击穿电压

工程上很少遇到很大的均匀电场间隙，通常只在间隙不太大时电场均匀。在均匀电场中，间隙各处场强大致相等，因此，在间隙中不可能出现持续的局部放电，流注一旦形成，间隙就被击穿。击穿电压就等于起始放电电压，且无极性效应。

均匀场中直流及工频击穿电压(峰值)及 50%冲击击穿电压大致相同，其分散性很小。对空气，相应的经验公式为

$$U_b = 24.22\delta s + 6.08\sqrt{\delta s} \quad \text{kV} \tag{1-11}$$

式中　s——间隙距离(cm)；

　　　δ——空气相对密度。

当 $s > 1$cm 时，均匀电场中空气的电气强度大致等于 30kV/cm。

2. 稍不均匀电场中的击穿电压

稍不均匀电场中，一旦出现局部放电，立即导致整个间隙的完全击穿；电场不对称时，

极性效应不很显著,其极性效应为大曲率半径的电极为负极性的击穿电压略低于为正极性时的数值。这是由于在稍不均匀场中,不能形成稳定的电晕放电。非自持放电形成的空间电荷使负极性下电晕起始电压比正极性时略低,而电晕起始电压就是其击穿电压。无论是直流电压还是冲击电压,不接地为正极性时的击穿电压大于为负极性下的数值。工频电压下,由于击穿发展在容易击穿的半周,所以击穿电压和负极性下的相同。

在稍不均匀场中击穿电压与电场均匀程度关系极大。没有能概括各种电场分布的实验数据,具体间隙的击穿电压要通过实验才能确定。但有这样一个规律:电场越均匀,同样间隙距离下的击穿电压就越高,其极限就是均匀电场中的击穿电压。

稍不均匀场的结构形式多种多样。工程上较典型的电场结构形式有:球-球、球-板、圆柱-板、同轴圆柱、两平行圆柱、两垂直圆柱等,其中球-球间隙还可用来作为测量高电压峰值的一种手段,既简单,又有一定准确度,其击穿电压有国际标准表可查阅(见附录)。

3. 极不均匀电场下的击穿电压

工程上常用的电场,绝大多数是极不均匀电场。

在极不均匀电场中,各处场强差别很大,在所加电压小于间隙击穿电压时,可出现局部持续的电晕放电。电晕放电的空间电荷使外电场强烈畸变,使得决定击穿电压的主要因素是间隙距离,电极形状对击穿电压的影响不大。根据这一现象,可以选择几种形状简单的电极如棒(尖)-板和棒(尖)-棒(尖)作为典型电极,它们的击穿电压具有代表性。工程上遇到极不均匀电场时,可由这些典型电极的击穿电压来修正绝缘距离,对称电场参照棒-棒电极数据,不对称电场时参照棒-板电极的数据。

在极不均匀电场中,放电分散性较大,且极性效应显著,棒极为正极性时的击穿电压比棒极为负极性时的击穿电压低。

由此可见,间隙距离相同时,电场越均匀,气隙的击穿电压就越高。一般情况下,极间距离越大,放电电压越高,但不是成正比地增加。因此,可以改进电极形状,增大电极曲率半径,以改善电场分布,提高间隙的击穿电压。如高压静电电压表的电极就是电场比较均匀的结构;变压器套管端部加球型屏蔽罩等。同时,电极表面应避免毛刺、棱角,以消除电场局部增强的现象,如电极边缘做成弧形。

如要采用极不均匀电场,则尽可能采用棒-棒类型的对称电场。

1.2.2 电压波形对击穿电压的影响

气体间隙的击穿电压和电压种类有关。直流电压和交流电压统称为持续作用电压。这类电压的变化速度很小,击穿时间可忽略不计。电力系统中的雷电过电压和操作过电压,其持续时间极短,在这类电压下,放电发展速度就不可能忽略不计了。以下就分别介绍不同种类电压作用下的击穿电压。

如前所述,电场均匀时,不同电压波形下击穿电压(峰值)是一致的,且放电分散性小,50%冲击击穿电压下,击穿通常发生在波头峰值附近。

对于稍不均匀电场,直流、工频与冲击下的击穿电压和气隙50%冲击击穿电压基本相同,放电分散性不大,极性效应不显著。

对于极不均匀电场，直流、工频及冲击击穿电压之间的差别较明显。分述如下。

1. 直流电压下的击穿电压

对于电场极不均匀的棒-板间隙，其击穿电压存在着明显的极性效应，棒极为正时击穿电压比棒极为负时低得多。棒-棒电极间的击穿电压介于不同极性的棒-板电极之间。这是因为棒-棒电极中有正棒，放电易于发展，因此，击穿电压比负棒-正板的低；但棒-棒有两个强电场区域，在同样间隙距离下，强场区增多后，其电场均匀程度会增加；因此，击穿电压比正棒-负板的高。

2. 工频电压下的击穿电压

图1.17是棒-棒及棒-板空气间隙的工频击穿电压和间隙距离之间的关系曲线，间隙距离最大达到250cm。间隙击穿总是在棒极为正，电压达到幅值时发生，且其击穿电压(峰值)和直流电压下的正棒-负板的击穿电压相近。从图中可以看出，除了起始部分外，击穿电压与距离近似成正比。棒-板间隙的平均击穿场强(峰值)约为4.8kV/cm，比棒-棒稍低一些。但当间隙距离超过2m后，击穿电压与间隙距离的关系出现明显的饱和趋向，平均击穿场强明显降低，棒-板间隙尤其严重。这就使得棒-板间隙与棒-棒间隙击穿电压的差距拉大。因此，在电气设备中希望尽量采用棒-棒类型的电极结构而避免棒-板类型。

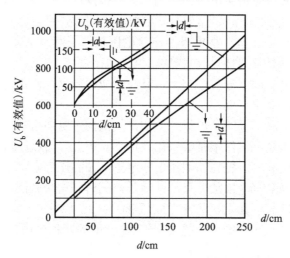

图1.17 棒-棒及棒-板气隙的工频击穿电压和间隙距离的关系

3. 冲击电压作用下的击穿电压

冲击电压作用下，气体的击穿电压要比持续电压作用下的击穿电压高，它们的比值称为冲击系数，一般大于1。

在50%冲击击穿电压下，当间隙较长时，击穿通常发生在波尾。图1.18是棒-棒及棒-板间隙的雷电冲击击穿电压与间隙距离之间的关系曲线。从图中可知，棒-板间隙有明显的极性效应，棒-棒间隙也有较小的极性效应。在图所示范围内，击穿电压与距离成正比，没有显著的饱和趋势。

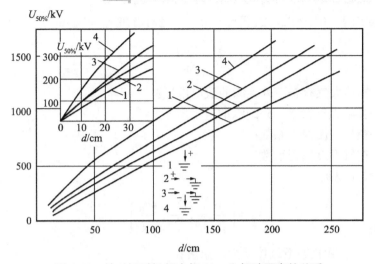

图1.18 棒-棒及棒-板电极 $U_{50\%}$ 和间隙距离的关系

图1.19是棒-板及棒-棒间隙在操作冲击电压下的50%击穿电压和间隙距离的关系。由图可知,操作冲击击穿电压有明显的极性效应,正极性的50%击穿电压低于负极性,所以更危险。

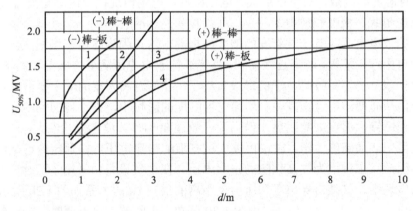

图1.19 操作冲击电压(+500/5000μs)作用下棒-板及棒-棒电极50%击穿电压和间隙距离的关系

极不均匀场中操作冲击电压的波形对击穿电压有很大影响。操作冲击下气隙的击穿通常发生在波前部分,因而波尾对击穿电压没有多大的影响。

1.2.3 气体的性质和状态对放电电压的影响

气体间隙的击穿电压与气体的性质和状态有关。

1. 气体状态对放电电压的影响

在大气压下,气隙的击穿电压和绝缘子闪络电压与气体状态、大气条件有关。对其他外绝缘也有类似影响,放在一起说明时,应以标准条件下的电压为准。大气状态不同时,外绝缘的放电电压与标准状态时的放电电压可按国家标准GB311-93进行相互换算。换算的方法是从实验及物理学中的气体状态方程总结出来的。规定了标准大气状态为:压力

$p_0 = 760 \text{mmHg}$ 或者 101.3kPa，温度 $t_0 = 20°C$，绝对湿度 $h_0 = 11 \text{g/m}^3$，换算方法如下：

$$U = \frac{k_d}{k_h} U_0 \tag{1-12}$$

式中 U_0——标准大气状态下外绝缘的放电电压；
U——实际大气状态下外绝缘的放电电压；
k_d——空气密度校正系数；
k_h——空气湿度校正系数。

空气密度校正系数

$$k_d = \left(\frac{p}{p_0}\right)^m \left(\frac{273+t_0}{273+t}\right)^n \tag{1-13}$$

式中 p、t——实际状态下气体压力、温度；
p_0、t_0——标准状态下气体压力、温度。

湿度校正系数

$$k_h = k^w$$

k 是绝对湿度的函数，与电压形式、电压极性、电场情况以及闪络距离有关，m、n、w 取决于电压形式、极性和放电距离 d，可查阅有关标准。

外绝缘的放电电压随着空气密度的增大而提高，这是因为随着密度增大，气体中自由电子的平均自由行程缩短，游离过程减弱。外绝缘的放电电压随着空气湿度的增大而增大，这可能是由于水分子容易吸附电子而形成负离子，并使游离因素的最主要参加者自由电子的数量减少，从而使游离过程减弱。均匀电场湿度的影响小，极不均匀场中，平均放电场强低，电子速度慢，湿度影响明显，但当湿度超过80%时，放电分散性大。

由以上可知，提高气体压力时，可以提高气隙的击穿电压，帕邢定律也从实验上证实了这一点。因此，工程上为提高气隙的击穿电压，在电气设备中采用了压缩空气。

在均匀电场中，气隙击穿电压和压力及距离的乘积 ps 的关系如图 1.20 所示。

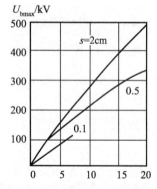

图 1.20 均匀电场中不同间隙距离下空气的击穿电压与 ps 关系

由图 1.20 可知，当间隙距离不变时，击穿电压随压力提高而很快增加，但当压力增加到一定值后，击穿电压增加的速度逐渐减小，说明再继续升高气压的效果不大了。

在大气压下，击穿电压与阴极材料关系不大。而在高气压下，击穿电压与电极的表面状态及材料有很大的关系。电极表面不光洁，击穿电压下降，分散性也大。材料不同，击穿电压不同。如不锈钢电极的击穿电压比铝制电极的击穿电压要高。

在不均匀电场中，提高气压后，间隙的击穿电压也将高于标准大气压力下的数值。但在高气压下，电场均匀程度对击穿电压的影响比在标准大气压下要显著得多，击穿电压将随电场均匀程度下降而剧烈降低。极不均匀电场距离下空气的击穿电压和 ps 关系中，当尖电极为正时，击穿电压随压力变化会出现极大值，即在压力较低时击穿电压随压力上升而增加，但压力超过某值后，击穿电压反而会下降，此后再随压力的增加而上升。

在高气压下，湿度对击穿电压也有很大影响。在压缩空气中湿度增加时，击穿电压明显下降，电场不均匀，下降更显著。

所以在高气压下，应尽可能改进电极形状，改善电场分布；电极应仔细加工使之光洁，气体要过滤，滤掉尘埃及水分。如果不可避免地出现极不均匀电场，则应根据实验结果，正确选择压力，以使气压提高后有较大效益。

从帕邢定律可知，用高真空也可提高击穿电压。这是由于在间隙中气体质点极少，电子的自由行程增大，碰撞的机会减少。在真空时，击穿机理已发生变化，击穿电压与电极材料、电极表面光洁度等多种因素有关，分散性很大。

迄今为止，对真空间隙的击穿机理尚不完全清楚。一般认为，真空击穿的机理可能是：击穿前，间隙内电场已很强，阴极表面微观的粗糙突起处附近的局部电场必然更强，导致阴极的强场发射。电子在向阳极加速运动的全程中，由于几乎无碰撞，故能积聚很大的动能，高能电子轰击阳极，使阳极释放出正离子和辐射出光子。光子到达阴极时，加强了阴极的电子发射。正离子在向阴极加速运动的全过程中，也几乎无碰撞，积聚了高能后撞击阴极时，加强了阴极的电阻发射。此外，高能粒子轰击电极，使电极局部高温，以致熔化、蒸发气化，金属蒸气进入间隙空间，能增强撞击电离。电极表面如附着微小杂物，则促进上述过程的发展，使间隙击穿电压降低。

在电力系统中，由于难以保持高真空，目前很少用此方法，只是在特殊场合使用。真空还具有很好的灭弧能力，因此，在真空断路器中使用，具有特别好的性能，但因制造困难，不及有介质断路器(油断路器、气体断路器等)使用广泛。

我国幅员辽阔，有不少电力设施(特别是输电线路)位于高海拔地区。随着海拔的增大，空气变得逐渐稀薄，大气压力和相对密度减小了，因而空气的电气强度也将降低。

海拔对气隙的击穿电压和外绝缘的闪络电压的影响可利用一些经验公式计算。我国国家标准规定：对于安装在海拔高于1000m但不超过4000m处的电力设施外绝缘，其实验电压U应为平原地区外绝缘的实验电压U_p乘以海拔校正系数K_a，即

$$U = K_a U_p \tag{1-14}$$

而

$$K_a = \frac{1}{1.1 - h \times 10^{-4}} \tag{1-15}$$

式中　h——安装点的海拔(m)。

2. 气体性质对放电电压的影响

不同气体，具有不同的耐电强度。在间隙中采用高电强度气体，可以大大提高气隙的击穿电压或大大减少工作压力(气压太高，使制造工艺复杂，设备造价高，运行麻烦)。

所谓高电强度气体，是指其电气强度比空气高得多。采用这些气体代替空气，或在空气中混用一部分高电气强度气体，均可提高击穿电压。许多含卤族元素的化合物是高电气

强度气体，如六氟化硫(SF_6)、氟利昂(CCL_2F_2)、四氯化碳(CCL_4)等。表 1-4 中列出了几种气体的相对电气强度(电场、压力、距离相同的条件下，各气体的电气强度和空气的电气强度之比)、分子量和大气压下的液化温度(或升华温度)。

卤化物气体电气强度高的原因主要是：①它们含有卤族元素，具有很强的电负性，气体分子容易与电子形成负离子，从而削弱了电子的碰撞游离能力，同时又加强了复合能力；②这些气体的分子量都较大，分子直径较大，使得电子的自由行程缩短，不易积累起能量，从而减少其碰撞游离的能力；③电子与这些气体分子相遇时，还易引起分子极化，增加极化损失，减弱其碰撞游离能力。

对于高电气强度气体，除了满足击穿特性之外，还应满足以下物理化学特性：①液化温度要低；②具有良好的化学稳定性；③不易腐蚀设备中的其他材料；④无毒；⑤不会爆炸，不易燃烧；⑥在放电过程中不易分解；⑦价格低廉，经济合理。如四氯化碳蒸气虽然电气强度很高，但液化温度过高，放电中能形成剧毒物质(碳酰氯)，故不能用作绝缘材料。

表 1-4　某些高电强度气体的性能

气体名称	分子量	相对耐电强度	1 个大气压下液化温度/℃
N_2	28	1.0	-195.8
CO_2	44	0.9	-78.5
SF_6	146	2.3～2.5	-63.8
CCl_2F_2	121	2.4～2.6	-28
CCl_4	153.6	6.3	76

目前工程上使用得最多的是 SF_6 气体。它除了具有较高的电气强度外，还是很好的灭弧材料，故适用于高压断路器。近年来还发展了各种组合电器，即将整套送变电设备组成一体，密封后充以 SF_6 气体，如全封闭组合电器、气体绝缘变电站(GIS)、充气输电管道等，其优点是节省占地面积，工作可靠，维护运行简单易行等。下面以 SF_6 气体为例，说明高电强度气体的击穿特性。

SF_6 气体是无色、无味、无毒、不可燃的惰性气体，具有较高的电气强度，优良的灭弧性能，良好的冷却特性。将它应用于电气设备可免除火灾的威胁，缩小设备尺寸，提高系统运行的可靠性。在 SF_6 分子中，6 个氟原子围绕着一个中心硫原子对称排布，呈正六面体结构。硫-氟之间键距小，键全能量高，因此，SF_6 的化学性能非常稳定，仅当温度很高(>1000℃)时，SF_6 分子才会发生热分解。

SF_6 分子量大，密度大，属重气体。通常使用在-40℃≤温度≤80℃，压力小于 0.8MPa 的范围内，气态占优势，在很高压力下液化，只有当温度小于-18℃时，才须考虑用加热装置来防止其液化。由于 SF_6 比空气重，会积聚在地面附近使人窒息而造成生命危险，若 SF_6 气体纯度不够，会含有一些有毒杂质，因此，工作人员接触时必须戴防毒面具和防护手套，现场采取强力通风措施。

SF_6 是一种稳定的气体，但在电弧燃烧的高温下将发生分解，生成硫和氟原子。硫和氟原子对电气设备的击穿电压是无影响的，但当 SF_6 气体及电极材料中含有氧气、电极的金属蒸气时,将会发生继发反应,生成低氟化物 SOF_2、SO_2F_2、SF_4、SOF_4 和金属氟化物(如 WF_6)。若 SF_6 中含有水分,将发生水解,生成腐蚀性很强的氢氟酸:

$$SF_6+H_2O \longrightarrow O_2+HF+O_2$$

这些生成物 HF、SF_4、SO_2 是强腐蚀剂,对绝缘材料、金属材料有腐蚀作用。因此,一方面要严格控制 SF_6 气体的含水量(<15ppm)及纯度,另一方面应选用耐受腐蚀性能较好的绝缘料,如环氧树脂、聚四氟乙烯、氧化铝陶瓷等。

由此可见,SF_6 气体绝缘只适用于均匀电场和稍不均匀电场,不能用在极不均匀的电场中,后者有稳定的局部放电。在工程中,电场不可能完全均匀,应尽可能地使用稍不均匀电场结构。在稍不均匀电场中,提高 SF_6 气体的气压对提高 SF_6 气体间隙的击穿电压的作用显著,但随着电场不均匀程度的增加,击穿电压的增加出现饱和趋势。在一定气压区域内,击穿电压与气压存在异常低谷,应避免。气压越高,电极表面粗糙度的影响和杂质影响越大,工艺处理越难。适用气压为 0.1~0.4MPa。

对电极表面光洁度和装置内部洁净度要求严格,表面上微小的突出物和导电微粒都会导致击穿场强大大降低。在 SF_6 气体常用的电场情况和气压范围内,SF_6 的击穿具有极性效应,曲率较大的电极为负极性时的击穿电压比正极性时低。因此,SF_6 气体绝缘结构的绝缘水平是由负极性击穿电压决定的。

稍不均匀电场中,SF_6 气体的伏秒特性较平坦,只是在放电时间降到 2~4μs 时,才有上翘;而电气设备中的空气间隙多为极不均匀电场结构,其伏秒特性较陡,如图 1.21 所示。在考虑 SF_6 与空气间隙的绝缘配合时,应注意这一点。

对用气量较大的电气设备,如 SF_6 电缆、GIS 组合电器,适合于用 SF_6 与其他惰性气体组成的混合气体,这样经济性好,且电气强度可能比纯 SF_6 气体更高,用此混合气体制造电气设备,其体积可更为缩小。

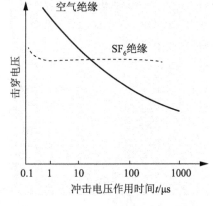

图 1.21 SF_6 与空气间隙的绝缘配合

将 SF_6 和 N_2 混合使用时,当 SF_6 含量超过 30%(体积分数)时,绝缘强度已和全充 SF_6 气体时的绝缘强度相同,这对减小腐蚀很有实际意义。

1.3 沿面放电

电气设备中用来固定支撑带电部分的固体介质,多数是在空气中。如输电线路的针式或悬式绝缘子、隔离开关的支柱绝缘子、变压器套管等,当导线电位超过一定限制时,常在固体介质和空气的分界面上出现沿着固体介质表面的气体放电现象,称为沿面放电(或称沿面闪络)。沿面放电是一种气体放电现象,沿面闪络电压比气体或固体单独作为绝缘介质时的击穿电压都低,受表面状态、空气污秽程度、气候条件等因素影响很大。电力系统中的绝缘事故，很多是沿面放电造成的。如线路受雷击时绝缘子的闪络，大气污秽的工业区的线路、变电站绝缘子在雨、雾天时绝缘子闪络引起跳闸，都是沿面放电所致。所以，了解沿面放电现象，掌握其规律，对电气设备绝缘设计和运行都有重要的现实意义。

1.3.1　沿面放电的物理过程

沿面放电与固体介质表面的电场分布有很大关系，它直接受到电极形式和表面状态的影响。按电瓷绝缘结构分，固体介质处于电极间电场中的形式，有以下 3 种情况。

(1) 固体介质处于均匀电场中，固、气体介质分界面平行于电力线，如图 1.22(a)所示。

瓷柱的引入，虽未影响极板间的电场分布，但放电总是发生在瓷柱表面，且闪络电压比纯空气间隙的击穿电压要低得多。造成这种现象的原因如下。第一，固体介质与电极吻合不紧密，存在气隙。由于空气的介电常数比固体介质低，气隙中场强比平均场强大得多，气体中首先发生局部放电。放电发生的带电质点到达固体介质表面，使原均匀电场畸变，变成不均匀电场，降低了沿面闪络电压，如图 1.23 中曲线 4 所示。第二，固体介质表面吸潮而形成水膜。水具有离子电导，离子在电场中受电场力作用而沿介质表面移动，在电极附近积聚起电荷，使介质表面电压不均匀，电极附近场强增强。因此，沿面闪络电压低于纯空气间隙的击穿电压，如图 1.23 所示。可见，沿面闪络电压和大气湿度及绝缘材料表面吸潮性有关。由图可知，瓷的闪络电压比石蜡的低，这是因为石蜡不易吸潮。第三，介质表面电阻分布不均匀，表面粗糙。有毛刺或损伤，都会引起沿介质表面分布不均匀，使闪络电压降低。

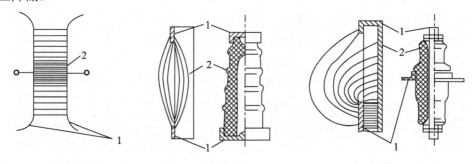

(a) 均匀电场　　(b) 有弱垂直分量的极不均匀电场　(c) 有强垂直分量的极不均匀电场

图 1.22　介质在电场中的典型布置方式

1—电极；2—固体介质

均匀电场中沿面放电现象在实际工程中较少。但人们常用改进电极形状的方法使电场接近均匀，如对圆柱形的支柱绝缘子，可采用环状附件改善沿面电压分布，使瓷柱处于稍不均匀电场中，而具有类似均匀电场沿面放电的规律。

(2) 固体介质在极不均匀电场中，电场强度具有较弱的垂直于表面的分量，如图 1.22(b) 所示。

支柱绝缘子是一个典型实例。此时，电极形状和布置已使电场很不均匀，因此，在不均匀电场中影响电场分布不均匀的因素对闪络电压的影响不如均匀电场中显著，其他有关在均匀电场中分析沿面放电的叙述，均可用来解释这类不均匀电场中的沿面放电，只是沿面闪络电压比纯空气间隙的击穿电压低得多。为了提高沿面放电电压，一般从改进电极形状以改善电极附近电场着手。

(3) 固体介质在极不均匀电场中，电场强度具有较强的垂直于表面的分量，如图 1.22(c)所示。套管是一个典型的实例。

工程中具有这类结构的很多，它的闪络电压较低。下面就以套管为例，分析沿面放电发展过程，如图 1.24 所示。

当电压较低时，由于法兰处的电场很强，首先在法兰边缘处出现电晕，如图 1.24(a)所示。随着电压升高，电晕向前延伸，逐渐形成具有辉光的细线状火花，如图 1.24(b)所示。细线火花放电通道中电流密度较小，压降较大，放电细线的长度随外加电压的升高而成正比地伸长。当电压继续升高，超过某一临界值后，放电性质发生变化。线状火花被电场法线分量紧紧地压在介质表面上，在切线分量作用下，线状火花与介质表面摩擦，又向前运动，电流增大时，在火花通道中个别地方的温度可能升得很高，可高到足以引起气体热游离的程度。热游离使通道中带电质点数目剧增，通道电导猛增。压降剧降，并使其头部场强增强，通道迅速向前发展，形成紫色、明亮的树枝状火花，这种树枝状火花此起彼伏，很不稳定，称为滑闪放电，如图 1.24(c)所示。因此，滑闪放电是以介质表面放电通道中发生了热游离作为内部特征的，其树枝状火花的长度，是随外加电压的增加而迅速增长的。当滑闪放电的树枝状火花到达另一电极时就形成了全面击穿即闪络，电源被短接。此后依电源容量大小，放电可转入火花放电或电弧放电。由于电动力与放电通道发热的上浮力作用，可使火花或电弧离开介质表面，拉长熄灭。

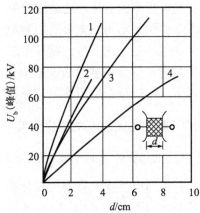

图 1.23 均匀场中不同介质沿面工频闪络电压

1—纯空气击穿；2—石蜡；3—陶瓷；
4—与电极接触不紧密的陶瓷

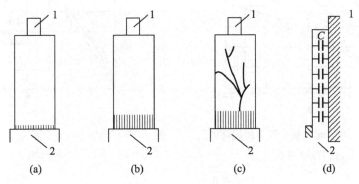

图 1.24 沿套管表面放电示意图

1—导杆；2—法兰

由以上分析，放电转入滑闪放电阶段的条件是通道中带电质点剧增，流过放电通道中的电流经过通道与另一电极的电容构成通道，如图 1.24(d)所示。此时通道中的电流即通道中的带电质点的数目，随通道与另一电极间的电容量和电压速率加大而增大，前者用介质表面单位面积与另一电极的电容数值来表征，称为比电容 C_0 (F/cm²)。由于 C_0 的分流作用，套管表面各处电流不等，越靠近法兰电流越大，单位距离上压降也大，法兰处也就越容易发生游离，这就使套管表面的电压分布更不均匀。电压越高，变化速度越快，C_0 分流作用越大，电压分布越不均匀，沿面闪络电压也就越低。

1.3.2 影响沿面放电电压的因素

1. 电场分布情况和电压波形的影响

在均匀电场或具有弱垂直分量的不均匀电场中，沿面闪络电压 U_f 与闪络距离近似呈线性关系，如图 1.25 和图 1.26 所示。在具有强垂直分量的不均匀电场中，直流电压下，沿面闪络电压 U_f 与闪络距离仍是线性关系，如图 1.27 所示。但作用电压是工频、高频或冲击电压时，则随着沿面闪络距离的增长，沿面闪络电压的提高呈显著饱和趋势，如图 1.28 所示。

导致这一结果的原因是闪络距离增长时，通过固体介质体积内的电容电流和漏导电流随之增长的速度很快，使沿面电压分布的不均匀程度增强，从而沿面闪络电压呈饱和趋势。

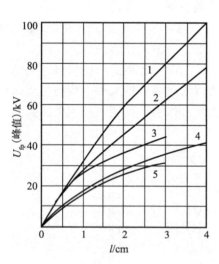

图 1.25 均匀电场沿玻璃表面空气中的闪络电压与闪络距离的关系

1—纯气隙击穿；2—$f=10^5$Hz；3—冲击电压；4—直流电压；5—$f=50$Hz

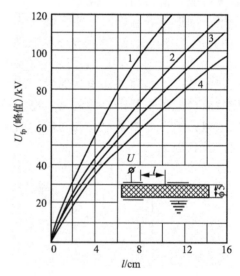

图 1.26 不均匀电场沿面闪络电压与闪络距离的关系

1—纯空气隙；2—石蜡；3—胶纸；4—陶瓷、玻璃

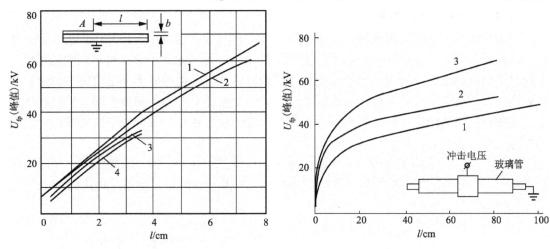

图 1.27 胶纸板的直流沿面闪络电压与闪络距离的关系

1，3—电极 A 为正；1，2—b=4mm；
2，4—电极 A 为负；3，4—b=1mm

图 1.28 沿玻璃表面的冲击闪络电压与闪络距离的关系

玻璃管内、外径 ϕ_1/ϕ_2：
1—0.79/0.95；2—0.63/0.90；3—0.60/1.01

从图 1.25 中可见，沿面闪络电压与作用电压波形有关。由于离子移动、电荷积聚需要一定的时间，因此，沿面闪络电压在变化较慢的电压(如直流、工频)作用下的闪络电压比在变化较快的电压作用下的闪络电压要低。

2. 介质材料的影响

介质材料的影响主要表现在介质表面的吸潮方面。吸潮性大的介质如玻璃、陶瓷比吸潮性小的介质如石蜡的沿面闪络电压低很多，但将玻璃、陶瓷烘干，则其沿面闪络电压可增高。

3. 气体状态的影响

和空气间隙一样，增加气体压力也能提高沿面闪络电压，但其程度不如纯气隙中显著。此时气体必须干燥，否则其相对湿度随气压增高而上升，介质表面凝聚水滴，沿面电压分布更不均匀，甚至出现高气压下的沿面闪络电压反而降低的现象。

其次，湿度对沿面闪络电压也有显著影响。在空气相对湿度低于 60%时，沿面闪络电压受湿度影响较小，但当相对湿度大于 65%时，表面吸附水分能力大的介质，闪络电压随湿度增加而显著下降。表面吸附水分能力大的介质(如陶瓷、玻璃)，受湿度的影响显著，其沿面闪络电压较纯空气间隙的击穿电压低很多；而表面吸附水分能力小的介质(如石蜡)，情况则相反。

温度影响同纯空气隙，但不如纯空气隙显著。

4. 电介质表面情况的影响

在户外工作的绝缘子或其他电气设备，如果在运行过程中被雨水淋湿绝缘表面或表面受到脏污，沿面闪络电压都会急剧下降。下面分别讨论。

1) 表面被雨淋湿的沿面放电

当固体绝缘表面被雨淋湿时,如图 1.29 所示,在其表面会形成一层导电性的水膜,放电电压迅速下降。为了防止这种状况,实际工程中的户外式绝缘子总是具有较大的裙边。下雨时仍淋湿裙边的上表面,上表面形成一层较厚的水膜,电导较大,裙边的下表面和金具表面 CBA' 不直接被雨淋湿,只是由落在下面一个绝缘子上的雨滴所溅湿,受湿程度较小,水膜不能贯通绝缘子的上下两极。这样,绝缘子总是存在一部分较干燥的表面,沿面闪络电压得以提高。

湿状态的绝缘子的闪络电压称为湿闪电压。以悬式绝缘子 X-4.5C 型为例,湿闪电压为 45kV,干状态下的闪络电压(称为干闪电压)为 75kV,湿闪电压为干闪电压的 60%,如图 1.30 所示。

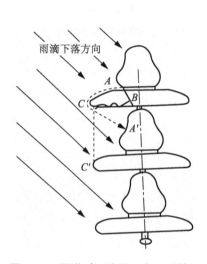

图 1.29 雨淋时沿绝缘子串闪络情况

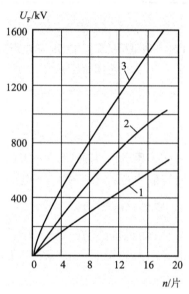

图 1.30 悬式绝缘子(X-4.5C)的放电特性

1—工频湿闪(eff);2—工频干闪(eff);
3—正极性 1.5/40μs 冲击电压(干和湿)

雨水的特征,如雨量、雨水电导等,直接影响到沿淋雨表面放电过程的发展,且会使放电途径发生改变。如增加雨水电导,可使其沿绝缘表面发生放电,引起放电电压降低。因此,在进行湿闪实验时,实验条件应尽可能与实际运行情况相吻合。我国国家标准规定:雨量为每分钟(3 ± 0.3)mm,雨水电阻率为$(10000\pm5\%)\Omega\cdot cm$,淋雨角度为 45°,雨滴细小均匀连续,淋雨实验应在试品淋雨 5min 之后加压。

在实验大气条件下,实验电压按下式计算:

$$U_s = U_{s0} \frac{760+p}{1520} \tag{1-16}$$

式中　U_{s0}——标准大气条件下外绝缘实验电压(kV);

U_s——实验大气条件下淋雨状外绝缘实验电压(kV);

p ——实验大气压(mmHg)。

水温的影响已包含在雨水电阻率中,空气温度不考虑。

操作和雷电冲击电压下,表面淋雨对闪络电压的影响比工频电压下要小,工作时间越短,湿闪电压越接近于干闪电压,雷电冲击电压下的干、湿闪电压差别更小。

2) 污秽的影响

电力系统中电气设备的外绝缘在运行中会受到工业污秽(化工、冶金、水泥、化肥等)或自然界盐、碱、飞尘等污秽的污染。干燥情况下,这些污秽物对绝缘子的沿面闪络电压没有多大的影响,但在毛毛雨、雾、露、雪等恶劣的气候条件下,会造成绝缘子沿面闪络电压下降,甚至可能在运行电压下绝缘子就发生闪络,引起线路跳闸,危及电力系统的安全运行。这种污闪事故一般为永久性故障,不能用自动重合闸消除,往往会引起大面积停电,检修恢复时间长,影响严重。据统计,污闪事故造成的损失已超过雷害事故。因此,研究污秽绝缘闪络,对大气脏污地区线路和变电所绝缘的设计与运行有很大意义。

运行中的绝缘子,在毛毛雨、雾、露等的作用下,其表面污秽层受潮湿润,在绝缘子表面形成导电水膜,表面电导大大增加,污层电导与污秽量、污秽中所含导电物质多少、污层吸潮性能的强弱、水分的导电性能等有关。表面电导增加,流过绝缘子表面泄漏电流急剧增大。由于绝缘子结构形状、污秽分布和受潮情况的不均匀等原因,表面各处电流密度不均匀,在铁帽和铁脚附近的电流密度最大,如图 1.31 所示。

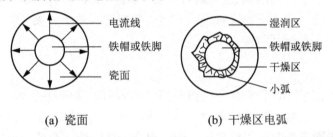

图 1.31 绝缘子铁帽或铁脚附近电流分布及烘干区局部电弧示意图

在这些地方,局部污层表面发热增大而被烘干,出现干燥区,电压降集中在此,易产生辉光放电。随着表面电阻增大,电压分布变化,最后形成局部电弧。局部电弧可能发展成整个绝缘子的闪络,也可能自行熄灭,取决于外加电压的高低和电弧中流过的电流。

当局部小弧产生时,局部电弧又迅速烘干邻近的湿润表面,并很快向前发展,此时,整个绝缘子表面可视为局部电弧燃烧与剩余湿润部分相串联,表面泄漏电流取决于电弧通道中的电导和剩余湿润层电导。如果污秽较轻或绝缘子的泄漏距离较长或电源功率不足时,剩余湿润污层电阻较大,则干燥带上的电弧中电流较小,放电呈蓝紫色的细线状。当放电电弧长度延伸到一定程度时,如外施电压和电流不足以维持电弧燃烧,在交流电流过零时电弧熄灭。此时,干燥带已扩展到较大范围,使表面总的电阻增大,表面泄漏电流减小,烘干作用大为减弱。经过一些时间,干燥带又重新湿润,泄漏电流增大,又重复上述过程,整个过程就成为烘干与湿润、燃弧与熄弧间隙性交替的过程,表面泄漏电流具有跳变的特点。这样的过程可以持续几个小时而不发生整个绝缘子的全面闪络。

如果污秽严重或绝缘子泄漏距离较短,剩余湿润部分的电阻较小,流过干燥区中的局部电弧的电流较大，放电呈黄红色编织状，通道温度也增高到热游离程度，成为具有下降伏安特性的电弧放电。此时，通道所需场强变小，外施电压足以维持很长电弧燃烧而不熄灭。在合适条件下，电弧接通两极，形成表面闪络。

以上分析表明，沿脏污表面闪络的必要条件是局部电弧的产生，而流过污秽表面的泄漏电流足以维持一定程度的热游离是闪络的充分条件。因此，绝缘子污闪是绝缘子表面污层电导能力和电流流过污层引起的发热过程的联合作用。由此可见如下结论。

(1) 增大绝缘子表面泄漏距离可以降低沿绝缘子表面的工作电位梯度，这实际上是增加了与局部电弧串联的湿润表面的电阻值，可以限制局部电弧中的电流，使电弧在连到另一极前就自动熄灭。

(2) 污层电导越大(电阻越小)，越危险，故化工污秽和盐污是最严重的。

(3) 在其他条件相同时，直径小的绝缘子，其表面电阻大，污闪电压高。

(4) 污闪是热过程发展起来的。由局部电弧发展到全面闪络需较长时间，所以污闪通常发生在正常运行电压下。因此，污秽地区电网绝缘水平应根据工作电压下按污秽闪络条件来选择。

1.3.3 影响绝缘子污闪的因素

实际上影响绝缘子污闪的因素很多，污闪过程很复杂，且许多影响因素都是随机的，要确定各种影响因素，须要进行大量现场和实验室研究。归纳起来，有3个主要因素，即作用电压、湿润强度和污秽程度，现简述如下。

1. 作用电压

由于绝缘子表面干燥过程和局部电弧发展到全面闪络需要较长时间，因此，短时电压作用下，放电来不及发展。故在雷电冲击电压作用下，绝缘子表面污秽不会对闪络电压造成多大影响，和表面干燥时的闪络电压一致，但会降低绝缘子串的操作冲击闪络电压。电力系统的操作过电压不能烘干湿润的污层，但能在干燥带上"点火"，引起局部电弧，促使绝缘子污闪。实验结果表明，脏污能使绝缘子的操作冲击闪络电压显著下降，例如，4片 XP-7 绝缘子组成的绝缘子串，表面清洁、淋雨时的操作冲击闪络电压约为 250kV，而表面脏污受潮时的操作冲击闪络电压只有 77kV。

在其他条件相同的情况下，直流电压作用时的积污程度比交流电压下的情况严重得多，且积污速度和积污程度与该处场强近似成正比。直流电压作用下，绝缘子的污闪性能又有其特点，需要另行研究。

2. 湿润程度

输电线路和变电所中所用的绝缘子大多在户外运行，因而其表面在运行中会受到雨、露水、雾、雪、风等的侵袭和大气中污秽物质的污染，其结果是沿面放电电压显著降低。绝缘子表面有湿污层时的沿面闪络电压称为污闪电压，将在后面作专门探讨，此处所要讨论的则是洁净的瓷面被雨水淋湿时的沿面放电，相应的电压称为湿闪电压。

为了避免整个绝缘子表面都被雨水淋湿，设计时都要为绝缘子配备若干伞裙。例如，盘型悬式绝缘子的伞裙下表面不会被雨水直接淋湿，但有可能被落到下一个伞裙上的雨水所溅湿，如图 1.29 所示。

棒型支柱绝缘子除了最上面的一个伞裙的上表面会全部淋湿外，下面各伞裙的上表面都只有一部分被淋湿，而且全部伞裙的下表面及瓷柱也不会被雨水直接淋湿，只可能有少量的回溅雨水。可见绝缘子表面上的水膜大都是不均匀和不连续的。有水膜覆盖的表面电导大，无水膜处的表面电导小，绝大部分外加电压将由于表面(如图 1.29 中的 CBA' 段)来承受。

当电压升高时，或者空气间隙 CA' 先击穿，或者干表面 CBA' 先闪络，但结果都是形成 ACA' 电弧放电通道，出现一连串的 ACA' 通道就造成整个绝缘子的完全闪络。如果雨量特别大，伞上的积水像瀑布似的往下流，伞缘间即有可能被雨水所短接而构成电弧通道，绝缘子也将发生完全的闪络。可见绝缘子在雨下有 3 种可能的闪络途径：①沿着湿表面 AC 和干表面 CBA' 发展；②沿着湿表面 AC 和空气间隙 CA' 发展；③沿着湿表面 AC 和水流 CC' 发展。

在第一种情况下，被工业区的雨水(其电导率约 0.01S/m)淋湿的绝缘子的湿闪电压只有干闪电压的 40%~50%，如果雨水电导率更大，湿闪电压还会降得更低。在第二种情况下，空气间隙 BA' 中只有分散的雨滴，气隙的击穿电压降低不多，雨水电导率的大小也没有多大影响，绝缘子的湿闪电压也不会降低太多。在第三种情况下，伞裙间的气隙被连续的水流所短接，湿闪电压将降到很低的数值，不过这种情况只出现在倾盆大雨时。在设计绝缘子时，为了保证它们有较高的湿闪电压，对各级电压的绝缘子应有的伞裙数、伞的倾角、伞裙直径、伞裙伸出长度与伞裙间气隙长度之比均应仔细考虑、合理选择。

3. 污秽程度

线路和变电所的外绝缘在运行中除了要承受电气应力和机械应力外，还会受到环境应力的作用，其中包括雨、露、霜、雪、雾、风等气候条件和工业粉尘、废气、自然盐碱、灰尘、鸟粪等污秽物的污染。外绝缘被污染的过程一般是渐进的，但有时也可能是急速的。

染污绝缘子表面上的污层在干燥状态下一般不导电，在出现急风骤雨时将被冲刷干净，但在遇到毛毛雨、雾、露等不利天气时，污层将被水分湿润，电导大增，在工作电压下的泄漏电流大增。电流所产生的焦耳热，既可能使污层的电导增大，又可能使水分蒸发、污层变干而减小其电导。例如，悬式绝缘子铁脚和铁帽附近的污层中电流密度较大，污层烘干较快，先出现干区或干带。干区的电阻比其余湿污层的电阻大得多(甚至可大几个数量级)，因此，整个绝缘子上的电压几乎都集中到干区上，一般干区的宽度不大，所以电场强度很大。如果电场强度已足以引起表面空气的碰撞电离，在铁脚和铁帽周围即开始电晕放电或辉光放电，出现蓝紫色细线，由于此时泄漏电流较大，电晕或辉光放电很易直接转变为有明亮通道的电弧，不过这时的电弧还只存在于绝缘子的局部表面，故称局部电弧。随后弧足支撑点附近的湿污层被很快烘干，这意味着干区的扩大，电弧被拉长，若此时电压尚不足以维持电弧的燃烧，电弧即熄灭。再加上交流电流每一周波都有两次过零，更促使电弧呈现"熄灭—重燃"或"延伸—收缩"的交替变化。一圈干带意味着多条并联的放电路径，当一条电弧因拉长而熄灭时，又会在另一条距离较短的旁路上出现，所以就外观而言，好像电弧在绝缘子的表面上不断地旋转。

在雾、露天气时，污层湿润度不断增大，泄漏电流也随之逐渐变大，在一定电压下能维持的局部电弧长度也不断增加，绝缘子表面上这种不断延伸发展的局部电弧现象俗称爬电。一旦局部电弧达到某一临界长度时，弧道温度已很高，弧道的进一步伸长就不再需要更高的电压，而是自动延伸直至贯通两极，完成沿面闪络。

在上述污秽放电过程中，局部电弧不断延伸直至贯通两极所必需的外加电压值只要能维持弧道就够了，不像干净表面的闪络需要有很大的电场强度来使空气发生碰撞电离才能实现。可见染污表面的闪络与干净表面的闪络具有不同的过程、不同的放电机理。这就是为什么有些已经通过干闪和湿闪实验、放电电压梯度可达每米数百千伏的户外绝缘，一旦染污受潮后，在工作电压梯度只有每米数十千伏的情况下却发生了污闪的原因。

总之，绝缘子的污闪是一个复杂的过程，通常可分为积污、受潮、干区形成、局部电弧的出现和发展4个阶段，采取措施抑制或阻止其中任一阶段的发展和完成，就能防止污闪事故的发生。

积污是发生污闪的根本原因，一般来说，积污现象在城区要比农村地区严重，城区中又以靠近化工厂、火电厂、冶炼厂等重污源的地方最为严重。

污层受潮或湿润主要取决于气象条件，例如，在多雾、常下毛毛雨、易凝露的地区，容易发生污闪。不过有些气象条件也有有利的一面，例如，风既是绝缘子表面积污的原因之一，也是吹掉部分已积污秽的因素；大雨更能冲刷上表面的积污，反溅到下表面的雨水也能使附着的可溶盐流失一部分，此即绝缘子的"自清洗作用"。长期干旱会使积污严重，一旦出现不利的气象条件(雾、露、毛毛雨等)就易引起污闪。

干区出现的部位和局部电弧发展、延伸的难易，均与绝缘子的结构形状有密切的关系，这是绝缘子设计所要解决的重要问题之一。

总之，电力系统外绝缘的污闪事故，随着环境条件的恶化和输电电压的提高而不断加剧。例如，在我国新中国成立初期仅在东北地区因工厂较多、线路运行电压较高而出现过一些污闪事故；但近年来随着工业的高速发展和环境条件的恶化，全国六大电网都曾多次发生严重的污闪事故，造成极大损失。

统计表明：污闪的次数虽然不像雷击闪络那样多，但它造成的后果却要严重得多，这是因为雷击闪络仅发生在一点，且转瞬即逝，外绝缘闪络引起跳闸后，其绝缘性能迅速自恢复，因而自动重合闸往往能取得成功，不会造成长时间的停电；而在发生污闪时，由于一个区域内的绝缘子积污、受潮状况是差不多的，所以容易发生大面积多点污闪事故，自动重合闸成功率远低于雷击闪络时的情况，因而往往导致事故的扩大和长时间停电。就经济损失而言，污闪在各类事故中居首位，所以目前普遍认为，污闪是电力系统安全运行的大敌，在电力系统外绝缘水平的选择中所起的作用越来越重要。

电力系统外绝缘表面的积污程度与所在地区的环境污秽程度当然是有关系的，但并非同一事物。我们所注意的主要是外绝缘表面的积污程度，但也不单纯指沉积的污秽物的多少，而是指表面污层的导电程度。换言之，污秽度除了与积污量有关外，还与污秽的化学成分有关。通常采用等值附盐密度(简称等值盐密)来表征绝缘子表面的污秽度,它指的是每平方厘米表面上沉积的等效氯化钠(NaCl)毫克数。实际上,绝缘子表面所积污秽的成分是很复杂的,有些是遇水即分解导电的电解质,有些是根本不导电的惰性物质。电解质中的盐类成分也是多种多样的,其中 NaCl 往往只占 10%左右,比较多的是 $CaSO_4$(有时可高达 60%左右),此外,还有许多别的盐类,如:$CaCl_2$,$MgCl_2$,KCl 等。所谓等值盐密法就是用 NaCl 来等值表示表面上实际沉积的混合盐类,等值的方法是:除铁脚铁帽的粘合水泥面上的污秽外,把所有表面上沉积的污秽刮下或刷下,溶于 300ml 的蒸馏水中,测出其在 20℃水温时的电导率(如实际水温不是 20℃,可按公式换算);然后在另一杯 20℃、300ml 的蒸馏水中加入 NaCl,直到其电导率等于混合盐溶液的电导率,所加入的 NaCl 毫克数,即为等值盐量,再除以绝缘子的表面积,即可得出等值盐密 (mg/cm^2)。用等值盐密来表征污秽度具有平均的性质(因实际上表面各处的积污状况是不均匀的),但它比较直观和简单,不需要特别的仪器设备。

测污秽度的目的是为了划分污区等级、决定不同污区内户外绝缘应有的绝缘水平、决定清扫周期。我国是按下列三方面的因素来划分污区等级的:①污源;②气象条件;③等值盐密。前两个因素又可统称为污湿特征。

我国国家标准 Q/GDW 152—2006《电力系统污区分级与外绝缘选择标准》中规定的污秽等级及其对应的盐密值如表 1-5 所示。从 0 级到 4 级,污秽程度逐级增大,其中 0 级为清洁区,4 级为特别严重污秽区。

目前我国电力部门执行的《高压架空线路和发变电所电瓷外绝缘污秽分极标准》就是按污秽性质、污源距离、气象情况及等值盐密度分为不同等级的污秽地区,见表 1-5 和表 1-6。不同污区保证一定的泄漏比距(即绝缘子串总的泄漏距离与作用在绝缘子串上的最高电压之比,cm/kV)是防污闪的最根本、最重要的措施,在表 1-5 和表 1-6 中同时列出了不同污秽等级时所要求的泄漏比距。

表 1-5 高压架空线路污秽分级标准

污秽等级	污秽条件		泄漏比距/(cm/kV)	
	污湿特征	盐密度/(mg/cm^2)	中性点直接接地	中性点非直接接地
0	大气清洁地区及离海岸线 50km 以上地区	0~0.03	1.6	1.9
1	大气轻度污染地区或中等污染地区、盐碱地区、炉烟污秽地区、离海岸线 10~50km 地区	0.03~0.05	1.6~2.0	1.9~2.4
2	大气中等污染地区、盐碱地区、炉烟污秽地区、离海岸线 3~10km 地区	0.05~0.10	2.0~2.5	2.4~3.0
3	大气严重污染地区、大气污秽而又有重雾的地区、离海岸线 1~3km 地区及盐场附近重盐碱地区	0.10~0.25	2.5~3.2	3.0~3.8
4	大气特别严重污染地区、严重盐侵袭地区、离海岸线 1km 以内地区	>0.25	3.2~3.8	3.8~4.5

表 1-6 发电厂、变电所污秽分级标准

污秽等级	污秽条件		泄漏比距/(cm/kV)	
	污湿特征	盐密度/(mg/cm^2)	中性点直接接地	中性点非直接接地
1	大气无明显污染地区、大气轻度污染区,在污闪季节中干燥少雾(含毛毛雨)且雨量较多	0～0.03	1.7	2.0
2	大气中等污染地区、沿海地区或盐场附近,在污闪季节中干燥多少雾(含毛毛雨)且雨量较少	0.03～0.25	2.5	3.0
3	大气严重污染地区,严重盐雾地区	>0.25	3.5	4.0

需要特别指出的是用等值盐沉积容度这一参数,能直观和简单地表达出绝缘子表面受污染的程度,且现场操作简单,曾得到广泛的应用。但进一步研究指出,用这种方法标定的等值盐在绝缘子上所产生的作用往往与被等值的该自然污秽所产生的作用有相当大的差异(即不等价),具有同一等值盐密,但其污秽的性质和状态不同的自然污秽绝缘子,其闪络电压也常有较大的差异。原因如下。

(1) 有些自然形成的污层较厚,较坚实,在自然雾或雨下,很难使污层内部的可溶性物质溶解入绝缘子表面薄薄的一层水膜中,而我们在求其等值盐密时,却是将绝缘子表面的全部积污刮刷下来并入定量的水中,两者的作用有可能相差好几倍。

(2) 自然污秽中含有多种成分,其中一部分是像 NaCl 那样的强电解质,而大部分则是像 $CaSO_4$ 那样的弱电解质。强电解质在实际遇到的较大的溶液浓度时,仍能充分离解,而弱电解质则不然,例如,一定量的 $CaSO_4$ 在溶剂很少(如 10ml)时的离解度与溶剂很多(如 300ml)时的离解度是大不相同的。曾对多条线路污秽性质不同的绝缘子,分别测其 10ml 和 300ml 水量下的等值盐密,后者与前者之比一般为 1.5～3.4,水泥污秽甚至高达 7.5。按规范,是以 300ml 溶剂来测定其等值盐密的,此时,不论是强或弱的电解质,均已能充分离解,测得的等值盐密就高;而实际自然情况却是:其溶剂仅仅是绝缘子表面薄薄的一层水膜,其量远小于 300ml,一般仅为 5～10ml。自然污秽中的弱电解质远不能充分离解,故实际起作用的等值盐密就低。

因此,国际电工委员会(IEC)推荐使用"污层电导率"这一参数来表征污秽强度。其含义为:在交流低电压作用下,污秽绝缘子受潮时,测量表面污层电导,根据表面电导和绝缘子外形可计算得到污层电导率。它反映了绝缘子表面污层在受潮情况下的导电能力,对实际自然污层反映较好,与污闪电压有较好的相关关系。所以,IEC 用污秽电导率划分污区,我国准备与 IEC 标准接轨。

为了防止绝缘子发生污闪,通常须采用以下措施:

(1) 增加绝缘子片数或采用防污型绝缘子等,以增加绝缘子表面泄漏距离。

(2) 定期清扫或更换绝缘子,制订合理的清扫周期。

(3) 在绝缘子表面涂憎水性材料(如有机硅油、地蜡等),防止水膜连成一片,减小泄漏电流,提高污闪电压。

(4) 采用半导体釉绝缘子,利用半导体釉层中的电流加热表面,使表面不易受潮,同时使电压分闪络电压提高,但半导体釉层易老化。

(5) 采用合成绝缘子。

1.3.4 污闪事故的对策

随着环境污染的加重、电力系统规模的不断扩大以及对供电可靠性的要求越来越高,防止电力系统中发生污闪事故已成为十分重要的课题。在现代电力系统中实际主要采用如下防污闪措施。

1. 调整爬距(增大泄漏距离)

由于污闪是染污绝缘子表面上局部电弧逐步延伸的结果,在一定电压下,能够维持的局部电弧长度是有限的(存在一个临界值),因此在判断外绝缘的爬电距离(简称爬距,或称泄漏距离)是否足够,必须与所加电压的高低联系起来考虑,所以常用"爬电比距"(或称"泄漏比距")λ 这一指标来表示染污外绝缘的绝缘水平。所谓爬电比距是指外绝缘"相-地"之间的爬电距离(cm)与系统最高工作(线)电压(kV,有效值)之比。不过,在此前很长一段时间内,习惯上均取系统额定(线)电压作为基准进行计算,亦即以每千伏额定电压所具有的爬电距离厘米数作为爬电比距。

由于爬电比距值是以大量实际运行经验为基础而规定出来的,所以一般只要遵循规定的爬电比距值来选择绝缘子串的总爬电距离和片数,就能保证必要的运行可靠性。

但是,如果电力系统在实际运行中出现不应有的污闪事故,应即重新复核污秽等级定得是否正确,在必要时应调整爬距(增大泄漏距离)、加强绝缘。对于输电线上的耐张绝缘子串来说,这不难实现,只要增加串中绝缘子片数即可达到目的;但对于悬垂串来说,其总串长是受限制的(否则风偏时的空气间距不够),在增加片数有困难时可换用每片爬距较大的耐污型绝缘子或改用 V 形串来固定导线。

2. 定期或不定期的清扫

清除绝缘子表面上所沉积的污秽,显然也是对付污闪的有效措施之一。最常见的是采用干布擦拭的方法,但其清扫质量不甚理想,且必须停电进行,劳动量大,费用也不少。在有些电网中,采用高压喷水枪进行水冲刷,可以停电进行,也可以带电冲洗,但在后一种情况时必须特别注意安全。用水冲洗比起干擦来虽有明显的优越性,但它必须要有水源,而且水的电导率还不能过大,这在实际输电线路上往往难以实现。但变电所的条件较好,用水冲洗一般困难不大,冲洗装置可以是固定式或可移式的。此外,有些耐污绝缘子的结构形式经特殊设计,使其表面形状具有较好的"自清扫性能"。

3. 涂料

发生污闪不仅要先积污,而且还要在不利的气象条件下使污层受潮变成导电层。如果在绝缘子表面涂上一层憎水性材料,那么落到绝缘子表面的水分就不会形成连续水膜而以孤立的水珠形式出现。这时污层电导不大、泄漏电流很小,不易形成逐步延伸的局部电弧,亦即不会导致污闪。目前用得较多的憎水性涂料为硅油或硅脂,效果很好,但价格昂贵,有效期不长(仅半年左右)所以往往仅采用于变电所中。近年采用的室温硫化硅橡胶(RTV)涂料,即使涂上近十年,其憎水性仍很好,可长期不必清扫或更新,所以比较理想。

4. 半导体釉绝缘子

这种绝缘子的釉层有一定的导电性,因而一直有一个比普通绝缘子表面泄漏电流更大的表面电导电流流过,使绝缘子表面温度略高于周围环境温度,因而污层不易吸潮,积污也会较少。此外,釉层电导还能缓解干区电场集中现象,使干区不易出现局部电弧,电压沿整个绝缘子串的分布也会变得比较均匀一些。总之,线路绝缘的耐污性能将得到改善。存在的问题是釉层易被腐蚀和老化,这影响了它更广泛的应用。

5. 新型合成绝缘子

合成绝缘子开始出现于 20 世纪 60 年代末期,随后发展很快。各国制造的线路合成绝缘子在结构上大同小异,其基本部件均为芯棒(承受机械负荷,同时为内绝缘)、伞套(护套和伞裙,保护芯棒免受环境和大气影响的外绝缘)和金属连接附件等。图 1.32 即为它的结构示意图。玻璃钢芯棒是用玻璃纤维束经树脂浸渍后通过引拔模加热固化而成的,有很高的抗拉强度。迄今为止,最理想的伞套材料仍为硅橡胶,它有很高的电气强度、很强的憎水性和很好的耐污性能。此外,它在高、低温下的稳定性也很好。

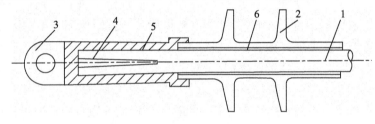

图 1.32 合成绝缘子的结构示意图

1—芯棒;2—4f 套;3—金属附件;4—楔子;5—黏结剂;6—填充层

与通常使用的瓷绝缘子相比,新型合成绝缘子具有如下一系列突出的优点。

(1) 重量轻(仅相当于瓷绝缘子的 1/10 左右),从而可大大节省运输、安装、运行检修等方面的工作量和费用。

(2) 抗拉、抗弯、耐冲击负荷(包括枪弹)等机械性能都很好。

(3) 电气绝缘性能好,特别是在严重染污和大气潮湿的情况下的绝缘性能十分优异。

(4) 耐电弧性能也很好。

这些重要优点使这种新型合成绝缘子获得越来越广泛的应用,并成为防污闪的重要措施。此前影响它获得更大推广的因素主要有:①价格还比较昂贵;②老化问题。随着材料与工艺的进展,目前其价格已与瓷或玻璃绝缘子基本持平。可以预期,今后随着对其老化特性的进一步掌握和改进,这种绝缘子必将获得越来越多的采用。

小　结

　　气体作为电力系统的绝缘，具有诸多优点，如空气的廉价性及其广泛性，SF_6 气体的电气高强度性等，因此，已在电力系统中得到广泛应用。

　　本章主要对气体放电的基本物理过程予以讨论，对带电质点的产生、消失原因予以分析。对均匀电场的击穿用汤森理论予以描述，由于该理论在汤森理论提出之前已由帕邢从实验中总结出来，故称为帕邢定律。该理论只对低气压 ps 较小条件下的放电实验作出很好的解释，但对工程中处在大气压条件下的放电不能合理解释，为了弥补帕邢定律的缺陷，提出了流注理论，该理论认为，电子的碰撞游离和空间光游离是形成自持放电的主要因素，并且强调了空间电荷畸变电场的作用。

　　在极不均匀电场中，气隙较小时，间隙放电大致分为电子崩、流注和主放电阶段，长间隙时放电可分为电子崩、流注、先导和主放电阶段。间隙越长，先导过程就发展得越充分。

　　电力系统的过电压是一种冲击电压，为了考验电气设备绝缘介质在过电压下的耐受能力，使所得结果便于比较，各国均制定了冲击电压标准波形。对绝缘介质施加标准波的电压，得出介质击穿的 $U_{50\%}$ 电压值，再改变电压值，测得 $U_{50\%}$，将多组数据描绘在 u–s 坐标上，从而得出 $U_{50\%}$ 的伏秒特性曲线，该曲线的获取对过电压防护非常有用。

　　气体放电受多种因素的影响，主要表现为电场形式、电压波形、气体的性质和状态等，搞清这些因素的作用机理，对提高气体介质的放电水平有很好的指导意义。

　　沿面放电是气体与固体介质分界面上出现的一种放电形式，它属于气体放电的范畴，但它比气体或固体单独作为绝缘介质时的击穿电压低，受表面状态、空气污秽程度、气候条件等因素影响很大。电力系统中的绝缘事故大多数均是沿面放电造成的，因此，了解沿面放电现象，掌握其规律，对电气设备绝缘设计和运行都有重要意义。

阅读材料 1-1

电晕放电的应用

　　电晕放电的应用已有一百多年的历史，目前，电晕放电被广泛应用于各个领域，如静电除尘、臭氧的制备、有害气体的处理、半导体生产的静电控制等。工业上使用的静电除尘器通常采用负电晕，以避免流光和火花的形成。从第一台静电除尘器面世至今，已有一个世纪的历史。静电除尘器的结构性能和控制方式也日趋成熟，成为应用最广、最有效的烟尘净化设施。静电除尘器采用直流高电压，使电极之间的电场产生电晕放电，使电场空间产生大量的正离子和电子，这些带电粒子与通过电场空间的粉尘粒子发生碰撞，并附着于粉尘粒子上，在电场作用下向电极运动，沉积到集尘极上而被捕集下来，从而达到净化烟气的目的。高压脉冲电晕对粉尘的作用机理与静电除尘原理是一样的。

近十几年来，应用等离子体技术处理大气污染物被公认具有良好的应用前景，因此，该研究十分活跃。1986 年，日本科学家 Masuda 提出，用几万伏以上的脉冲电源产生等离子体脉冲电晕法，可达到脱硫脱硝的目的，该方法认为是具有良好应用前景的脱硫新工艺。但是，电晕放电在纺织品应用一直存在很大问题的原因如下。

(1) 电晕放电采用的是曲率半径很小的针状电极或丝状电极，因此，电晕放电只能在小范围内产生，生产效率低，无法满足纺织品加工需求。

(2) 电晕放电能量比介质阻抗放电和大气压下辉光放电能量要小，并且放电为丝状放电，能量不均匀，因此，对纺织品的纺性作用不强，只是在高电场中粒子获得很高动能，可对纤维表面"轰击"而产生刻蚀，使纤维表面粗糙化，从而提高纤维表面摩擦系数，增强可纺性，但其应用通常仅局限于实验室。

(中国大百科全书)

习　　题

1.1 选择题

1. 流注理论未考虑_____的现象。
　　A．碰撞游离　　　B．表面游离　　　C．光游离　　　D．电荷畸变电场
2. 先导通道的形成是以_____的出现为特征。
　　A．碰撞游离　　　B．表面游离　　　C．热游离　　　D．光游离
3. 电晕放电是一种_____。
　　A．自持放电　　　B．非自持放电　　C．电弧放电　　D．均匀场中放电
4. 气体内的各种粒子因高温而动能增加，发生相互碰撞而产生游离的形式称为_____。
　　A．碰撞游离　　　B．光游离　　　　C．热游离　　　D．表面游离
5. _____型绝缘子具有损坏后"自爆"的特性。
　　A．电工陶瓷　　　B．钢化玻璃　　　C．硅橡胶　　　D．乙丙橡胶
6. _____不是发生污闪最危险的气象条件。
　　A．大雾　　　　　B．毛毛雨　　　　C．凝露　　　　D．大雨
7. 污秽等级 2 级的污湿特征：大气中等污染地区、轻盐碱和炉烟污秽地区、离海岸盐场 3~10km 地区，在污闪季节中潮湿多雾但雨量较少，其线路盐密为_____ mg/cm² 。
　　A．≤0.03　　　　B．0.03~0.06　　 C．0.06~0.10　　D．0.10~0.25
8. _____材料具有憎水性。
　　A．硅橡胶　　　　B．电瓷　　　　　C．玻璃　　　　D．金属
9. SF_6 气体具有较高绝缘强度的主要原因之一是_____。
　　A．无色无味性　　B．不燃性　　　　C．无腐蚀性　　D．电负性
10. 冲击系数是_____放电电压与静态放电电压之比。
　　A．25%　　　　　B．50%　　　　　C．75%　　　　　D．100%

11. 在高气压下，气隙的击穿电压和电极表面_____有很大关系。
    A．粗糙度　　　B．面积　　　C．电场分布　　　D．形状
12. 雷电流具有冲击波形的特点：_____。
    A．缓慢上升，平缓下降　　　B．缓慢上升，快速下降
    C．迅速上升，平缓下降　　　D．迅速上升，快速下降
13. 在极不均匀电场中，正极性击穿电压比负极性击穿电压_____。
    A．小　　　B．大　　　C．相等　　　D．不确定

1.2 填空题

14. 气体放电的主要形式是_____、_____、_____、_____、_____。
15. 根据帕邢定律，在某一 ps 值下，击穿电压存在_____值。
16. 在极不均匀电场中，空气湿度增加，空气间隙击穿电压_____。
17. 流注理论认为，碰撞游离和_____是形成自持放电的主要因素。
18. 工程实际中，常用棒-板或_____电极结构研究极不均匀电场下的击穿特性。
19. 气体中带电质子的消失有_____、复合、附着效应等几种形式。
20. 对于支持绝缘子，加均压环能提高闪络电压的原因是_____。
21. 标准参考大气条件为：温度 t_0 = 20 ℃，压力 p_0 = _____ kPa，绝对湿度 h_0=11g/m³。
22. 等值盐密法是把绝缘子表面的污秽密度按照其导电性转化为单位面积上_____含量的一种方法。
23. 常规的防污闪措施有_____爬距，加强清扫，采用硅油、地蜡等涂料。
24. 我国国家标准规定的标准操作冲击波形成_____μs。
25. 极不均匀电场中，屏障的作用是由于其对_____的阻挡作用，造成电场分布的改变。
26. 下行的负极性雷通常可分为3个主要阶段：_____、_____、_____。
27. 调整电场的方法有_____电极曲率半径、改善电极边缘、使电极具有最佳外形。

1.3 问答题

28. 简要论述汤森放电理论。
29. 为什么棒-板间隙中棒为正极性时电晕起始电压比负极性时略高？
30. 影响套管沿面闪络电压的主要因素有哪些？
31. 一些卤族元素化合物(如 SF_6)具有高电气强度的原因是什么？
32. 保护设备与被保护设备的伏秒特性应如何配合？为什么？
33. 气体中带电质点的产生和消失有哪些主要方式？
34. 汤森理论与流注理论有哪些区别？它们各自的适用范围如何？
35. 极不均匀电场中的放电有何特性？比较棒-板气隙极性不同时电晕起始电压和击穿电压的高低，并简述其理由。
36. 电晕放电是自持放电还是非自持放电？电晕放电有何危害及用途？
37. 什么是帕邢定律？在何种情况下气体放电不遵循帕邢定律？

38．雷电冲击电压下间隙击穿有何特点？冲击电压作用下放电时延包括哪些部分？用什么来表示气隙的冲击击穿特性？

39．何谓伏秒特性？有何实用意义？

40．影响气体间隙击穿电压的因素有哪些？提高气体间隙击穿电压有哪些主要措施？

41．沿面闪络电压为什么低于同样距离下纯空气间隙的击穿电压？

42．分析套管的沿面闪络过程，提高套管沿面闪络电压有哪些措施？

43．试分析绝缘子串的电压分布及改进电压分布的措施。

44．什么叫绝缘的污闪？防止绝缘子污闪有哪些措施？

1.4 计算题

45．某母线支柱绝缘子拟用于海拔4500m的高原地区的35kV变电站，问平原地区的制造厂在标准参考大气条件下进行1min工频耐受电压实验时，其实验电压应为多少千伏？

46．某1000kV工频实验变压器，套管顶部为球形电极，球心距离四周墙壁均约5m，问球电极直径至少要多大才能保证在标准参考大气条件下，当变压器升压到1000kV额定电压时，球电极不发生电晕放电？

第 2 章
液体和固体介质的绝缘强度

本章知识架构

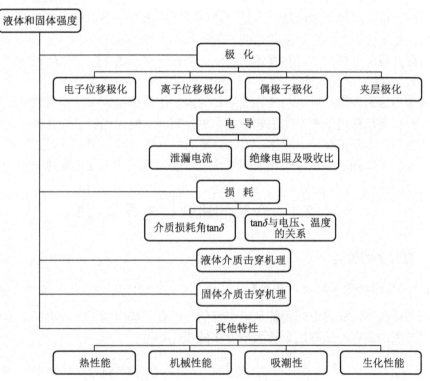

本章教学目标与要求

掌握介质极化的基本形式及特点;
掌握介质损耗角 tanδ 的测量方法,能准确判断介质的优劣;
了解液体、固体电介质的击穿机理及影响其击穿的因素;
掌握改进液体、固体电介质击穿的措施;
熟悉介质的热性能;
了解介质的其他性能。

1905年的一天，德国化学家贝耶尔，在烧瓶里做关于苯酚和甲醛的实验，发现里面生成了一种黏稠的东西，他用水去洗，洗不掉，改用汽油、酒精等有机溶剂，还是不行，这使贝耶尔伤透了脑筋，后来他想尽千方百计终于把这块"令人讨厌"的东西拿下来了，贝耶尔松了一口气，随手把它丢在废物箱里。

过了几天，贝耶尔要把废物箱里的东西倒掉，这时他一眼又看到了那块东西，表面光滑发亮，有一种诱人的光泽，贝耶尔好奇地把它取出来，拿到火上烧烤，它不再变软了，摔在地上，它也不破裂，用锯子来锯，它竟然被顺利地锯开了，敏锐的贝耶尔立即想到，这可能是一种很好的新材料。

经过人们的实验，果然发现这曾经"令人讨厌"的东西，现在实在太"讨人喜欢"了。它不渗水，受热不变形，有一定的机械强度，又易于加工，而且还有很好的绝缘性，这对于刚刚兴起的电器工业来说，简直是太理想了。于是，它被广泛地用来生产电闸、电灯开关、灯头、电话机等电器用品，为此才获得了"电木"这个名称。到现在为止，电木仍是最重要、生产量最大、使用最普遍的一种塑料。

绝缘介质除气体外，还有液体、固体。液体绝缘介质，除了做绝缘外，还常做载流导体或磁导体(铁心)的冷却剂，在开关电器中可用作灭弧材料。固体介质可作为载流导体的支撑或作为极间屏障，以提高气体或液体间隙的绝缘强度。因此，对液体、固体物质结构以及它们在电场作用下所产生的物理现象进行研究，能使我们了解并确定它们的电气强度及其他性能。本章主要介绍液体、固体介质的电气性能和击穿机理以及影响其绝缘强度的因素，从而了解判断其绝缘老化或损坏程度，合理地选择和使用绝缘材料。

2.1 介质的极化、电导和损耗

2.1.1 电介质的极化

1. 介质的极化和相对介电常数

正常情况下，任何电介质都是呈中性的。但在电场作用下，其电荷质点就会沿电场方向产生有限的位移，这种现象称为电介质的极化。

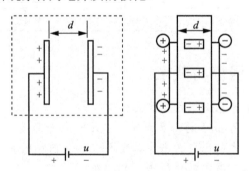

(a) 极板部为真空 (b) 极板部放入介质

图 2.1 介质极化示意图

图 2.1 为一平板电容器，极板面积为 A，距离为 d，电极间所加电压为直流电压 U_0。当极板间为真空时，电压 U 对真空电容器充电，极板上出现的电荷为 Q_0。此时电容器的电容值 C_0 为

$$C_0 = \frac{Q_0}{U} = \frac{\varepsilon_0 A}{d} \tag{2-1}$$

式中　　A——极板面积(cm^2)；

　　　　d——极板距离(cm)；

　　　　ε_0——真空的介电常数，8.86×10^{-14} F/cm。

然后将一块厚度与极间距离 d 相同的固体介质放于电极间，施加同样的电压，测得极板上的电荷增加到 $Q = Q_0 + \Delta Q$，这就是由电介质极化造成的。因为在外加电压作用下，介质中的正、负电荷产生位移，形成电矩，在极板上另外吸住了一部分电荷 ΔQ，所以极板上电荷增加了。此时电容值 C 为

$$C = \frac{Q}{U} = \frac{(Q_0 + \Delta Q)}{U} = \frac{\varepsilon A}{d} \tag{2-2}$$

式中　　ε——介质的介电常数。

显然，$C > C_0$。

定义

$$\varepsilon_r = \frac{C}{C_0} = \frac{(Q_0 + \Delta Q)}{Q} = \frac{\varepsilon}{\varepsilon_0} \tag{2-3}$$

ε_r 称为相对介电常数。它是充满介质时的几何电容和真空时的静电电容的比值。各种气体的 ε_r 均接近于 1，而常用的液固体介质的 ε_r 则各不相同，多为 2~6，且因温度、电源频率的不同而各不相同，并和各种极化形式有关。

2. 极化的形式

极化的类型很多，基本形式有以下几种。

1) 电子式位移极化

任何介质都是由原子组成的，原子为带正电荷的原子核和带负电荷的外层电子组成，其电荷量相等，且正负电荷作用中心重合，对外不显电性。而在外电场作用下，原子外层电子轨道相对于原子核产生位移，其正、负电荷作用中心不再重合，对外呈现出一个电偶极子的状态，如图 2.2 所示。这就是电子式位移极化。

电子式位移极化存在于一切介质中。它有以下特点：形成极化所需时间很短，约 $10^{-15} \sim 10^{-14}$ s，在各种频率下都可能发生，故 ε_r 与外加电源频率无关；它具有弹性，当外施电压去掉后，正、负电荷的相互吸引力又可使极化原子恢复到原有状态，因是弹性的，故无能量损耗；温度对电子式极化的影响极小，ε_r 随温度上升略有降低，但工程上可忽略温度的影响。

2) 离子式位移极化

固体有机化合物多属离子式结构，如云母、陶瓷、玻璃等材料。在无外电场时，正、负离子对称排列，各离子对的偶极矩互相抵消，故平均偶极矩为零。在外电场的作用下，

正、负离子将发生相反方向的偏移,使平均偶极矩不再为零,而形成电矩,对外呈现出电性,如图2.3所示。

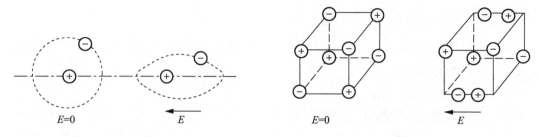

图 2.2 电子式极化　　　　　　　　图 2.3 离子式极化

离子式极化与电子式极化一样,也属弹性极化,极化过程的时间较电子式极化稍长,为 $10^{-13}\sim 10^{-12}$s,几乎无损耗。因此,在一般使用的频率范围内,ε_r 与频率无关。

温度对离子式极化的影响,存在着相反的两种因素,即离子是结合力随温升升高而降,使极化程度增强;但温度升高,离子密度减小,极化程度降低。其中以第一种因素影响较大,所以其 ε_r 一般具有正的温度系数。

3) 偶极子极化

偶极子是正、负电荷作用中心不重合的分子,分子的一端呈正电荷,另一端呈负电荷,分子本身就是一个永久性的偶极矩,如图 2.4 所示。由这种永久性的偶极子构成的介质称为极性介质。例如,蓖麻油、氯化联苯、橡胶、胶木、纤维素等均是常用的极性绝缘材料。单个偶极子虽具有极性,但无电场时,整个介质分子处于不停的热运动状态,宏观上正负电荷是平衡的,对外不显电性。在外电场的作用下,原来混乱分布的极性分子沿电场方向作定向排列,因而呈现出极性。

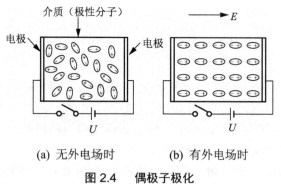

(a) 无外电场时　　　(b) 有外电场时

图 2.4 偶极子极化

偶极子极化是非弹性的,因为极化时极性分子旋转时克服分子间的吸引力而消耗的电场能量在复原时不可能收回;极化所需时间较长,为 $10^{-10}\sim 10^{-2}$s。因此,极性介质的 ε_r 与电源频率有较大的关系,随频率的增高而上升,频率很高时,偶极子来不及转向,因而其 ε_r 减小。

温度对极性介质的 ε_r 有很大影响。温度升高时,分子间联系减弱,转向容易,极化加强;但分子热运动加剧,妨碍它们有规律地运动,这又使极化减弱。所以极性电介质的 ε_r,最初随温度或高而增加,以后当热运动变得较强烈时,ε_r 又随温度升高而减小。

综上所述，可知：

(1) 气体介质由于密度很小，也即单位体积内所含分子的数目很少，所以无论是非极性气体还是极性气体，其ε_r均很小，在工程上可近似地认为其等于1。

(2) 液体介质可分为非极性、极性与强极性3种。非极性(或弱极性)液体的ε_r为1.8～2.5，变压器油等矿物油属于此类。极性液体的ε_r为2～6，如蓖麻油、氯化联苯即属此类。强极性液体的ε_r很大($\varepsilon_r>10$)，如酒精、水等，但这类液体介质的电导也很大，在交变电场中的介质损耗大，所以不能用作绝缘材料。

(3) 固体介质的情况比较复杂。用作高压设备绝缘材料的极性介质(如酚醛树脂、聚氯乙烯等)、非极性介质(聚乙烯、聚苯乙烯等)，以及离子介质(如云母、陶瓷等)，其ε_r为2～10，还有一些ε_r很大的固体介质，如钛酸钡等，$\varepsilon_r>1000$，不能用作绝缘材料。

一些电介质的相对介电常见表2-1。

表2-1 几种电介质的相对介电常数和电导率

材料类别		名称	ε_r(工频，20℃)	电导率(20℃)/($\Omega^{-1}\cdot cm^{-1}$)
气体介质 (标准大气压)	中性	空气	1.00058	
		氮气	1.00060	
	极性	二氧化硫	1.009	
液体	弱极性	变压器油	2.2	10^{-15}～10^{-12}
		硅有机油类	2.2～2.8	10^{-15}～10^{-14}
	极性	蓖麻油	4.5	10^{-12}～10^{-10}
	强极性	乙醇	26	1.35×10^{-17}
		水	81	0.1～5.0×10^{-6}
固体	中性	石蜡	1.9～2.2	10^{-16}
		聚苯乙烯	2.4～2.6	10^{-18}～10^{-17}
		聚四氯乙烯	2	10^{-18}～10^{-17}
	极性	松香	2.5～2.6	10^{-16}～10^{-15}
		纤维素	6.5	10^{-14}
		胶木	4.5	10^{-14}～10^{-13}
		聚氯乙稀	3.3	10^{-16}～10^{-15}
		沥青	2.6～2.7	10^{-16}～10^{-15}
	离子性	云母	5～7	10^{-16}～10^{-15}
		陶瓷	6～7	10^{-16}～10^{-15}

阅读材料2-1

云母

云母(Mica)是钾、铝、镁、铁、锂等层状结构铝硅酸盐的总称。普遍存在多型性，其中属单斜晶系者常见，其次为三方晶系，其余少见。云母族矿物中最常见的矿物种有黑云母、白云母、金云母、锂云母等。云母通常呈假六方或菱形的板状、片状、柱状晶形。颜色随化学成分的变化而异,主要随 Fe 含量的增多而变深。白云母无色透明或呈浅色；黑云母为黑至深褐、暗绿等色；金云母呈黄色、棕色、绿色或无色；锂云母呈淡紫色、玫瑰红色至灰色。玻璃光泽,解理面上呈珍珠光泽。莫氏硬度一般为 2~3.5,比重为 2.7~3.5。平行底面的解理极完全。白云母和金云母具有良好的电绝缘性、不导热、抗酸、抗碱和耐压性能,因而被广泛用来制作电子、电气工业上的绝缘材料。云母碎片和粉末用作填料等。锂云母还是提取锂的主要矿物原料。

(中国大百科全书)

4) 夹层极化

在高压设备中,常应用多种介质绝缘,如电缆、电容器、电机和变压、器绕组等。两层介质中常夹有油层、胶层等,这时在介质的分界面上产生"夹层极化"现象。这种极化过程特别缓慢,且有能量损耗,属有损极化。

以平板电极间的双层介质为例说明夹层极化,如图 2.5 所示。在图中,每层介质的面积及厚度均相等,外电压为直流电压 U_0。在合闸瞬间,两层之间的电压 U 与各层的电容成反比(突然合闸的瞬间相当于很高频率的电压),即

$$\left.\frac{U_1}{U_2}\right|_{t=0} = \frac{C_2}{C_1} \tag{2-4}$$

到达稳态后,各层电压与电阻成正比,即与电导成反比。

$$\left.\frac{U_1}{U_2}\right|_{t=\infty} = \frac{G_2}{G_1} \tag{2-5}$$

如果介质是单一均匀的,则 $\varepsilon_{r1} = \varepsilon_{r2}$,$C_1 = C_2$,$G_1 = G_2$,则

$$\left.\frac{U_1}{U_2}\right|_{t=0} = \left.\frac{U_1}{U_2}\right|_{t=\infty} \tag{2-6}$$

即合闸后,两层介质之间不会产生电压重新分配过程。

如果介质不均匀,即 $\varepsilon_1 \neq \varepsilon_2$,$C_1 \neq C_2$,$G_1 \neq G_2$,则

$$\left.\frac{U_1}{U_2}\right|_{t=0} \neq \left.\frac{U_1}{U_2}\right|_{t=\infty} \tag{2-7}$$

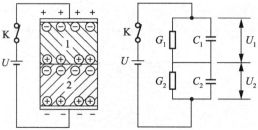

图 2.5 夹层极化现象

合闸后,两层介质之间有一个电压重新分配的过程,也即 C_1、C_2 上电荷要重新分配。设 $C_1 > C_2$,$G_1 < G_2$,则在 $t = 0$ 时,$U_1 < U_2$;$t \to \infty$ 时,$U_1 > U_2$。即 $t = 0$ 以后,随时间 t 的增大,U_1 逐渐增大而 U_2 逐渐下降(因为 $U_1 + U_2 = U$ 是一个常数)。也即 C_2 上的一部分电荷要通过 G_2 放掉,而 C_1 要从电源再吸收一部分电荷,这一部分电荷称为吸收电荷。夹层的存在,使得在介质分界面上出现吸收电荷,整个介质的等值电容增大,这一过程称为吸收过程。吸收过程完毕,极化过程结束,因而该极化称为夹层极化。吸收过程要经过 C_1、C_2 和 G_1、G_2 进行,其放电时间常数 $\tau = (C_1 + C_2)/(G_1 + G_2)$。由于电导 G 的数值很小,因而时间常数 τ 很大,极化速度非常缓慢。当介质受潮,电导增大,τ 将大大降低。假如外加电压频率高,因电荷来不及动作而无此极化。同样道理,去掉外加电压之后,介质内部电荷释放也是十分缓慢的。因此,对于使用过的大电容量设备,应将两极短接充分放电,以免过一定时间后吸收电荷陆续释放出来,危及人身安全。

夹层极化是有能量损耗的,且是非弹性的。

3. 讨论介质极化在工程实际中的意义

(1) 选择电容器中的绝缘材料时,在相同耐电强度情况下,要选择 ε_r 大的材料,以使电容器单位容量的体积、重量减小;在其他绝缘结构里,希望材料的 ε_r 要小些,如电缆,以减少工作时的充电电流,如电机定子绕组出口槽和套管情况,以提高交流下沿面放电电压。

(2) 在使用组合绝缘时,要注意各种材料的 ε_r 的适当配合,否则会降低整体绝缘的绝缘能力。如图 2.6 所示,设有厚度为 d_1、d_2 的两种材料 1、2,其介电常数分别为 ε_1、ε_2,电容量为 C_1、C_2。当施加交流电压 U 后,若略去材料的电导不计,则有

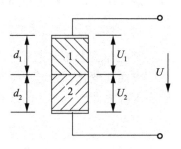

图 2.6 双层电介质

$$\frac{U_1}{U_2} = \frac{C_2}{C_1} = \frac{\varepsilon_2 d_1}{\varepsilon_1 d_2}$$

$$U_1 + U_2 = U$$

由此可得

$$U_1 = (\varepsilon_2 d_1 U)/(\varepsilon_1 d_2 + \varepsilon_2 d_1)$$
$$U_2 = (\varepsilon_1 d_2 U)/(\varepsilon_1 d_2 + \varepsilon_2 d_1)$$

而

$$U_1 = E_1 d_1 \quad U_2 = E_2 d_2$$

所以

$$E_1 = (\varepsilon_2 d_1)/(\varepsilon_1 d_2 + \varepsilon_2 d_1)$$
$$E_2 = (\varepsilon_1 d_2)/(\varepsilon_1 d_2 + \varepsilon_2 d_1)$$

则

$$\frac{E_1}{E_2} = \frac{\varepsilon_2}{\varepsilon_1} \tag{2-8}$$

由式(2-8)可知，双层串联介质结构中的电场强度是不相同的，与绝缘材料的介电常数成反比，即在介电常数小的材料中承受较大的电场强度。如果绝缘中存在气泡，由于气体的 ε_r 是最小的，所以气泡将承受较大的电场强度，首先在气泡处发生游离，引起局部放电，使整体材料的绝缘能力降低。利用式(2-8)所示的特性，可以改善电缆中的电场分布。在电缆心处使用 ε_r 较大的材料，可减小电缆心处的场强，电缆中电场分布均匀一些，从而提高整体的耐电强度。

(3) 材料的介质损耗与极化形式有关，而介质损耗是影响绝缘劣化和热击穿的一个重要因素。

(4) 在绝缘预防性实验中，夹层极化现象可用来判断绝缘受潮情况。在使用电容器等大电容量设备时，必须特别注意吸收电荷对人身安全的威胁。

2.1.2 电介质的电导

任何电介质都不是理想的绝缘体，在它们内部总有一些联系较弱的带电质点存在。在外电场作用下，这些带电质点作定向运动，形成电流。因而任何电介质都具有电导。

1. 泄漏电流和绝缘电阻

在电介质上加上直流电压，初始瞬时由于各种极化的存在，流过介质的电流很大，之后随时间而变化。经过一定时间后，极化过程结束，流过介质的电流趋于一定值，这一稳定电流称为泄漏电流，与之相应的电阻称为电介质的绝缘电阻 R_∞。

$$R_\infty = \frac{U}{I} \tag{2-9}$$

这个电阻值包括了绝缘介质的体积绝缘电阻和表面绝缘电阻

$$R_\infty = \frac{R_1 R_2}{R_1 + R_2} \tag{2-10}$$

式中　R_1——体积绝缘电阻；
　　　R_2——表面绝缘电阻。

介质的绝缘电阻或介质电导决定了介质中的泄漏电流。泄漏电流大，将引起介质发热，加快绝缘介质的老化。因此，一般所指泄漏电流是流过介质内部的泄漏电流，相应的绝缘电阻是体积绝缘电阻，以此来反映介质内部的情况，由于表面电阻受外界的影响很大，因此，在工程上测量绝缘电阻时，应在测量回路中加以辅助电极，使表面泄漏电流不通过测量表。以后若不加以特殊说明，绝缘电阻均指体积绝缘电阻。

介质电导是离子电导，比金属电导小得多。这种电导一般包括两个方面：一是介质分子中的带电质点在热运动和电场作用下离解成自由质点，沿电场方向作定向运动而形成电导；二是介质中的杂质在电场作用下离解成沿电场方向运动而形成的电导。介质电导的大小与带电质点的密度、速度、电荷量、外施电场有关。温度越高，参与漏导的离子越多，即电导电流越大。因此，介质电阻具有负的温度系数，与金属电阻相反。当介质中出现自由电子构成的电子电流时，表明介质即将击穿或已击穿，此时介质不能再做绝缘体，这时绝缘电阻值将急剧下降。

电介质的绝缘电阻随温度的上升而增大，近似于指数关系：

$$R_t = R_0 e^{-\alpha t} \tag{2-11}$$

式中　R_0——温度为0℃的绝缘电阻；

　　　R_t——温度为t℃的绝缘电阻；

　　　α——温度系数，根据不同的设备、材料和结构的实验来确定。

2. 电介质的电导电流

在图2.7(a)所示的电路中加上直流电压，流过介质的电流变化情况如图2.7(b)所示，它由3部分组成：i_1为纯电容电流分量，由电极间几何电容C_0以及介质中的无损极化决定，故又称为几何电流，其存在时间很短，很快衰减到零；i_2由介质的有损极化过程决定，其存在时间较长，可达数分钟到数十分钟，它与时间轴所夹面积即为吸收电荷；i_3是泄漏电流，又称为电导电流，不随时间而变，与绝缘电阻相对应，服从欧姆定律。因此，流过介质的总电流为$i = i_1 + i_2 + i_3$。据此可画出介质等值电路如图2.7(c)所示。其中C_0为纯电容支路，代表介质的几何电容及无损极化过程，流过的电流$i_c = i_1$；r_a、C_a代表有损极化电流支路，流过电流$i_a = i_2$；R_∞代表电导电流支路，流过的电流为$i_\infty = i_3$。

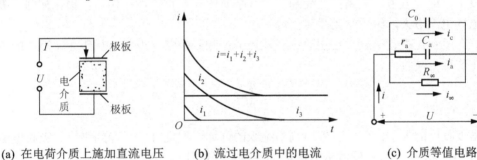

(a) 在电荷介质上施加直流电压　　(b) 流过电介质中的电流　　(c) 介质等值电路

图2.7　电介质中的电流及其等效电路

3. 工程介质电导的性质

1) 气体介质电导

在工程中使用得最多的是空气，其带电质点来源主要有两方面：一是外界紫外线、宇宙射线等照射，产生游离；二是在强电场作用下，气体中电子的碰撞游离。

当外加电压小于击穿场强时，空气的电导率是很小的，为$10^{-16} \sim 10^{-15}(\Omega^{-1} \cdot cm^{-1})$，故是良好的绝缘体。气体电导主要是电子电导。

2) 液体介质电导

液体介质中形成电导电流的带电质点主要有两种：一是构成液体的基本分子或杂质离解而成带电质点，构成离子电导；二是由于相当大的带有电荷的胶体质点构成电泳电导。中性和弱极性液体，在纯净时，电导很小，而当含有杂质和水分时，其电导显著增加，绝缘性能下降，其电导主要由杂质离子构成。极性和强极性液体介质的分解作用很强，离子数多，电导很大，一般情况下，不能做绝缘材料。可见，液体的分子结构、极性强弱、纯净程度、介质温度等对电导影响很大，各种液体电介质的电导可能相差悬殊，工程上常用的变压器油、漆和树脂等都属于弱极性。表 2-1 中同时列出了常用的几种介质的电导率。

3) 固体介质电导

固体介质电导分为离子电导和电子电导两部分。离子电导很大程度取决于介质中所含的杂质，特别是对于中性及弱极性介质，杂质离子起主要作用。当电场很高时，由于碰撞游离和阴极电子发射，电子电导急增，预示绝缘接近击穿。

固体介质的表面在干燥、清洁时，其电导很小，故其表面电导主要是附着于介质表面的水分与其他污物引起的，还与介质本身性质有关。对于中性和弱极性介质(如石蜡、聚苯乙烯、硅有机物等)，水分在其上不能形成连续水膜，故表面电阻较高，电导较小，称这类介质为憎水性介质。极性介质(如云母、玻璃等)，很容易吸附水分，形成边疆水膜，表面电导较大，且与湿度有关，称这类介质为亲水性介质。对于多孔性介质，其表面、体积电阻均小，如纤维材料就属于这类。

4. 讨论电介质电导的意义

(1) 在绝缘预防性实验中，以绝缘电阻值判断绝缘是否受潮或有其他劣化现象。测量绝缘电阻，实际上就是测量介质在直流电压作用下的电流。对于干燥、完整良好的绝缘，其电流很小，绝缘电阻值很高；而受潮、含有杂质或存在贯穿性损伤后，极化加强，吸收电流、电导电流增大，绝缘电阻显著下降。

由于介质存在吸收现象，在实验中把加压 60s 测量的绝缘电阻与加压 15s 测量的绝缘电阻的比值称为吸收比，即

$$K = \frac{R_{60''}}{R_{15''}} \tag{2-12}$$

根据吸收比的大小，可以有效地判断绝缘的好坏，如良好、干燥的绝缘。吸收电流较大($R_{15''}$ 较小)，K 值较大；受潮或有缺陷的绝缘，吸收比较小。

(2) 多层介质在直流电压下，电压分布与电导成反比，故设计用于直流的设备要注意所用介质的电导，应使材料使用合理。

(3) 设计时要考虑绝缘的使用环境，特别是湿度的影响。有时需要进行表面防潮处理，如在胶布(或纸)筒外表面刷环氧漆，绝缘子表面涂硅有机物或地蜡等。

(4) 非所有的情况下均要求绝缘电阻值高，有些情况下要设法减小绝缘电阻值。如在高压套管法兰附近涂半导体釉，高压电机定子绕组出槽口部分涂半导体釉等，都是为了改善电压分布，以消除电晕。

2.1.3 电介质的损耗

1. 电介质损耗及介质损失角正切

介质在电压作用下有能量损耗。一种是电导引起的损耗；另一种是由有损极化引起的损耗。在直流电压下，由于无周期性极化过程，因此，当外施电压低于发生局部放电电压时，介质中损耗仍由电导引起，此时用绝缘电阻这一物理量就足以表达，而在交流电压下，

除了电导损耗外，还由于存在周期性极化引起的能量损耗，因此，引入介质损耗这一新的物理量来表示。定义为在交流电压下，介质的有功功率损耗为介质损耗。

在图 2.8 所示电路中，在介质两端施加交流电压 $\dot{U}$，由于介质中有损耗，电流 $\dot{I}$ 不是纯电容电流，可分为两个分量：

$$\dot{I} = \dot{I}_\mathrm{r} + \dot{I}_\mathrm{c} \tag{2-13}$$

式中 $\dot{I}_\mathrm{r}$ ——有功电流分量；
$\dot{I}_\mathrm{c}$ ——无功电流分量。

电源提供的视在功率为

$$S = P + \mathrm{j}Q = UI_\mathrm{r} + \mathrm{j}UI_\mathrm{c} \tag{2-14}$$

由图 2.8 所示的功率三角形可知，介质损耗为

$$P = Q\tan\delta = U^2\omega C\tan\delta \tag{2-15}$$

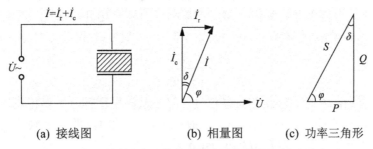

(a) 接线图　　(b) 相量图　　(c) 功率三角形

图 2.8　介质在交流电压作用时的电流相量图及功率三角形

用介质损耗 P 来表示介质品质好坏是不方便的，从式(2-15)中可以看出，P 值与实验电压的平方和电源频率成正比，与试品尺寸、放置位置有关，不同试品之间难以进行比较。而当外加电压和频率一定时，P 与介质的物理电容 C 成正比，对于一定结构的试品而言，电容 C 是定值，P 与 $\tan\delta$ 成正比，故对同类试品绝缘的优劣，可直接用 $\tan\delta$ 来代替 P 值，对试品绝缘进行判断。因此，定义 δ 为介质损失角，它是功率因数角 φ 的余角。介质损失角正切值 $\tan\delta$ 如同 ε_r 一样，仍取决于材料的特性，而与材料尺寸无关，其可以方便地表示介质的品质。

有损介质可以用一个无损耗的理想电容和一个有效电阻并联或串联来表示，如图 2.9 所示。

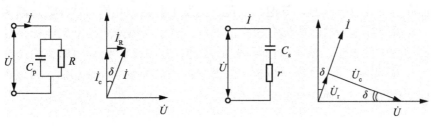

(a) 并联等值电路　　(b) 串联等值电路

图 2.9　有损介质的等值电路和相量图

从图 2.9(a)中可得

$$\tan\delta = \frac{I_R}{I_c} = \frac{U/R}{U\omega C_p} = \frac{1}{\omega C_p R} \tag{2-16}$$

$$P = \frac{U^2}{R} = U^2 \omega C_p \tan\delta \tag{2-17}$$

从图 2.9(b)中可得

$$\tan\delta = \frac{U_r}{U_c} = \frac{I_R}{I/\omega C_s} = \omega C_s r \tag{2-18}$$

$$P = I^2 r = \frac{U^2 r}{r^2 + (1/\omega C_s)^2} = \frac{U^2 \omega^2 C_s^2 r}{1+(\omega C_s r)^2} = \frac{U^2 \omega C_s \tan\delta}{1+\tan^2\delta} \tag{2-19}$$

但所述等值电路只有计算上的意义，不能确切地反映介质的物理过程。如果损耗主要是由电导引起的，常使用并联等值电路，如果损耗主要是由介质极化及连接导线引起的，则常应用串联等值电路。但要注意其中参数不同，由式(2-17)和式(2-19)可得

$$C_p = \frac{C_s}{1+\tan^2\delta} \tag{2-20}$$

因此，在测量 $\tan\delta$ 时，选设备的电容量计算公式与采用哪一种等值电路有关。但由于试品绝缘的 $\tan\delta$ 一般很小，$1+\tan^2\delta \approx 1$，故 $C_p \approx C_s$，此时，并、串联等值电路的介质损耗表达式可用同一公式表示为 $P = U^2 \omega C \tan\delta$。

实际上，电导损耗和极化都是存在的，介质的等值电路应用如图 2.7 所示，用三支路并联等值电路来等值。

2. 影响介质损耗的因素

影响 $\tan\delta$ 的因素主要有温度、频率和电压等。

气体介质的损耗除了有电导、极化两种以外，还有气体游离引起的损耗。当场强不足以产生碰撞游离时，气体中的损耗主要是由电导引起的，损耗极小($\tan\delta<10^{-8}$)，所以常用气体(如空气、N_2、CO_2、SF_6 等)作为标准电容器的介质。当外施电压 U 超过起始放电电压 U_0 时，将发生局部放电，损耗急剧增加，如图 2.10 所示，这种现象在高压输电线上表现得极为突出，称为电晕放电。

在固体介质中含有气泡时，气泡在高压下会发生游离，并使固体介质逐渐劣化。所以常用浸油、充胶等措施来消除固体介质中的气泡。对于固体介质与金属电极接触处的空气隙，则经常用适中的方法，使气隙内场强为零。例如，35kV 瓷套内壁上涂半导体釉；通过弹性铜片与导电杆相连；高压电机定子线圈槽内绝缘外包半导体层后，再嵌入槽内等。

中性或弱极性液体介质的损耗主要来源于电导，损耗较小，损耗与温度的关系也和电导相似。

极性液体(如蓖麻油、氯化联苯等)以及极性与中性液体的混合物(如电缆胶，由松香和变压器油混合而成)都具有电导和极化损耗，故损耗与温度、频率都有关系，如图 2.11 所

示。当温度 $t \leqslant t_1$ 时,由于温度很低,故电导和极化损耗均较小,随着温度升高,两种损耗均增大,到 t_1 时达到最大。在 $t_1 \leqslant t \leqslant t_2$ 范围内,由于分子热运动加剧,妨碍偶极子转向极化,极化损耗减小,极化损耗的减小比电导损耗的增加更快,故总的 tanδ 随温度升高而下降,在 $t = t_2$ 时,出现极小值。$t > t_2$ 后,电导损耗占主导地位,tanδ 又重新随温度升高而增加。

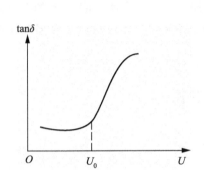

图 2.10 气体中的 tanδ 与电压的关系

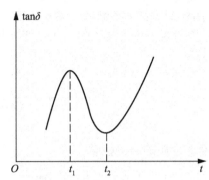

图 2.11 极性液体介质 tanδ 与温度的关系

电压、频率对 tanδ 的影响很大,且与绝缘材料性质有关。随着频率的增加,介质中离子往复运动的速度增快,损耗加大,但频率过高,偶极子转向来不及跟随电压的变化,损耗反而下降。要使极化充分,必须升高温度以减小黏度。在电力系统中电源频率固定为 50Hz,一般频率只有很小变化,可视为对 tanδ 无影响。

固体介质的情况比较复杂。根据其结构可分为分子式结构、离子式结构、不均匀结构和强极性介质 4 类。强极性介质在高压设备中一般不采用。

分子式结构中有中性和极性两种。中性介质如石蜡、聚乙烯、聚苯乙烯、聚四氯乙烯等,其损耗主要由电导引起,通常很小,在高频下也可使用。极性的纤维材料如纸、纤维板等和含有极性基的有机材料如聚氯乙烯、有机玻璃、酚醛树脂、硬橡胶等,此类介质的 tanδ 与温度、频率的关系与极性液体相似,tanδ 值较大,高频下更为严重。

离子式结构的介质,其 tanδ 与结构特性有关。结构紧密的不含杂质的离子晶体,如云母,其 tanδ 主要是由电导引起的,tanδ 极小,且云母的电气强度高,耐热性能好,耐局部放电性能也好,故云母是优良的绝缘材料,在高频下也可使用。结构不紧密的离子结构中,有极化损耗,故介质的 tanδ 较大,玻璃、陶瓷属此类,但随成分和结构的不同,tanδ 相差悬殊。

不均匀结构的介质,在工程上常常遇到,如电机绝缘中使用的云母制品和广泛使用的油浸纸、胶纸绝缘等,其损耗取决于各成分的性能和数量间比例。不均匀介质损耗是很复杂的,但它又具有很大的现实意义。目前尚无完整的、系统的理论来说明各种复杂的物理过程。但夹层极化这类有损极化是产生损耗的重要原因。一般这种损耗较大,是占整体损耗的主要部分。

3. 讨论介质损耗的意义

(1) 设计绝缘结构时,应注意到绝缘材料的 tanδ 值。若 tanδ 过大会引起严重发热,使材料劣化，甚至可能导致热击穿。

(2) 用于冲击测量的连接电缆，其 tanδ 必须要小，否则冲击电压波在其中传播时将发生畸变，影响测量精度。

(3) 在绝缘实验中，tanδ 的测量是一项基本测试项目。当绝缘受潮劣化或含有杂质时，tanδ 将显著增加，绝缘内部是否存在局部放电，可通过测 tanδ-U 的关系曲线加以判断。

(4) 用作绝缘材料的介质，希望 tanδ 小。在其他场合，可利用 tanδ 引起的介质发热，如电瓷泥坯的阴干需较长时间，在泥坯上加适当的交流电压，则可利用介质损耗发热，加速干燥过程。

2.2 液体介质的击穿

2.2.1 液体介质的击穿机理

对液体介质的击穿可分为两种情况。

对于纯净的液体介质，其击穿强度很高。在高电场下发生击穿的机理有各种理论，主要分为电击穿理论和气泡击穿理论，前者以液体分子由电子碰撞而发生游离为前提条件，后者则认为液体分子由电子碰撞而发生气泡，或在电场作用下因其他原因发生气泡，由气泡内气体放电而引起液体介质的热击穿。

纯净液体电介质的击穿场强虽然很高，但其精制、提纯极其复杂，而且设备在制造及运输中又难免产生杂质，所以工程上使用的液体中总含有一些杂质，称为工程纯液体，可用小桥理论说明其击穿过程。例如，变压器油常因受潮而含有水分，并有从固体材料中脱落的纤维，它们对油的击穿过程都有影响。由于水和纤维的介电常数非常大，在电场作用下，它们易极化，沿电场方向排列成杂质"小桥"。当小桥贯穿两极时，由于水分及纤维等的电导大，引起流过杂质小桥的泄漏电流增大，发热增多，促使水分汽化，形成气泡；即使是杂质小桥未连通两极，由于纤维的存在，可使纤维端部油中场强显著增高，高场强下油发生游离分解出气体形成气泡，而气体的 ε_r 最小，分担的电压最高，其击穿场强比油低得多。所以气泡首先发生游离放电，游离出的带电质点再撞击油分子，使油又分解出气体，气体体积膨胀，游离进一步发展；游离的气泡不断增大，在电场作用下容易排列成连通两极的气体小桥时，就可能在气泡通道中形成击穿。

小桥理论虽不能作定量估计，但有实验依据，可以解释工程纯液体的许多现象。

目前最常用的液体介质主要是从石油中提炼出来的矿物油，广泛地应用在变压器、断路器、套管、电缆和电容器等设备中，分别称为变压器油、电容器油。由于矿物油的介电常数低、易老化、会燃烧、有爆炸危险等，所以国内外正致力于研究将硅油、十二烷基苯等绝缘介质用于高压电力设备中。

2.2.2 影响液体介质击穿的因素和改进措施

从小桥理论可以看出，液体介质的击穿过程比较复杂，影响因素较多，各种影响因素的变动很大，击穿电压的分散性大。但实验表明，同一试品的多次实验电压平均值和最小值仍较稳定。下面以应用最广泛的变压器油为例说明几种主要的影响因素。

1. 油品质的影响

从小桥理论可知,液体介质的击穿,首先是由于液体中含有杂质,在电场作用下,杂质形成杂质小桥,使液体介质抗电强度下降。因此,液体中所含杂质成分及数量对液体介质中的击穿电压有显著影响。杂质的影响要以水分,特别是含水纤维影响最为严重。

水分如果溶解于液体介质中,对击穿电压的影响不大。水分在液体中如呈悬浮状态,则在电场作用下被拉长,有相当数量的水分时,易形成小桥使击穿电压显著下降,在一定温度下,液体中只能含有一定量的水分,过多的水将沉于容器底部,因此,水分增多,击穿电压下降是有限的。而当纤维吸收水分后,易形成小桥,对击穿电压的影响就特别明显,如图 2.12 和图 2.13 所示。

此外还有放电所产生的碳粒和氧化所生成的残渣等,会使电场变得不均匀,还可附着于固体表面,降低沿面放电电压。油中溶解的气体遇到温度变化或搅动就易释出,形成气泡。这些气泡在较低的电压下可能游离,游离气泡的温度升高而蒸发,沿电场方向也易形成小桥,导致击穿电压下降。即使是溶解于液体中的气体,也会使液体逐渐氧化、老化,黏度降低。电场越均匀,杂质的影响越大,击穿电压的分散性也越大。在不均匀电场中,因为场强高处发生了局部放电,使液体产生了的扰动,杂质不易形成小桥,其影响较小。

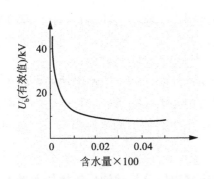

图 2.12　在标准油杯中变压器油的工频击穿电压和含水量的关系　　图 2.13　水分、杂质对变压器油击穿电压的影响

2. 温度的影响

液体介质的击穿电压与温度的关系较复杂。受潮的油的击穿电压随温度升高而上升,如图 2.14 所示。其原因是由于油中悬浮状态的水分随温度升高而转入溶解状态,以致受潮的变压器在温度较高时,击穿电压可能出现最大值。而当温度更高时,油中所含水分汽化增多,在油中产生大量气泡,击穿电压反而降低。干燥的油受温度影响较小。

3. 电压作用时间的影响

油的击穿电压与电压作用时间有关。由于油的击穿电压需要一定的时间(杂质小桥形成需要时间,气体逸出需要时间),所以油间隙击穿电压会随所加电压时间的增加而下降,如图 2.15 所示。

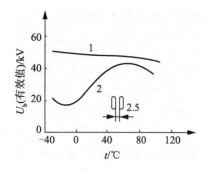 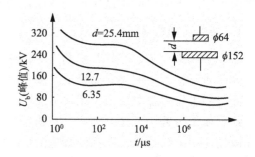

图 2.14 变压器油工频击穿电压与温度的关系　　图 2.15 变压器油的击穿电压与电压作用时间的关系

1—干燥的油；2—潮湿的油

当电压作用时间较长时，油中杂质有足够时间在间隙中形成杂质小桥，击穿电压下降。电压作用时间较短时，杂质小桥来不及形成小桥，击穿电压显著提高。作用时间越短，击穿电压越高。经长时工作后，由于油劣化、脏污等原因，击穿电压缓慢下降，油不太脏时，1min 的击穿电压和长时间作用下的击穿电压相差不大，故变压器油做工频耐压实验时加压时间通常为 1min。

4. 电场均匀程度的影响

油的纯度较高时，改善电场的均匀程度能有效地提高工频或直流击穿电压，但在较脏的油中，杂质的积聚和排列已使电场畸变，电场均匀的好处并不明显。在受到冲击电压作用时，由于杂质小桥不易形成，则改善电场均匀程度能提高冲击击穿电压。

因此，考虑油浸式绝缘结构时，如在运行中能保持油的清洁，或绝缘结构主要承受冲击电压的作用，则尽可能使电场均匀，反之，绝缘结构如果长期承受运行电压的作用，或在运行中易劣化或老化，则可以使用不均匀电场，或采用其他措施来减小杂质的影响。

5. 压力的影响

不论电场均匀度如何，工业纯变压器油的工频击穿电压总是随油压的增加而增大，这是油中气泡的电离电压增高和气体在油中的溶解度增大的缘故，如图 2.16 所示。但经过脱气处理的油，其工频击穿电压就几乎与油压无关。

由此可见，对液体介质的击穿电压影响最大的是杂质。因此，液体介质中应尽可能除去杂质，提高并保持液体品质。通常通过标准油杯实验来检查油的品质。我国实验用的标准油杯电极的尺寸如图 2.17 所示。其电极由黄铜棒车制而成，圆盘直径为 25mm，油间隙为 2.5mm，外壳为绝缘制品。平板电极间电场均匀，因而油中稍有受潮、含杂质，击穿电压将明显下降。因此，油杯实验得到的油的耐压强度只能作为对油品质的衡量标准，不能作为计算不同条件下油间隙的耐受电压。油的品质高低主要用来判断油中所含杂质的情况。

我国规程规定用来灌注高压电力变压器等设备的变压器油，在油杯实验中的工频击穿电压要求在 25~40kV 以上(与设备的额定电压有关)，灌注高压电缆和电容器的用油，在油杯中的工频击穿电压常要求在 50kV 或 60kV 以上。为了减少杂质，提高油的品质，最常用的方法是过滤。用滤纸过滤可除去油中的纤维和部分水分，运行中也常用过滤的方法来恢复油的绝缘强度。对于浸在油中的绝缘件，浸油前烘干；或在空气进口处采用带干燥器的呼吸器；或以真空注油，防潮和祛气。此外，还在绝缘结构上采用覆盖或绝缘层和屏障等，以减小杂质的影响，提高油间隙和击穿电压。

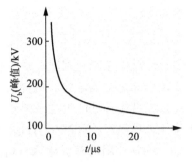

图 2.16 变压器工频击穿电压与压力的关系

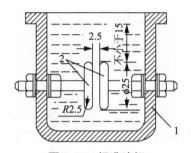

图 2.17 标准油杯

1—绝缘外壳；2—黄铜电极

在电场中曲率半径小的电极上，覆盖以薄电缆纸、黄蜡布或涂漆膜，称为覆盖层。覆盖层虽然很薄（零点几毫米以下)，但它能限制泄漏电流，阻止杂质小桥与电极接触，限制其形成和发展，使工频击穿电压显著提高，放电分散性降低。例如，在均匀电场中击穿电压可提高 70%～100%，在极不均匀电场中也可提高 10%～15%，因此，在充油设备中极少采用裸导体。

2.3 固体介质的击穿

2.3.1 固体介质的击穿机理

固体介质的击穿电压与外施电压作用时间长短有密切关系，其击穿电压随电压作用时间的缩短而迅速上升到其上限——固有击穿电压。固体介质一旦击穿后，便丧失了绝缘性能，有了固有导电通道，即使去掉外施电压，也不像气体、液体介质那样能自己恢复绝缘性能，固体介质这类绝缘称为非自恢复绝缘。

固体介质的击穿可分为电击穿、热击穿、电化学击穿。

1. 电击穿

在强电场作用下，介质内的少量自由电子得到加速，产生碰撞游离，使介质中带电质点数目增多，导致击穿，这种击穿称为电击穿。其特点是：击穿过程极短，为 10^{-6}～10^{-3} s；击穿电压高，介质温度不高；击穿场强与电场均匀程度关系密切，与周围环境温度无关。

2. 热击穿

当固体介质受到电压作用时，由于介质中发生损耗引起发热。当单位时间内介质发出的热量大于发散的热量时，介质的温度升高。而介质具有负的温度系数，这就使电流进一步增大，损耗发热也随之增大，最后温升过高，导致绝缘性能完全丧失，介质即被击穿。这种与热过程相关的击穿称为热击穿。当绝缘原来存在局部缺陷时，该处损耗增大，温升增高，击穿就易发生在这种绝缘局部弱点处。热击穿的特点是：击穿与环境、电压作用时间、电源频率有关，还与周围媒质的热导、散热条件及介质本身导热系数、损耗、厚度等有关。击穿需要较长时间，击穿电压较低。

3. 电化学击穿

电气设备在运行了很长时间后(数十小时甚至数年)，运行中绝缘受到电、热、化学、机械力作用，绝缘性能逐渐变坏，这一过程是不可逆的，称此过程为老化。使介质发生老化的原因是：局部过热，高电压下由于电极边缘，电极和绝缘接触处的气隙或者绝缘内部存在的气泡等处发生局部放电，放电过程中形成的氧化氮、臭氧对绝缘产生腐蚀作用；同时，游离产生的带电质点也将碰撞绝缘，造成破坏作用，这种作用对有机绝缘材料(如纸、布、漆、油等)特别严重；局部放电产生时，由于热的作用还会使局部电导和损耗增加，甚至引起局部烧焦现象；或介质不均匀及电场边缘场强集中引起局部过电压。以上过程可能同时作用于介质，导致绝缘性能下降，以致绝缘在工作电压下或短时过电压下发生击穿，称此击穿为电化学击穿。

实际上，电介质击穿往往是上述 3 种击穿形式同时存在的。一般来说，$\tan\delta$ 大、耐热性能差的介质，处于工作温度高、散热又不好的条件下，热击穿的几率就大些。至于单纯的电击穿，只有在非常纯洁和均匀的介质中都有可能；或者电压非常高而作用时间又非常短，如在冲击电压下的击穿，基本上属于电击穿。电击穿的击穿强度比击穿高，而电化学击穿则决定于介质中气泡和杂质。因此，固体介质的击穿电压分散性较大。

2.3.2 影响固体介质击穿的因素和改进措施

影响固体介质击穿的因素比较多，主要有以下几种因素。

1. 电压作用时间

外施电压作用时间对击穿电压的影响很大。以常用的电工纸板为例，击穿电压与外施电压作用时间的关系如图 2.18 所示。在图中较宽的区域(A 区)击穿电压与电压作用时间无关，只在时间小于微秒级时击穿电压才升高，这与气体放电的伏秒特性相似。A 区属电击穿范围，这是因为此时电压作用很短，热和化学的作用尚不起作用。在 B 区属热击穿。电压作用时间较长时，热的过程起决定性作用。电压作用时间越长，其击穿电压越低。在使用时应注意，很多有机绝缘材料的短时电气强度很高，而其耐局部放电性能往往很差，以致长时间电气强度很低。在不可能用油浸等方法来消除局部放电的绝缘结构中(如高压电机)，则需要采用特别耐局部放电的无机绝缘材料(如云母等)。

2. 温度

如图 2.19 所示，当 $t < t_0$ 时，击穿电压很高，且与温度几乎无关，属于电击穿；在 $t > t_0$ 时，周围温度越高，散热条件越差，热击穿电压就越低。不同材料的转折温度 t_0 不同，即使同一介质材料,厚度越大,散热越困难,t_0 就越低,即在较低温度时就出现热击穿。因此,应改善绝缘的工作条件,加强散热冷却,防止臭氧及有害气体与绝缘介质接触等。

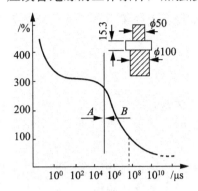

图 2.18　电工纸板的伏秒特性

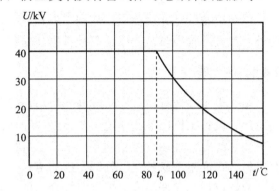

图 2.19　工频下电瓷的击穿电压与温度的关系

3. 电场均匀程度

均匀致密的介质,在均匀电场中的击穿电压较高,且与介质厚度有直接关系;在不均匀电场下,击穿电压随介质厚度增加而下降,当厚度增加时,散热困难,可能出现热击穿,故增加厚度的意义更小。实际工程中使用的固体介质往往很不均匀致密,即使处于均匀电场中,由于含有气泡和杂质或其他缺陷都将使电场畸变,气泡中先行游离,也会逐渐损害到固体介质。因为经过干燥、浸油、浸胶等工艺过程可使固体介质除去气泡、杂质可以提高其电气强度,在绝缘材料组合上,使各部分尽可能合理承担电压。

4. 受潮

介质受潮后击穿电压迅速下降,对易吸潮的纤维影响特别大。因此,高压的绝缘结构在制造中要注意除去水分,在运行中注意防潮,并定期检查受潮情况。

5. 累积效应

在不均匀电场中,当外施电压较高而作用时间较短时,特别是在雷电等冲击电压作用下,虽然已发生较强的局部放电,但由于电压作用时间较短,尚未形成贯穿的放电通道,只是在介质内形成局部损伤或不完全击穿;在多次冲击或工频实验电压下,一系列的不完全击穿将导致介质的完全击穿,反映出随着施加冲击或工频实验电压次数增多,固体介质的击穿电压将下降的现象,称为累积效应。在绝缘设计时必须考虑这一效应,给予一定的裕度。

6. 机械负荷

固体介质在使用时可能受到机械负荷的作用,使介质发生裂缝,其击穿电压显著降低。例如,悬式绝缘子工作时受机械和电的作用,故出厂前要经机电负荷联合实验。

此外,有机固体介质在运行中因热、化学等作用,可能变脆、开裂或松散,失去弹性,击穿电压、机械强度都要下降很多。因此,电气设备要注意散热,避免过负荷运行。

2.4 绝缘介质的其他特性

以上讨论的是介质在电场作用下的极化、电导、损耗、击穿等电气性能。除了电气性能外，在实际使用时，介质的其他性能也是很重要的。

2.4.1 热性能

电气设备在运行中，导体或磁性材料所发的热都要传到介质中，并且其自身也因损耗而发热。设备工作在高温环境中，其绝缘介质的工作温度由其耐热性能决定。所谓电介质的耐热性能是保证运行可靠而不产生热损坏的最高允许温度。温度过高，会引起热击穿；有机材料在高温下易氧化、分解，性能劣化。考虑到电介质运行时的安全裕度，其工作温度不应超过最高允许温度。根据绝缘介质的耐热性能，确定其工作温度，并划分为几个耐热等级，见表2-2。

表2-2 绝缘材料的耐热等级

耐热等级	允许长期使用的最高温度/℃	绝 缘 材 料
O	90	木材、纸、天然丝、聚乙烯、聚氯乙烯、天然橡胶等
A	105	油性树脂漆及其漆包线、矿物油和浸入其中的纤维材料等
E	120	酚醛树脂塑料、胶纸板、聚酯薄膜、聚乙烯醇缩甲醛漆等
B	130	沥青油漆制成的云母带、聚酯漆、环氧树脂玻璃漆布等
F	155	聚酯亚胺漆及其漆包线、改性硅有机漆及其云母制品等
H	180	聚酰胺亚胺漆及其漆包线、硅有机漆及其制品等
C	>180	聚酰胺亚胺漆及薄膜、云母、石英、陶瓷、聚四氟乙烯等

使用温度如超过表2-2中所规定的温度，则绝缘材料迅速老化，寿命大大缩短。如A级绝缘(油-屏障和油纸绝缘)温度若超过8℃，则寿命约缩短一半，这通常称为热老化的8℃规则。对其他各级绝缘有相应的温度，如B级绝缘(如大型电机中的云母制品)和H级绝缘(如干式变压器)则分别适用于10℃和12℃规则。

一些材料在低温下使用时，常发生固化、变脆或开裂，所以对运行在低温环境下的设备，也要注意其耐寒性。如选择变压器油时要注意其凝固点应低于环境的最低温度。变压器油的牌号$10^\#$、$25^\#$、$40^\#$分别表示其凝固温度为-10℃、-25℃、-40℃。

耐弧性能对可能发生沿面闪络的情况尤为重要。有的材料难经受电弧的高温作用而不破坏，有的会留下烧伤的痕迹，有的则会被电弧完全破坏。所以，必须根据工作条件选择材料。脆性材料(如玻璃、陶瓷、硬塑料等)在骤冷骤热的温度下，由于材料内外层间温差和不均匀地膨胀(或收缩)能形成裂缝，这种性质称为耐热冲击稳定性，对户外装置是很重要的。例如，电瓷的出厂实验中，就有冷热实验项目。

材料的导热性能，与材料的热击穿强度及其稳定性等关系很大，常用的大部分绝缘材料的导热系数比金属小得多，液体的远比固体、气体的更小。

其他还有固体的软化点，液体的黏度等也都属于热性能参数。

2.4.2 机械性能

绝缘材料有脆性、塑性和弹性材料3种,其力学性能相差很大。应注意:各种材料的抗拉、抗压和抗弯强度可能相差很大,如瓷的抗压强度比抗拉、抗弯强度高得多。所以在进行绝缘结构设计时,必须根据受力情况,选择适当材料,充分发挥此材料强度的特点。在选择材料时,还必须注意材料的形变性能,如作为标准电容器的支柱若选用较软材料,电容量将难以保证。

2.4.3 吸潮性能

吸潮性直接影响到绝缘的电导和损耗,从而影响到绝缘的耐电强度。对运行于湿度大的地区的电气设备,选用材料时应注意选用吸潮性小的材料或对材料进行防潮处理。

2.4.4 生化性能

生化性能主要是指材料的化学稳定性,如固体介质的抗腐蚀性(氧、臭氧、酸、碱、盐等的作用)和抗溶剂的稳定性(耐油性、耐漆性等),液体介质的抗氧化性(液体酸价等),应根据工作条件予以重视,工作在湿热地区的绝缘还应注意其抗生物性(霉菌、昆虫等的危害等)。

小　　结

电力系统中,液体及固体介质广泛用作电气设备的内绝缘,这不仅因为它们的绝缘强度一般比气体的绝缘强度高,可使绝缘的尺寸缩小,设备的结构紧凑,同时液体电介质可兼作冷却和灭弧介质,固体介质可作为导体的支撑物等,其性能的优劣直接决定着设备能否安全运行。

内绝缘一般具有以下电气性能:①电介质的强度一般不受外界大气条件变化的影响;②固体介质构成的绝缘属非自恢复性绝缘,一旦发生击穿,绝缘性能永久丧失,不可逆转;③液体、固体介质在运行中会逐渐老化,各种参数发生变化,绝缘强度下降,寿命缩短。因此,本章主要讨论电场强度不高时,电介质中所发生的极化、电导和损耗的物理过程,电场强度较高时液体、固体电介质的击穿机理、影响因素及改进措施,同时也对介质的热性能、机械性能、吸潮性能及生化性能予以阐述。

阅读材料 2-2

物质的第四态

物质通常有气态、液态和固态这3种状态,对大家来说,这是一种简单的常识,如水就有水蒸气(气态水)、水(液态水)和冰(固态水)这3种存在状态,它们分别在一定的条件下存在。在通常大气压条件下,温度超过100℃,液态的水就汽化,而以水蒸气的形式存在;

温度降低到 0℃ 以下，水就凝固，以冰的形式存在。可你知道吗，物质的存在还有第 4 种状态，即等离子体状态。

等离子体是人类新发现的物质存在方式，这是 20 世纪末到 21 世纪初的事。随着温度升高，物质会由固态逐渐变为液态乃至气态。若将温度升高到几千度甚至上万度，气体分子或原子就会失去电子，成为带正电的离子和脱离原子核束缚的电子，即自由电子，这个过程称为电离。当气体温度足够高时，将会有足够多的气体发生电离。气体中的离子和电子充分多时，带电粒子之间及带电粒子与环境之间的电磁相互作用起到主要作用，这种离子、自由电子及气体分子共存的状态就是等离子状态，即物质存在的第 4 种状态。

生物圈之外 99% 以上的宇宙是由物质第四态构成的，称为空间或天体等离子体。距地面几十公里的电离层就是与我们相距最近的空间等离子体。每当雷声惊天，闪电撕裂云层时，它就向居住在它下面的人类宣告它的存在。电离层是由太阳辐射导致上层大气部分电离而产生的。电离层上方的大气层也称为磁层，其等离子体密度小于电离层的等离子体密度。磁层外层为行星星际空间，充满来自太阳的带电粒子的辐射，即太阳风。太阳风来自太阳的最外层(日冕)，日冕是一种较稀薄但完全电离的等离子体。在星体空间中，等离子体密度小，质量也小，只占宇宙等离体总量的不到百分之一，大部分等离子体都聚集在星体内部。

此外，还有人工等离子体，普通的火焰就是密度极小的等离子体，辉光放电也是一种等离子体。氢弹爆炸则是氢同位素氘核等离子体在上亿度的高温下发生的一种不可控核聚变反应。等离子体成员很多，关系复杂，对人类的生存起着举足轻重的作用，但对等离子体的了解、研究还刚刚起步，许多问题还没有解决，我们希望科学家能早日揭开物质存在第四态中所包含的谜。

(中国大百科全书)

习　　题

2.1 选择题

1. 按极性强弱分类，在下面的介质中，弱极性电介质有_____，中性电介质有_____，强极性电介质有_____。

　　A. H_2　　B. N_2　　C. O_2　　D. CO_2　　E. CH_4　　F. 空气
　　G. 水　　H. 酒精　　I. 变压器油　　　　J. 蓖麻油

2. 国家标准 GB 11021—1989《电气绝缘的耐热性评定和分级》将各种电工绝缘材料耐热程度划分等级，以确定各级绝缘材料的最高持续工作温度。其中 A 级绝缘材料的最高持续温度是_____，F 级绝缘材料的最高持续温度是_____℃。

　　A. 90　　　B. 105　　　C. 120　　　D. 130　　　E. 155　　　F. 180

2.2 填空题

3. 电介质是指_____，根据化学结构可以将其分成_____、_____、_____。

4. 电介质极化的基本形式有_____、_____、_____、_____。

5. 介质损失角正切的计算公式是_____，$\tan\delta$ 表示_____。

6. 一般来说，标准电容器采用_____绝缘，电力电容器采用_____绝缘。

7. 两个标准油杯，一个是含杂质较多的油；另一个是含杂质较少的油，当施加工频电压时，两杯油击穿电压_____。当施加雷电冲击电压时，两杯油击穿电压_____，因为_____。

8. 纤维等杂质对极不均匀电场下变压器的击穿电压影响较小，这是因为_____。

9. 介质热老化的程度主要是由_____和_____来决定的。

10. 转向极化程度与电源频率和温度有关，随着频率的增加，极化率_____，随着温度的增加，极化程度_____。

11. 纯净液体介质的击穿理论分为_____和_____。

12. 影响固体介质击穿电压的主要因素有_____、_____、_____、_____、_____。

2.3 问答题

13. 测量绝缘材料的泄漏电流为什么用直流电压而不用交流电压？

14. 说明绝缘电阻、泄漏电流、表面泄漏的含义。

15. 说明介质电导与金属电导的本质区别。

16. 何为吸收现象，在什么条件下出现吸收现象，说明吸收现象的原因。

17. 说明介质损失角正切 $\tan\delta$ 的物理意义，其与电源频率、温度和电压的关系。

18. 说明变压器油的击穿过程以及影响其击穿电压的因素。

19. 比较气体、液体、固体介质击穿场强数量级的高低。

20. 说明提高固体电介质击穿电压的措施。

21. 说明造成固体电介质老化的原因，其耐热等级是如何划分的？

第 3 章
电气设备的绝缘试验

本章知识架构

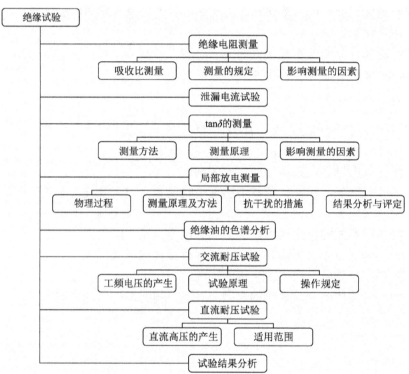

本章教学目标与要求

掌握测量绝缘电阻、吸收比的方法及规定，了解影响其测量的因素；
熟悉泄漏电流的测量方法；
掌握介质损失角 tanδ 的测量方法；
了解影响 tanδ 测量的因素；
了解局部放电的测量原理、方法及抗干扰的因素；
掌握交流耐压试验的原理及方法；
熟悉直流耐压测量的原理及方法。

第3章 电气设备的绝缘试验

电气设备绝缘试验已成为保证现代电力系统安全可靠运行的重要措施之一。这种试验除了在新设备投入运行前在交接、安装、调试等环节中进行外,更多的是对运行中的各种电气设备的绝缘定期进行检查和监督,以便及早发现绝缘缺陷,及时更换或修复,防患于未然。

时至今日,电介质理论仍远未完善,各种绝缘材料和绝缘结构的电气性能还不能单单依靠理论上的分析计算来解决问题,而必须同时借助于各种绝缘试验来检验和掌握绝缘的状态和性能。实际上,各种试验结果也往往成为绝缘设计的依据和基础。

3.1 绝缘试验分类

绝缘试验一般分为两大类,见表 3-1。

表 3-1 绝缘试验的分类

绝缘试验	绝缘特性试验 (非破坏性试验)	绝缘电阻试验 介质损失角正切值(tanδ)的试验 局部放电试验 其他试验
	绝缘耐压试验 (破坏性试验)	交流电压试验 直流电压试验 雷电冲击电压试验 操作冲击电压试验

1. 绝缘特性试验

在较低的电压下或是用其他不会损伤绝缘的办法来测量绝缘的各种特性,从而判断绝缘内部有无缺陷的试验,称为绝缘特性试验。实践证明,这类试验是有效的,但目前还不能只靠它来可靠地判断绝缘的耐压水平。由于是在较低电压下进行的,通常不会导致绝缘的击穿损坏,故也称为非破坏性试验。

2. 绝缘耐压试验

模仿设备绝缘在运行中可能受到的各种电压(包括电压波形、幅值、持续时间等),对绝缘施加与之等价的或更为严峻的电压,从而考验绝缘耐受这类电压能力的试验,称为耐压试验。这类试验显然是最有效和最可信的,但可能导致绝缘的破坏,故也称为破坏性试验。

耐压试验对绝缘的考验是严格的,特别是能揭露那些危险性较大的集中性缺陷,它能保证绝缘有一定的水平或裕度,缺点是可能会在耐压试验时给绝缘造成一定的损伤。耐压试验是在非破坏性试验之后才进行,如果非破坏性试验已表明绝缘存在不正常情况,则必须在查明原因并加以消除后再进行耐压试验,以避免不应有的击穿。例如,套管大修时,当用非破坏性试验判断出绝缘受潮后,首先是进行干燥,待受潮现象消除后才做耐压试验。显然上述两类试验是互为补充,而不能相互代替的。

3.2 绝缘电阻及吸收比的测量

3.2.1 绝缘电阻的测量

绝缘电阻是一切电介质和绝缘结构状况最基本的综合特征参数，测量电气设备的绝缘电阻是检测绝缘状况的最常用方法之一。通过测量可以发现绝缘整体或贯通性受潮、表面脏污、绝缘油劣化、绝缘击穿和绝缘老化等故障。

绝大部分电气设备的绝缘采用多种介质分层结构，对于此类设备，在直流电压下均会表现出明显的吸收现象，即电路中的电流随时间而衰减。对于一般的绝缘，这种衰减过程通常会持续 1min 左右，因此，规定以加压 1min 时测定的电阻值作为被试品的绝缘电阻。

一般用绝缘电阻表进行绝缘电阻的测量。传统的绝缘电阻表都带有手摇直流发电机，俗称摇表，目前工程上也有电子式的。因以兆欧为计量单位，通常又称为兆欧表或高阻表。兆欧表的额定直流输出电压为 250V、500V、1000V、2500V、5000V 诸等级。以测交流电动机的绝缘电阻为例，额定电压为 3kV 以下者使用 1000V 兆欧表；3kV 及以上者使用 2500V 兆欧表。对于额定电压较高的电气设备，一般要求用相应较高电压等级的兆欧表。

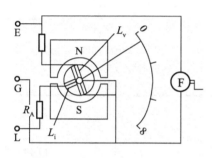

图 3.1 兆欧表的原理结构图

兆欧表利用流比计的原理做成，原理结构图如图 3.1 所示。它有两个相互垂直并固定在一起的线圈，一个为电压线圈 L_v，另一个为电流线圈 L_i。它们处在同一个永久磁场中。兆欧表有 3 个接线端子，端子 L 接试品的加压极；端子 E 接电气设备的外壳或法兰等处，同时应良好接地；端子 G 为屏蔽端，应把它接到试品的外绝缘中间的屏蔽极上。摇动手摇发电机产生一定的直流电压，在电压线圈 L_v 中将流过与电压成正比的电流 i_v，因 E 与 L 接在试品的两极，试品内绝缘中流过的泄漏电流 i_i 将通过图中左下一个电阻 R_A 而流过电流线圈 L_i，电流 i_v 和 i_i 流经线圈 L_v 和 L_i 时，在磁场中产生的转矩的方向是相反的，在两转矩差值的作用下，线圈带动指针旋转，直到两个转矩平衡为止。此时指针偏转角度 α 只与 i_v/i_i 的比值相关，而 i_v 又正比于电压，所以偏转角 α 就反映了被测绝缘电阻的大小，直接将偏转角 α 的读数标定为被测绝缘电阻的值。它不受电源电压波动的影响，这是兆欧表的重要优点。

兆欧表对外有 3 个接线端子，如图 3.2 所示。测量时，将被试品接在两个测量端子 L 和 E 之间，其中线路端子 L 接被试品的高压导体；接地端子 E 接被试品外壳或地；屏蔽端子 G 接被试品的屏蔽环或屏蔽电极，屏蔽端子用以消除被试品表面泄漏电流对测量结果的影响。测量绝缘电阻时，可以在被试品表面的适当位置设置一个金属屏蔽环，并将此屏蔽环接到绝缘电阻表的 G 端子。这样测得的便是消除了表面泄漏影响的被试品的真实体积电阻值。屏蔽环的位置应靠近接 L 端子的电极，这个位置使被试绝缘中的电场分布畸变最小，测量误差最小。

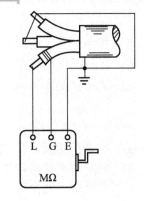

图 3.2　测量电力电缆绝缘电阻的试验接线

3.2.2　吸收比的测量

对于采用组合绝缘和层式绝缘结构的电气设备，在直流电压下均有明显的吸收现象，即电路中的电流随时间而衰减。如果在电流衰减过程中的两个瞬间测得两个电流值对应的绝缘电阻，利用其比值(称为吸收比)可以检验绝缘是否严重受潮或存在局部缺陷。从原理上说，测量吸收比与测量绝缘电阻相似，但它所加的直流电压高得多，可以发现兆欧表测量绝缘电阻不能发现的某些缺陷。

其原理为：令 $t=15\mathrm{s}$ 和 $t=60\mathrm{s}$ 瞬间的两个电流值 I_{15} 和 I_{60} 所对应的绝缘电阻值分别为 R_{15} 和 R_{60}，则比值

$$K=\frac{R_{60}}{R_{15}}=\frac{U/I_{60}}{U/I_{15}}=\frac{I_{15}}{I_{60}} \tag{3-1}$$

即为吸收比。一般情况下，R_{60} 已接近于稳态绝缘电阻值 R_{∞}。由于吸收比是同一试品在两个不同时刻的绝缘电阻的比值，排除了绝缘结构和绝缘尺寸的影响。

正常绝缘的吸收比 $K\geqslant 1.3$，当绝缘严重受潮或老化后，吸收比 K 则明显减小，一般认为，如果 $K<1.3$，即可判断为绝缘可能受潮。实际中，不能一概以 $K\geqslant 1.3$ 作为设备绝缘良好的标准，应将绝缘电阻值 R 和吸收比 K 值结合起来考虑。

实际中只有当试品电容较大时(如发电机、变压器等)，吸收现象才明显，能利用测量吸收比来判断绝缘状况。否则，测量吸收比就没有实际意义，所以对某些试品(如绝缘子)不需要测量吸收比。

对于一些大型电机及高电压、大容量的电力变压器，其电容量特别大，其绝缘的吸收现象持续的时间很长，采用上述的吸收比 K 可能不足以反映吸收现象的全过程，这时还可利用极化指数作为又一个判断指标。

按照国际惯例，将 $t=10\mathrm{min}$ 和 $t=1\mathrm{min}$ 时的绝缘电阻的比值 P 定义为绝缘的极化指数，即

$$P=\frac{R_{10}}{R_1} \tag{3-2}$$

若绝缘良好，则 P 值应大于某一定值。当吸收比 K 不能很好地反映绝缘的真实状态时，以

极化指数 P 来代替 K。

此外，某些集中性缺陷虽已发展得相当严重，但尚未发展为贯通整个绝缘时，测得的绝缘电阻、吸收比或极化指数并不低，在耐压试验时绝缘被击穿。可见仅凭绝缘电阻和吸收比或极化指数的测量结果来判断绝缘状态仍是不够可靠的。

3.2.3 测量绝缘电阻的规定

根据所测电气设备绝缘电阻或吸收比进行绝缘状况判断时，必须将测得值与以往记录进行纵向比较，与同一设备其他相或同期同类产品进行横向比较，才能判断有无贯穿性故障或整体受潮。这是因为电气设备的绝缘电阻与其尺寸、结构类型及运行状况有关，与测量时的温度、湿度、表面状况等因素有关。根据一次测量值是无法做出正确判断的。

测量绝缘电阻时的注意事项如下。

(1) 测试前应先拆除被试品的电源及对外的一切连线，将其接地，并充分放电。

(2) 测试时保持手摇发电机手柄的转速均匀，大约每分钟 120 转，待转速稳定后，接上被试品，待指针读数稳定后，开始读数。

(3) 测试完毕后，先断开接线端 L，再停止摇手柄 M，以免被试品电容在测量时充电电荷经兆欧表放电而损坏兆欧表。这一点在测试大电容量设备时更要注意。

(4) 测量时记录温度，不同温度下的测量值应换算到同一温度下方可比较。

(5) 兆欧表的线路端子与接地端子引出线不要靠在一起，接线路端的导线不可放在地上。

(6) 为消除残余电荷的影响，试验前应将被试品充分放电，大电容量设备放电时间至少需要 5～10min。

3.2.4 影响测量绝缘电阻的因素

影响测量绝缘电阻的因素主要有以下几个方面。

1. 温度的影响

运行中的电力设备的温度随周围环境变化，其绝缘电阻也是随温度而变化的。一般温度每下降 10℃，绝缘电阻约增加到 1.5～2 倍。为了比较测量结果，需将测量结果换算成同一温度下的数值。实际测量绝缘电阻时，必须记录试验温度(环境温度及设备本体温度)，而且尽可能在相近温度下进行测量，以避免温度换算引起的误差。

2. 湿度及表面脏污的影响

空气相对湿度增大时，绝缘物表面吸附许多水分、潮气，使表面电导率增加，绝缘电阻降低。当绝缘物表面形成连通水膜时，绝缘电阻更低。如雨后测得一组 220kV 磁吹避雷器的绝缘电阻仅为 2000MΩ；当屏蔽掉其表面电流时，绝缘电阻为 10000MΩ 以上；隔天天气晴朗时，在表面干燥状态下测量其绝缘电阻也在 10000MΩ 以上。电力设备的表面脏污也会使设备表面电阻降低，整体绝缘电阻显著下降。

根据以上两种情况，现场测量绝缘电阻时都必须用屏蔽环消除表面泄漏电流的影响，或烘干、清洁干净设备表面，以得到真实的测量值。

3．残余电荷的影响

大容量设备运行中有遗留的残余电荷，或者试验中(尤其是直流试验)形成的残余电荷未完全放尽，这些情况下都会造成绝缘电阻偏大或偏小。所以为消除残余电荷的影响，测量绝缘电阻前必须充分接地放电，重复测量中也应充分放电，大容量设备应至少放电 5min。

4．感应电压的影响

电气设备现场试验中，由于带电设备与停电设备之间的电容耦合，使得停电设备带有一定的感应电压。感应电压对绝缘电阻测量有很大影响。感应电压不大时可能造成指针不稳定、乱摆，得不到真实的测量值，感应电压强烈时甚至会损坏兆欧表，必要时应采取电场屏蔽等措施以消除感应电压的影响。

3.3 直流泄漏电流的测量

泄漏电流试验的试验原理和作用与绝缘电阻试验相似，只是试验电压较高，用微安表监视，因而测量灵敏度较高。现场实践证明，它能较灵敏有效地发现像变压器套管密封不严进水，高压套管有裂纹，绝缘纸杯沿面炭化，变压器油劣化以及内部受潮等其他试验项目不易发现的缺陷。电压等级为 35kV 及以上，且容量为 10000kVA 及以上的变压器必须进行泄漏电流试验，试验时应读取 1min 时的泄漏电流值。《规程》列出的变压器泄漏电流试验电压值见表 3-2。直流泄漏电流试验与直流耐压试验的接线及原理相同，常常同步进行。

表 3-2　变压器绕组泄漏电流试验电压值

绕组额定电压/kV	3	6～10	20～35	66～330	500
直流试验电压/kV	5	10	20	40	60

注：在上述电压下读取 1min 时的泄漏电流

3.3.1 试验接线

微安表用于测量泄漏电流。在测量中微安表有 3 种接线方式，如图 3.3 所示。

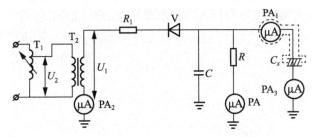

图 3.3　测量泄漏电流电路原理接线图

1. 微安表接于高压侧

如图 3.3 中的 PA_1 位置,图中 T_1 为自耦调压器,用来调节电压;T_2 为试验变压器,用来供给整流前的交流高压;V 为高压硅堆,用来整流;C 为滤波电容器,用来减小输出整流电压的脉动,使电流表读数稳定,当被试品的电容 C_x 较大时,C 可以不用,当 C_x 较小时,则需接入 $0.1\mu F$ 左右的电容器以减小电压脉动。R_1 为保护电阻,用来限制被试品击穿时的短路电流不超过高压硅堆和试验变压器的允许值,以保护变压器和高压硅堆,其值可按 $10\Omega/V$ 选取,通常用玻璃管或有机玻璃管充水溶液制成。

这种接线适合于被试绝缘一极接地的情况。此时微安表处于高压端,不受高压对地杂散电流的影响,测量的泄漏电流较准确。但为了避免由微安表到被试品的连线上产生的电晕及沿微安表绝缘支柱表面的泄漏电流流过微安表,需将微安表及从微安表至被试品的引线屏蔽起来。此外,由于微安表处于高压端,给读数及切换量程带来不便。

2. 微安表接于低压侧

接线如图 3.3 中的 PA_3 位置所示,这时微安表接在接地端,读数和切换量程安全、方便,而且高压引线的漏电流、整流元件和保护电阻绝缘支架的漏电流以及试验变压器本身的漏电流均直接流入试验变压器的接地端而不会流入微安表,所以不用加屏蔽,测量比较精确。但这种接线要求被试绝缘的两极都不能接地,仅适用于那些接地端可与地分开的电气设备。

3. 微安表接在试验变压器 T_2 一次(高压)绕组尾部

如图 3.5 中的 PA_2 位置,这种接线的微安表处于低电位,具有读数安全、切换量程方便的优点。一般成套直流高压装置中的微安表采用这种接线。这种接线的缺点是高压导线等对地部分的杂散电流均通过微安表,测量结果误差较大,如图 3.4 所示。

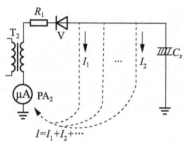

图 3.4 通过微安表 PA_2 的杂散电流路径示意图

I_1—电晕电流;I_2—漏电流;
I—通过 PA_2 的杂散电流

3.3.2 影响测量泄漏电流的因素

1. 温度的影响

与绝缘电阻测量相同,温度对泄漏电流测量结果影响显著,温度升高,绝缘电阻下降,泄漏电流增大。经验证明,对于 B 级绝缘发电机的泄漏电流,温度每升高 10℃,泄漏电流增加 0.6 倍。实际中最好在被试品温度为 30~80℃时进行测量,在此温度范围内电流变化最明显。

2. 升压速度的影响

对大容量被试品进行试验时,由于泄漏电流存在吸收过程,即 1min 时的泄漏电流不一定是真实的泄漏电流,可能包括一定的电容电流和吸收电流,因此,加压速度对试验结果也有影响。一般现场测量时都采用逐级加压的方式。

3．残余电荷的影响

试品残余电荷对泄漏电流的测量也有影响，所以泄漏电流试验前和重复试验时，必须对被试品进行充分放电。

4．高压引线的影响

从图 3.5 中可以看出，在 PA_1 位置，由于在高压侧测量并将高压引线屏蔽，排除了 I_1、I_2 的影响，I_5 也可以通过在试品高压端加屏蔽环屏蔽掉，所以误差较小；在 PA_2 位置时测量误差较大，且不易屏蔽；在 PA_3 位置，杂散电流 I_1、I_2、I_3、I_4 均不通过微安表，若在试品低压端采取屏蔽(接地)，如避雷器下部瓷裙加短路线接地，则可以排除 I_5 的影响。I_5 电流与高压引线和低压微安表引线距离有关，可以通过加大两者距离等办法减小影响。可见在 PA_3 位置进行测量是一种比较精确的测量方法。这种方法如果测得的泄漏电流偏小，可能是设备接地端对地绝缘不好。

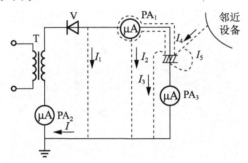

图 3.5　高压引线对地杂散电流及表面泄漏电流示意图(I_0 未画出)

3.4　介质损失角 $\tan\delta$ 的测量

3.4.1　测量介质损失角 $\tan\delta$ 的意义及适用范围

介质的功率损耗 P 与介质损失角正切 $\tan\delta$ 成正比，在一定的电压和频率下，它能够反映电介质内单位体积中能量的损耗，而与介质尺寸大小无关。因此，介质损失角 $\tan\delta$ 的测量是判断绝缘状态的一种比较灵敏和有效的方法，特别是对于绝缘整体受潮、老化等集中性缺陷和小容量试品的严重局部性缺陷。由介质损失角 $\tan\delta$ 随电压的变化曲线，还可以判断绝缘内部是否存在局部放电及绝缘老化的程度。但是测量不能灵敏反映大容量发电机、变压器和电力电缆绝缘中的局部性缺陷，所以测量时应将这些大容量设备分解为几个部分，分别测量各部分的 $\tan\delta$。

对于电机、电缆等容量、体积较大的电气设备，经验表明，测量 $\tan\delta$ 的效果较差，故通常对此类设备不进行介损测量；对于套管等小容量、体积较小的设备，测量 $\tan\delta$ 可以灵敏地反映绝缘的全面情况，有时还可检查出某些集中性缺陷。

测量 $\tan\delta$ 的方法有多种，如瓦特表法、电桥法、不平衡电桥法等。其中以电桥法的准确度为最高，最通用的是西林电桥。

3.4.2 西林电桥的基本原理

测量 $\tan\delta$ 有平衡电桥法(QS1、QS3 西林电桥)、不平衡电桥法(M 型介质试验器)、瓦特表法、相敏电路法 4 种方法。最普遍应用测量 $\tan\delta$ 的仪器是 QS1 型高压西林电桥。

QS1 型高压西林电桥(以下简称 QS1 电桥)的原理接线如图 3.6 所示，电桥的平衡是通过调整无感电阻 R_4 和 R_3 来实现的。图 3.6(a)中，被试品处于高电位侧，两端均不接地，这种接线称为正接线。由于高压臂的阻抗值相对较高，通常承受较高的电压，低压臂处于低电位侧，调节电阻上的电压通常只有几伏，对操作人员没有危险。正接法适用于被试品可以对地解开的情况。

图 3.6(b)中将 E 点接到电桥的高压端，将 A 点接地的接线称为反接线。这种接线被试品处于接地端而调节电阻处于高压侧，因此，采用这种接线方法时，要求电桥本体的全部元件对机壳必须具有可靠的保护措施，以保证安全。反接法适用于被试品一端接地的情况。

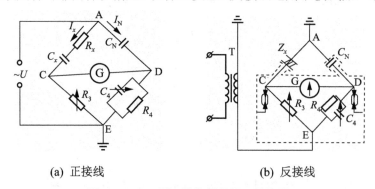

(a) 正接线　　　　　　　　(b) 反接线

图 3.6　QS1 型西林电桥的原理接线图

不管采用正接线、反接线，电桥平衡时检流计 G 中电流为零，即

$$\dot{I}_{CE} = \dot{I}_{AC} = \dot{I}_x$$

$$\dot{I}_{DE} = \dot{I}_{AD} = \dot{I}_N$$

$$\dot{U}_{CE} = \dot{U}_{DE}$$

$$\dot{U}_{AD} = \dot{U}_{AC} = \dot{U}_x$$

各桥臂复数阻抗值应满足

$$Z_3 Z_N = Z_4 Z_x$$

$$Z_x = \cfrac{1}{\cfrac{1}{R_x} + j\omega C_x} \tag{3-3}$$

式中　Z_x——被试品绝缘的等值阻抗；
　　　Z_4——R_4 与 C_4 并联的等值复阻抗。

由图 3.6 电桥最后可得到

$$\tan\delta = \frac{1}{\omega R_x C_x} = \omega R_4 C_4 \tag{3-4}$$

$$C_x = \frac{C_N R_4}{R_3} \times \frac{1}{1+\tan\delta} = \frac{C_N R_4}{R_3} \quad (\text{pF})\,(\text{因为}\tan\delta \ll 1) \tag{3-5}$$

为计算方便，通常取 $R_4 = \dfrac{10^4}{\pi} = 3184\Omega$。在工频 50Hz 时，$\omega = 100\pi$，因此，可得

$$\tan\delta = \omega R_4 C_4 = 100\pi \times \frac{10^4}{\pi} C_4 = 10^6 C_4 \tag{3-6}$$

当 C_4 单位为 μF 时，在数值上，$\tan\delta = C_4$ 的值。

3.4.3 影响 tanδ 测量的因素

1. 外界电场干扰下的 tanδ 试验

外界电场干扰主要是外界干扰电源通过带点设备与被试品之间产生电容耦合引起的。为避免干扰，可使测量时尽量远离干扰源，或者屏蔽被试品；对于同频率的干扰，可以采用移向法或倒相法来减小对干扰下的 tanδ 试验测量的影响。

2. 外界磁场的影响

在现场运行的高压电气设备附近进行 tanδ 试验时，仪器会受到现场电磁场的干扰，例如，当电桥靠近电抗器、阻波器等设备附近进行 tanδ 试验时，仪器会受到现场电磁场干扰。这种外界干扰通常是由于磁场作用于电桥检流计内的电流线圈回路引起的。为消除磁场的影响，应尽量使电桥至于磁场干扰范围之外。也可通过改变检流计极性开关进行两次测量，取其平均值作为测量结果。现场测试时，当将西林电桥检流计的极性转换开关放在"断开"位置时，如果光带展宽即说明有磁场干扰。分析表明，磁场干扰将造成 tanδ 值的测量误差，使其增大或减小。

3. 温度的影响

温度对测量变压器 tanδ 有较大的影响。一般来说，温度越高，tanδ 越大。实际测量时，设备温度是可变的。为便于比较，可将不同温度下测定值换算至 20℃。换算式为

$$\tan\delta_2 = \tan\delta_1 \times 1.3^{(t_2-t_1)/10} \tag{3-7}$$

式中　$\tan\delta_1$——温度 t_1 时的 $\tan\delta$ 值；

　　　$\tan\delta_2$——温度 t_2 时的 $\tan\delta$ 值。

实际测量时平均温度很难准确测定，换算后误差也较大，所以应尽可能在 10~30℃ 时测量。

4. 试验电压的影响

绝缘良好的设备，在其额定电压范围内，随着电压的升高或下降，绝缘的 tanδ 值几乎

不变。如果绝缘内部存在缺陷，$\tan\delta$ 的值将随着电压的升高而增大，当试验电压下降时，$\tan\delta$ 的值会下降，但由于介质损失的增大已经使得介质发热，温度升高，所以 $\tan\delta$ 不能与升高时的值重合，形成回环性曲线。

5. 表面泄漏电流的影响

测试时被试品表面应当保持干燥、清洁，以减小表面泄漏电流的影响。

3.5 局部放电的测量

3.5.1 局部放电的物理过程

高压设备绝缘内部不可避免地存在着一些水分、气泡、杂质和污秽等缺陷。这些缺陷有些是在制造过程中未去净的，有些是在运行中绝缘介质的老化、分解过程中产生的。由于这些异物的电导和介电常数不同于绝缘物，故在外施电压作用下，这些异物附近将具有比周围更高的场强。当外施电压升高到一定程度时，这些部位的场强超过了该处物质的电离场强，该处物质就产生电离放电，称为局部放电。气泡等缺陷部位的介电常数比周围绝缘物的介电常数小得多，场强就较大，当场强达到一定数值时，有缺陷处就可能产生局部放电。所以，分散在绝缘物中的气泡常成为局部放电的发源地。如果外施电压为交变，则局部放电就具有发生与熄灭相交替重复的特征。

由于局部放电是分散地发生在极微小的空间内，放电能量很小，不能立即形成贯穿性的通道，它的存在不影响电气设备的短时绝缘强度，所以它几乎不影响整体介质的击穿电压。但是，局部放电时产生的电子、离子在电场作用下运动，撞击气隙表面的绝缘材料，会使电介质逐渐分解、破坏，分解出导电性和化学活性的物质来，使绝缘物氧化、腐蚀；同时，使该处的局部电场畸变更烈，进一步加剧局部放电的强度；局部放电处也可能产生局部的高温，使绝缘物发生不可逆的老化、损坏。

如果电气设备在正常运行电压下，绝缘中就已出现局部放电现象，这意味着绝缘内部存在局部性缺陷，将加速绝缘物的老化和破坏，慢慢地损坏绝缘，日积月累，可能最终导致整个绝缘被击穿。因此，测定电气设备在不同电压下的局部放电强度和发展趋势，就能判断绝缘内是否存在局部缺陷以及介质老化的速度和目前的状态。通常，通过测定绝缘在不同电压下的局部放电强度，就能判断绝缘的状况，是一种较好的判断绝缘长期运行中性能好坏的方法。

3.5.2 局部放电的测量原理及其主要参数

电力设备绝缘介质中存在气泡的情况，可用图 3.7 所示的等效电路来分析。其中气泡电容为 C_0，与气泡串联的绝缘部分其电容为 C_1，与气泡并联的绝缘良好部分的电容为 C_2，C_0 上并联一间隙 g，Z 代表对应于气隙放电脉冲频率的电源阻抗。

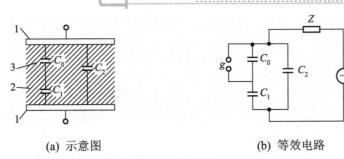

(a) 示意图　　　　　　　　　(b) 等效电路

图 3.7　含气泡的介质

1—电极；2—绝缘介质；3—气泡

由于气泡的介电常数比固体介质的介电常数小，所以其上的电场强度高于固体介质的电场强度，而其本身的绝缘强度低于固体介质。如图 3.8(a)中虚线所示，当气泡上电压达到该气隙的放电电压 U_s 时，气泡发生火花放电，间隙 g 被击穿。当 C_0 上的电压迅速下降到其熄灭电压 U_r 时，火花熄灭，气隙恢复绝缘性能，完成一次局部放电过程。但外加电压 U 还在继续上升，气隙中的电压随之又充电达到气隙的击穿电压 U_s，气隙开始第二次放电。由于外加电压是交变的，气隙中形成了循环往复的燃烧、熄灭的放电过程，使得放电电流在两极间呈现出脉冲性质。每次放电过程时间约为 10^{-8}s 数量级，可以认为放电是瞬间完成的，将其画到与工频电压相对应的坐标上，变为一条条垂直短线，如图 3.8(b)所示。

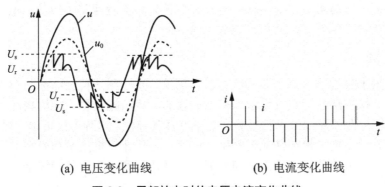

(a) 电压变化曲线　　　　　　　(b) 电流变化曲线

图 3.8　局部放电时的电压电流变化曲线

通常通过测量局部放电的以下参数确定绝缘状况。

(1) 视在放电量(视在电荷量)：通常用 q 表示，即发生局部放电时代表绝缘良好部分的介质电容所放掉的电荷，表示为

$$q = \frac{C_1}{C_1 + C_0} q_r \tag{3-8}$$

式中　　q_r——真实放电量；

C_1——与气泡等杂质串联的绝缘部分的电容；

C_0——气泡等杂质的电容。

(2) 放电重复率(脉冲重复率)(N)：选定的时间间隔内测得的每秒发生放电脉冲的平均次数，表示局部放电发生的频度。

(3) 单次放电能量(W)：指一次局部放电所消耗的能量，表示为

$$W = \frac{1}{2} q U_s \tag{3-9}$$

式中 U_s——出现局部放电时的外加电压，即起始电压值。

除以上 3 个主要参数外，表征局部放电的参数还有平均放电电流、放电的均方率、放电功率、局部放电起始和熄灭电压等。

目前局部放电的检测已成为许多电气设备制造厂家和电力系统相关部门确定产品质量和进行绝缘预防性试验的重要项目之一。试验内容包括测量视在放电量、放电重复率、局部放电起始电压和熄灭电压等。

3.5.3 局部放电的测量方法

电气设备绝缘内部发生局部放电时将伴随着出现许多外部现象，有些外部现象属于电现象，如电流脉冲的产生、介质损耗增大和产生电磁波辐射等；有些属于非电现象，如产生光、热、噪声、气压变化和化学变化等，利用这些现象可以对局部放电进行检测。根据被检测量的性质不同，局部放电的检测方法可分为电气检测法和非电检测法两大类。在大多数情况下，非电检测法的灵敏度较低，多用于定性检测，即只能判断是否存在局部放电，而不能作定量的分析。而电气检测法，特别是测量绝缘内部气隙发生局部放电时的电脉冲法得到广泛应用，它是将被试品两端的电压突变转化为检测回路中的脉冲电流，利用它不仅可以判断局部放电的有无，还可测定放电的强弱。

1. 非电检测法

目前常用的非电检测方法主要有超声波探测法、光检测法和绝缘油的气相色谱分析法等。其中超声波探测法利用电气设备外壁上放置的超声波探测器，检测局部放电产生的超声波，可以了解有无局部放电以及粗测放电强度及其部位。这种方法简单，抗干扰性能好，但灵敏性较差，常与电气检测法配合使用。目前，随着计算机技术和光纤电缆在电力系统的广泛应用，超声波检测技术得到快速发展，在变压器和 SF_6 气体绝缘全封闭组合电器中已被广泛应用。

光检测法是利用光电倍增技术来测定局部放电产生的光，由此来确定放电的位置及其发展过程。这种方法灵敏度较低，局限性大，对于绝缘内部的局部放电，只有在透明介质中才能检测。目前，一种利用光纤将局部放电所发出的光量经光电传感器从设备内部引出来的整套仪器正在研究开发之中。实践证明，光检测法较适宜检测暴露在外表面的电晕放电和沿面放电。

绝缘油的气相色谱分析法是通过检查电气设备油样内所含的气体组成的含量来判断设备内部的可能缺陷。因为在局部放电作用下，绝缘油中可能有各种分解物或生成物出现，可以用各种色谱分析及光谱分析来确定各种分解物或生成物的成分和含量，从而判断设备内部隐藏的缺陷类型和强度。

2. 电气测量法

局部放电的电测量法主要有无线电干扰测量法、介损测量法及脉冲电流测量法等。目

前脉冲电流测量法应用最广泛。

由于局部放电产生的电荷交换使被试品两端出现电压脉动,并在检测回路中引起高频脉冲电流,因此,通过检测回路阻抗上的脉冲电流就可以测量绝缘的局部放电特性。这种方法测量的是视在放电量,灵敏度高,是目前国际电工委员会推荐的局部放电测试的通用方法之一。

国际上推荐的 3 种测量局部放电的基本回路如图 3.9 所示。C_x 为被试品,C_k 为耦合电容,它为被试品 C_x 与检测阻抗 Z_m 之间提供一条低阻抗通路,当 C_x 发生局部放电时,脉冲信号立即顺利耦合到 Z_m 上去;同时对电源的工频电压起隔离作用,从而大大降低作用于 Z_m 上的工频电压分量;Z 为低通滤波器,它可以让工频高电压作用到被试品上去,又能阻止高压电源中的高频分量对测试回路产生干扰,也防止局部放电脉冲分流到电源中去。一般希望 C_k 不小于 C_x 以增大检测阻抗上的信号;同时 Z 应比 Z_m 大,使得 C_x 中发生局部放电时,C_x 与 C_k 之间能较快地转换电荷,而从电源重新补充电荷的过程减慢,以提高测量的准确度。

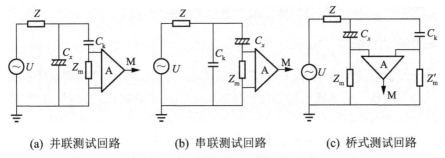

(a) 并联测试回路　　　(b) 串联测试回路　　　(c) 桥式测试回路

图 3.9　测量局部放电的基本回路

图 3.9(a)中被试品与检测阻抗并联,称为并联法。这种接线适合于被试品一端接地的情况。图 3.9 (b)中被试品与检测阻抗串联,称为串联法,适合于被试品对地绝缘的情况,不适用于现场试验。并联法和串联法均属于直接法,其缺点是抗干扰能力较差。为了提高抗干扰能力,可以采用图 3.9(c)所示的桥式测量回路(又称平衡测量回路)。此时被试品 C_x 和耦合电容 C_k 的低压端均对地绝缘,耦合电容器为被试品和测量阻抗之间提供一个低阻抗的通道。此时测量仪器 M 测得的是 Z_m 及 Z'_m 的电压差。与直接法相比,平衡法抗干扰能力好,因为外部干扰源在 Z_m 和 Z'_m 产生的干扰信号基本上相互抵消,而在 C_x 发生局部放电时,放电脉冲在 Z_m 和 Z'_m 产生的信号却是相互叠加的。

3.5.4　局部放电测量中的抗干扰措施

抗干扰措施在局部放电测量中是个重要任务。但干扰的来源很多,例如,送电线路的电晕放电,广电网络的电磁波,开关的开闭,大型电机的操作,试区高压线放电,导体接触不良,试验回路接地不良,试验变压器屏蔽不好,内部有放电等,严重噪声将使局部放电测量无法进行。但要发现这些干扰源有时很困难,有时发现了也不见得能排除它,只能选择躲开可能的电磁干扰以及系统冲击,例如,躲开用电高峰,晚上做局部放电测量等。

一般采用如下抗干扰措施。

(1) 建屏蔽室,在屏蔽室内做局部放电试验。屏蔽室的六面都要用金属板或金属网屏蔽起来,还要注意做好门窗的屏蔽,屏蔽要可靠接地,伸入室内的管道应和屏蔽层连起来,进入室内的电源线应先经过滤波装置。

(2) 选用没有内部放电的试验变压器和耦合电容器,外露电极应有合适的屏蔽罩。不要用有炭刷的自耦调压器,应选用无接触电极的调压装置。

(3) 选取抗干扰性能优越的测量回路,如前述的平衡法测量回路。

(4) 所有试验仪器,如高压试验变压器、测量回路以及测量仪表等,将它们的地线连成一体,再用一根地线连接至接地体。

(5) 试验电源采用独立电源,可避免来自电网的干扰。测量回路与被试品的连线应尽量缩短,试验回路应尽可能紧凑。

(6) 提高试验回路中各元件的起晕电压,如增大高压引线直径,使高压引线表面干净,将尖角部位屏蔽,并防止照明干扰。

(7) 合理选择放大器的频带和调谐放大电路的谐振频率。

3.5.5 测试结果的分析与评定

局部放电测试能检测出绝缘中存在的局部缺陷。当局部放电的强度比较小时,说明绝缘中的缺陷不太严重,局部放电的强度比较大时,则说明缺陷已扩大到一定程度,而且局部放电会加剧对绝缘的破坏作用。

《规程》中规定了某些设备在规定电压下的允许视在放电量,可将测量结果与规定值进行比较,如《规程》中没有给出规定值,可采取与以往在实践中积累的检测数据作比较,以获取判断标准。

3.6 绝缘油的气相色谱分析

3.6.1 充油电气设备内部产生气体

油在炼制、运输等过程中会与空气接触,作为液体绝缘介质的油本身能够溶解气体。而且大量的运行经验和试验研究还证明,运行着的充油电气设备,油和有机绝缘材料在热和电的作用下会逐渐老化和分解,产生少量的低分子烃类及 H_2、CO、CO_2 等气体,但其数量与故障时产生的气体量相比少得多。当设备存在过热或放电故障时,会加快这些气体产生的速度,分解出的气体在油中经对流、扩散不断溶于油中,因而将这类气体称为故障特征气体。由于故障气体的组成和含量与故障的类型和故障的严重性有密切关系,通过定期地分析溶解于绝缘油中的气体就能及早发现电气设备内部的潜伏性故障以及故障的发展情况。

油中各种溶解气体对应的故障性质见表3-3。

表 3-3　根据油中气体含量判断设备内部故障

被分析的气体		分 析 目 的
推荐检测气体	O_2	了解脱气程度和密封(或漏气)情况，严重过热时 O_2 也会因极度消耗而明显减少
	N_2	进行 N_2 测定，可了解 N_2 的饱和程度，与 O_2 的比值可更准确地分析 O_2 的消耗情况。在正常情况下，N_2、O_2 和 CO_2 之和还能估算出油的总含气量
必测气体	H_2	与甲烷之比可判别并了解过热温度，或了解是否有局部放电情况和受潮情况
	CH_4	了解过热故障的热点温度情况
	C_2H_6	
	C_2H_4	
	C_2H_2	了解有无放电现象或存在极高的热点温度
	CO	了解固体绝缘的老化情况或内部平均温度是否过热
	CO_2	与 CO 结合，有时可了解固体绝缘有无热分解

该方法具有不停电检测和能检测出缓慢发展的早期潜伏性故障等特点，已成为提高充油设备运行可靠性和杜绝运行中发生烧损事故的有效方法之一，被广泛采用，并列入有关试验规程中。

3.6.2　气相色谱分析法简介

利用气相色谱分析故障发展情况时，首先要将油中溶解的气体脱出，再送入气相色谱仪，最后对不同气体进行分离和定量。可采用下述方式。

1. 特征气体法

正常运行时，绝缘油老化过程中产生的气体主要是 CO 和 CO_2；在油纸绝缘中存在局部放电时，油裂解产生的气体主要是 H_2 和 CH_4；在故障温度高于正常运行温度不多时，产生的气体主要是 CH_4；随着故障温度的升高，产生的气体中 C_2H_4 和 C_2H_6 逐渐成为主要特征；当温度高于 1000℃ 时，例如，在电弧温度的作用下，油裂解产生的气体含有较多的 C_2H_2；如果进水受潮或油中有气泡，则 H_2 含量极大；当故障涉及固体绝缘材料时，会产生较多的 CO 和 CO_2。不同故障类型产生的气体组分见表 3-4。

表 3-4　不同故障类型产生的气体组分

故障类型	主要气体组分	次要气体组分
油过热	CH_4、C_2H_4	H_2、C_2H_6
油和纸过热	CH_4、C_2H_4、CO、CO_2	H_2、C_2H_6
油纸绝缘中局部放电	H_2、CH_4、C_2H_2、CO	C_2H_6、CO_2
油中火花放电	C_2H_2、H_2	
油中电弧	H_2、C_2H_2	CH_4、C_2H_4、C_2H_6
油和纸中电弧	H_2、C_2H_2、CO_2、CO	CH_4、C_2H_4、C_2H_6
进水受潮或油中有气泡	H_2	

2. 依据气体含量的注意值和产气率

各种充油电气设备油中溶解气体含量的注意值见表 3-5。故障性质越严重,则油中溶解气体的含量就越高。根据油中溶解气体的绝对值含量的多少,和标准规定的注意值比较,凡大于注意值者,应引起注意。

表 3-5　油中溶解气体含量的注意值　　　　　(单位:μL/L)

设　备	气体组分	含　量			
		≥330kV	≤220kV	≥220kV	≤110kV
变压器和电抗器	总烃	150	150		
	乙炔	1	5		
	氢	150	150		
套　管	甲烷	100	100		
	乙炔	1	2		
	氢	500	500		
电流互感器	总烃			100	100
	乙炔			1	2
	氢			150	150
电压互感器	总烃			100	100
	乙炔			2	3
	氢			150	150

注意值不是划分设备有无故障的唯一标准,但仅根据油中溶解气体绝对值含量超过"正常值"即判断为"异常",是很不全面的。例如,有的氢气含量虽低于表 3-5 中数值,但若增加较快,也应引起注意;有的仅氢气含量超过表 3-5 中数值,若无明显增加趋势,也可判断为正常。因此,除看油中气体组分的含量绝对值外,还要看发展趋势,也就是产气速率。

产气速率有两种表达方式:绝对产气速率和相对产气速率。前者指每运行日产生某种气体的平均值;后者指每运行一个月(或折算到月)某种气体含量增加原有值的百分数的平均值。相对产气速率也可以用来判断充油电气设备的内部状况。总烃的相对产气速率大于 10%时,应引起注意。但对总烃起始含量很低的设备,不宜采用此法。

3. 三比值法

比值法就是利用产生的各种组分气体浓度的相对比值,作为判断充油电气设备故障类型的方法。三比值指 5 种气体(C_2H_2、C_2H_4、C_2H_6、H_2、CH_4)构成的 3 个比值 $\left(\dfrac{C_2H_2}{C_2H_4}、\dfrac{CH_4}{H_2}、\dfrac{C_2H_4}{C_2H_6}\right)$。3 个比值的编码规则见表 3-6。

表 3-6　三比值法的编码规则

气体比值范围	比值范围的编码		
	$\dfrac{C_2H_2}{C_2H_4}$	$\dfrac{CH_4}{H_2}$	$\dfrac{C_2H_4}{C_2H_6}$
<0.1	0	1	0
0.1～1	1	0	0
1～3	1	2	1
≥3	2	2	2

判断故障性质的三比值法见表 3-7。

表 3-7　用三比值法判断故障类型

编码组合			故障类型判断	故障实例(参考)
$\dfrac{C_2H_2}{C_2H_4}$	$\dfrac{CH_4}{H_2}$	$\dfrac{C_2H_4}{C_2H_6}$		
0	0	1	低温过热(低于 150℃)	绝缘导线过热，注意 CO 和 CO_2 含量及 CO_2/CO 值
	2	0	低温过热(150～300℃)	分接开关接触不良，引线夹件螺丝松动或接头焊接不良，涡流引起铜过热，铁心漏磁，局部短路，层间绝缘不良，铁心多点接地等
	2	1	中温过热(300～700℃)	
	0、1、2	2	高温过热(高于 700℃)	
	1	0	局部放电	高湿度，高含气量引起油中低能量密度的局部放电
1	0、1	0、1、2	低能放电	引线对电位未固定的部位之间连续火花放电，分接抽头引线和油隙闪络，不同电位之间的油中火花放电或悬浮电位之间的火花放电
	2	0、1、2	低能放电兼过热	
2	0、1	0、1、2	电弧放电	线圈匝间、层间短路，相间闪络、分接头引线间油隙闪络、引线对箱壳放电、线圈熔断、分接开关飞弧、环路电流引起电弧、引线对其他接地体放电等
	2	0、1、2	电弧放电兼过热	

总之，应重视色谱分析的结果，如发现特征气体，就需要增加跟踪检测次数，并将检测结果与以往历史数据、运行记录、出厂资料等进行比较，并与同类设备进行类比，综合分析后，才能最后确定处理方案。

3.7　交流耐压试验

3.7.1　交流高压试验设备概述

电力系统中的电气设备，其绝缘不仅经常受到工作电压的作用，而且还会受到诸如大气过电压和内部过电压的侵袭。高电压试验变压器的作用在于产生工频高电压,使之作用于被测试电气设备的绝缘上,以考查被测试电气设备在长时间的工作电压及瞬时的内过电压下是否能可靠工作。另外,它也是试验研究高压输电线路的气体绝缘间隙、电晕损耗、静电感应、长串绝缘子的闪络电压、电力设备内部绝缘中的局部放电以及带电作业等项目的必需的高压电源设备。近年来,由于超高电压及特高电压输电的发展,必须研究内绝缘或外绝缘在操作冲击波作用下的击穿规律及击穿数值。利用高压试验变压器还可以产生"长波前"类型的操作冲击波。因此工频试验变压器除了固有地产生工频试验电压,以及作为直流高压和冲击高压设备的电源变压器的功用外,还可以用它来产生操作冲击波试验电压。所以工频试验变压器是高电压实验室内不可缺少的主要设备之一,由于它的电压值需要满足达到操作冲击电压值的要求,故试验变压器的工频输出电压将大大超过电力变压器的额定电压值,常达几百千伏或几千千伏的数值。目前我国和世界上多数工业发达国家都具有 2250kV 的试验变压器,个别国家的试验变压器的电压已达到 3000kV。

  试验变压器在原理上与电力变压器并无区别,只是前者电压较高,变比较大。由于电压值高,所以要采用较厚的绝缘及较宽的间隙距离,因此,试验变压器的漏磁通也较大,短路电抗值也较大,而电压高的串级试验变压器的总短路电抗值则更大。在大的电容负载下,试验变压器一、二次侧的电压关系与线圈匝数比有较大差异,因此试验变压器常常有特殊的测量电压用的线圈。当变压器的额定电压升高时,它的体积和重量的增加趋势超过按额定电压的三次方(U^3)的上升速度。为了限制单台试验变压器的体积和重量,有必要在接线上和结构上采取一些特殊措施,例如目前采用的串级装置等。这样可使试验变压器在某些情况下具有特殊形式。

  试验变压器的运行条件与电力变压器的不同,表现如下。

  (1) 试验变压器在大多数情况下,工作在电容性负荷下;而电力变压器一般工作在电感性负荷下。

  (2) 试验变压器所需试验功率不大,所以变压器的容量不是很大;而高压电力变压器的容量都很大。

  (3) 试验变压器在工作时,经常要放电;电力变压器在正常运行时,发生短路事故的机会是不多的,而且即使发生,继电保护装置也会立即将电源跳开。

  (4) 电力变压器在运行中可能受到大气过电压及操作过电压的侵袭;而试验变压器并不受到大气过电压的作用。但由于试品放电,它在工作时,也可能在绕组上产生梯度过电压。

  (5) 试验变压器工作时间短,在额定电压下满载运行的时间更短。例如,进行电气设备的耐压试验时常常用的是 1min 工频耐压。而电力变压器则几乎终年或多年在额定电压下满载运行。

  (6) 由于上述原因,试验变压器工作温度低,而电力变压器温升较高。因此,电力变压器都带有散热管、风冷甚至强迫油循环冷却装置。而试验变压器则没有各种附加的散热装置,或只有简单的散热装置。

  上述情况表明,试验变压器在运行条件方面比电力变压器有利,而在重要性方面则不如电力变压器,所以设计时采用较小的安全系数。例如,50~250kV 试验变压器本身的试验电压比其额定电压仅高 25kV；更高电压(≥300kV)的试验变压器的试验电压比额定电压仅高 10%。例如，500kV 试验变压器的 5min 100Hz 自感应试验电压为 550kV；国产 YDC-1500/1500(额定电压为 1500kV，额定容量为 1500kVA)二级串级试验变压器，单台 750kV 变压器的 5min 100Hz 自感应试验电压为额定电压的 110%；两台串级时所取的感应试验电压仅为额定电压的 105%。而电力变压器的试验电压常比额定电压高得多，例如，220kV 电力变压器的出厂 1min 工频试验电压为 325～400kV(有效值)；330kV 变压器的出厂 1min 工频试验电压为 510kV。正因为高压试验变压器的试验电压较低，设计温升较低，故在额定功率下只能做短时运行。例如，上述的(由苏联生产的)500kV 试验变压器，在额定电压下只能连续工作 30min，在 330kV 电压及 330kVA 容量下才能持续运行。有的特高电压的试验变压器，在额定电压及容量下只能运行 5min。

试验变压器铁心的磁通密度应设计得较小，从而可避免较大的激磁电流在供电的调压器中产生较大的谐波。后者会使所产生的电压波形达不到"正弦波"的要求。

为了满足测量电力设备绝缘局部放电量的需要，有些特殊设计的高压试验变压器，其本身的局部放电量极小，只有几皮库，这类试验变压器称为无晕试验变压器。国产的无晕试验变压器的额定电压已高达 700kV。

试验电压的频率和波形对各种试验有不同程度的影响。在进行交流耐压试验时，有些测量电压的仪表所测得的是电压的有效值，不少电气产品的试验也只提出电压有效值的要求。但是工频放电或击穿一般取决于电压的峰值。试验波形实际上很难保证是严格的正弦波，当波形畸变时，电压峰值与有效值之比不是 $\sqrt{2}$。由于波形上主要叠加了较大的三次谐波分量，峰值与有效值之比可达 1.45～1.55。此时若再根据所测的有效值乘 $\sqrt{2}$ 来计算峰值，就会造成很大的误差。此外，因为有些绝缘材料的绝缘性能还与电压频率相关，所以电压频率加高或含有高次谐波的非正弦波加在有机绝缘材料上，会产生较大的介质损耗，容易使绝缘过热而造成耐压性能降低。为此,国家标准规定:试验电压一般应是频率为 45～65Hz 的交流电压，按有关设备标准规定，有些特殊试验可能要求频率远低于或高于这一范围。试验电压的波形为两个半波相同的近似正弦波，且峰值和方均根(有效)值之比应为 $\sqrt{2}\pm0.07$(注：IEC 60-1—1989 规定此值为 $\sqrt{2}\pm0.05$)。另又补充规定，若诸谐波的方均根值不大于基波方均根值的 5%，则认为波形满足上述要求。为此必须重视试验变压器输出的电压波形是否合乎标准。造成试验变压器输出电压畸变的最主要的原因，是试验变压器铁心的磁化曲线的非线性，特别是当使用到临近饱和段时，激磁电流就含有三次谐波分量，在调压器漏感较大时，输出波形就会明显产生畸变。

此外，供电电网的电压波形有时也包含谐波分量。为了减小波形畸变，试验变压器应选用优质低磁密的铁心，变压器和调压器的短路电抗都应较小，必要时可设置 L-C 滤波装置。在波形质量要求高时，可采用电动发电机组调压及产生正弦波的电压。

3.7.2　工频高压试验原理

对电气设备进行交流耐压试验，常利用工频试验变压器产生高压，利用调压器调节试验电压，调压器应能按照规定的升压速度连续、平稳地调节电压。如图 3.10 所示，一般常用的调压器有自耦变压器、感应调压器、移圈式变压器以及电动发电机组。

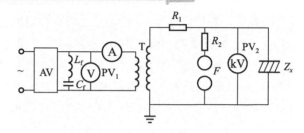

图 3.10　工频高压试验的基本接线图

AV—调压器；PV_1—低压侧电压表；T—工频高压装置；R_1—变压器保护电阻；Z_x—被试品；
R_2—测量球隙保护电阻；PV_2—高压静电电压表；F—测量球隙；L_f、C_f—谐波滤波器

　　R_1 是为了防止试品放电时发生的电压截波对试验变压器绕组绝缘造成损伤，同时也起着抑制试品闪络时所造成的恢复过电压的作用。该保护电阻的数值应由变压器制造厂供给，若制造厂未提供数值大小，一般可按 $0.5\sim1\,\Omega/\mathrm{V}$(有效值)选取。个别的制造厂家所生产的试验变压器允许不接保护电阻。

　　R_2 是为了限制球隙放电时流过球隙的电流，以防灼烧球面，保证测量精度。该电阻值以每次试品所加最试验高电压为准，一般可按 $0.1\sim1\,\Omega/\mathrm{V}$(有效值)选择。

　　R_1、R_2 常用水电阻。注意水不能充满管子，应留有余地，以防爆裂。

　　采用水电阻具有以下优点：功率大，散热容易，阻值可根据需要调节、调整起来特别方便(用纯净水加少量盐，摇匀后用表测试，重复前面的过程，直到需要的阻值)，比常规可调电阻安全可靠。

　　进行交流耐压试验时，按照规定的升压速度升高作用在被试品 Z_x 上的电压，直到电压升高到规定的试验电压 U_i 为止，这时开始计时，一般取 1min 即可。如果在此期间没有发现绝缘击穿或局部损伤(可通过声响、分解出气体、冒烟、电压表指针剧烈摆动、电流表指示急剧增大等异常现象作出判断)的情况，即可认为该试品的工频耐压试验合格通过。运行经验表明，通过 1min 工频耐压试验的设备在运行中一般都能安全运行。

3.7.3　串级高压试验变压器

　　1. 串级变压器的基本原理

　　单个变压器的电压超过 500kV 时，费用随电压的上升而迅速增加，同时在机械结构上和绝缘上都有困难，此外，运输与安装也出现困难。所以目前单个变压器的额定电压很少超过 750kV。电压很高时，常采用几个变压器串接的方法。几台试验变压器串接就是将几台变压器高压绕组的电压相叠加，从而使单台变压器的绝缘结构大为简化。对于绝缘而言，相当于是化整为零的一种做法。

　　自耦式串级变压器是目前最常用的串级方式，在此法中高一级的变压器的激磁电流由前面一级的变压器来供给。图 3.11 为由 3 个变压器组成的串级装置，图中，绕组 1 为低压绕组，2 为高压绕组，3 为供给下一级激磁用的串级激磁绕组。设该装置输出的额定试验容量为 $3U_2I_2$ kVA，则最高一级变压器 T_3 的高压侧绕组额定电压为 U_2 kV；额定电流为 I_2；装置的额定容量为 U_2I_2 kVA。中间一台变压器 T_2 的装置额定容量为 $2U_2I_2$ kVA。这是因为

这台变压器除了要直接供应负荷 U_2I_2 kVA 的容量外，还得供给最高一级变压器 T_3 的励磁容量 U_2I_2。同理，最下面一台变压器 T_1 应具有的装置额定容量为 $3U_2I_2$ kVA，所以每级变压器的装置容量是不相同的。如上例所述，当串级数为3时，串级变压器的输出额定容量为

$$W_{\text{试}} = 3U_2I_2 = 3W \tag{3-10}$$

而串级变压器整套设备的装置总容量应为各变压器装置容量之和，即

$$W_{\text{装}} = U_2I + 2U_2I + 3U_2I_2 = 6W \tag{3-11}$$

所以装置总容量 $W_{\text{装}}$ 与可用的试验容量 $W_{\text{试}}$ 之比为2；若串级数为 n，则 $W_{\text{试}} = nU_2I_2 = nW$，而装置总容量为

$$W_{\text{装}} = W(1+2+3+\cdots+n) = W\frac{n(n+1)}{2} \tag{3-12}$$

这样，在 n 级时的串级装置的容量之和等于它的有用输出容量的 $(n+1)/2$ 倍，即 $W_{\text{装}}/W_{\text{试}} = (n+1)/2$。换言之，试验装置的利用率 $\eta = W_{\text{试}}/W_{\text{装}} 2/(n+1)$。所以随串级级数的增加，装置的利用率显著降低，这是这类串级试验变压器的一个缺点。一般串级的级数 $n \leqslant 3 \sim 4$。

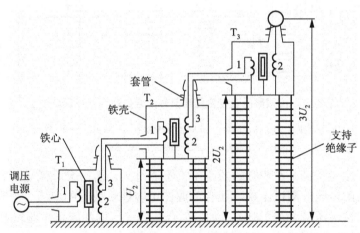

图 3.11　由单(高压)套管变压器元件组成的串级变压器示意图

从图 3.11 中可见，串级变压器在稳态工作时各级变压器的电位分布情况。各级变压器的铁心和它的外壳接在一起，它们具有同一个电位。如图所示，最终的输出电压为 $3U_2$，则第 3 级变压器的外壳对地有 $2U_2$ 的电位差；第 2 级变压器的外壳对地有 U_2 的电位差，所以需要分别用相应的支持绝缘子把它们对地绝缘起来。各级变压器的高压绕组 2 以及激磁绕组 3、对低压绕组 1 和外壳、铁心之间的主绝缘，只需要耐受 U_2 水平的电压。同样，每级变压器的高压套管也只需耐受 U_2 等级的电压。低压套管只耐受绕组 1 的两端电压，一般只有 10kV 及其以下的电压。

在试验电压水平更高时，还常采用双高压套管引入和引出的试验变压器，每级高压变压器的高压绕组的中点接外铁壳如图 3.12 所示。其优点显然是可以比图 3.11 所示变压器进一步降低绝缘水平。每个高压套管引出端对铁壳和铁心的压差是高压绕组总电压的一

半,因此,高压套管以及内部主绝缘的绝缘水平,只要能耐受每级电压的一半就可以了。每一级变压器的外壳都带有一定的电位,如图中所示,所以都需要有相应高度的支持绝缘子把它们对地绝缘起来。在图 3.12 中,为了简明没有画出为减小变压器短路电抗而设置的平衡绕组。图中表示的相邻每级变压器套管之间的连接管是用来屏蔽套管间的连接线的。另外,套管与它同电位的,设置在支持绝缘子上的均压环之间也设有连管。这些连管都是由金属壳做成的,要求有一定的曲率半径和表面光滑度,它们起着固定电位及均匀电场的作用。

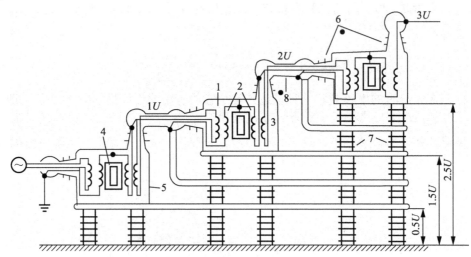

图 3.12 由双高压套管变压器元件组合的串级变压器示意图

1—低压绕组;2—高压绕组;3—串级激磁绕组;4—铁几;5—frl 铁壳;
6—高压套管;7—支持绝缘子;8—屏蔽联管

对于试验变压器来说,希望它的短路电抗不能过大,否则会降低短路容量,从而影响绝缘子湿闪或污闪电压的测试结果,还会造成在电容性负载下的电压"容升"现象。变压器串接时会使阻抗电压值大为上升。例如,单台试验变压器的阻抗电压一般为 4.5%~9%,但 3 台变压器串接时,则阻抗电压可高达 22%~40%。

2. 串级试验变压器的优缺点

1) 串级试验变压器的优点

(1) 单个变压器的电压不必太高,因此,绝缘结构的制作相对比较方便,绝缘的价格较便宜,每台变压器的重量也不会过重,运输及安装方便。

(2) 可以改接线,供三相试验。两台串级的情况,可改接为 V 形接线;3 台串级的情况,可改接成 Y 或 △ 形接线。也可以改成并联接线,使变压器相互并联,以供给大的负荷电流。显然,当改接为三相试验接线,或改为并联连接时,试验电压要相应地降低。

(3) 当需要低的试验电压时,可以只使用其中的 1~2 台变压器,以使作为电源的发电机的激磁不致过小,工作较容易。而且串级变压器的台数少,可使总的试验回路的短路电抗大为减小。

(4) 每台变压器可以分开单独使用，这样工作地点可以有所增加。

(5) 一台变压器出故障时，其余的几台仍可以继续使用，损失相对可减小。

2) 串级试验变压器的缺点

(1) 在自耦式串级变压器的情况下，由于后一级变压器的功率需要由前一级来供给，故整个装置的利用率低。

(2) 由于激磁绕组及低压绕组中的漏抗及整套串级变压器中的漏抗，当级数增多时，总的电抗增加甚剧。故一般认为串级数不应超过4级。

(3) 发生过电压时，各级间瞬态电压分布不均匀，可能发生套管闪络及激磁绕组中的绝缘故障。

3.7.4 工频高压的测量

测量工频高压的方法较多，概括起来可分为两类：低压侧测量和高压侧测量。无论采取什么测量方法，工频高压的测量都应满足一定的准确度要求，其幅值和有效值的测量误差应不大于3%。

1. 低压侧测量

这种方法是在试验变压器的低压侧或测量线圈(一般试验变压器中均设有仪表线圈或测量线圈，匝数比一般是高压线圈的1/1000)的端子上用电压表测量，然后通过换算来确定高压侧的电压。

用这种方法测量误差较大，对于一般设备可以采用，而对于重要设备，则需采用高压侧测量方法。

2. 高压侧测量

可采用下述方法进行测量。

1) 用静电电压表测量

静电电压表的工作原理如图3.13所示。它由两个电极组成，固定电极1接入被测高压，可动电极3由悬丝支持吊挂于屏蔽(保护)电极2的中心，接地，并通过连线与屏蔽电极接在一起。屏蔽电极的作用是消除边缘效应和外电场的影响，使固定电极和可动电极间的电场均匀。被测电压加在电极1和3之间。测量时，在均匀电场力作用下，可动电极产生旋转，当悬丝的扭矩与静电力的转矩平衡时，存在下列关系。

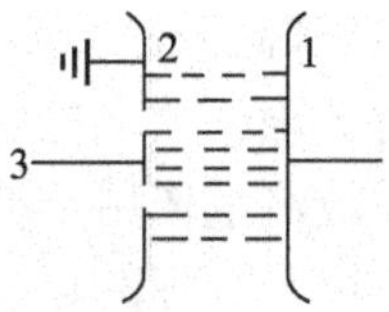

图3.13 静电电压表原理图
1—固定电极，接高压；2—屏蔽电极；
3—可动电极，接地

$$\alpha = \frac{1}{2k} U^2 \frac{dC}{d\alpha} \tag{3-13}$$

式中　k——扭转常数；

　　　C——可动电极3与固定电极1之间的电容；

　　　α——电极3的转角。

由式(3-13)可知，α 与 U^2 成正比，故可测出交流电压的有效值。

用静电电压表测量时，当悬丝旋转时，带动悬丝上的反光镜随之移动，表面附加的光源照射在反光镜的光线反向到标尺上与电压相应的刻度上，即可读取电压值。

静电电压表的刻度是用标准测量装置相比对来标定的(仪器出厂时已标定好)。其刻度不均匀，标度的起始部分约在 1/4 量程范围内，刻度较粗略，分辨率差，因此，选用静电电压表时应避开在这段量程范围内使用。

静电电压表高低压电极之间的电容不大，为 5~50pF，极间的绝缘电阻很高，因此，其内阻很高，从被测电路中吸收的功率较小，接入电路后几乎不会改变被试品上的电压，这是它的突出优点。用它可以直接测量相当高的交流和直流电压，我国静电电压表应用广泛，国产 30kV 级静电电压表可用于室外测量，100kV 及以上一般作为室内测量，通用的静电电压表最高量程为 200kV。随着技术水平的不断提高，目前我国已生产出可直接测量 500kV 电压的静电电压表。

2) 用球隙测量

由一定直径的球形电极构成的空气间隙，当球隙之间的距离 S 与铜球直径 D 之比不大时，其间电场可为稍不均匀电场。在外界条件不变时，球隙的放电电压和球隙距离具有一一对应的关系，在一定的球隙距离下，球隙间具有相当稳定的放电电压值。试验证明，当球隙距离与球的直径满足 $S/D \leq 0.5$ 时，其测量误差在 ±3% 以内，满足标准要求。因此，可用球隙测量交流电压的幅值，也可用来测量直流电压和冲击电压值。由于球隙放电一般都是在最大电压下放电的，因此，用球隙测量得到的是峰值电压。

球隙是目前唯一能直接测量高达数兆伏的各种高电压峰值的测量装置。用球隙测量高压时，通过球隙保护电阻将交流高压加到测量球隙上，调节球隙距离，使球隙在被测电压下放电，根据球隙距离 S 和球直径 D，即可求出交流高压值。试验中，应先进行几次预放电，并取连续 3 次放电电压的平均值，各次放电的时间间隔不得小于 1min，每次放电电压与平均值之差不大于 3%。

气体间隙的放电电压受大气条件的影响，当试验时的大气条件与标准大气条件不同时，应对球隙的放电电压进行大气条件校验。

用球隙测量作用于被试品上的电压，虽然准确度较高，但球隙必须击穿才能测出电压，这就破坏试验进程的连续性，并对试验电压造成截波。因此，实际中很少直接用球隙来测量电压，球隙的主要功能是作为标准测量装置来对其他测量装置进行刻度校订标定。

球隙放电电压稳定，所以常在高电压试验中把它作为过电压保护装置。

3) 用电容分压器测量

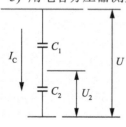

图 3.14 电容分压器

这种方法利用串联电路中各元件的电压与各元件阻抗成正比的关系，利用分压器并配以适当的高阻抗的低压仪表组成。测量交流高压时如图 3.14 所示，分压器利用电容性，将高压臂电容 C_1 和低压臂电容 C_2 串联，被测高压加在高压臂上，低压臂上接仪表测量电压，通过计算得出被测电压值。低压侧所接仪表主要包括静电电压表、峰值电压表、示波器等。

如图 3.14 所示，被测电压为

$$U = \frac{C_1 + C_2}{C_1} U_2 = kU_2 \tag{3-14}$$

式中　U_2——低压侧电压表读数；
　　　C_1——高压臂电容；
　　　C_2——低压臂电容；
　　　k——分压器的分压比。

利用分压器测量时，被测电压波形的各部分应是无畸变的按一定比例缩小输出；分压比应该是恒定的，不随大气条件或被测电压波形、幅值等因素变化；分压器接入对测量电压的影响应微小到容许程度。

分压器各部分对地杂散电容形成的容纳分支，在一定程度上影响分压比，但因为主电路为容性，所以只要周围环境不变，并且高压系统不出现电晕或局部放电，则这种影响就是恒定的，不会随被测电压的波形、幅值或大气条件等因素而变化。所以，对于一定的环境，一定的测量范围，只要一次准确地测出其分压比，分压比就不变了，即可用于各种工频高压的测量。为进一步减少杂散电容影响，对于无屏蔽的电容分压器，应适当增大高压部分的电容值。

电容分压器的一个突出优点是几乎不吸收有功功率，不存在温升和随温度而引起的各部分参数的变化。因而可以直接测量极高的电压，测量时应注意高压部分的电晕。

当用球隙标定分压系统时，不需要被试品参与，所以分压系统的校订标定工作比较简单。但如果分压系统中任何部分或其中任何元件(包括量程档次)更改时，都需要对分压系统进行重新标定。

3.7.5　操作规定

(1) 试验前，应了解被试品的试验电压，清楚被试设备的非破坏性试验项目是否合格。若被试品有缺陷及异常，应在异常等消除后再进行交流耐压试验。对于电容性被试品，应根据其电容量及试验电压估算试验电流大小，判断试验变压器容量是否足够，并考虑过流保护的整定值(一般应整定为被试品电容电流的 1.3~1.5 倍)。

(2) 试验前应将被试品表面擦拭干净，并将被试品的外壳和非被试绕组可靠接地。如果被试品为新充油设备，应按《规程》规定使油静止一定时间再施压。

(3) 被试品为有机绝缘材料时，试验后应立即触摸绝缘物，若出现普遍或局部发热，则认为绝缘不良，应立即处理，然后再做试验。

(4) 对于夹层绝缘或有机绝缘材料的设备，如果耐压试验后的绝缘电阻值比耐压试验前下降30%，则认为该试品不合格。

(5) 加压前检查调压器是否在"零位"，不允许冲击合闸。升压速度在 40%试验电压以内，可不受限制，其后应均匀升压，速度约为每秒钟 3%的试验电压。试验电压下保持规定时间后，应很快降到 1/3 试验电压或更低，然后切除。不允许不降压就先跳开电源开关，因不降压即跳电源开关相当于给被试品做了一次操作波试验，可能损坏被试品绝缘。

(6) 耐压试验前后，均应测量被试品的绝缘电阻，两次测量结果不应有明显差别。

(7) 试验中若发现表针摆动或被试设备、试验设备发出异常声音或冒烟、冒火等,应立即降下电压,在高压侧挂上地线,再检查原因。

(8) 试验时,应记录试验环境的气象条件,以便对试验电压进行气象校正。

3.7.6 交流耐压试验注意事项

1. 仪表指示异常时反映的情况

(1) 接通电源电压表就有指示,可能是调压器不在零位。若此时电流表也出现异常读数,可能是调压器输出侧有短路或类似短路的情况,如接地棒忘记摘除等。

(2) 调节调压器,电压表无指示,可能是自耦调压器碳刷接触不良,或电压表回路不通,或变压器测量绕组有断线的地方。

(3) 若随着调压器向上调节,电流增大,电压基本不变或有下降趋势,这可能是由被试品容量较大、电源容量不够或调压器容量不够引起的,可改用大容量的试验变压器或调压器;若更换变压器或调压器后现象还存在,则可能是波形畸变引起的。

(4) 试验过程中,电流表的指示突然上升或突然下降,电压表指示突然下降,则是被试品击穿的特征。

一般情况下,被试品的容抗远大于试验变压器的感抗,但是对于大容量的被试品或试验变压器感抗较大时,有可能出现试品击穿,电流表指示不变或下降的现象。

2. 其他异常情况分析

(1) 被试品耐压试验时是合格的,试验后却发现被击穿了,这往往是试验后没有降压就直接拉掉电源造成的。

(2) 如果接通电源,调压器通电后便发出沉闷的声音,可能是将 220V 的调压器接到了 380V 电源上了。

(3) 加压过程中,充油试品内部有如炒豆般的响声,电流表指示却很稳定,这可能是悬浮的金属件对地的放电引起的。例如,变压器铁心没有通过金属片与夹件连接,在电压作用下铁心对接地的夹件放电。

3.7.7 试验结果分析

(1) 交流耐压试验中,在规定的持续时间内试品绝缘不发生击穿现象,一般认为是合格的,反之则判为不合格。试品是否击穿可根据表计的指示情况进行分析,一般若电流突然上升,则表明试品已被击穿。

(2) 在试验过程中,根据被试品状况进行分析,若被试品发出击穿声音、冒烟、焦臭、出气及燃烧等,说明绝缘有问题。另外,若在试验过程中,出现局部放电,则应按各种不同的试品情况,按有关规定,认真进行处理判断。

(3) 如果试品为有机绝缘材料,试验后,立即进行触摸,若出现普遍或局部发热现象,则可认为绝缘不良,需进行处理(烘干)后再进行试验。

(4) 对于组合绝缘设备或有机绝缘材料,耐压试验后其绝缘电阻不应下降 30%,否则即可认为不合格。对于纯瓷绝缘或表面以瓷绝缘为主的设备,易受当时气候条件的影响,可酌情处理。

另外有的设备即使通过了耐压试验，也不一定说明设备毫无问题，特别是像变压器那样有线圈的设备，即使通过了交流耐压试验，往往也不能测出匝间、层间等绝缘缺陷，因此，必须同其他试验项目所得的结果进行综合分析。除交流耐压试验外，还可进行色谱分析、局部放电等试验。

3.8 直流耐压试验

直流耐压的试验原理、方法与直流泄漏电流的测量原理完全相同，只是直流耐压的试验电压较高。进行直流耐压时，要根据不同的试品、不同的试验要求选择合适的电源容量，实际中主要是依据运行经验来确定。

3.8.1 直流高压的产生

直流耐压试验装置一般采用半波整流装置和倍压串级直流高压装置。

图 3.15 和图 3.16 给出了半波整流回路的电路及半波整流回路有负载时输出电压的波形。

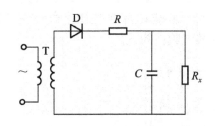

图 3.15 半波整流回路

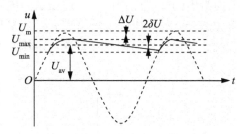

图 3.16 半波整流回路有负载时输出电压波形

T—高压试验变压器；D—高压整流器；C—滤波电容；
R—保护电阻；R_x—负载电阻

由于半波或全波整流回路能够获得的最高直流电压都等于电源交流电压的幅值 U_m，但在电源不变的情况下，采用倍压整流回路即可获得等于$(2\sim3)U_m$倍的直流电压。图 3.17 给出了 3 种倍压整流电路，图 3.17(a)、图 3.17(b)可获得 $2U_m$ 的直流电压，而图 3.17 (c)可获得 $3U_m$ 的直流电压。

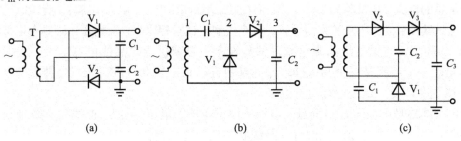

图 3.17 倍压整流电路

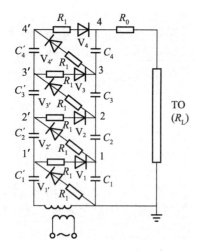

图 3.18 串级直流高压发生器接线图

要想获得更高的直流电压,只需要增加级数就可以了。图 3.18 示出位 n 级串联直流高压发生器的原理接线,它最后能得到的理想空载输出电压为 $2nU_m$。

在实际装置中,由于要限制负载突然击穿时出现的短路电流和某些电容器发生击穿时流过高压硅堆整流器的过电流,保护整流器不致损坏,所以还必须在装置输出端接一外保护电阻 R_0,在每一高压硅堆整流器上串接限流电阻 R_1,如图 3.18 所示。

在电力系统现场试验所用的直流高压装置中,往往采用数千赫兹甚至更高的交流电源,以减小整套装置的尺寸和重量,使之便于运输和在现场使用。

3.8.2 直流耐压试验的特点

以直流高压发生器为主要设备的直流高压试验(包括耐压试验和泄漏电流)的基本接线与前面给出的接线图相似。不过在试验电压较高时,要用直流高压发生器来替代其中的整流电源部分。如高压静电电压表 PV_2 的量程不够,可改用球隙、高值电阻串微安表或高阻值直流分压器等方法来测量直流高电压,图 3.19 为其试验接线图。

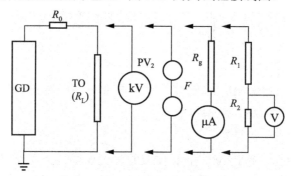

图 3.19 直流高压试验接线图

GD—直流高压发生器;TO—被试品

最常见的直流高压试验为某些交流设备(油纸绝缘高压电缆、电力电容器、旋转电机等)的绝缘预防性试验项目之一的直流耐压试验。与交流耐压试验相比,直流耐压试验具有以下特点。

(1) 试验中只有微安级泄漏电流,试验设备不需要供给试品的电容电流,因而试验设备的容量较小,特别是采用高压硅堆作为整流元件后,整套直流耐压试验装置的体积、重量减小得更多,便于运到现场进行试验。

(2) 在试验时可以同时测量泄漏电流,由所得的"电压-电流"曲线能有效地显示绝缘内部的集中性缺陷或受潮,提供有关绝缘状态的补充信息。

(3) 用于旋转电机时,能使电机定子绕组的端部绝缘也受到较高电压的作用,这有利于发现端部绝缘中的缺陷。

(4) 在直流高压下，局部放电较弱，不会加快有机绝缘材料的分解或老化变质，在某种程度上带有非破坏性试验的性质。

(5) 在直流试验电压下，绝缘内的电压分布由电导决定，因而与交流运行电压下的电压分布不同，所以它对交流电气设备绝缘的考验不如交流耐压试验那样接近实际。

对于绝大多数组合绝缘来说，它们在直流电压下的电气强度远高于交流电压下的电气强度，因而交流电气设备的直流耐压试验必须提高试验电压，才能具有等效性。例如，额定电压 U_n 低于 10kV 的交流油纸绝缘电缆的直流试验电压高达 $(5\sim 6)U_n$，而 U_n 为 10~35kV 的此类电缆的直流试验电压也达到 $(4\sim 5)U_n$。加电压的时间也要延长到 10~15min。如果在此期间，泄漏电流保持不变或稍有降低时，则表示绝缘状态令人满意，试验合格通过。

除了上述直流耐压试验外，直流高压装置还理所当然地被用来对直流输电设备进行各种直流高压试验，诸如各种典型气隙的直流击穿特性、超高压直流输电线上的直流电晕及其各种派生效应、各种绝缘材料和绝缘结构在直流高电压下的电气性能、各种直流输电设备的直流耐压试验等。

此外，直流高电压在其他科技领域也正在获得越来越广泛的应用。

3.8.3 直流高电压的测量

国家标准规定：对具有波纹的直流试验电压，一般是要求测量它的算术平均值，且要求测量的总不确定度不应超过±3%。

测量直流高电压的方法主要有以下 3 种。

1. 用高值电阻串联微安表或高值电阻分压器

如图 3.20 所示，被测电压为

$$U_1 = IR_1$$
$$U_1 = \frac{R_1 + R_2}{R_2}U_2 = kU_2 \tag{3-15}$$

式中　R_1 ——高压臂高值电阻；
　　　R_2 ——低压臂电阻；
　　　k ——分压比。

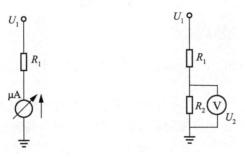

(a) 高值电阻串联微安表　　(b) 高值电阻分压器

图 3.20　直流电压的测量方法

用图 3.20(a)、(b)两种方法测量时，图(a)方法会受电阻元件上场强和温度的影响，导致阻值不规则变换，影响测量准确度，而图(b)方法高、低压臂电阻元件的电阻温度系数和电阻场强系数对分压器的影响互相补偿，测量较准确；图(a)方法能测出电压平均值，图(b)方法除了测其平均值外，还可测量有效值、峰值，以及其脉动部分的波形与幅值；图(a)方法高值电阻的下端经电流表引到接地点的引线属于电流引线，影响测量的准确度，测量时必须尽可能短，而图(b)中分压器的分压输出仅为电压输出，可用同轴电缆引至较远的方便处再接测量仪表，不会影响测量准确度。

使用分压器测量直流高压时，应选择内阻值极高的电压表，如静电电压表、数字电压表或示波器等。测量仪表可根据仪表指示电压的性质来选择。其中磁电式仪表指示电压的平均值；静电式仪表指示电压的有效值；峰值电压表指示电压的峰值；示波器则用来显示脉动分量的波形与幅值。

2. 用静电电压表测量

用静电电压表有可能直接测量到高达几百千伏的直流电压，它所指示的是电压的有效值。当电压纹波系数不超过 20% 时，可以认为有效值与算术平均值是接近相等的，故也可用来测直流电压的算术平均值。静电电压表的刻度是用标准测量装置来标定的(出厂时已标定好)，应注意，其刻度是不均匀的，量程中起始约 1/4 部分刻度粗略，分辨率差。

3. 用球隙测量

可用球隙测量直流高压的峰值，测量方法及注意问题与测量交流电压时相同，但需注意下列事项。

(1) 在直流电压作用下，尘埃易吸附到球极上来，往往会使球隙的击穿电压降低些，分散性也增大，不如交流或冲击电压下稳定，故应在尘埃和纤维尽可能少的大气环境下测量；球隙距离 S 与球径 D 的比值 S/D 应在 0.05～0.4 范围内；应施加多次电压使球隙击穿，并以测得的最高电压值作为所测电压值。其测量误差一般在 +5% 范围内。

(2) 对于球径 $D \leqslant 12.5 \text{cm}$ 的球隙，或所测电压 $\leqslant 50 \text{kV}$ 时，均必须用石英水银灯或放射性物质对球隙进行照射。

(3) 在直流电压作用下，即使存在一定的脉动，流过球隙电容的电流总是极小的，不会在球隙电阻 R_q 上造成显著的压降，所以，测量直流电压时，球隙电阻 R_q 可取得比测量工频电压时所用的值更大些，具体数值尚无明确规定。

3.8.4 直流耐压试验注意事项

国家有关标准规定：直流高压试验时，加在试品上的试验电压，应是纹波系数不大于 3% 的直流电压。

对于直流高压试验来说，特别需要注意：试验装置应能在试验电压下供给被试品的泄漏电流、吸收电流、内部和外部的非破坏性放电电流，其电压降不应超过 10%。应该估计到某些被试品在击穿前瞬时的临界泄漏电流是相当大的，例如，极不均匀电场长气隙击穿或沿面闪络，特别是湿污状态下的沿面闪络，击穿前瞬时的临界泄漏电流将达安培级。在这样大的泄漏电流下，若想要不至引起过大的动态压降，最根本和有效的措施是增大交流电源的容量，同时要安装足够电容量的滤波电容器。

对绝缘做直流耐压试验时，为避免在电源合闸的过渡过程中产生过电压，应从相当低的电压值开始施加电压。在75%试验电压值以下时，应以均匀速度缓慢地升高电压，以保证试验人员能从仪表上精确读数。超过75%试验电压值后，应以每秒2%试验电压的速度上升到100%试验电压值，在此值下保持规定时间后，切除交流电源，并通过适当的电阻使试品和滤波电容器放电。

在确定直流耐压所需的时间时，应考虑到：绝缘中的极化和吸收作用需经较长的时间才能充分完成，电压分布才趋于稳定，对于电容量越大的设备，这个时间就越长；另外，直流电压作用下绝缘中的介质损比工频电压作用下小得多，也几乎不存在随时间而逐渐发展的电离性树枝状局部放电，所以，当直流电压在绝缘中的分布稳定以后，直流击穿电压与作用时间的关系就很小了(一般绝缘的工频击穿电压与电压作用时间的关系则是显著的)，即直流耐压试验时间长一些，并不会使绝缘的击穿电压有明显的降低。考虑到以上因素，所以规定直流耐压试验的时间较长，一般在5~10min范围内，随设备的类型和容量大小而定。

对于某些电容量较大的被试品，如电缆线路、大型旋转电机等，在试验完成后，将被试品放电时，必须先通过限流电阻(每千伏试验电压约80kΩ)反复几次放电(相邻各次放电间歇约1min)，直到无火花时，方可直接接地放电。

对试验电压的极性或不同极性电压施加的次序，在有关的标准中有规定。一般认为，如确认某一极性对绝缘的作用较严格，可只做这一极性的耐压试验。

在做直流耐压试验时，一般均同时测量其泄漏电流，以便从泄漏电流随所加电压的变化规律中获得对绝缘情况的某些预示。一般要求耐压5min时的泄漏电流不应大于1min时的相应值。同一试品三相泄漏电流的不平衡系数不应大于2。

某些应用在交流电力系统中的设备，也有需要做直流耐压试验的，原因如下。

(1) 对于电容很大的设备，如较长的电缆、较大的电容器等，进行工频耐压试验需要大容量的试验变压器和调压器，这有时是困难的。如果改用直流耐压试验，则试验设备就将轻便得多，因为此时只有泄漏电流而不存在电容电流。

(2) 对于某些种类的绝缘材料，如油纸绝缘，工频耐压试验容易在绝缘中发展局部放电，造成某些残留性的不可逆的绝缘损伤，而直流耐压试验过程中，这种效应将小得多。

(3) 对于某些电气设备的某些部分绝缘(如电机定子绕组的槽外部分绝缘)中若有局部缺陷，则直流耐压试验比工频耐压试验更容易发现。

由于上述这些因素，在绝缘预防性试验规程中，已将直流耐压试验规定为油纸电缆的基本耐压试验和旋转电机必要的补充耐压试验。

3.9　绝缘试验主要项目及其特点

3.9.1　绝缘试验的主要项目

绝缘故障大多因内部存在缺陷而引起，有些绝缘缺陷是在设备制造过程中产生和潜存下来的,还有一些绝缘缺陷则是在设备运行过程中在外界影响因素的作用下逐渐发展和形成的。就其存在的形态而言,绝缘缺陷可分为两大类:①集中性缺陷,如绝缘子瓷体内的裂缝、发电机定子绝缘因挤压磨损而出现的局部破损、电缆绝缘层内存在的气泡等;②分散性缺陷,如电机、变压器等设备的内绝缘受潮、老化、变质等。当绝缘内部出现缺陷后,就会在它们的电气特性上反映出来,我们就可以通过测量这些特性的变化来发现隐藏着的缺陷,然后采取措施消除隐患。这就是进行绝缘试验的主要目的。

由于缺陷种类很多、影响各异,所以绝缘试验的项目也就多种多样,每个项目所反映的绝缘状态和缺陷性质也各不相同,故同一设备往往要接受多项试验,才能作出比较准确的判断和结论。

我国《电力设备预防性试验规程》规定,常见的电力设备预防性试验主要项目见表3-8。

表3-8 现行电力设备预防性试验主要项目

项 目	发电机	电力变压器	电力电缆	高压套管	断路器 充 SF_6 型	断路器 充油型
绝缘电阻测量	☆	☆	☆	☆	☆	☆
直流泄漏电流测量	☆	☆	☆	×	☆	☆
$\tan\delta$	△	☆	☆	☆	△	☆
绝缘油试验	☆	☆	☆	0	×	☆
微量水分测定	×	☆	×	0	☆	×
油中气体色谱分析	×	☆	×	0	×	×
局部放电试验	×	×	×	0	×	×
直流电压试验	☆	×	☆	×	×	×
交流耐压试验	△	△	×	△	△	☆

注:☆表示正常试验项目;×表示不进行该项试验;△表示大修后进行;0表示必要时进行

凡电力系统的设备,应根据规程的要求进行预防性试验。《电气设备预防性试验规程》对电气设备试验电压作出了相关的规定。

(1) 当采用额定电压较高的电气设备以加强绝缘者,应按照设备的额定电压标准进行试验。

(2) 采用额定电压较高的电气设备,在已满足产品通用性的要求时,应按照设备实际使用的额定工作电压的标准进行试验。

(3) 采用较高电压等级的电气设备,在已满足高海拔地区或污秽地区要求时,应在安装地点按照实际使用的额定工作电压的标准进行试验。

3.9.2 绝缘试验项目的特点

前面介绍的各试验项目,对揭示绝缘中的缺陷和掌握绝缘性能的变化趋势,各具一定的功能,也各有自己的局限性。即使是同一试验项目用于不同设备时的效果也不尽相同,因此通常不能孤立地根据某一项试验结果对绝缘状态下结论,而必须将各项试验结果联系起来进行综合分析,并考虑被试品的特点和特殊要求,方能作出正确的判断。

显然，如果某一被试品的各项试验(包括耐压试验)均顺利通过，各项指标均符合有关标准、规程的要求，一般就可认为其绝缘状态良好，可以继续运行。

如果有个别试验项目不合格，达不到规程的要求，这时宜用"三比较"的办法来处理：①与同类型设备作比较，因为同类设备在同样条件下所得的试验结果应大致相同，若差别悬殊就可能存在问题；②在同一设备的三相试验结果之间进行比较，若有一相结果相差较大时，该相很可能存在缺陷；③与该设备技术档案中的历年试验所得数据作比较，若性能指标有明显下降的情况，即应警惕出现新缺陷的可能性。

为了以较小的工作量，获得最好的效果，每种电力设备应做的试验项目要根据它们的特点和运行经验精心选择(参见表 3-8)。至于试验周期，应根据各种设备绝缘的运行条件、劣化速度、以往的运行经验、环境条件的变化周期、试验工作量的大小等多种因素加以确定。

对于正确判断电气设备绝缘质量和状态来说，各种试验都是重要的，它们不能相互取代，而只能是优势互补。

表 3-9 总结了各种预防性试验方法的特点。

表 3-9　各种预防性试验方法的特点

序 号	试验项目	能发现的缺陷
1	测量绝缘电阻及泄漏电流	贯穿性的受潮、脏污和导电通道
2	测量吸收比	大面积受潮、贯穿性的集中缺陷
3	测量 $\tan\delta$	绝缘普遍受潮和劣化
4	测量局部放电	有气体放电的局部缺陷
5	油的气相色谱分析	持续性的局部过热和局部放电
6	交流或直流耐压试验	使抗电强度下降到一定程度的主绝缘局部缺陷
7	操作波或倍频感应耐压试验(只限于变压器类设备)	使抗电强度下降到一定程度的主绝缘或纵绝缘的局部缺陷

3.10　绝缘在线监测

前述电气设备预防性试验对保证电力系统的安全可靠运行发挥了积极的作用，但都需要在离线状态下进行。离线监测的缺点是：①首先需停电进行，而不少重要的电力设备不能轻易地停止运行；②只能周期性进行而不能连续地随时监测，绝缘有可能在诊断间隔时发生故障；③停电后的设备状态，如作用电场及温升等和运行中特征不相符合，影响诊断的准确性；④有些试验项目电压过低，不能很好地反映实际运行电压时设备的状况，因而也影响判断的准确性。例如，$\tan\delta$ 检测中，采用电桥法时，由于标准电容额定电压的限制，一般只加到 10kV，这对于 110kV 及以上的电力设备，电压是很低了。因此，20 世纪 80 年代以来，电气设备在线监测技术得以发展。在线监测技术是在设备运行状态下，利用各种传感器和信息处理技术及计算机技术，实时、连续地监测电气设备的绝缘参数，绝缘的运行状态，以确实设备的运行状态。目前，在线监测已成为绝缘预防性试验的一个重要组成部分,而且在绝缘在线监测技术的基础上,逐步开展了设备绝缘的状态维修。

3.10.1 目前在线监测技术现状

电气设备的绝缘状态通常通过局部放电量、介质损耗因素、泄漏电流、设备电容值等特征量来表征。其中局部放电能最灵敏地反映绝缘状态,但具体操作时,易受周围环境干扰。

目前开展的绝缘在线监测主要对象如下。

(1) 电容性设备(包括电流互感器、电容式电压互感器、耦合电容器、变压器及电抗器套管等)的介质损耗因素、电容量的监测。

(2) 避雷器的泄漏电流及其有功分量的监测。

(3) 变压器、电抗器的局部放电量监测及定位。

(4) 变压器油中溶解气体的监测。

(5) 气体绝缘封闭式组合电器(GIS)气体泄漏检测及局部放电监测。

(6) 电机局部放电监测及热点温度监测。

(7) 电缆绝缘的介质损耗因素、泄漏电流及局部放电监测。

(8) 瓷质绝缘子的污秽泄漏电流的监测。

3.10.2 红外监测的利用

电力系统广泛采用红外成像技术进行电力设备中与温度有关的热性故障。根据正常状态下设备的发热规律以及表面温度场的分布和温升状况,深入研究高压设备内部热故障的热场分布规律及表面红外热像特征,再结合其他监测结果,就能较好地诊断出设备故障类型及故障点。利用红外技术能监测的电气设备故障主要包括下述内容。

1. 外部热故障在线监测

外部热故障以局部过热的形态向周围辐射红外线,通过热像图即可直接判断是否存在热故障,并且由温度分布可以进一步判断故障点。

利用红外监测可以实现发电机电刷和集电环的热故障监测;各种裸露接头的热故障监测,如断路器刀口接触不良;变压器较接近外壳部位或传热途径简单、直接部位的热故障,如油枕假油位、箱体内部涡流过热、潜油泵故障、冷却系统阻塞;劣质绝缘子的监测等。

2. 内部热故障在线监测

内部热故障不能直接反映到热像仪上,但内部热故障会在外壳上形成一个相对稳定的热场分布,结合其他影响因素,也可间接判断内部故障。

利用红外热像仪可以判断的内部热故障主要有电机内部热故障,如定子绕组接头、定子铁心绝缘缺陷;断路器内部热故障的监测,如少油断路器动静触头接触不良;互感器内部热故障,如绝缘老化;避雷器内部热故障,如元件老化、受潮;电缆内部热故障,如绝缘不良,与导体连接时接触不良等。

3.11 试验记录、试验报告及试验结果分析

电气设备在运行中受到运行条件和外部条件的影响，使一些参数发生变化，如受负载电流、电压、短路故障、温度、湿度的影响；另外，绝缘介质在运行过程中会发生自然老化，承担内、外过电压影响时会产生绝缘积累效应。预防性试验的目的就是每隔一定周期，通过一定的试验项目测试电气设备的运行状态和参数，从而判别电气设备是否能够安全运行。

1. 试验记录及试验报告

试验记录应全面、准确地记录如下内容和数据。
(1) 试验日期及天气条件，如试验日期、天气、温度、湿度等。
(2) 被试设备的铭牌数据、产品序号、安装位置。
(3) 试验设备及仪表、仪器的型号、编号及校验状况。
(4) 试验方法和接线。
(5) 试验数据。
(6) 试验分析及结论。
(7) 试验人员的签名。

2. 试验数据的确定

在高电压试验中，除了要采用正确的试验方法和接线外，重要的是能够根据试验数据对被试设备的状态进行正确的分析和判断。这就要求试验人员熟悉每项试验项目的作用，熟悉电气设备的结构和了解每个试验项目所能反映的问题，能够及时排除试验误差。在试验中，一般采用如下方法对试验数据和结果进行处理。

(1) 试验接线是否正确，试验方法是否合理，试验电压、电流测量是否准确。例如，做直流泄漏试验时，试验电压是否从高压侧直接测量，微安表所接的位置是否合适，是否加了合格的滤波电容，特别是在做避雷器等非线性元件的直流泄漏电流试验时，如果电压测量不准，则会造成泄漏电流较大的误差；做介质损试验时接线不同，测量结果也会有较大的差异。

(2) 仪器、仪表运输和使用中会损坏，一些测量表计、仪器，如分压器、互感器、各种仪表等损坏后若不能及时发现，就会对试验结果产生较大的影响。仪器的容量不足或型号选择不对也会对试验结果产生较大的影响。仪表读数的刻度应在30%~80%范围内，如果靠近上限或下限读数则误差就较大。

(3) 被试设备的表面状况会对试验结果会产生很大的影响。在试验前应彻底擦干净被试设备表面的污秽或采取屏蔽措施排除被试设备表面的污秽。

(4) 环境条件，特别是温度、湿度对试验结果会造成很大的影响。一般绝缘试验不要在阴雨天气进行，不宜在气温低于5℃和高于40℃时做，不宜在空气湿度大于80%时做，如能换算到标准状态的应尽量换算到标准状态。

(5) 对于发电厂、变电所的电气设备，往往处于电场、磁场干扰等复杂的电磁环境下，而绝缘介质损试验、局部放电试验等，容易受磁场干扰的影响，使试验结果产生较大的偏差，因此，试验时要采取切实可行的措施来排除干扰。

在完成某个试验项目后，或当某个试验数据有问题时，不要急着对被试设备下结论，而是要对试验接线、试验方法、仪器、仪表进行反复检查，对试验条件、外部环境进行仔细分析，对被试设备表面状况进行认真处理，排除各种干扰，必要时要采用不同的方法、不同的仪器、仪表，不同的接线进行复试，最后再确定试验数据。

3. 试验结果的分析

一般对试验结果做如下处理。

(1) 将试验结果与规程、标准进行对比。在电力系统中，有交接试验标准、预防性试验标准等。对于绝大多数产品来说还有国家标准，若超出规程、标准的范围，则应找出原因。

(2) 将试验结果与历史数据进行对比。有些参数在规程、标准中并没有给出合格的绝对值，有些不做规定，有些要求与出厂或前次试验数据相比较，规定了一个方向或两个方向的变化值。这就要求平时建立完善的设备试验档案，掌握设备参数的变化规律。如某一参数向劣化的方向变化较大应引起注意，找到变化的原因。在比较试验数据时，要注意两次试验的外部环境和试验方法，以及所用仪器、仪表是否一致，一般应换算到标准条件下进行比较。

(3) 将试验结果与同类设备的试验结果进行对比。在电力系统中进行交接或预防性试验时，往往都是对一批设备做试验，这时可把试验结果或数据与同类设备的试验结果相比较，或把其中一相设备的试验结果与另外两相相比较，一般正常的情况下，不会有较大的差别。若差别过大，则应找出原因。

(4) 将试验结果与多种试验项目数据进行综合分析。一个试验项目往往不能说明电气设备的真实状态，需要对多个试验项目数据进行综合分析，对电气设备的试验项目要做全，如绝缘类别的试验项目、设备特性类的试验项目等，分门别类进行，并归纳总结。

(5) 将试验结果同设备的结构和组成结合起来，要求能熟悉电气设备的内部结构和材料组成。了解哪些项目反映电气设备的哪些部位，哪些参数变化说明哪些部位出了问题，会有一些什么样的特征数据。在试验结束后，对各项试验数据进行综合分析判断，评价电气设备的真实状态和发展趋势。

(6) 将试验结果同设备的运行情况结合起来进行分析，设备的状态往往与设备的运行工况有很大关系。例如，设备绝缘的老化与设备运行时所带负荷的大小、运行时间，特别是过负荷时间有关；绝缘积累效应和放电性故障，与有无近区短路、雷击等异常运行有关；电网异常运行故障性质不同对电气设备造成的损伤也不同，反映在试验结果数据也就会有差异，必要时可安排特殊试验项目对电气设备进行试验。

小　　结

本章介绍了电气设备预防性试验的基本知识，并对电气设备的常用试验项目，如绝缘电阻、吸收比测量，泄漏电流测量，介质损失角 $\tan\delta$ 测量，局部放电测量，绝缘油试验，交直流耐压试验等进行了详细的介绍,最后简单介绍了绝缘的在线监测技术以及红外监测的利用。通过本章的学习,可以系统掌握电力系统电气设备的试验原理、方法,以便为今后从事电气设备相关科研、试验、运行等奠定扎实基础。

阅读材料 3-1

IREQ 高电压实验室(IREQ High-voltage Laboratory)

IREQ 高电压实验室为加拿大魁北克省水电局研究所高电压实验室,位于蒙特利尔市东南 32km 处,是全球高电压实验研究方面最领先的实验室之一,也是北美最大的电工研究和实验中心之一。其任务主要是检验高压电器设备是否满足设计和制造标准,并提供数据进行设计优化以满足各种不同的使用要求。其外部钢结构墙体内设有屏蔽设施,以防止电磁噪声外泄和外部的干扰。实验室具备进行直流±1200kV 和交流 2100kV 有效值的高电压试验、高达 2400kV 的操作波冲击和 5400kV 全波和截波雷电冲击试验、相关的局放及电晕等配套试验的条件,其试验能力在世界上屈指可数。另外,其污闪实验区还能研究在盐雾状况下绝缘子及套管放电的机理。

实验室于 1968 年动工,1971 年和 1973 年高电压实验室与大功率实验室相继投入运行。占地 260 万平方米,工作人员 500 余名。

实验室建筑包括高压试验大厅、辅助厅、户外试验场。

(1) 高压试验大厅:净空尺寸为 82m×67m×51.2m。墙壁及屋顶采用双层钢板,地面下敷设铜板拉网,构成法拉第笼,屏蔽效果为 65dB。内外墙之间相距 4m,沿不同高度环绕大厅装设多组电热器,为大厅调温用。另外,淋雨试验用水处理装置、压缩空气装置、配电变压器等各种辅助设施也安装和存放于夹层中。

(2) 辅助厅:总面积(73×64)m^2。辅助厅内有 3 个用塑料布隔成的雾室,供污秽绝缘子试验用。其中一个大雾室,尺寸是 20m×20m×26m;两个小雾室,尺寸都是 4.2m×4.2m×5m。此外还有一个屏蔽效果达 90dB 的局部放电实验室,净空为 10.5m×14m×12m;还有电源室、仪表室、电子车间、机加工车间,其余部分为变压器试验区(变压器试验区可由 765kV 线路供电,进行变压器的温升试验和特性测量)及辅助工作区。

(3) 户外试验场:占地(1090×160)m^2。场内有一条试验线段和两个电晕试验笼。线段及笼都可用于交流直至 1500kV、直流直至±1200kV 系统导线的试验。

试验设备主要有以下 5 种。

(1) 冲击电压发生器:6.4MV、400kJ,3.2MV、200kJ 各一台,下部均有气垫。

(2) 串级试验变压器:550kV、1.25A,绝缘外壳,共 6 台。可按多种方式串、并联组合,最高可按 2.1MV、1A 方式运行;调压装置包括 3 台调压器,可以单独、两台并联或接成三相运行,另外还有一台电动发电机组,所有这些调压设备都可以向全实验室的 7 个不同试验区供电,并在 7 个相应的不同控制点控制,各点之间有可靠的闭锁装置,运行非常灵活。

(3) 串激直流高压发生器：1.2MV、125mA，共两台，采用1000Hz中频电源整流。可以两台并联运行，进行污秽外绝缘试验时，可供给0.5A脉冲电流。

(4) 试验线段：长300m，横担高度可在18.3～26m范围内改变，相间距离可在12～23m范围内改变，导线悬挂的金具可以悬挂1～16根导线，线束直径可调，最大可达1.4m。

(5) 试验笼：截面$(5.5 \times 5.5)m^2$，全长66m。用铁丝网构成，两个笼并联放置。整个笼子与导线分别用4个耐张架支承，笼子的弛垂调整到和导线的弛垂一致。笼子上部有淋水装置。

此外，还有可供研究1500kV级设备内绝缘用的大油箱，其容积为$(7.2 \times 4.2 \times 6.25)m^3$，箱内的温度及气压都可调节；有研究GIS(气体绝缘电站)中有关问题用的充SF_6罐，$\phi 0.75m$，长9.24m，可进行800kV及以下试验。

所有试验设备都可用气垫方便地移动，不同类型的试验电源可以联合运行，进行相间试验或叠加试验。

主要研究工作：IREQ高电压实验室在交、直流输电外绝缘方面做了较多的研究工作。比较突出的有：结合本国735kV输电，研究线路及变电所设计最佳化问题；与美国AEP合作，研究1500～2000kV输电的绝缘配合问题；受美国EPRI支助，研究±600～±1200kV直流输电的绝缘问题；交、直流电压下的污秽外绝缘问题。除外绝缘，在交、直流输电的环境影响方面也做了不少研究工作，包括在实验室及实际线路上实测无线电干扰、电视干扰、可听噪声、静电感应、电晕损耗等。对长间隙放电的机理及污秽外绝缘放电机理也做了不少研究工作。

IEEE Transactions on Power Apparatus and Systems

阅读材料 3-2

国内特高压试验的现状

我国从 20 世纪 80 年代开始针对百万伏级电压系统开展系统规划研究、技术基础研究、设备制造研究。其中，在技术基础研究方面，国家电网公司武汉高压研究院在户外试验场地建成了我国第一条百万伏特高压输电研究线段，组织和开展了 3 个国家攻关项目和 4 个部级重点项目的研究，许多科研成果直接推动了西北 750kV 输电系统工程的研究和应用，并为当前的±800kV、±1000kV 特高压输电研究打下了扎实的基础。

武汉高压研究院是国家电网公司直属科研单位，是国内及亚洲特大型的高电压试验研究基地，主要从事高电压输变电技术、高电压测试技术和高电压大电流计量及电磁兼容技术的研究和开发工作。它拥有国家电网公司投资建设的 2 个国家重点实验室(超高压电力电缆实验室、电磁兼容实验室)，同时是国家高压计量站所在地，是国家技术监督局授权开展全国高电压、大电流技术鉴定任务的国家法定计量鉴定机构。1986 年经国家技术监督局批准，将电力工业电气设备质量检验中心挂靠在武汉高压研究院，该质量检验中心下设互感器、变压器、电力电缆、电瓷、避雷器、高电压测试仪器设备、带电作业工器具、低压电器 8 个专业质检站，负责对电力生产所用的主要电工产品进行质量检测，协助国网公司有关部门对运行设备因产品质量造成的事故进行分析。

我国自 20 世纪 80 年代末开始进行交流特高压研究工作以来，武汉高压研究院在 1996 年建设完成了国内第一条真型 1000kV 级试验线路，1999 年年底完成了利用工频试验装置产生长波头操作波研究。

在高压试验能力方面，1980 年前后，在武汉高压研究院建成了以 5400kV 级冲击电压发生器、2250kV 级发电机和串级工频试验变压器组为代表的高压试验装置，初步形成了国内高压实验室的基本轮廓，其后，又添置完善了进行相间试验所需的 4000kV 冲击电压发生器，可进行百万伏级污秽试验的污秽实验室，可开展直流外绝缘特性试验的±1000kV 直流高压发生器和电力系统电磁兼容实验室。

在特高压试验研究方面，目前的基本情况如下。

(1) 1996 年在武汉高压研究院内户外试验场建成了 200m 的 1000kV 级特高压试验线段，并基于该试验线段完成了外绝缘特性部分的试验工作，今后还可继续开展相关试验。

(2) 所获得的基于真型试验塔塔头尺寸的特高压外绝缘操作电压特性曲线表明，特高压外绝缘特性仅处在放电饱和曲线的初试阶段，适当增加外绝缘尺寸能够满足工程的需要。对符合工程需要的各型塔型的外绝缘特性仅需补充部分试验即可。

(3) 国家电网公司投资建设的国家电网公司重点实验室——电力系统电磁兼容实验室可以承担特高压电磁环境的研究工作。已进行的初步工作表明，特高压输电线路的地面场强水平可控制到 500kV 输电线路的水平，无线电干扰水平小于 500kV 输电线路，可听噪声在公众所接受的范围内。

(4) 特高压户外试验场长 445m，宽 120m，场内主要设备有我国自行设计研制的 2250kV、4A 串级工频试验变压器，2250kV 调压器，7500kVA 同步发电调压机组和 5400kV、

527kJ 冲击电压发生装置。可为我国百万伏的输电线路和杆塔结构开展外绝缘试验提供条件，为特高压输电线路的地面场强、无线电干扰、可听噪声以及其他生态环境问题的研究提供试验场所和装备，为百万伏特高压输变电设备的选型提供技术依据和试验考核条件。

经过国家电网公司多年投资，武汉高压研究院已建成了以户外场为代表的特高压试验场。为满足特高压输变电技术的全面研究和特高压输变电设备的带电考核，武汉高压研究院继续加强交流特高压试验基地的建设，为今后特高压的发展继续开展工作。

(电力设备，胡毅)

习　　题

3.1 选择题

1. 用铜球间隙测量高电压，需满足_____条件才能保证国家标准规定的测量不确定度。

　　A．铜球距离与铜球直径之比不大于 0.5
　　B．结构和使用条件必须符合 IEC 的规定
　　C．需进行气压和温度的校正
　　D．应去除灰尘和纤维的影响

2. 关于以下对测量不确定度的要求，说法正确的是_____。

　　A．对交流电压的测量，有效值的总不确定度应在±3%范围内
　　B．对直流电压的测量，一般要求测量系统测量试验电压算术平均值的测量总不确定度应不超过±4%
　　C．测量直流电压的纹波幅值时，要求其总不确定度不超过±8%的纹波幅值
　　D．测量直流电压的纹波幅值时，要求其总不确定度不超过±2%的直流电压平均值

3. 用球隙测量交直流电压时，关于串接保护电阻的说法，下面_____是对的。

　　A．球隙必须串有很大阻值的保护电阻
　　B．串接电阻越大越好

C. 一般规定串联的电阻不超过 500Ω
D. 冲击放电时间很短，不需要保护球面

4. 标准规定中认可的冲击电压测量系统的要求是_____。
   A. 测量冲击全波峰值的总不确定度为±5%范围内
   B. 当截断时间 $0.5\mu s \leq T_c \leq 2\mu s$ 时，测量冲击截波的总不确定度在±5%范围内
   C. 当截断时间 $T_c \geq 2\mu s$ 时，测量冲击电压截波的总不确定度在±4%范围内
   D. 测量冲击波形时间参数的总不确定度在±15%范围内

3.2 填空题

5. 根据绝缘特征的诊断规则的不同，可将诊断方法可以分为_____、_____、_____。
6. 当绝缘良好时，稳定的绝缘值_____，吸收过程相对_____；绝缘不良或受潮时，稳定的绝缘电阻值_____，吸收过程相对_____。
7. 测量漏电流的方法有_____和_____。其中_____测量泄漏电流更好，因为_____。
8. 目前实用的局部放电测量的方法中，使用得最多的测量方法是_____、_____、_____。
9. 设备绝缘进行高电压耐压试验时，所采用的电压波形有_____、_____、_____。
10. 交流高压试验设备主要是指_____。
11. 在电压很高时，常采用几个变压器串联的方法，几台试验变压器串联的意思是_____。
12. 用高压静电电压表测量稳态高电压的优点是_____；缺点是_____。
13. 冲击电流试验设备的作用是_____。
14. 实验室测量冲击高电压的方法有_____。
15. 影响球隙测量电压的可靠性的因素有_____和_____。
16. 常用的冲击电压分压器有_____。

3.3 问答题

17. 正接法和反接法西林电桥各应用在什么条件下？
18. 高压直流分压器的选择原则是什么？
19. 高压实验室中被用来测量交流高电压的方法常用的有几种？
20. 对于两类冲击波，中国和 IEC 标准怎么规定的？
21. 简述冲击电流发生器的基本原理。
22. 何谓 50%放电电压？
23. 测量高电压的弱电仪器常受一些电磁干扰，干扰来源主要有哪些？
24. 简述高电压试验时的抗干扰措施。
25. 用兆欧表测量大容量试品的绝缘电阻时，为什么随加压时间的增加，兆欧表的读数由小变大并趋于一稳定值？兆欧表的屏蔽端子有何作用？

26．何谓吸收比？绝缘干燥时和受潮后的吸收现象有何特点？为什么可以通过测量吸收比来发现绝缘的受潮？

27．给出被试品一端接地时测量直流泄漏电流的接线图，并说明各元件的名称和作用。

28．什么是 $\tan\delta$ 的正接线和反接线，各适用于何种场合？测量 $\tan\delta$ 时，其干扰怎样产生，如何消除？

29．画出对被试品进行工频耐压试验的原理接线图，说明各元件的名称和作用。被试品试验电压的大小是根据什么原则确定的？当被试品容量较大时，其试验电压为什么必须在工频试验变压器的高压侧进行测量？

30．为什么要对试品进行直流耐压试验？试述交、直流高压的各种测量方法。

3.4 计算题

31．35kV 电力变压器，在大气条件为 $P = 1.05 \times 10^5$ Pa、$t = 27$ ℃时做工频耐压试验，应选用球隙的球极直径为多大？球隙距离为多少？

32．怎样选择试验变压器的额定电压和额定容量？设一被试品的电容量为 4000pF，所加的试验电压有效值为 400kV，计算进行这一工频耐压试验时流过试品的电流和该试验变压器的输出功率。

第4章

线路和绕组中的波过程

本章知识架构

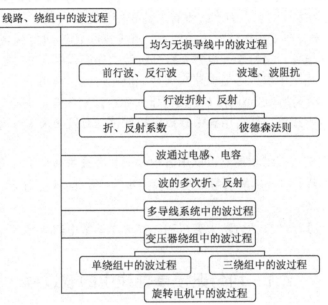

本章教学目标与要求

熟悉分布参数等值图的应用范围；
掌握波速、波阻抗的概念；
掌握波的折、反射规律，熟悉其计算；
掌握波通过电感、电容时的特点；
了解多导线系统的波过程；
了解冲击电晕对线路波过程的影响；
掌握变压器绕组波过程中最大电位出现的位置；
了解旋转电机中的波过程。

电力系统中各元件都通过导线连接成一个整体，而电力系统中的过电压绝大多数发源于输电线路，在发生雷击或进行开关操作时，线路上都可能产生以流动波形式出现的过电压波。

过电压波在线路上的传播，就其本质而言是电磁场能量沿线路的传播过程，即在导线周围空间逐步建立起电场和磁场的过程，也即是在导线周围空间储存电磁能的过程。这个过程的基本规律是储存在电场中的能量与储存在磁场中的能量彼此相等，空间中各点的 E 和 H 相互垂直，与波的传播方向也相互垂直。

波过程的分析和计算是电力系统过电压和绝缘配合的理论基础。由于过电压波的变化速度很快，其等值频率很高(如雷电波的等值频率在 10^5 Hz 以上)，波在架空输电线路上传播的速度近似于光速(c =300m/μs)，对于输电线路，四分之一波长为1500km，即当首端电压为零时，在 1500km 处的电压为 $+U_m$，3000km 处的电压为零，4500km 处的电压为 $-U_m$，6000km 处的电压为零。实际电力系统没有与此长度相比拟的线路，如 500kV 线路平均长度只有 500~600km，在工频正弦电压条件下，沿线各点上电压(电流)相差不大，可近似认为相等，因此，在电路、电机学、电力系统分析等前序课程中，在分析线路、绕组的等值电路时，均近似采用集中参数等值电路来代替。但在过电压作用下，如雷电波，其波头长度仅 1.2μs，分布距离为 360m，在 0m 处电压为零，但到 360m 处时，电压即上升到过电压幅值，因此，输电线路不能再用集中参数模型代替，而只能采用更为符合实际的分布参数模型来分析。

分布参数电路的暂态过程虽然可以用微积分或状态变量法分析计算，但即使是比较简单的电路，要得到暂态过程的解析解还是比较困难的，因此，对于工程上遇到的复杂电路，用解析法就更为困难。

本章采用更为实用的行波方法来分析和计算分布参数电路的暂态过程。

4.1　均匀无损单导线中的波过程

实际的输电线路，一般由多根平行架设的导线组成，各导线之间有电磁耦合，电磁过程较复杂，因此，所谓均匀无损单导线线路实际上不存在。但为了便于揭示线路波过程的物理本质和基本规律，忽略了电阻的影响，从而达到简化计算的目的。但忽略电阻的作用不但没有给实际结果带来不利影响，反而更为有利。忽略了电阻，也即忽略了衰减，算出的过电压值偏高，如果以此作为防护标准，对于电力系统将更为可靠，但实际防护标准均比该值低，因此，这种假设是可行的。

4.1.1　波传播的物理概念

图 4.1 所示为一条无限长均匀无损单导线，设 $t=0$ 时合闸于直流电源 E，单位长度线路的电感、电容分别为 L_0、C_0。

合闸以后，电源向线路电容充电，即在导线周围空间建立起电场。靠近电源的电容立即充电，并向相邻的电容放电。由于线路电感的作用，较远处的电容要间隔一段时间才能冲上一定数量的电荷，并向远处的电容放电，这样，电容依次充电，线路沿线逐渐建立起电场，形成电压。即电压波以一定的速度沿线路 x 方向传播。

随着线路电容的冲放电，将有电流流过导线的电感，即在导线的周围空间建立起磁场。因此，与电压波相适应，还有一个电流波以同样的速度沿 x 方向传播。

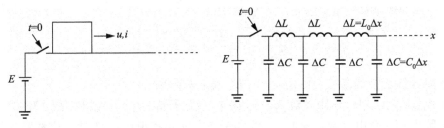

(a) 均匀无损单导线首端合闸于 E 　　　　(b) 等效电路

图 4.1　均匀无损单导线上的波过程

电压波与电流波沿线路的流动，实质上就是电磁波沿线路传播的过程。设 x 方向传播的电压波与电流波在开关合闸 $t = \Delta t$ 后时刻到达 $x = \Delta x$ 点，在这段时间内，长度为 Δx 导线上的电容 $C_0 \Delta x$ 充电到 $u = E$，获得电荷 $C_0 \Delta x u$，这些电荷又是在时间 Δt 内通过电流波 i 输送过来的，因此

$$C_0 \Delta x u = i \Delta t \tag{4-1}$$

另一方面，这段导线上的总电感为 $L_0 \Delta x$，在同一时间 Δt 内，电流波在导线周围建立起磁链 $L_0 \Delta x i$，因此，导线上的感应电势为

$$u = \frac{L_0 \Delta x i}{\Delta t} \tag{4-2}$$

将上两式变形后得

$$\frac{u}{i} = \sqrt{\frac{L_0}{C_0}} \tag{4-3}$$

式(4-3)对于均匀无损线上的任一点都适用。$\sqrt{\dfrac{L_0}{C_0}}$ 值为一个实数，具有电阻的量纲，称为波阻抗，用 Z 表示，即

$$Z = \sqrt{\frac{L_0}{C_0}} \tag{4-4}$$

由电磁场理论可知，架空单导线路，单位长度的电感 L_0 和电容 C_0 分别为

$$L_0 = \frac{\mu_0 \mu_r}{2\pi} \ln \frac{2h}{r} \quad (\text{H/m}) \tag{4-5}$$

$$C_0 = \frac{2\pi \varepsilon_0 \varepsilon_r}{\ln \dfrac{2h}{r}} \quad (\text{F/m}) \tag{4-6}$$

式中　μ_0——真空的导磁率，$\mu_0 = 4\pi \times 10^{-7}$ H/m；

μ_r——相对导磁率，对于架空线路可取 1；
ε_0——真空或空气的介电常数，$\varepsilon_0=10^{-9}/(36\pi)$F/m；
ε_r——相对介电常数，对于空气可取 1；
h——导线对地平均高度，m；
r——导线半径，m。因此

$$Z = \frac{1}{2\pi}\sqrt{\frac{\mu_0}{\varepsilon_0}}\ln\frac{2h}{r} = 60\ln\frac{2h}{r}\ (\Omega) \tag{4-7}$$

一般单导线架空线路 $Z \approx 400\Omega$，分裂导线 $Z \approx 300\Omega$。

对于电缆线路，相对导磁系数 $\mu_r = 1$，磁通主要分布在电缆芯线和铅保护层之间，故 L_0 较小，又因为相对介电常数 $\varepsilon_r \approx 4$，芯线和铅包之间距离很近，C_0 比架空线路大得多，因此，电缆的波阻抗比架空线路小，数值约为几欧至二三十欧。

从式(4-1)和式(4-2)中消去 u 和 i，可得电磁波的传播速度为

$$v = \frac{\Delta x}{\Delta t} = \frac{1}{\sqrt{L_0 C_0}} \tag{4-8}$$

对于架空线路 $v = \frac{1}{\sqrt{L_0 C_0}}$ m/s，等于空气中的光速，即电压波和电流波是以光速沿架空线路传播的。

对于电缆线路，$v \approx 1.5 \times 10^8$ m/s，传播速度较低。

波的传播也可以从电磁能量的角度予以分析。在单位时间内，波传播的距离为 v，这段导线的电感和电容分别为 vL_0 和 vC_0。导线电感中流过电流 i，在导线周围建立起磁场，相应的磁场能量为 $\frac{1}{2}(vL_0)i^2$。又因电流对导线电容充电，使导线获得电位 u，在导线周围建立起电场，其电场能量为 $\frac{1}{2}(vC_0)u^2$。根据式(4-3)和式(4-4)有 $u = iZ$，经变形可得

$$\frac{1}{2}(vL_0)i^2 = \frac{1}{2}vL_0(\frac{u}{Z})^2 = \frac{1}{2}vL_0\frac{C_0}{L_0}u^2 = \frac{1}{2}vC_0u^2 \tag{4-9}$$

式(4-9)表明，导线周围空间在单位时间内获得的磁场能量与电场能量相等。

4.1.2　波动方程

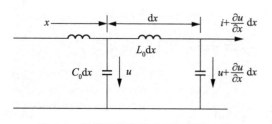

图 4.2　单根无损导线的单元等值电路

设单根均匀无损长线的参数 L_0 和 C_0 均是不变的常量。令 x 为线路首端到线路某一点的距离，现等效出其分布参数电路，长线可看作由许多无限小长度 dx 的线路单元串联而成，每一线路单元具有电感 $L_0 dx$ 和电容 $C_0 dx$，如图 4.2 所示。

由图 4.2 可知

$$u = L_0 \mathrm{d}x \frac{\partial i}{\partial t} + u + \frac{\partial u}{\partial x} \mathrm{d}x$$

$$i = C_0 \mathrm{d}x \frac{\partial u}{\partial t} + i + \frac{\partial i}{\partial x} \mathrm{d}x$$

经整理得

$$-\frac{\partial u}{\partial x} = L_0 \frac{\partial i}{\partial t} \tag{4-10}$$

$$-\frac{\partial i}{\partial x} = C_0 \frac{\partial u}{\partial t} \tag{4-11}$$

对式(4-10)对 x 求导，对式(4-11)对 t 求导，然后消去 i，同理消去 u，可得二阶偏微分方程为

$$\frac{\partial^2 u}{\partial x^2} = L_0 C_0 \frac{\partial^2 u}{\partial t^2} \tag{4-12}$$

$$\frac{\partial^2 i}{\partial x^2} = L_0 C_0 \frac{\partial^2 i}{\partial t^2} \tag{4-13}$$

由此可见，波动方程所描述的线路暂态电压和电流不仅是时间 t 的函数，而且是距离 x 的函数。

通过拉普拉斯变换或分离变量法等多种求解方法解得，线路上的电流、电压为

$$u = u_\mathrm{q}\left(t - \frac{x}{v}\right) + u_\mathrm{f}\left(t + \frac{x}{v}\right) \tag{4-14}$$

$$i = \frac{1}{Z}\left[u_\mathrm{q}\left(t - \frac{x}{v}\right) - u_\mathrm{f}\left(t + \frac{x}{v}\right)\right] \tag{4-15}$$

通过变量置换，式(4-14)和式(4-15)可改为

$$u(x,t) = u_\mathrm{q}(x - vt) + u_\mathrm{f}(x + vt) = u^+ + u^- \tag{4-16}$$

$$i(x,t) = i_\mathrm{q}(x - vt) + i_\mathrm{f}(x + vt) = i^+ + i^- \tag{4-17}$$

式中　v——输电线路上电磁波的传播速度，$v = \frac{1}{\sqrt{L_0 C_0}}$。

函数 $u_\mathrm{q}(x - vt)$ 说明，传输线各点的电压是随时间而变化的，即 u^+ 不仅是距离 x 的函数，也是时间 t 的函数。它表示某时某处的电压是 $x - vt$ 的函数，只要 $x - vt$ 不变，电压就具有一定的值。由于时间 t 只能增加，而为了维持 $x - vt$ 不变，x 就必须随 t 而增加，因此，u^+ 就称为前行波。同理可知，u^- 为反行波，如图 4.3 所示。

由式(4-4)可知，电压波和电流波的值之间是通过波阻抗互相联系的。但不同极性的行波向不同的方向传播，需要规定一定的正方向。电压符号受导线对地电容上相应电荷的符号决定，与运动方向无关。电流波的符号不仅与响应的电荷符号有关，而且与运动方向有关，一般以 x 正向作为电流的正方向。这样，当前行波为正时，电流也为正，即电压波与电流波同号，如图 4.4 所示。

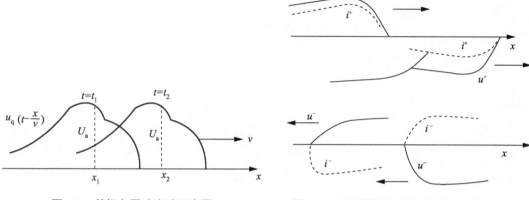

图 4.3 前行电压波流动示意图　　图 4.4 不同传播方向电压波与电流波的关系

当反行波电压为正时，由于反行波电流与规定的电流正方向相反，所以应为负，如图 4.4 所示。

从图 4.4 可知，在规定波方向的前提下，前行波电压和前行波电流总是同号，而反行波电压和反行波电流总是异号的。

4.1.3 波阻抗与电阻的区别

波阻抗表示具有同一方向的电压波与电流波大小的比值。电磁波通过波阻抗时，能量以电磁场形式存储在周围介质中，而不是被消耗掉。

如果导线上既有前行波，又有反行波，导线上总的电压与电流的比值不再等于波阻抗，即

$$\frac{u(x,t)}{i(x,t)} = \frac{u_q + u_f}{i_q + i_f} \neq Z$$

波阻抗 Z 的数值只与导线单位长度的电感 L_0 和电容 C_0 有关，与线路长度无关。

4.2　行波的折射和反射

4.2.1　折射、反射系数

在电力系统中常会遇到两条不同波阻抗的线路连接在一起的情况，如从架空输电线路到电缆或者相反，当行波传播到连接点时，如图 4.5 所示，在结点 A 的前后都必须保持单位长度导线的电场能量和磁场能量总和相等的规律，故必然要发生电磁场能量的重新分配过程，即在结点 A 上将要发生行波的折射和反射。

如图 4.5 所示，两个不同的波阻抗 Z_1 和 Z_2 相连于 A 点，设 u_{1q}、i_{1q} 是 Z_1 线路中的前行波电压和电流(图 4.5 中仅画出电压波)，常称为投射到结点 A 的入射波，在线路 Z_1 中的反行波 u_{1f} 是由入射波在结点 A 发生反射而产生的，称为反射波。波通过结点以后在线路 Z_2 中产生的前行波 u_{2q}、i_{2q} 是由入射波经结点 A 折射到线路 Z_2 中去的波(图 4.5 中仅画出电压波)，称为折射波。为了简便，只分析线路 Z_2 中不存在反行波或 Z_2 中的反行波 u_{2f} 尚

未达到结点 A 的情况。

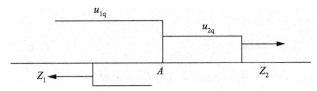

图 4.5　行波在结点 A 处的折、反射

由于在结点 A 处只能有一个电压值和电流值，即 A 点 Z_1 侧及 Z_2 侧的电压和电流在 A 点必须连续，在 Z_1 侧的电压、电流为

$$\left.\begin{array}{l} u_1 = u_{1q} + u_{1f} \\ i_1 = i_{1q} + i_{1f} \end{array}\right\} \tag{4-18}$$

而 Z_2 侧的电压、电流为

$$\left.\begin{array}{l} u_2 = u_{2q} \\ i_2 = i_{2q} \end{array}\right\} \tag{4-19}$$

u_{2q} 和 i_{2q} 的关系是

$$u_{2q} = Z_2 i_{2q}$$

根据边界条件：A 点只能有一个电压、一个电流，即 $u_1 = u_2$，$i_1 = i_2$，从上面两组公式可得

$$\left.\begin{array}{l} u_{1q} + u_{1f} = u_{2q} \\ i_{1q} + i_{1f} = i_{2q} \end{array}\right\} \tag{4-20}$$

将 $i_{1q} = u_{1q}/Z_1$，$i_{1f} = -u_{1f}/Z_1$，$i_{2q} = u_{2q}/Z_2$，$u_{1q} = U_0$ 代入式(4-20)得

$$\left.\begin{array}{l} U_0 + u_{1f} = u_{2q} \\ \dfrac{U_0}{Z_1} - \dfrac{u_{1f}}{Z_1} = \dfrac{u_{2q}}{Z_2} \end{array}\right\} \tag{4-21}$$

解得

$$\left.\begin{array}{l} u_{2q} = \dfrac{2Z_2}{Z_1 + Z_2} U_0 = \alpha U_0 = \alpha u_{1q} \\ u_{1f} = \dfrac{Z_2 - Z_1}{Z_1 + Z_2} U_0 = \beta U_0 = \beta u_{1q} \end{array}\right\} \tag{4-22}$$

式中　α——折射系数，$\alpha = \dfrac{2Z_2}{Z_1 + Z_2}$；

　　　β——反射系数，$\beta = \dfrac{Z_2 - Z_1}{Z_1 + Z_2}$。

从前面可知，$\alpha = \beta + 1$，折射系数永远为正值，说明入射波电压与折射波电压同极性，$0 \leqslant \alpha \leqslant 2$。反射系数可正、可负，$-1 \leqslant \beta \leqslant 1$，由边界点两侧电气元件的参数决定。

4.2.2 几种特殊条件下的折、反射

1. 线路末端开路($Z_2 = \infty$)

此时，$\alpha = 2$、$\beta = 1$。线路末端电压 $u_{2q} = 2U_{1q}$，反射波电压 $u_{1f} = u_{1q}$；线路末端电流 $i_{2q} = 0$，反射波电流 $i_{1f} = -\dfrac{u_{1f}}{Z_1} = -\dfrac{u_{1q}}{Z_1} = -i_{1q}$，如图 4.6 所示。

这一结果表明，由于线路末端发生电压波正的全反射和电流波负的全反射，线路末端的电压上升到入射电压的两倍。随着反射波的逆向传播，所到之处线路电压也加倍，而由于电流波负的全反射，线路的电流下降到零。也可从能量关系分析。因 $Z_2 = \infty$，$P = u_{2q}^2 / Z_2 = 0$，全部能量均反射回去，反射波返回后单位长度的总能量为入射波能量的两倍。又因入射波的电场能与磁场能相等，因此，反射波返回后，单位长度线路储存的总能量为

$$W = 2 \times \left(\dfrac{1}{2}C_0 u_{1q}^2 + \dfrac{1}{2}L_0 i_{1q}^2\right) = 2C_0 u_{1q}^2$$

即电场能增加到原值的 4 倍，电压增大到原值的 2 倍。

过电压波在开路末端的加倍升高对绝缘是很危险的，在考虑过电压防护措施时，对此类情况应充分注意。

2. 末端短路($Z_2 = 0$)

此时，$\alpha = 0$、$\beta = -1$。线路末端电压 $u_{2q} = 0$，反射电压波 $u_{1f} = -u_{1q}$，线路末端反射电流 $i_{1f} = -\dfrac{u_{1f}}{Z_1} = \dfrac{u_{1q}}{Z_1}$，如图 4.7 所示。

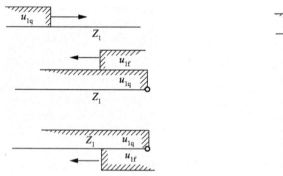

图 4.6 线路末端开路时的折、反射

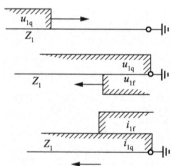

图 4.7 线路末端短路时的折、反射

这一结果表明，入射波 u_{1q} 到达末端后，发生了负的全反射，负反射的结构使线路末端电压下降为零，并逐步向首端发展。电流 i_{1q} 发生了正的全反射，线路末端的电流 $i_{2q} = i_{1q} + i_{1f} = 2i_{1q}$，即电流上升到原来的两倍，且逐步向首端发展。

线路末端短路时电流的增大也可以从能量的角度予以解释，这是电磁能从末端返回而且全部转化为磁场能的结果。

3. 末端接有电阻($R = Z_1$)

此时，$\alpha = 1$、$\beta = 0$。线路末端电压 $u_{2q} = u_{1q}$，反射波电压 $u_{1f} = 0$，线路末端反射波电流为零，如图 4.8 所示。

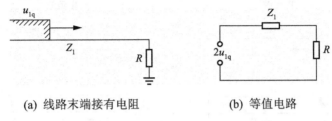

(a) 线路末端接有电阻　　　　　　(b) 等值电路

图 4.8 末端接电阻 $R = Z_1$ 时的折、反射

这一结果表明，入射波到达与线路波阻抗相同的负载时，没有发生反射现象，相当于线路末端接于另一波阻抗相同的线路($Z_1 = Z_2$)，也就是均匀导线的延伸。在高压测量中，常在电缆末端接上和电缆波阻抗相等的匹配电阻来消除在电缆末端折、反射所引起的测量误差。但从能量的角度看，两者是不同的。当末端接电阻 $R = Z_1$ 时，传播到末端的电磁能全部消耗在电阻 R 上，而当末端接相同波阻抗的线路时，线路上不消耗能量。

【例 4.1】 如图 4.9 所示，线路长度为 l，波阻抗为 Z，$t = 0$ 时合闸，直流电源为 U_0。分析当直流电源合闸后，空载线路末端 B 点和线路中点 C 处电压随时间的变化规律。

解 合闸后，从 $t = 0$ 开始，U_0 自线路首端 A 点向线路末端 B 点传播，传播速度为 $v = \dfrac{1}{\sqrt{L_0 C_0}}$，自 A 点传播到 B 点的时间为 τ，则 $\tau = l/v$。

当 $0 < t < \tau$ 时，线路上只有前行的电压波 $u_{1q} = U_0$ 和前行电流波 $i_{2q} = \dfrac{U_0}{Z}$，如图 4.9(a) 所示。

当 $t = \tau$ 时，波到达开路的末端 B 点，电压波和电流波分别发生正全反射和负全反射，形成反行的电压波 $u_{1f} = U_0$ 和电流波 $i_{1f} = -\dfrac{U_0}{Z}$。此反射波将于 $t = 2\tau$ 时到达 A 点。当 $\tau \leqslant t < 2\tau$ 时，线路上各点电压由 u_{1q} 和 u_{1f} 叠加而成，电流由 i_{1q} 和 i_{1f} 叠加而成，如图 4.9(b) 所示。

当 $t = 2\tau$ 时，反行波 u_{1f} 返回到线路的首端 A 点，迫使 A 点的电压上升为 $2U_0$。但因首端接有直流电源 U_0，根据电源边界条件，为保持首端电压不变，在 $t = 2\tau$ 之后，必有一新的前行电压波 $u_{2q} = -U_0$ 自 A 点向点 B 传播，同时产生新的前行电流波 $i_{2q} = -\dfrac{U_0}{Z}$。在 $2\tau \leqslant t < 3\tau$ 时，线路上各点的电压由 u_{1q}、u_{1f} 和 u_{2q} 叠加而成，线路上各点的电流由 i_{1q}、i_{1f} 和 i_{2q} 叠加而成，如图 4.9(c) 所示。

当 $t = 3\tau$ 时，新的前行波达到 B 点，电压波和电流波分别发生正全反射和负全反射，形成新的反行电压波 $u_{2f} = -U_0$ 和电流波 $i_{2f} = -\dfrac{U_0}{Z}$。此反射波将于 $t = 4\tau$ 时到达 A 点。当 $3\tau \leqslant t < 4\tau$ 时，线路上各点电压由 u_{1q}、u_{1f}、u_{2q} 和 u_{2f} 叠加而成，线路上各点的电流由 i_{1q}、i_{1f}、i_{2q} 和 i_{2f} 叠加而成，如图 4.9(d) 所示。

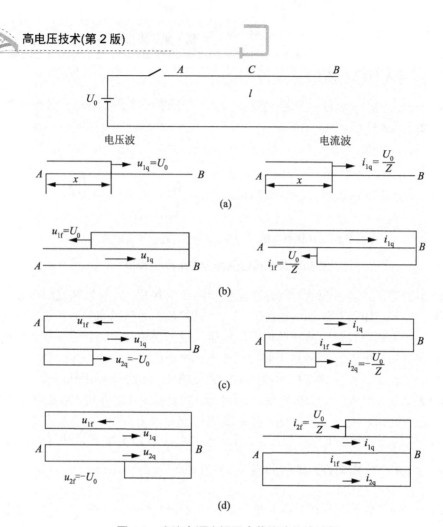

图 4.9 直流电源合闸于空载线路的波过程

$t = 4\tau$ 时，反行波 u_{2f} 到达线路的首端 A 点，迫使 A 点的电压下降为 0。但根据边界条件，为使首端电压保持不变，反行波 u_{2f} 到达 A 点的结果是使电源重新发出另一幅值为 U_0 的前行电压波来保持 A 点的电压为 U_0，从而开始重复图 4.9(a)所示的新过程。

如此反复往返传播，根据所有前行、反行波叠加的结果，可得到 4.10 所示的线路末端 B 点电压和中间点 C 处电压随时间变化的曲线。u_B 为振荡波，u_C 为周期性凸波，电压最大值均为 $2U_0$，变化周期为 $T = 4\tau = \dfrac{4l}{v}$。

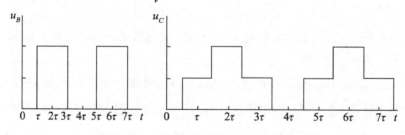

图 4.10 空载线路末端和中点电压波形

4.2.3 彼德森法则(简化线路波过程计算的等值电路)

从式(4-22)可知集中参数的等值电路如图 4.11 所示。若计算折射电压,可以将一个内阻为 Z_1,电源为入射波电压两倍的 $2u_{1q}$ 与波阻抗 Z_2 相连,则 Z_2 上两端压降即为折射波电压 u_{2q}。这一等值电路称为彼德森等值电路,其使用条件是线路 Z_2 中没有反行波或 Z_2 中的反行波尚未到达结点 A。

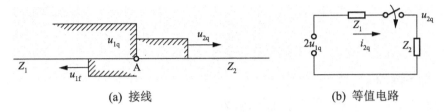

(a) 接线 (b) 等值电路

图 4.11 彼德森等值电路

【例 4.2】某变电所的母线上有 n 条架空线路,其波阻抗均为 Z,当其中一条线路遭受雷击时,即有一过电压沿该线进入变电所,计算此时的母线电压。

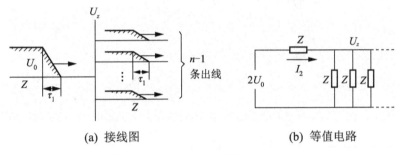

(a) 接线图 (b) 等值电路

图 4.12 波入侵变电所的等值电路

解 在非落雷线路上的反行波尚未到达母线时,根据彼德森法则可作出等值电路如图 4.12(b)所示,从而可知

$$I_2 = \frac{2U_0}{Z + \dfrac{Z}{n-1}}$$

母线上电压幅值 $U_2 = I_2 \cdot \dfrac{Z}{n-1} = \dfrac{2U_0}{n} = \alpha U_0$,其中 $\alpha = \dfrac{2}{n}$ 为折射系数。

由以上分析可知,连在母线上的线路越多,则母线上的电压及其上升的速度就越低。

4.3 无穷长直角波通过串联电感和并联电容

在实际电力系统中,常常会遇到分布参数线路与集中参数电感或电容的各种连接方式。如为了改善功率因数而并接的电容器,限制短路电流的串联电抗器等。电容、电感的存在,将引起线路上行波发生幅值和波形的改变。下面应用彼德森等值电路来分析串联电感和并联电容对波过程的影响。为了便于说明基本概念,入射波仍采用无穷长直角波。

4.3.1 直角波通过串联电感

如图 4.13 所示,无穷长直角波入射到接有电感的线路,其等值电路如图 4.13(a)所示。由此得出回路方程

$$2u_{1q} = i_{2q}(Z_1 + Z_2) + L\frac{di_{2q}}{dt} \quad (4-23)$$

解得

$$i_{2q} = \frac{2u_{1q}}{Z_1 + Z_2}(1 - e^{-\frac{t}{\tau}}) \quad (4-24)$$

式中 τ ——回路的时间常数,$\tau = L/(Z_1 + Z_2)$。

从而可知沿线路 Z_2 传播的折射电压 u_{2q} 为

$$u_{2q} = i_{2q}Z_2 = \frac{2Z_2 u_{1q}}{Z_1 + Z_2}(1 - e^{-\frac{t}{\tau}}) = \alpha u_{1q}(1 - e^{-\frac{t}{\tau}}) \quad (4-25)$$

式中 α ——波通过电感时的折射系数,$\alpha = \dfrac{2Z_2}{Z_1 + Z_2}$。

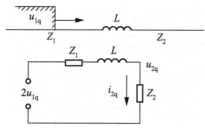

(a) 线路示意图及等值电路

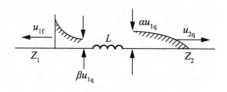

(b) 折射波与反射波

图 4.13 行波通过串连电感

集中参数元件 L 两端电流相等,即 Z_1 上的电流等于 Z_2 上的电流,即

$$i_{1q} = \frac{u_{1q}}{Z_1} - \frac{u_{1f}}{Z_2} = i_{2q} = \frac{u_{2q}}{Z_2}$$

从而可知

$$u_{1f} = \frac{Z_2 - Z_1}{Z_1 + Z_2}u_{1q} + \frac{2Z_1}{Z_1 + Z_2}u_{1q}e^{-\frac{t}{\tau}} \quad (4-26)$$

式(4-26)中包含一个直流分量和一个衰减分量。

当 $t = 0$、$u_{2q} = 0$、$u_{1f} = u_{1q}$ 时,电感电流不能突变,全部能量均反射回来,使 Z_1 线路末端电压升高 1 倍。随着时间的推移,电感中有电流流过,使 u_{2q} 逐渐升高,u_{1f} 逐渐降低。经过几个时间常数 τ,$u_{2q} \to \alpha u_{1q}$,电感 L 的作用逐渐"消失"。当 $t \to \infty$ 时,两段线路之间电流、电压关系与电感不存在的情况相同。

由以上分析可知,串联电感使第 Z_2 线路电压上升的陡度降低,不再是直角波头,有利于降低过电压,由式(4-25)可知折射波上升的陡度为

$$\frac{du_{2q}}{dt} = \frac{2u_{1q}Z_2}{L} e^{-\frac{t}{\tau}} \tag{4-27}$$

当 $t=0$ 时，有最大陡度为

$$\left.\frac{du_{2q}}{dt}\right|_{max} = \frac{2u_{1q}Z_2}{L} \tag{4-28}$$

最大陡度与线路 Z_1 的参数无关，但 Z_1 上的电压上升 1 倍，此后再随时间衰减，这在实际中应特别注意。

4.3.2 无穷长直角波通过并联电容器

如图 4.14 所示，无穷长直角波入射到接有并联电容的线路，其等值电路如图 4.14(a)所示。由此得出回路方程

$$2u_{1q} = i_1 Z_1 + i_{2q} Z_2$$

$$i_1 = i_{2q} + C\frac{du_{2q}}{dt} = i_{2q} + C \cdot Z_2 \frac{di_{2q}}{dt} \tag{4-29}$$

解得

$$i_{2q} = \frac{2u_{1q}}{Z_1 + Z_2}(1 - e^{-\frac{t}{\tau}}) \tag{4-30}$$

式中 τ——该电路的时间常数，$\tau = \frac{Z_1 Z_2}{Z_1 + Z_2} C$。

从而可知沿线路 Z_2 传播的折射电压 u_{2q} 为

$$u_{2q} = i_{2q} Z_2 = \frac{2Z_2}{Z_1 + Z_2}(1 - e^{-\frac{t}{\tau}}) = \alpha u_{1q}(1 - e^{-\frac{t}{\tau}}) \tag{4-31}$$

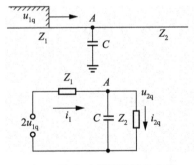

(a) 线路示意图及等值电路

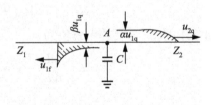

(b) 折射波与反射波

图 4.14 行波通过并联电容

在 A 点，因 $u_1 = u_{1q} + u_{1f} = u_{2q}$，从而可知

$$u_{1f} = u_{2q} - u_{1q} = \frac{Z_2 - Z_1}{Z_1 + Z_2} u_{1q} - \frac{2Z_2}{Z_1 + Z_2} u_{1q} e^{-\frac{t}{\tau}} \tag{4-32}$$

则可知 $t=0$ 时，$u_{1f}=-u_{1q}$，这是因为电容电压不能突变，相当于线路末端短路。全部电场能量转化为磁场能量。随着时间推移，反向行波发生变化。

当 $t \to \infty$ 时，$u_{1f} \to \dfrac{Z_2-Z_1}{Z_1+Z_2}u_{1q}=\beta u_{1q}$，$\beta$ 为反射系数。

由式(4-31)可知，折射波电压按指数函数规律上升，使入侵波头平缓，陡度为

$$\frac{du_{2q}}{dt}=\frac{2u_{1q}}{Z_1 C}\mathrm{e}^{-\frac{t}{\tau}} \tag{4-33}$$

当 $t=0$ 时，有最大陡度为

$$\left.\frac{du_{2q}}{dt}\right|_{max}=\frac{2u_{1q}}{Z_1 C} \tag{4-34}$$

这表明，最大陡度取决于电容 C 和 Z_1，而与 Z_2 的参数无关。

为了保护电气设备不受入侵过电压波的损害，应降低入侵波的陡度。可以采用串联电感或并联电容的方法。例如，对于波阻抗很大的设备(如发电机)的过电压保护，用串联电感降低入侵波陡度需用较大的电感，实现起来有一定的困难，通常采用并联电容的方法解决。

近年来，已有利用串联电感($400\sim 1000\mu H$)降低配电变电所入侵波陡度，作为防雷保护的方法。

上述用无穷长直角波分析问题是较简单的，对于任意波形的入侵波问题，可应用卷积积分来求解，或者直接用电磁暂态程序中任意波形电源模块计算。

【例 4.3】 有一幅值为 $100kV$ 的直角波沿波阻抗为 50Ω 的电缆线路侵入波阻抗为 800Ω 的发电机绕组，绕组每匝长度为 $3m$，匝间绝缘耐压 $600V$，绕组中波的传播速度为 $6\times 10^7 m/s$。计算用并联电容来保护匝间绝缘时所需的电容值。

解 电机允许来波的最大陡度为

$$\left.\frac{du_{2q}}{dt}\right|_{max}=\left.\frac{du_{2q}}{dl}\right|_{max}\frac{dl}{dt}=\frac{600}{3}\times 6\times 10^7=12\times 10^9 \,(V/s)$$

由式(4-28)可知，需要的电感值为

$$L=\frac{2U_0 Z_2}{\left.\dfrac{du_{2q}}{dt}\right|_{max}}=\frac{2\times 10^5 \times 800}{12\times 10^9}=13.3\,(mH)$$

由式(4-34)可知，需要的电容值为

$$C=\frac{2U_0}{Z_1 \left.\dfrac{du_{2q}}{dt}\right|_{max}}=\frac{2\times 10^5}{50\times 12\times 10^9}=0.33\,(\mu F)$$

显然，$0.33\mu F$(耐压不低于 $100kV$)的电容器比 $13.3mH$(耐压不低于 $200kV$)的电感线圈成本低得多。

4.4 行波的多次折、反射

实际工程中会遇到行波在线路上发生多次折反射的问题，例如，架空输电线和直配发电机之间往往接有一段电缆。雷电波入侵时，会在电缆两端之间发生多次折、反射。为便于分析，采用理想化模型，即在两根半无穷长导线之间接入一段有限长导线，入侵波为无限长直角波，如图 4.15 所示。除 Z_1 线路有直角波入侵外，两边线路均没有从外部反射过来的波。

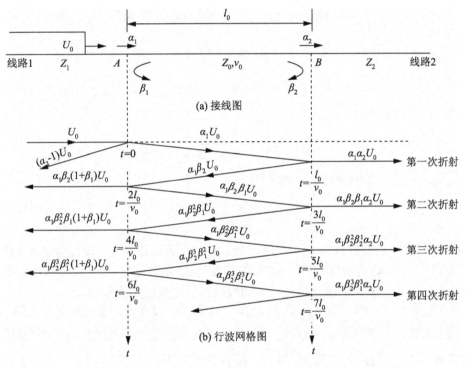

图 4.15 行波的多次反射

中间线路长 l_0，波阻抗是 Z_0，波传播时间是 τ，端点 1、2 的折、反射系数分别是 α_1、α_2、β_1、β_2，其值为

$$\alpha_1 = \frac{2Z_0}{Z_0 + Z_1}, \quad \alpha_2 = \frac{2Z_2}{Z_2 + Z_0}, \quad \beta_1 = \frac{Z_1 - Z_0}{Z_0 + Z_1}, \quad \beta_2 = \frac{Z_2 - Z_0}{Z_2 + Z_0}$$

下面用网格法研究波的多次折、反射问题，即要画出空间、时间网格，标出波在每一次折射或反射之后的数值。这种方法虽然没有形成大型通用计算程序，但对一些特殊的问题易于理解其中的物理过程。

如图 4.15 所示，入射波 $u(t) = U_0$ 是无穷长直角波，用阶跃函数表示

$$u(t) = \begin{cases} U_0, & t \geq 0 \\ 0, & t < 0 \end{cases} \tag{4-35}$$

当 $t=0$ 时,入射波到达 1 点形成折射波 $\alpha_1 u(t)$,经过时间 τ($\tau = l_0/v_0$)波传播到 2 点,产生反射波,同时在 Z_2 线路产生折射波,分别是 $\alpha_1 \beta_2 u(t-\tau)$、$\alpha_1 \alpha_2 u(t-\tau)$。2 点的反射波到达 1 点又被反射回来,形成新一轮的反射波和折射波,分别是 $\alpha_1 \beta_1 \beta_2 u(t-3\tau)$、$\alpha_1 \alpha_2 \beta_1 \beta_2 u(t-3\tau)$。

由于 $u(t)$ 是无穷长直角波,经过 n 次折射之后,在 Z_2 上的折射波是每次折射波的叠加,但要考虑每次折射波到达时间的先后。利用式(4-35)所示的阶跃函数的特点,当自变量小于零时函数值为零,很容易写出 Z_2 上的电压为

$$u_{2q}(t) = \alpha_1 \alpha_2 u(t-\tau) + \alpha_1 \alpha_2 \beta_1 \beta_2 u(t-3\tau) +$$
$$\alpha_1 \alpha_2 (\beta_1 \beta_2)^2 u(t-5\tau) + \cdots + \alpha_1 \alpha_2 (\beta_1 \beta_2)^{n-1} u[t-(2n-1)\tau]$$
$$= U_0 \alpha_1 \alpha_2 \frac{1-(\beta_1 \beta_2)^n}{1-\beta_1 \beta_2} \tag{4-36}$$

因 $|\beta_1 \beta_2| < 1$,后一次折射波幅值要小于前一次的幅值,$n \to \infty$,级数收敛,经过 n 次折、反射后,其幅值为

$$U_{2q}\big|_{n \to \infty} = \frac{U_0 \alpha_1 \alpha_2}{1-\beta_1 \beta_2}$$

代入 α_1、α_2、β_1、β_2 的表达式,得

$$U_{2q}\big|_{n \to \infty} = \frac{2Z_2}{Z_1 + Z_2} U_0 = \alpha_{12} U_0 \tag{4-37}$$

式(4-37)表明,当反射次数 $n \to \infty$ 后,线路 Z_0 已不再起作用了,即线路 Z_0 对线路 Z_2 上的前行波 u_{2q} 的最终幅值没有影响,但 Z_0 的存在对 u_{2q} 的波形有影响,其影响结果取决于 Z_1、Z_2、Z_0 的相对值,下面具体分析中间线路对前行波波头的影响。

(1) 当 $Z_1 > Z_0 > Z_2$ 或 $Z_1 < Z_0 < Z_2$ 时,β_1、β_2 异号,波在结点 B 处的第 $1,3,5,\cdots$ 次折射产生正的折射波,而第 $2,4,6,\cdots$ 次折射产生负的折射波,因此,前行波电压将为振荡波形,振荡周期为 $\frac{4l}{v_0}$(在空间所占位置为 $\frac{4l}{v_0} v_2$),振荡围绕其最终值 $\frac{2Z_2}{Z_1+Z_2} U_0$ 进行,逐渐衰减,如图 4.16(a)所示。由于图中所画出的是前行波电压在空间的分布,所以各级波的空间间隔为 $\frac{2l}{v_0} v_2$,其中 v_2 为波在导线 Z_2 中的传播速度。

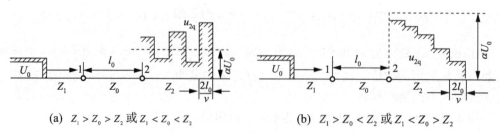

(a) $Z_1 > Z_0 > Z_2$ 或 $Z_1 < Z_0 < Z_2$ (b) $Z_1 > Z_0 < Z_2$ 或 $Z_1 < Z_0 > Z_2$

图 4.16 中间线路对 Z_2 上折射波 u_{2q} 的影响

(2) 当 $Z_1 > Z_0, Z_2 > Z_0$ 时，β_1、β_2 同号，结点 B 处的各个折射波均为正值，因此，前行波 u_{2q} 的电压将按 $2l_0/v_0$ 的时间间隔逐级增大，而趋向于终值 $\dfrac{2Z_2}{Z_1+Z_2}U_0$，如图 4.16(b) 所示。从图可知，线路 Z_0 的存在，降低了 Z_2 中折射波 u_{2q} 的陡度，可以近似认为，u_{2q} 的最大陡度等于第一个折射电压 $\alpha_1\alpha_2U_0$ 除以时间 $\dfrac{2l}{v_0}$，即

$$\left.\frac{du_{2q}}{dt}\right|_{max} = U_0 \frac{2Z_0}{Z_1+Z_0} \cdot \frac{2Z_2}{Z_2+Z_0} \cdot \frac{v_0}{2l}$$

若 $Z_0 \ll Z_1$、$Z_0 \ll Z_2$，则

$$\left.\frac{du_{2q}}{dt}\right|_{max} \approx U_0 \cdot \frac{2Z_0}{Z_1} \cdot \frac{v_0}{l} = \frac{2U_0}{Z_1 C} \tag{4-38}$$

式中　C——线路 Z_0 的对地电容。这表明线路 Z_0 的作用相当于在线路 Z_1 与 Z_2 间并联了一电容，其电容值为线路 Z_0 对地的电容值。

(3) 当 $Z_0 > Z_1, Z_0 > Z_2$ 时，β_1、β_2 均为负值，前行波 u_{2q} 的波形也与图 4.16(b) 相同。

若 $Z_0 \gg Z_1$、$Z_0 \gg Z_2$，则

$$\left.\frac{du_{2q}}{dt}\right|_{max} \approx U_0 \cdot \frac{2Z_2}{Z_0} \cdot \frac{v_0}{l} = \frac{2U_0 Z_2}{L} \tag{4-39}$$

式中　L——线路 Z_0 的电感。这表明线路 Z_0 的作用相当于在线路 Z_1 与 Z_2 间串联了一电感，其电感量为线路 Z_0 的电感值。

由以上分析可知，当中间线路的波阻抗值处于两侧线路波阻值之间时，中间线路的存在将使前行波发生振荡，产生过电压。增大中间线路的波阻抗使之大于两侧线路的波阻，或者减小中间线路的波阻使之小于两侧线路的波阻，均可消除前行波的振荡，削弱前行波的平均陡度。

虽然减小 Z_0 或增大 Z_0 都可以削弱前行波的(平均)陡度，但它们的机理不同。减小 Z_0，由线路 Z_1 传来的电压行波将在 A 电发生负反射，限制了由 A 点进入中间线路 Z_0 上的电压波，使由 B 点传出的前行波电压得到降低，从而前行电压波的平均陡度也减小了，同时在 A 点和整个中间线路的电压都是不高的，和前述并联电容的情况类似。如果增大 Z_0，则进入中间线路的前行电压波将增大，但这一前行电压波到达 B 点时将发生负的反射，所以由 B 点向前的折射波电压也将降低。在这种情况下，A 点和整个中间线路都具有较高的电压，这与前述波通过串联电感的情况类似。

综上所述可知，网格法是应用流动波图案对波的多次折、反射过程进行分析的一种有效方法，它以波动方程的解为基础，将导线上各点的电压和电流分成前行波和反行波分别加以计算，再把所得结果加以叠加。这种方法也可用来计算 3 个以上不同波阻抗的导线串联时的多次折、反射过程。但此时由于波在各个结点上的反射时间各不相同，波到达计算点的时间将参差不齐，如再应用解析法进行计算将比较困难，因此，需要借助于数值计算法来进行近似计算，有关数值计算的方法可参阅相关资料。

4.5 无损耗平行多导线系统中的波过程

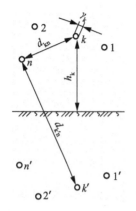

图 4.17 n 根平行多导线系统

前面分析了单根输电线路的波过程，但实际的输电线路是由三相导线和架空避雷线构成的。如果同一铁塔架设了双回输电线路，加上避雷线，导线的条数就更多了。

为便于理解，我们忽略了大地的损耗，因而多导线系统的波过程仍可近似地看成平面电磁波的沿线传播，这样一来，只需引入波速 v 的概念就可将静电场中的麦克斯韦方程应用于平行多导线系统。

如图 4.17 所示的平行多导线系统，它们单位长度的电荷分别为 $Q_1, Q_2, \cdots, Q_n$，各线对地电压 $u_1, u_2, \cdots u_n$ 可用麦克斯韦方程组表示为

$$\left.\begin{aligned} u_1 &= \alpha_{11}Q_1 + \alpha_{12}Q_2 + \cdots + \alpha_{1k}Q_k + \cdots + \alpha_{1n}Q_n \\ u_2 &= \alpha_{21}Q_1 + \alpha_{22}Q_2 + \cdots + \alpha_{2k}Q_k + \cdots + \alpha_{2n}Q_n \\ &\vdots \\ u_k &= \alpha_{k1}Q_1 + \alpha_{k2}Q_2 + \cdots + \alpha_{kk}Q_k + \cdots + \alpha_{kn}Q_n \\ &\vdots \\ u_n &= \alpha_{n1}Q_1 + \alpha_{n2}Q_2 + \cdots + \alpha_{nk}Q_k + \cdots + \alpha_{nn}Q_n \end{aligned}\right\} \tag{4-40}$$

式中，下标相同的 α_{kk} 为 k 号导线的自电位系数，下标不同的 α_{kj} 为 k 导线和 j 号导线之间的互电位系数。各电位系数由导线以及它们的镜像之间的几何尺寸确定，计算公式为

$$\alpha_{kk} = \frac{1}{2\pi\varepsilon_0} \ln \frac{2h_k}{r_k} = 18 \times 10^6 \ln \frac{2h_k}{r_k}$$

$$\alpha_{kj} = \frac{1}{2\pi\varepsilon_0} \ln \frac{d'_{jk}}{d_{jk}} = 18 \times 10^6 \ln \frac{d'_{jk}}{d_{jk}} \tag{4-41}$$

式中　r——k 号导线的半径，显然 $\alpha_{kj} = \alpha_{jk}$；
　　　h_k——k 号导线的对地面高度；
　　　d_{jk}——j 号导线与 k 号导线的距离；
　　　d'_{jk}——j 号导线的镜像与 k 号导线之间距离；
　　　ε_0——空气的介电系数。

式(4-40)右边每一项均乘以 $\dfrac{v}{v}$，其中 $v = \dfrac{1}{\sqrt{\varepsilon_0 u_0}}$ 为架空输电线波传播速度。并将 $i = Qv$ 代入式(4-40)可得

$$\left.\begin{aligned}u_1 &= \frac{\alpha_{11}}{v}Q_1 v + \frac{\alpha_{12}}{v}Q_2 v + \cdots + \frac{\alpha_{1k}}{v}Q_k v + \cdots + \frac{\alpha_{1n}}{v}Q_n v \\ &= Z_{11}i_1 + Z_{12}i_2 + \cdots + Z_{1k}i_k + \cdots + Z_{1n}i_n \\ u_1 &= Z_{21}i_1 + Z_{22}i_2 + \cdots + Z_{2k}i_k + \cdots + Z_{2n}i_n \\ &\vdots \\ u_k &= Z_{k1}i_1 + Z_{k2}i_2 + \cdots + Z_{kk}i_k + \cdots + Z_{kn}i_n \\ &\vdots \\ u_n &= Z_{n1}i_1 + Z_{n2}i_2 + \cdots + Z_{nk}i_k + \cdots + Z_{nn}i_n\end{aligned}\right\} \quad (4\text{-}42)$$

式中

$$Z_{kk} = \frac{1}{2\pi}\sqrt{\frac{u_0}{\varepsilon_0}}\ln\frac{2h_k}{r_k} = 60\ln\frac{2h_k}{r_k} \quad (\Omega)$$

$$Z_{kj} = \frac{1}{2\pi}\sqrt{\frac{u_0}{\varepsilon_0}}\ln\frac{d'_{jk}}{d_{jk}} = 60\ln\frac{d'_{jk}}{d_{jk}} \quad (\Omega)$$

Z_{kk} 为 k 导线的自波阻抗，Z_{kj} 为 k 号导线与 j 号导线之间的互波阻抗，导线 k 与 j 靠得越近，Z_{kj} 越大，其极限值等于导线 k 与 j 相重合时的自波阻抗 Z_{kk}。因此，在一般情况下，Z_{kj} 总是小于 Z_{kk} 的，当线路完全对称时，$Z_{kj} = Z_{jk}$。

若导线上同时有前行波和反行波存在，则对 n 根平行导线系统中的每一根导线(如第 k 根导线)可以写出下列方程组

$$\left.\begin{aligned}u_k &= u_{kq} + u_{kf} \\ i_k &= i_{kq} + i_{kf}\end{aligned}\right\} \quad (4\text{-}43)$$

$$\left.\begin{aligned}u_{kq} &= Z_{k1}i_{1q} + Z_{k2}i_{2q} + \cdots + Z_{kk}i_{kq} + \cdots + Z_{kn}i_{nq} \\ u_{kf} &= -(Z_{k1}i_{1f} + Z_{k2}i_{2f} + \cdots + Z_{kk}i_{kf} + \cdots + Z_{kn}i_{nf})\end{aligned}\right\} \quad (4\text{-}44)$$

式中　u_{kq}、u_{kf}——导线 k 上的前行电压波和反行电压波；

　　　i_{kq}、i_{kf}——导线 k 的前行电流波和反行电流波。

n 根导线就可以列出 n 个方程组，加上边界条件，就可以分析无损平行多导线系统中的波过程。

【例 4.4】 两平行导线系统如图 4.18 所示，雷击于导线 1，导线 2 对地绝缘，计算导线 2 的电压。

解　对此系统写出方程

$$\left.\begin{aligned}u_2 &= Z_{21}i_1 + Z_{22}i_2 \\ u_1 &= Z_{11}i_1 + Z_{12}i_2\end{aligned}\right\}$$

因导线 2 对地绝缘，故 $i_2 = 0$，于是得

$$u_2 = \frac{Z_{12}}{Z_{11}}u_1 = ku_1 \quad (4\text{-}45)$$

式中 k——导线 1、2 间的几何耦合系数,其值仅由导线 1 及导线 2 间的相对位置及几何尺寸决定。当导线 1 上有电压波 u_1 传播时,在导线 2 上被感应出一个与 u_1 同极性、同波形的电压波 u_2。根据波阻抗的计算公式可知,$Z_{12} \leqslant Z_{11}$,则 $k \leqslant 1$。导线间距离越小,耦合系数越大。导线间电压 $u_1 - u_2 = (1-k)u_1$,当 k 较大时,加在导线间绝缘的电压越小。

【例 4.5】某三相输电线路如图 4.19 所示。当雷击塔顶部时,计算避雷线对边相导线的耦合系数。

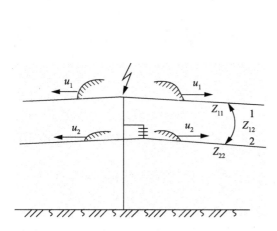

图 4.18 二平行导线系统,导线 1 受雷击,导线 2 对地绝缘

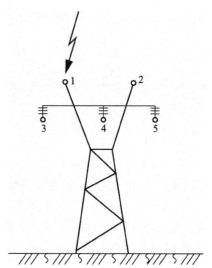

图 4.19 雷击有两根避雷线的线路

解 因导线 3、4、5 对地绝缘,故 $i_3 = i_4 = i_5 = 0$,根据式(4-42)可列出方程

$$\left.\begin{array}{l} u_1 = Z_{11}i_1 + Z_{12}i_2 + Z_{13}i_3 \\ u_2 = Z_{21}i_1 + Z_{22}i_2 + Z_{23}i_3 \\ u_3 = Z_{31}i_1 + Z_{32}i_2 + Z_{33}i_3 \end{array}\right\}$$

由于两根避雷线对称,故 $u_1 = u_2$,$i_1 = i_2$,$Z_{11} = Z_{22}$。于是可得导线 3 与两避雷线间的耦合系数为

$$k = \frac{u_3}{u_1} = \frac{Z_{13} + Z_{23}}{Z_{11} + Z_{12}} = \frac{Z_{13}/Z_{11} + Z_{23}/Z_{11}}{1 + Z_{12}/Z_{11}} = \frac{k_{13} + k_{23}}{1 + k_{12}} \tag{4-46}$$

式中 k_{12}——导线 1、2 间的耦合系数;
k_{13}——导线 1、3 间的耦合系数;
k_{23}——导线 2、3 间的耦合系数。

同理可算出导线 4、5 与两避雷线间的耦合系数,显然导线 5 与两避雷线的耦合系数与式(4-46)相同。

【例 4.6】一对称三相系统,电压波沿三相线同时入侵,如图 4.20 所示。计算此时三相等值波阻抗。

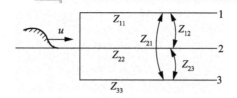

图 4.20　波沿三相导线同时入侵方程

解　据式(4-42)可列出方程

$$\left.\begin{array}{l}u_1 = Z_{11}i_1 + Z_{12}i_2 + Z_{13}i_3 \\ u_2 = Z_{21}i_1 + Z_{22}i_2 + Z_{23}i_3 \\ u_3 = Z_{31}i_1 + Z_{32}i_2 + Z_{33}i_3\end{array}\right\}$$

因三相导线对称分布，故 $u_1 = u_2 = u_3 = u$，$i_1 = i_2 = i_3 = i$，$Z_{11} = Z_{22} = Z_{33} = Z$，$Z_{12} = Z_{23} = Z_{31} = Z'$，代入上述方程，可得

$$u = Zi + 2Z'i = (Z + 2Z')i = Z_s i$$

Z_s 为三相同时进波时每相导线的等值波阻抗，此值比单相进波时为大。其物理含义是：在相邻导线中传播的电压在本导线中感应出反电动势，阻碍了电流在导线中的传播，因而使其波阻抗增大。

三相进波时，等值波阻抗

$$Z_{s3} = \frac{Z_s}{3} = \frac{Z + 2Z'}{3}$$

同理，若有 n 根平行导线，其自波阻抗及互波阻抗分别为 Z 及 Z'，则 n 根导线的合成波阻抗为

$$Z_{sn} = \frac{Z + (n-1)Z'}{n}$$

【例 4.7】分析单芯电缆的芯线与金属外皮间的耦合关系。

解　设电缆芯与外皮在始端相连，有一电压波 u 自始端传入，缆芯的电流为 i_1，沿电缆外皮中的电流波为 i_2，如图 4.21 所示。缆芯与缆皮为二平行导线系统，由 i_2 产生的磁通完全与缆芯相匝链，电缆外皮上的电位将全部传到缆芯上，故缆皮的自波阻抗 Z_{22} 等于缆皮与缆芯间的互波阻抗 Z_{12}，即 $Z_{22} = Z_{12}$，缆芯中的电流 i_1 产生的磁通仅部分与缆皮相匝链，故缆芯的自波阻抗 Z_{11} 大于缆芯与缆皮间的互波阻抗 Z_{12}，即 $Z_{11} > Z_{12}$。

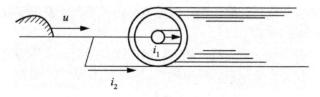

图 4.21　行波沿电缆缆芯缆皮传播

可列出下列方程

$$u = Z_{11}i_1 + Z_{12}i_2$$
$$u = Z_{21}i_1 + Z_{22}i_2$$

即

$$Z_{11}i_1 + Z_{12}i_2 = Z_{21}i_1 + Z_{22}i_2$$

但因为 $Z_{22} = Z_{12}$，而 $Z_{11} > Z_{12}$，要使该式成立，必须有电缆芯线电流 $i_1 = 0$，即芯线电流全被"驱逐"到电缆外皮上去了。其物理含义为：当电流在缆皮上传播时，缆芯上就被感应出与缆皮电压相等的电动势，阻止了缆芯电流的流通，此现象与导线中的集肤效应相同。此效应在直配发动机的防雷保护中得到广泛应用。

4.6 波在传播过程中的衰减与畸变

电磁波在单相无损线上传播不会发生波形衰减和畸变，但因下述原因，波的传播会发生衰减和变形。

(1) 输电线的电阻和对地电导引起能量损耗，使波形衰减，当线路参数 $\dfrac{R_0}{G_0} \neq \dfrac{L_0}{C_0}$ 时会使波形畸变。

(2) 因大地是非理想导体，电阻率 $\delta \neq 0$，地中电流不会只在地表面流动，在地中也有分布。另外，线路的集肤效应，都会使线路参数随频率变化，造成波形畸变。

(3) 多导线输电系统各线之间由于有电磁耦合，使线路微分方程不同于单相线，由理论分析和实测都能证明多相线波的传播要发生畸变。

(4) 另外，由于高压线路上波的传播引起冲击电晕是行波衰减和变形的主要原因。下面介绍冲击电晕对线路波过程的影响。

当线路由雷击或操作引起过电压波时，只要超过电晕起始电压，导线表面会出现空气电离，形成电晕放电，在导线表面形成一个电晕套。电晕套的径向导电性能较好，相当于增大导线半径，使导线电容参数增大。但电晕套的轴向导电性能较差，电流基本上在金属导体里面流动，线路电感参数几乎无变化。

冲击电晕使行波能量损耗，线路的波阻抗减少，导线的耦合系数增大。行波发生衰减和变形，对线路过电压保护有重要意义。

正、负冲击电晕由于导线周围空气中电荷分布和作用不同而有所差别。经测试，负极性电晕对过电压的幅值和波形影响较小，对过电压保护不利，雷击多数是负极性的，因而要认真研究负极性电晕问题。

冲击电晕套的存在使导线截面尺寸增大，输电线与架空避雷线间耦合系数也增大，这种变化可用电晕效应校正系数来修正输电线与避雷线之间的耦合系数

$$K = K_1 K_0 \tag{4-47}$$

式中　K_0——线路几何耦合系数，由导线和避雷线的空间几何尺寸确定；

K_1——电晕效应校正系数。我国的 DL/T 620—1997《交流电气装置的过电压保护和绝缘配合》建议按表 4-1 取值。

表 4-1 耦合系数的电晕修正系数 K_1

线路额定电压/kV	20～35	60～116	154～330	500
2 条避雷线	1.1	1.2	1.25	1.28
1 条避雷线	1.15	1.25	1.3	—

冲击电晕使行波幅值衰减，波形畸变，发生变化的典型波形如图 4.22 所示。曲线 1 表示原来波形，曲线 2 表示电压波传播 l 距离之后的波形。当电压高于电晕起始电压 u_k 之后，波形发生剧烈的衰减和变形。这是因为电压高于 u_k，线路形成电晕套，使线路电容参数增大，线路电感参数几乎无变化，行波的波速减慢。经过 l 距离传播后，波形 1 上 A 点就滞后到 A' 点，滞后时间是 $\Delta\tau$，对应电压 u 的波速是 v_k 称为相速度，电压越高，相速度越低。不同的电压对应不同的线路电容参数可由线路伏库特性经验公式确定。由此处理电晕变形的方法叫相速度法。滞后时间 $\Delta\tau$ 与行波传播距离及其电压值有关，过电压保护规程建议采用如下经验公式：

$$\Delta\tau = l(0.5 + \frac{0.008u}{h}) \tag{4-48}$$

式中　l——波传播距离(km)；

　　　u——行波电压幅值(kV)；

　　　h——导线平均悬挂高度(m)；

　　$\Delta\tau$ 的单位是 μs。

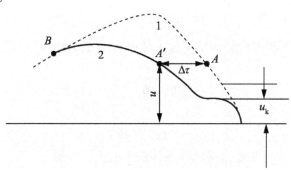

图 4.22　由电晕引起的行波衰减和变形

冲击电晕使行波衰减和变形，所以在变电站的雷电波入侵保护中，设置进线保护段是一个重要措施。

冲击电晕使导线对地电容增大，电感参数基本不变，导线的波阻抗将降低。过电压保护规程建议在雷击杆塔时，导线和避雷线波阻抗取 400Ω，两根避雷线波阻抗为 250Ω，波速近似为光速。当雷击避雷线挡距中央时，电位较高，电晕较强烈。规程建议，一般计算时，避雷线的波阻抗取为 350Ω，波速为 75%的光速。

4.7 变压器绕组中的波过程

电力变压器遭受入侵雷电波袭击时，或者在系统内部操作过电压波的作用下，在绕组内部会出现复杂的电磁振荡过程，使线圈各点的对地绝缘或线圈各点之间的绝缘(如线匝间、各层线圈间或绕成的线圈盘之间绝缘)出现很高的过电压。由于绕组结构的复杂性和铁心电感的非线性，要求取各类不同波形冲击波作用下的绕组各点对地电压和各点之间电压随时间变化的分布规律，完全用理论分析是非常困难的。一般采用瞬变分析仪在实际的变压器上，或者在变压器的物理模型上进行实验分析。

为了概括掌握变压器绕组波过程规律，下面以直流电压源 U_0 突然合闸于绕组的简化电路模型为例，分析侵入绕组的情况。

4.7.1 单相变压器绕组中的波过程

变压器绕组对行波的波阻抗远大于线路波阻抗，在简化分析绕组波过程时，忽略另外绕组的影响。假定高压绕组的参数完全均匀，略去匝间互感和电阻损耗，就得到绕组的简化等值电路如图 4.23 所示。K_0、C_0、L_0 分别为绕组单位长度纵向(匝间)电容、对地电容和电感，U_0 是直流电压源。$t=0$ 时刻，电源突然合闸，因为电感电流不能跃变，各电感电流均为零值，这时的等值电路如图 4.24 所示。若距绕组首端为 x 处的电压为 u，纵向电容 $K_0/\mathrm{d}x$ 上的电荷为 Q，对地电容 $C_0\mathrm{d}x$ 上的电荷为 $\mathrm{d}Q$，则可写出下列方程

$$Q = \frac{K_0}{\mathrm{d}x}\mathrm{d}u \tag{4-49}$$

式中 K_0——绕组纵向单位长度的电容。$\mathrm{d}x$ 越短，电容值越大，使用了平板电容器的概念。该处对地的电容 $C_0\mathrm{d}x$ 上的电荷是

$$\mathrm{d}Q = (C_0\mathrm{d}x)u \tag{4-50}$$

因为是无穷小电路，电荷近似看成空间点上的电荷，式(4-49)对 x 求导代入式(4-50)可得

$$\frac{\mathrm{d}^2 u}{\mathrm{d}x^2} - \frac{C_0}{K_0}u = 0 \tag{4-51}$$

其解为

$$u = A\mathrm{e}^{\alpha x} + B\mathrm{e}^{-\alpha x} \tag{4-52}$$

式中，$\alpha = \sqrt{C_0/K_0}$；A、B 是根据边界条件确定的积分常数。

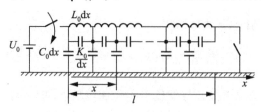

图 4.23 单相绕组简化等值电路

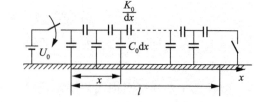

图 4.24 $t=0$ 瞬间绕组的等值电路

当绕组末端接地时，即图 4.24 中开关 S 闭合。当 $x=0$ 时，$u=U_0$；$x=l$ 时，$u=0$，则可得出积分常数

$$A = -\frac{U_0 e^{-2\alpha l}}{1 - e^{-2\alpha l}}, \quad B = \frac{U_0}{1 - e^{-2\alpha l}}$$

$t = 0$ 时刻，绕组上 x 处的电压为

$$u = U_0 \frac{\sinh\alpha(l-x)}{\sinh\alpha x} \tag{4-53}$$

当绕组末端不接地时，即图 4.24 中开关 S 打开。当 $x = 0$ 时，$u = U_0$；$x = l$ 时，$i = 0$，因为各对地电容的分流作用，在线路末端非常小的微段内，电压基本上为零，即 $K_0 \dfrac{du}{dx} \approx 0$，所以绕组上电压分布为（$t = 0$ 时刻）

$$u = U_0 \frac{\cosh\alpha(l-x)}{\cosh\alpha x} \tag{4-54}$$

这两个公式反映了变压器绕组合闸初瞬间，绕组各点的对地电压分布，称为起始电压分布。对于普通未采用特殊措施的连续式绕组，αl 值为 5～15，平均值为 10，当 $\alpha l > 5$ 时，$\sinh\alpha l \approx \cosh\alpha l$，因此，当 $x < 0.8l$ 时，$\sinh\alpha(l-x) \approx \cosh\alpha(l-x) \approx \dfrac{1}{2} e^{\alpha(l-x)}$。无论绕组末端是否接地，由上述两个公式分析，合闸初瞬间，大部分绕组起始电压分布接近相同（$x < 0.8l$），如图 4.25 的曲线 1 所示。另外有文献称，αl 值为 5～30，平均值为 17.5，这个结论更是成立。起始电压分布可写为

$$u \approx U_0 e^{-\alpha x} \tag{4-55}$$

起始电压分布是很不均匀的，与 α 有关，α 越大，分布越不均匀，大部分电压降落在首端附近，绕组首端电位梯度（du/dx）大，由下式计算

$$\left|\frac{du}{dx}\right|_{x=0} = \alpha U_0 = \alpha l \frac{U_0}{l} \tag{4-56}$$

式中　U_0/l ——绕组的平均电位梯度。在 $t = 0$ 瞬间，绕组首端电位梯度是平均值的 10 倍，若 $\alpha l = 10$，就会使雷电入侵波在绕组首端造成很高的电位梯度，损害匝间绝缘。所以变压器绕组首端应采取一些保护措施，防止过电压击穿纵绝缘。

变压器绕组电感较大，遭受较陡冲击波时，10μs 内绕组电感电流很小，可忽略。这段时间绕组可等值成一个电容链，对外等值成一个集中参数电容 C_T，称为变压器的入口电容。变电站进行防雷分析计算时，变压器用入口电容代替。不同电压等级变压器入口电容可参考表 4-2。

表 4-2　变压器入口电容值

变压器额定电压/kV	35	110	220	330	500
入口电容/pF	500～1000	1000～2000	1500～3000	2000～5000	4000～6000

前面讨论了直流电压作用下（相当于无穷长直角波）变压器绕组的电压的初始分布。但实际绕组具有电感和电阻，形成错综复杂的振荡回路，电阻要消耗能量，最终使振荡稳定下来，形成绕组电压的稳态分布，如图 4.25 中的曲线 2 所示。绕组末端接地时，电压按绕组电阻分

布，当绕组末端开路时，绕组电压按对地电容分布。因绕组均匀，则电压分布也是均匀的。

变压器绕组具有电阻、电感、电容，电压的初始分布到稳态分布之间必有一个振荡性质的过渡过程。可以选择绕组上的不同点实测出振荡波形，或者按照有限结点的等值链形电路模型，用数值法计算出结点电压波形。在振荡过程中不同的时刻（t_1、t_2、t_3 等时刻），绕组各点对地电位分布曲线如图 4.25 所示。将振荡中绕组各点出现最大电位记录下来画出最大电位包络线，即图中的曲线 4。作简单分析，通常把稳态分布与初值分布的差值分布（图 4.25 的曲线 3）叠加在稳态分布上（图 4.25 的曲线 5），近似表示绕组各点最大电位包络线。由图可知，末端接地绕组的最大电位出现在绕组首端附近，将达 $1.4U_0$ 左右，末端不接地绕组的最大电位出现在绕组末端附近，在 $2.0U_0$ 左右。在实际变压器中，对这些部位的变压器绕组的主绝缘要特别加强，但振荡过程中有电阻损耗存在，最大值不会超过上述值。

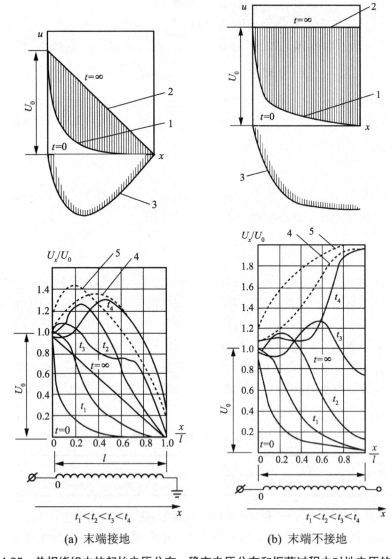

(a) 末端接地　　　　(b) 末端不接地

图 4.25　单相绕组中的起始电压分布、稳态电压分布和振荡过程中对地电压的分布

在上述绕组末端是否接地的两种情况中，$t=0$ 时刻首端电位梯度最大，为 αU_0，随着振荡的发展，绕组其余各点在不同的时刻要出现最大电位梯度，造成线匝间电压过高，这对绕组纵向绝缘设计是重要参数。绕组内振荡过程与入侵波波形有关，波头时间越长，电压上升速度越低，相当于入侵波等值频率低，初始电压分布受电阻、电感参数影响就要大些，使之接近稳态分布，绕组的振荡显得平缓，最大电位和最大电位梯度较低。反之，陡波头入侵波作用绕组时，绕组内振荡就激烈。另外冲击波波尾较长，提供能量更多，振荡也要激烈一些。

运行中的变压器绕组会受到截断波的作用，如图 4.26 所示。图 4.26(a)中变压器受到入侵波 u 的作用，2 是一个间隙设备。图 4.26(b)是变压器受到的截断电压波形，这个波形可看成 u_1 和 u_2 两个波形的叠加。u_2 的幅值接近 u_1 的 2 倍，且波头很陡、接近直角波头，将在绕组上产生较大的电压梯度可能伤害变压器纵绝缘。在同样的电压幅值之下，截波产生的绕组最大电位梯度比全波作用时大。所以对变压器要做冲击截波试验。

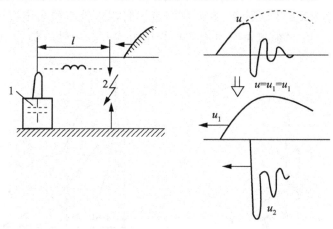

(a) 间隙动作或设备闪络造截波　　(b) 截断波波形

图 4.26 截断波的形成

1—变压器；2—间隙设备

变压器绕组初始电压分布和稳态分布的不同是产生振荡的原因。在变压器设计时，改变绕组电压初始分布使之接近稳态电压分布，可以降低绕组内部振荡时产生的最大电位和最大电位梯度，通常采用以下两种办法。

一是在绕组首端部位加一些电容环和电容匝，这些电容环(匝)直接与首端导线相连，电容环(匝)和绕组首端部分线匝间形成分布电容，电容的一个极板的电位就是首端电位。在冲击波入侵初瞬，绕组等值链形电路的电感 $L_0\mathrm{d}x$ 中，电感电流不能跃变，相当于开路，这时安装的电容环(匝)与首端绕组间的电容，再串联上绕组的接地电容 $C_0\mathrm{d}x$ 形成电容电流新通道，这些首端对地电容电流改善了绕组初始电压分布。

二是在变压器绕组等值链形电路中，增大纵向电容 $K_0/\mathrm{d}x$ 值，使对地电容 $C_0\mathrm{d}x$ 的作用相对减少，而改善绕组初始电压分布。具体的办法是使用纠结式绕组代替连续式绕组(参看电机学，此不再述)。

4.7.2 三相变压器绕组中的波过程

变压器三相绕组中的波过程基本规律与单相绕组相似,当变压器高压绕组是中性点直接接地的星形接线时,可看成3个互相独立的绕组,无论单相、两相、三相波入侵,都可按单相绕组处理。

1. 中性点不接地的星形绕组

一相进波(A 相)如图 4.27 所示。略去绕组间互感,每相绕组长度是 l。因绕组对冲击波的波阻抗远大于线路波阻抗,近似认为 B、C 点接地。绕组电压分布,设 A 点为起点,终点为 B、C 点,曲线 1 是初始分布,曲线 2 是稳态分布,曲线 3 是绕组各点对地最大电压包络线。中性点稳态电压是 $U_0/3$,在振荡过程中,中性点最大对地电压不超过 $2U_0/3$。

两相同时进波,波幅都是 $+U_0$,可采用叠加原理。A 相单独进波或者 B 相单独进波,中性点最大电压均是 $2U_0/3$,则 A、B 相同时进波时,中性点最大电压可达 $4U_0/3$。

三相同时进波,与绕组末端不接地的单相绕组相同,中性点最大电压可达首端电压的 2 倍。

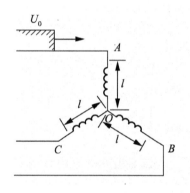 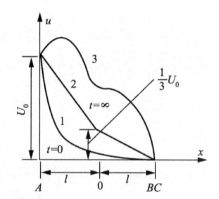

图 4.27　Y 接线单相进波时的电压分布

1—初始分布;2—稳态分布;3—最大电压包络线

2. 三角形绕组

变压器△接线绕组,当只有一相线进波时,因绕组波阻抗远大于线路波阻抗,行波入侵的两个绕组的另外一端相当于接地,因而和末端接地的单相绕组相同。

两相进波和三相进波的情况可使用叠加原理。图 4.28 画出了三相进波的情况。曲线 1 为绕组只有一相进波时的起始电压分布,曲线 2 是稳态分布,曲线 4 是绕组两端同时进波时的稳态分布,则可估计绕组中部电压最高可达 $2U_0$,曲线 3 为绕组各点对地最大电压包络线。

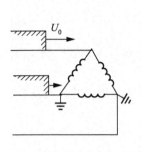 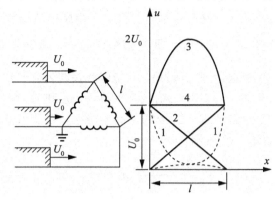

(a) 单相进波　　　　　　　　　(b) 三相进波

图 4.28　△接线单相和三相进波时的电压分布

1—初始电压分布；2—稳态电压分布；3—最大电压包络线；4—绕组两端同时进波的稳态分布

4.7.3　冲击电压在绕组之间的传递

当变压器某一绕组受到冲击电压波入侵时，由于绕组间的电磁耦合，其他绕组也会产生过电压，即所谓绕组间过电压的传递。这种传递包含两个分量：静电分量和电磁分量。

1. 静电分量

图 4.29 为变压器两个绕组间的电容耦合等值接线。当冲击电压入侵绕组 Ⅰ 时，它对地的电位为 U_0，由于静电电容耦合，在绕组 Ⅱ 上产生的静电分量为

$$u_{2g} = \frac{C_{12}}{C_{12} + C_2} U_0 \tag{4-57}$$

式中，C_2 还包含绕组 Ⅱ 连接的电器、线路、电缆的对地电容，若 $C_2 \gg C_{12}$，则静电耦合分量对副边一般没有危险，但若副边开路，如三绕组变压器，高压、中压侧运行，低压侧切除，C_2 仅是低压绕组本身的对地电容，其值很小，这时低压绕组的静电分量就可能较高，应采用保护措施。

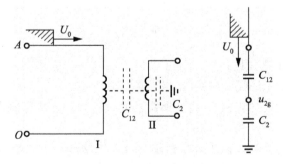

图 4.29　绕组间的静电耦合

2. 电磁分量

冲击电压波入侵变压器绕组，因电感较大，在一定时间以内，电感电流较小，副边绕

组的过电压主要是静电耦合分量。当电感电流增大后，副边绕组会受到磁场变化感应的过电压分量 $M\dfrac{\mathrm{d}i}{\mathrm{d}t}$ 的作用，即电磁耦合分量。电磁分量在绕组间按绕组变比传递(假定是某一等值频率的高频电流脉冲)，又与绕组接线方式与中性点接地方式有关，与一相、二相或三相进波有关。现以 Y/△结线绕组单相进波进行分析。

Y/△接线方式一般 Y 侧是高压绕组，△侧为低压绕组，Y 侧单相进波，首端对地电压 U_0，如图 4.30 所示。

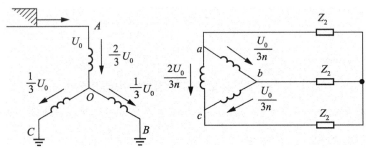

图 4.30　Y/△接线单相进波时的电磁分量

Z_2—低压侧波阻抗

因变压器绕组波阻抗比线路波阻抗大得多，B、C 相二端点可看成接地，根据电抗分压计算，绕组 AO 上的压降是 $2U_0/3$，绕组 BO 和 CO 上的压降是 $U_0/3$，低压侧△绕组 ac、ab、bc 上的电磁分量分别是 $u_{ac}=\dfrac{2U_0}{3n}$、$u_{ab}=\dfrac{U_0}{3n}$、$u_{bc}=\dfrac{U_0}{3n}$，式中，n 是 AO、BO、CO 绕组分别与 ac、ab、bc 绕组间的变比。若取高、低压侧线电压之间变比为 K，则 $u_{ac}=\dfrac{2U_0}{\sqrt{3}K}$、$u_{ab}=\dfrac{U_0}{\sqrt{3}K}$、$u_{bc}=\dfrac{U_0}{\sqrt{3}K}$，b 点电压值在△绕组中是对称的点，则 $u_b=0$，$|u_a|=|u_c|=\dfrac{U_0}{\sqrt{3}K}$。

用类似的推导方法可以推出不同接线方式下高压侧单相或两相进波时，传递到低压绕组电磁分量均是

$$u_{2\mathrm{m}}=\dfrac{U_0}{\sqrt{3}K} \tag{4-58}$$

式中　K——高、低压侧变比；
　　　U_0——作用在 Y 侧绕组上的冲击电压幅值。

因高压侧均装有避雷器，故 U_0 将受避雷器的残压限制，低压侧电磁分量 $u_{2\mathrm{m}}$ 也不会很高，一般不超过低压侧的冲击耐压值。

Y/△变压器三相进波时，由于高压绕组中性点不接地，当三相波幅值相等，低压侧不会出现电磁分量。Y/△接线变压器三相进波时，相当于高压侧加上一组零序电压，低压侧△接线对零序电压形成了短路，故在低压绕组上不会出现对地的电磁电压分量。

4.8 旋转电机绕组的波过程

旋转电机包括发电机、调相机和电动机，当外接输电线路落雷或感应雷使电压波侵入电机绕组时，就可能造成绝缘损坏。旋转电机中发电机最重要，发电机通过变压器与输电线连接，或者直接与输电线连接，前者冲击电压经过变压器绕组耦合传入电机绕组，对发电机危害较小，而后者危害较大，应采用一定防护措施。下面分析行波侵入发电机绕组的特点。

冲击波入侵发电机绕组，可以采用类似变压器的 R – L – C 电路模型，电机绝缘比较弱，又不便对电机铁心槽采取一些措施改变电压分布，运行中一般是设法降低入侵波陡度，保护匝间绝缘。实际侵入电机绕组的行波波头较平缓，一般大于 $10\mu s$，du/dt 不大，匝间纵向电容 K_0/dx 中电流很小。大容量发电机槽中装的是单匝导线，纵向电容的电流就更小了，电机绕组模型一般忽略 K_0，采用类似架空线的无损线模型，只考虑波阻抗 Z 和波传播速度 v，它们均与电机容量有关。因导线在两端和槽内位置不同，其波阻抗和波速也不相同，绕组的波阻抗和波速是指平均值。波在电机绕组内传播，铁耗和铜耗不小，衰减和变形较大，传到绕组末端幅值已比较小了。要估计绕组最大纵向电位差时，只考虑前行波电压，最大值是在首端。

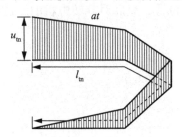

图 4.31 匝间电压计算示意图

入侵波波头电压是逐步升高的，在一匝导线上传播的示意图如图 4.31 所示，波的时间陡度是 α，一匝线圈长度是 l，波传播速度是 v，波通过一匝导线的时间是 l/v，则作用在匝间绝缘上的电压是

$$u_{tn} = \alpha \frac{l}{v} \tag{4-59}$$

由此可知，匝间电压与入侵波陡度成正比，α 很大时，匝间电压 u_{tn} 超过匝间绝缘的冲击耐压水平就会发生匝间击穿。试验显示，只要把入侵波陡度限制在 $5kV/\mu s$ 以下，就能保护绕组绝缘不被击穿。

小 结

电力系统是一个庞大、复杂的 R – L – C 等值链路，当某处出现过电压时，因其频率很高，波长短，前序课程中采用的集中参数等值电路就无法适用，而采用分布参数电路予以描述，这时导线上的电压、电流既是时间的函数，又是距离的函数，从而得出行波的概念。

为了分析问题的简便性，本章先以无损均匀单导线为模型，对其上的波过程予以分析求解，得出波速、波阻抗的表达式。在此基础上，分析了不同波阻抗线路相连时，波在其结点处所发生的折反射规律，并对第二段线路波阻抗取值的不同分别进行了分析，得出不同的结果。分析几种不同的结果，对实际过电压的防护有很好的指导意义。

实际电力系统中，有大量的电感、电容接入系统，针对它们的接入，计算分析了折、反射波的幅值及陡度。从结果看，折射波的最终幅值未变，但其陡度减小；反射波不同，接电感时其值为正，Z_1 中的幅值会增大；接电容时其值为负，Z_1 中的电压幅值会降低，因此，在过电压防护时多采用接电容的方法。

电力系统中，有多段线路相连，必有多个结点，如对两个结点的线路而言，因中间段为有限长，这时，在两结点处必将发生多次折、反射，通过分析计算，最终结果表明，Z_2 上的折射波最终幅值未变，即中间段相当于不存在，但对 Z_2 上折射波的波头陡度大有改善，具体波头形状取决于波阻抗值的取值范围。

根据线路分析的方法，对变压器绕组也给出等效分布参数图。同样为了分析的简便性，仍以单相、均匀、无损为模型予以分析计算，得出初始状态和稳态电位的表达式，并绘出电位分布曲线，从而得出从初态过度到稳态时振荡过程中所能出现的最大单位包络线。由于变压器中性点运行方式不同，其最大电位出现的位置也不同，从而为变压器的过电压防护提供了可靠的理论依据。依据单相结论，推广至三相，得出需要加装避雷器进行防护的位置。最后对旋转电机的波过程进行了简单分析。

阅读材料 4-1

超声波与电磁波

超声波。当物体振动时会发出声音。科学家将每秒钟振动的次数称为声音的频率，它的单位是 Hz。人类耳朵能听到的声波频率为 20～20000Hz。当声波的振动频率大于 20000Hz 或小于 20Hz 时便听不见了。因此，把频率高于 20000Hz 的声波称为超声波。通常用于医学诊断的超声波频率为 1～5MHz。超声波具有方向性好、穿透能力强、易于获得较集中的声能、在水中传播距离远等特点，可用于测距、测速、清洗、焊接、碎石等。在医学、军事、工业、农业领域得到应用。

电磁波。从科学的角度来说，电磁波是能量的一种，凡是能够释出能量的物体，都会释出电磁波。正像人们一直生活在空气中而眼睛却看不见空气一样，人们也看不见无处不在的电磁波。电磁波的传播不需要媒介，而超声波却是需要媒介的。

电磁波谱是无线电波、微波、红外线、可见光、紫外线、伦琴射线(X 射线)、γ 射线。应用领域如下：

(1) 无线电波用于通信等；
(2) 微波用于微波炉；
(3) 红外线用于遥控、热成像仪、红外制导导弹等；
(4) 可见光是所有生物用来观察事物的基础；
(5) 紫外线用于医用消毒、验钞、测距、工程上的探伤等；
(6) X 射线用于 CT 照相；
(7) γ 射线用于治疗，使原子发生跃迁从而产生新的射线等。

(中国大百科全书)

习　　题

4.1 选择题

1. 波在线路上传播，当末端短路时，以下关于反射波描述正确的是_____。
   A．电流为 0，电压增大一倍　　　　B．电压为 0，电流增大一倍
   C．电流不变，电压增大一倍　　　　D．电压不变，电流增大一倍
2. 下列表述中，对波阻抗描述不正确的是_____。
   A．波阻抗是前行波电压与前行波电流之比
   B．对于电源来说，波阻抗与电阻是等效的
   C．线路越长，波阻抗越大
   D．波阻抗的大小与线路的几何尺寸有关
3. 减少绝缘介质的介电常数可以_____电缆中电磁波的传播速度。
   A．降低　　　　B．提高　　　　C．不改变　　　　D．不一定

4.2 填空题

4. 电磁波沿架空线路的传播速度为_____。
5. 传输线路的波阻抗与_____和_____有关，与线路长度无关。
6. 在末端开路的情况下，波发生反射后，导线上的电压会_____。
7. 波传输时，发生衰减的主要原因是_____、_____、_____。
8. Z_1、Z_2 两不同波阻抗的长线相连于 A 点，行波在 A 点将发生折射与反射，反射系数 β 的取值范围为_____。

4.3 问答题

9. 简述波传播过程的反射和折射。
10. 彼德森法则在应用时需注意什么问题？
11. 波投射到变压器绕组首端与波投射到导线首端发生的物理过程有何不同？
12. 变压器绕组对地电压的起始分布为什么不均匀，其不均匀程度由哪些因素决定？
13. 高压变压器的工频对地电容一般以万皮法计，但其入口电容仅有 500~5000pF，为什么会有这种差异？
14. 分析分布参数的波阻抗与集中参数电路中的电阻有何不同？

4.4 计算题

15. 设入射波功率 $P_0 = \dfrac{U_0^2}{Z_1}$，折射波功率为 $P_2 = \dfrac{U_2^2}{Z_2}$，反射波功率为 $P_1 = \dfrac{U_1^2}{Z_1}$，证明 $P_0 = P_1 + P_2$。
16. 某变电所母线上接有 3 路出线，其波阻抗均为 500Ω。
    (1) 设有峰值为 1000kV 的过电压波沿线路侵入变电所，计算母线上的电压峰值。
    (2) 设上述电压同时沿线路 1 及 2 侵入，计算母线上的过电压峰值。

17. 一台 10kV 发电机直接与架空线路连接，现有一幅值为 80kV 的直角波沿线路三相同时进入电机时，为了保证电机入口处的冲击电压上升速度不超过 5kV/μs，用电容进行保护。设线路三相总的波阻抗为 280Ω，电机绕组三相总的波阻抗为 400Ω，计算所需的电容 C 值。

18. 分析变压器绕组在冲击电压作用下产生振荡的根本原因及引起绕组起始电压分布和稳态电压分布不一致的原因是什么？

19. 某架空线路长 50km，高 15m，导线半径 10mm，计算：

(1) 导线对地总电容、总电感和波阻抗。

(2) 若有一幅值为 $U_1 = 100$kV 的直角波在导线上运动，计算导线上的电流。

(3) 若此线路的另一方有一电压为 $U_2 = 150$kV，与 U_1 相向运动，计算波相遇后导线上的电压和电流。

第 5 章
雷电及防雷保护装置

本章知识架构

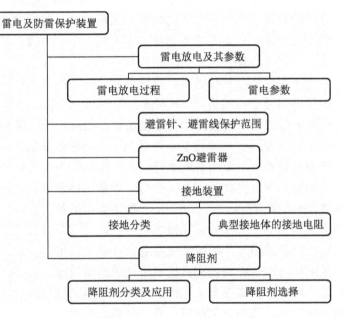

本章教学目标与要求

了解雷电放电的过程；
熟悉雷电各参数的意义；
掌握避雷针保护范围的计算；
熟悉避雷线保护角的概念；
掌握 ZnO 避雷器的工作原理及适用范围；
了解 ZnO 避雷器的各种特性参数；
熟悉接地的分类及作用；
了解降阻剂的降阻原理及选择原则。

雷电是一种恐怖而又壮观的自然现象，这不仅在于它那划破长空的耀目闪电和震耳欲聋的雷鸣，重要的是它给人类的生产和生活带来巨大的影响。且不说雷电促成有机物质的合成可能在地球生命起源中占有一席之地，以及雷电引起的森林火灾可能启发了远古人类对火的发现和利用，仅在现代生活中，雷电时常威胁着人类的生命安全，常使航空、通信、电力、建筑等许多部门遭受破坏。

面对这样的自然现象，很早以前人们就对它有所认识。据唐代《炙毂子》一书记载：汉朝时柏梁殿遭到火灾，一位巫师建议将一块鱼尾形状的铜瓦放在层顶上，就可以防止雷电所引起的天火。屋顶上所设置的鱼尾开头的瓦饰，实际上兼作避雷之用，可认为是现代避雷针的雏形。

法国旅行家卡勃里欧别·戴马甘兰1688年所著的《中国新事》一书中记有：中国屋脊两头，都有一个仰起的龙头，龙口吐出曲折的金属舌头，伸向天空，舌根连接一根铁丝，直通地下。这种奇妙的装置，在发生雷电的时刻就大显神通，若雷电击中了屋宇，电流就会从龙舌沿线流向地底，避免雷电击毁建筑物。这说明，中国古代建筑上的这种装置，在结构上已和现代避雷针基本相似。

对其物理本质的了解也还是近代的事，在这方面，美国的富兰克林和俄罗斯的罗蒙诺索夫两位科学家曾经做出过杰出的贡献。他们认为闪电是一种放电现象。为了证明这一点，富兰克林在1752年7月的一个雷雨天，冒着被雷击的危险，将一个系着长长金属导线的风筝放飞进雷雨云中，在金属线末端拴了一串铜钥匙。当雷电发生时，富兰克林手接近钥匙，钥匙上迸出一串电火花，手上还有麻木感。幸亏这次传下来的闪电比较弱，富兰克林没有受伤。此次试验后，富兰克林认为，如果将一根金属棒安置在建筑物的顶部，并且以金属线连接到地面，那么所有接近建筑物的闪电都会被引导至地面，而不至于损坏建筑物。随后，富兰克林率先在费城的住宅安装了避雷针，从此，避雷针便在世界上流行使用。

20世纪30年代，各国相继开始加强对雷电及其防护技术的研究，特别是利用高速摄影、自动录波、雷电定向定位等现代测量技术所作的实测研究的成果，大大丰富了人们对雷电的认识，但直到现在，对雷电发生发展过程的物理本质尚未完全掌握，不过，随着对雷电活动研究的不断深入，雷电参数必将得到不断修正和补充，使之更符合客观实际。

本章在分析雷电规律及其参数的基础上，着重阐述电力系统防雷设备的原理及防雷措施。

5.1 概　　述

高压输电线路分布广袤，延伸地域复杂，容易遭受雷击，引起停电事故。运行统计资料表明，雷害是造成高压输电线路停电事故的主要原因。为了确保电力系统安全可靠运行，必须了解雷电放电的放电过程，研究雷电的特性，进而对其进行防范。

雷击作为一种强大的自然力的爆发，是无法制止的。多年来，人们力所能及的主要是设法去预防和限制它的破坏性，即装设防雷保护装置，采用防雷保护措施。

雷电放电时所产生的雷电流高达数十甚至数百千安，从而引起巨大的电磁效应、机械效应和热效应。从电力系统的角度来看,可能导致绝缘损坏,被击物炸毁、燃烧,导体熔断或通过电动力引起设备机械损坏。

常用的防雷保护装置有避雷针、避雷线、避雷器和接地装置等,其原理示意如图 5.1 所示。图 5.1(a)为避雷针,它是明显高出被保护物体的金属支柱。当雷云先导放电临近地面时首先击中避雷针,使被保护物体免遭直接雷击。图 5.1(b)为避雷线,通常又叫架空地线。它主要用来保护输电线路。其原理与避雷针相似,由于处在导线上空较高位置而使导线得到保护。图 5.1(c)是避雷器的保护原理接线。它大多装在发电厂、变电站电气设备(如电力变压器)近旁,主要用来保护电气设备免遭从线路传来雷电冲击波的袭击。一旦有雷电波侵入时,避雷器首先放电,限制了传到电气设备上的过电压幅值。

由上可见,以上防雷保护装置冠以"避雷"二字,仅仅是指其能使被保护物体避免雷害的意思,而其本身恰恰相反,承担着引雷作用。

图 5.1 还示出了接地装置。这是特意埋设于地下的一组导体。它的作用是减小避雷针(线)或避雷器与大地(零电位)之间的电阻值,以降低雷击时的过电压幅值。

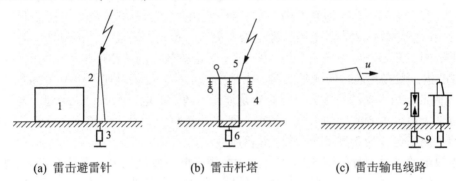

图 5.1 现用防雷保护措施示意图

1—被保护物体;2—避雷针;3—接地装置;4—导线;5—避雷线;
6—接地装置;7—电气设备;8—避雷器;9—接地装置

避雷针(线)用以防止雷电直接击中被保护物体,因此,也称直击雷保护装置。避雷器用以防止沿输电线路侵入变电站的雷电波毁坏电气设备,所以也称侵入波保护装置。

5.2 雷电放电过程

在雷雨季节里,太阳使地面水分部分化为蒸气,同时地面空气受到热地面的作用变热而上升,成为热气流。由于太阳几乎不能直接使空气变热,所以每上升 1km,空气温度约下降 10℃。上述热气流遇到高空的冷空气后,水蒸气便凝成小水滴,形成热雷云。此外,水平移动的冷气团或暖气团,在其前锋交界面上也会因冷气团将湿热的暖气团抬高而形成面积极大的锋面雷云。在足够冷的高空,如在 4km 以上时,水滴也会转化为冰晶。

雷云的带电过程可能是综合性的。强气流使云中水滴吹裂时,较大的水滴带正电,较小的水滴带负电,小水滴同时被气流携走,于是云的各部分带有不同的电荷。此外,水在结冰时,冰粒上会带正电,而被风吹走的剩余的水将带负电。而且带电过程也可能和它们

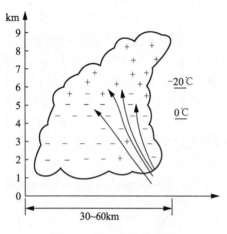

图 5.2 雷云电荷的分配

吸收离子、相互撞击或融合的过程有关。实测表明,在 5～10km 的高度主要是正电荷的云层,在 1～5km 的高度主要是负电荷的云层,但在云的底部也往往有一块不大区域的正电荷聚集,如图 5.2 所示。

雷云中的电荷分布也远不是均匀的,往往是形成好多个电荷密集中心。每个电荷中心的电荷约为 0.1～10C,而一大块雷云同极性的总电荷则可达数百库。雷云中的平均场强约为 150kV/m,而在雷击时可达 340kV/m。雷云下面地表的电场一般为 10～40kV/m,最大可达 150kV/m,当云中电荷密集处的场强达到 2500～3000kV/m 时,就会发生先导放电。雷云放电的大部分是在云间或云内进行的,只有小部分是对地发生的。雷云对地的电位可高达数千万伏到上亿伏。

在对地的雷电放电中,雷电的极性是指自雷云下行到大地的电荷的极性。最常见的雷电是自雷云向下开始发展先导放电的。据统计,无论就放电的次数还是放电的电荷量来说,90%左右的雷是负极性的。但测量表明,大地的总电荷量是长时期保持不变的(约为 4.5×10^5C), 因此,相当多的正雷云电荷必定是通过"悄悄放电"的形式运送到大地的。即大量的正雷是以地表电晕放电的形式消散的。正雷的消散之所以比负雷多,可能是因为由地面上升的负离子速度为正离子速度的 1.6 倍所致。

雷电放电的光学照片如图 5.3(a)所示,由负雷云向下发展的先导不是连续向下发展的,而是走一段停一会儿,再走一段,再停一会儿。每级的长度为 10～200m,平均为 25m。停歇时间为 10～100μs,平均为 50μs。每级的发展速度约为 10^7m/s,延续约 1μs,而由于有停歇,所以总的平均发展速度只有 $(1～8) \times 10^5$m/s。

先导光谱分析表明,在其发展时,中心温度可达 3×10^4K,而停歇时约为 10^4K。由主放电(下面再讲)的速度及电流可以推算出,先导中的线电荷密度 σ 为 1$(0.1～1) \times 10^{-3}$C/m,从而又可算出先导的电晕半径为 0.6～6m。相应于下行先导的电流是无法直接测出的,但由 σ 及速度可估计出为 100A 左右。下行负先导在发展中会分成数支,这和空气中原来随机存在的离子团有关。当先导接近地面时,会从地面较突出的部分发出向上的迎面先导。当迎面先导与下行先导的一支相遇时,就产生了强烈的"中和"过程,出现极大的电流(数十到数百千安),这就是雷电的主放电阶段,伴随着出现雷鸣和闪光。主放电存在的时间极短,为 50～100μs。主放电的过程是逆着负先导的通道由下向上发展的,速度为$(0.05～0.5)c$(c 为光速),离开地面越高,速度越小,平均约为 $0.175c$。主放电到达云端时就结束了,然后云中的残余电荷经过先前的主放电通道流下来,称为余光阶段。由于云中的电阻较大,余光阶段对应的电流不大(约数百安),持续的时间却较长(0.03～0.15s)。

由于云中可能存在几个电荷中心,所以在第一个电荷中心完成上述放电过程之后,可能引起第二个、第三个中心向第一个中心放电,因此,雷电可能是多重性的,每次放电相隔为 0.6ms～0.8s(平均约 165ms),放电的数目平均为 2～3 个,最多可达 40 多个。第二次及以后的放电，先导都是自上而下连续发展的(无停歇现象)，而主放电仍是由下向上发展的。第二次及以后的主放电电流一般较小，不超过 30kA。在图 5.3 中示出了用快速照像设备拍到的下行负雷电过程以及与之相对应的电流曲线。

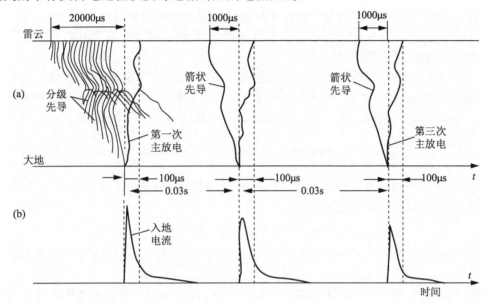

(a) 负雷云下行雷的放电光学照片　　(b) 放电过程中雷电流的变化情况

图 5.3　雷电放电发展过程

正雷云的下行雷过程与上述过程基本相同。但下行正先导的逐级发展是不明显的，其主放电有时有很长的波头(几百微秒)和很长的波尾(几千微秒)。

当地面有高耸的突出物时，不论正、负雷都有可能出现由突出物上行的先导，这种雷称为上行雷。早在《易经》中已有"雷在地中"的记载，而清代纪晓岚的《阅微草堂笔记》中也有目睹雷电自地上升的记录。地面的突出物越高，产生上行先导需要的平均雷云下电场 E_0 就越小。可按表 5-1 估计 E_0 值。

表 5-1　可能发展上行先导的估计条件

地面突出物高度/m	50	100	200	300	500
地面附近的雷云电场强度	37	22	13.5	10	7

上行负先导(此时雷云为正极性)也是逐级发展的，只是每级的长度较小(5～18m)。

关于负雷电下行逐级发展先导的原因，过去曾有人认为这是由于雷云的导电性能不良所引起的。但是，由于上行负先导(它是由导电性能较好的大地出发的)也是逐级发展的，而且下行负雷的第二次、第三次放电的先导并非逐级发展，这说明，负先导的逐级发展主要是由负先导通道内部等值电阻太大引起的，负先导通道的电阻可估计为 10kΩ/m。

上行正先导的逐级发展不明显，曾对上行正先导的电流进行过直接测量，其值在 50～600A 的范围内，平均约为 150A。正先导通道的电阻可估计为 0.05～1kΩ/m。

无论正、负的上行先导，在先导到达雷云时，大部分并无主放电过程发生，这是由于雷云的导电性能不像大地那样好，除非上行先导碰到密集电荷区，否则一般难以在极短时间内供应为高速"中和"先导电荷所必须的极大的主放电电流，而只能出现缓慢的放电过程。此时，其放电电流一般为数百安，而持续时间很长，可达 0.1s。

无论正、负的下行先导，当它击中于电阻较大的物体(如岩石或高电阻率的土壤)时，也会出现无主放电过程的情况。

经常有人宣传雷电制造氧化氮肥料的功效以及企图收集雷电能量加以利用。实际上，雷电放电瞬间功率虽然极大，但雷电的能量却很小，即其破坏力极大，但实际利用的价值却很小。以中等雷电为例：雷云电位以 50MV 计，电荷 $Q=8C$，则其能量为

$$W = \frac{1}{2}VQ = 2\times 10^8 = 2\times 10^8 (W\cdot s) = 55(kW\cdot h)$$

约相当于 4kg 汽油的能量。若以每平方千米每年(雷暴日为 40)约落雷 0.6 次计，则每平方千米每年获得的雷电能量不过为

$$W = 55\times 0.6 = 33(kW\cdot h)$$

而每平方千米长年平均功率不到 4W，不足以点亮一盏灯泡，其所能制造的化肥量也就微乎其微。

但雷电主放电的瞬时功率 P 却是极大的，例如，以 $I=50kA$ 计，弧道压降以 $E=6kV/m$ 计，雷云以 1000m 高度计，则主放电功率 P 可达

$$P = 50\times 6\times 1000 = 300000 (MW)$$

它比目前全世界任一电站的功率还要大。

以上所述的都是线状雷电，有时在云层中能见到片状雷电，个别情况下会出现球状雷电。后者是在闪电时由空气分子电离及形成各种活泼化合物而形成的火球，直径约 20cm，个别也有达 10m 的，它随风滚动，存在时间为 3~5s，个别可达几分钟，速度约为 2m/s。最后会自动或遇到障碍物时发生爆炸。世界上最早的球雷记录见我国的《周书》，它记下了公元前 1068 年一次袭击周武王住房的球雷。我国福建古田 1964 年 7 月一个晴天曾发生过一次特大型球雷，波及数华里 30 多户人家，伤亡多人。这种特大型球雷可能是太阳爆发抛出的带电高温等离子体进入大气后与大气互相作用造成的。防球雷的办法是关上门窗，或至少不形成穿堂风，以免球雷随风进入屋内。

5.3 雷电参数

雷电参数是雷电过电压计算和防雷设计的基础，参数变化，计算结果随之而变。目前采用的参数是建立在现有雷电观测数据的基础上的，主要的雷电特性参数如下。

1. 雷电流的波形与极性

实测结果表明，虽然一次雷电放电由多个分量组成，但每个分量的雷电流都是单极性的脉冲波，而且绝大多数的雷电流都是负极性的，因此，防雷保护与绝缘配合都取单极性

雷电波进行分析。

2. 雷电流的幅值、陡度、波头和波长

对于脉冲型的雷电流，需了解其 3 个参数，即幅值、波头和波长，而幅值和波头又决定了雷电流的上升陡度，即雷电流随时间的变化率。波头是指脉冲电流上升到幅值的时间；波长是指脉冲电流从起始到衰减至一半幅值的持续时间。雷电流的陡度对过电压有直接的影响。按行业标准，我国一般地区雷电流幅值超过 I 的概率 P 按如下经验公式可得

$$\lg P = -\frac{I}{88} \tag{5-1}$$

式中　I——雷电流幅值(kA)；

　　　P——雷电流幅值超过 I 的概率。

雷电流的幅值随各国自然条件的不同而差别较大，而各国测得的雷电流波形却基本相同。雷电流的波头长度据统计多出现在 1～5μs 的范围内，平均为 2～2.5μs。我国在防雷设计中建议取 2.6μs 的雷电流波头长度。

雷电流陡度的直接测量更为困难，常常是根据一定的幅值和波头，再按一定的波形去推算。我国采用 2.6μs 的固定波头时间，即认为雷电流的平均陡度 α 和雷电流幅值 I 线性相关。

$$\alpha = I/2.6 \tag{5-2}$$

式中　α——雷电流的陡度。

雷电流的幅值、波头、波长、陡度等实测数据分散性很大。很多研究人员发表过各种结果，虽然基本规律大体相近，但具体数据却有差异。其原因一方面在于放电本身的随机性受到自然条件的影响，另一方面在于测量条件和技术水平的不同。另外，大范围的雷电统计结果与局部微地形下的雷击情况也有很大的不同，在雷电活动中必须给予特别注意。

3. 雷暴日、雷暴小时

为了评价某地区雷电活动的强度，常用该地区多年统计所得的年平均出现雷暴日或雷暴小时来表示的。在一天或者一小时内只要听到雷声就算一个雷暴日(雷暴小时)。通常用雷暴日作为计算单位，以 T_d 表示。在我国大部分地区每一雷暴日约折合 3 个雷暴小时。

各地区雷电活动的强弱因纬度、气象等情况的不同而有很大的差别。一般热而潮湿的地区比冷而干燥的区域多，陆地比海洋多，山区比平原多，阳面比阴面多。就全球而言，赤道地区为雷电活动最频繁的地区，雷暴日平均为 100～150 日，最多为 300 日以上，如印度尼西亚西南部城市——茂物曾经有过 320 个雷暴日的记录。我国规定等于或少于 15 雷暴日为少雷区，40 雷暴日以上为多雷区，超过 90 日为强雷区。

在雷暴日和雷电小时的统计中，并不区分雷云之间的放电和雷云对地面的放电。实际上，云与云之间的放电远多于云地之间的放电。一般而言，雷击地面才构成对人员及设备的直接损害。

4. 地面落雷密度、输电线路落雷次数

地面落雷密度指每一雷暴日中每平方千米内落雷的次数，可以表示雷云对地放电的频次和强烈程度，以 γ 表示。它与雷暴日有关，可表示为

$$\gamma=0.023T_d^{0.3} \tag{5-3}$$

为了评价不同地区防雷系统的防雷性能，必须将它们换算到同样的雷电频数和强烈程度条件下进行比较。

世界各国根据各自的具体情况，对落雷密度的取值也不尽相同。我国各地平均年雷暴日数 T_d 不同的地区 γ 值也不同。一般 T_d 较大的地区，其 γ 值也较大。GB/T 50064—2014《交流电气装置的过电压保护和绝缘配合设计规范》推荐取 $\gamma=0.07$ 次/(km²·雷日)，国外取值为 0.1～0.2。

对于输电线路，由于其给出地面，具有引雷作用，其吸引范围与最容易受雷击的导线高度有关。根据模拟试验和运行经验，一般高度线路的等值受雷面的宽度为 $(4h+b)$m。设 N 为每 100km 线路每年遭受雷击的次数，则

$$N=\gamma\frac{b+4h}{1000}\times 100\times T_d \quad (\text{次}/(100\text{km}\cdot\text{年})) \tag{5-4}$$

式中　h ——避雷线的平均高度(m)，无避雷线时为最上层导线的平均高度；
　　　b ——两避雷线之间的距离(m)，若为单根避雷线，则 b 取 0，若无避雷线，则 b 为边相导线间的距离。

对于 $T_d=40$ 的地区，$\gamma=0.07$，式(5-4)可简化为

$$N=0.28(b+4h) \quad (\text{次}/(100\text{km}\cdot\text{年})) \tag{5-5}$$

即 100km 线路每年约受到 $0.28(b+4h)$ 次雷击。

要做好防雷保护工作，还要注意观察当地的雷电活动情况以及雷电活动季节的开始和终止日期。我国南方雷电季节一般从 2 月开始，长江流域一般在 3 月，华北，东北在 4 月，西北则在 5 月，10 月以后，除江南以外，雷电活动就基本停止了。

5.4　避雷针和避雷线的保护范围

5.4.1　避雷针概述

雷电过电压的幅值可高达数十万伏、甚至数百万伏，若不采取防护措施，电力设备的绝缘一般是难以耐受的。防直击雷最常用的措施是装设避雷针(线)。

当雷云的先导通道开始向下伸展时，其发展方向几乎完全不受地面物体的影响，但当先导通道到达某一离地高度，空间电场已受到地面上一些高耸的导电物体的畸变影响，在这些物体的顶部聚集起许多异号电荷而形成局部强场区，甚至可能向上发展迎面先导。由于避雷针(线)一般均高于被保护对象，它们的迎面先导往往开始得最早、发展得最快，从而最先影响下行先导的发展方向，使之击中避雷针(线)，并顺利泄入地下，从而使处于它们周围的较低物体受到屏蔽保护、免遭雷击。在先导放电的起始阶段，由于和地面物体相

距甚远(雷云高度达数千米),地面物体的影响很小,先导随机地向任意方向发展。

当先导放电发展到距地面高度较小的距离 H 时,才会在一定范围内受到避雷针(线)的影响,发生对避雷针(线)的放电。在传统的避雷针保护作用的模拟试验中,一般当 $h\leqslant 30$m 时,采用 $H\approx 20h$;当 $h>30$m 时,$H=600$m。

避雷针(线)是接地的导电物,它们的作用就是将雷吸引到自己身上并安全地导入地中。因此,避雷针(线)的名称其实并不确切,叫"引雷针(线)"更为合适。为了使雷电流顺利下泄,必须有良好的导电通道,因此,避雷针(线)的基本组成部分是接闪器(引发雷击的部位)、引下线和接地体。

避雷针(线)的保护范围是指被保护物体在此空间范围内不致遭受雷击。由于雷电的路径受很多偶然因素的影响,要保证被保护物绝对不受直接雷击是不现实的,因此,保护范围是按照 99.99%的保护概率(即屏蔽失效率或绕击率为 0.01%)而定的。保护范围是根据在实验室中进行的雷电冲击电压放电的模拟试验结果而算出的,并经多年实际运行经验的校核。

5.4.2 避雷针的保护范围

单根避雷针的保护范围如图 5.4 所示。设避雷针的高度为 h,被保护物体的高度为 h_x,避雷针的有效高度 $h_a = h - h_x$。在 h_x 的高度上避雷针保护范围的半径 r 由下式计算:

$$r_x = \begin{cases} (h-h_x)p, & h_x \geqslant \dfrac{h}{2} \\ (1.5h-2h_x)p, & h_x < \dfrac{h}{2} \end{cases} \tag{5-6}$$

式中,p 是考虑避雷针高度影响的校正系数,称为高度影响系数。当 $h\leqslant 30$m 时,$p=1$;当 30m$< h \leqslant 120$m 时,$p=\dfrac{5.5}{\sqrt{h}}$;当 $h>120$m 时,按 120m 计算。

式(5-4)也可由几何作图表示,如图 5.4 所示。

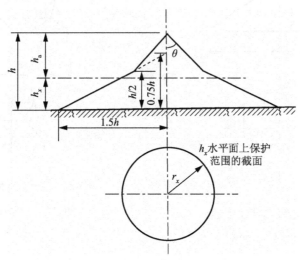

图 5.4 单根避雷针的保护范围

r_x 是高度为 h_x 水平面上的保护半径 $h\leqslant 30$m 时,$\theta = 45°$

实际问题多是已知被保护物体的高度 h_x，又根据被保护物体的宽度和它与避雷针的相对位置确定所要求的保护半径 r，然后计算出需要的避雷针高度 h。

工程上多采用两根以及多根避雷针，以扩大保护范围。有关多根避雷针保护范围的计算可查有关规程，此处不再详述。

5.4.3 避雷线

避雷线(即架空地线)的作用原理与避雷针相同，主要用于输电线路的保护，也可用来保护发电厂和变电所。近年来，许多国家都采用避雷线保护 500kV 大型超高压变电站。对于输电线路，避雷线除了防止雷电直击导线外，还有分流作用，以减小流经杆塔入地的雷电流，从而降低塔顶电位。而且避雷线对导线的耦合作用还可降低导线上的感应过电压。

避雷线的保护范围计算与避雷针基本相同。单根避雷线的保护范围如图 5.5 所示，并可按下式计算：

$$r_x = \begin{cases} 0.47(h-h_x)p, & h_x > \dfrac{h}{2} \\ (h-1.53h_x)p, & h_x < \dfrac{h}{2} \end{cases} \tag{5-7}$$

式中，长度单位为 m，各符号含义均同式(5-6)。

在架空输电线路上多用保护角来表示避雷线对导线的保护程度。保护角是指避雷线与外侧导线之间的夹角，如图 5.6 中的角 α，显然，α 越小，避雷线对导线的屏蔽保护作用越有效。

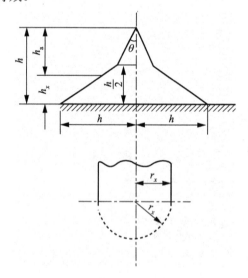

图 5.5 单根避雷线的保护范围　　图 5.6 避雷线的保护角

r_x 为高度 h_x 平面上的保护宽度 $h \leq 30\text{m}$ 时，$\theta = 25°$

高压输电线路的杆塔设计，一般取保护角 $\alpha = 20° \sim 30°$。这时即认为导线已处于避雷线的保护范围之内。对于 220～330kV 的线路，一般取 $\alpha = 20°$ 左右，对于 500kV 的线路，一般取 α 不大于 15°。山区宜采用较小的保护角。杆塔上两根避雷线之间的距离不应超过导线与避雷线垂直距离的 5 倍。

为了降低正常运行时避雷线中感应电流的附加损耗，超高压线路常采用避雷线绝缘子，使避雷线通过一个小间隙再接地。正常运行时避雷线对地绝缘，雷击时间隙击穿使避雷线接地。

阅读材料 5-1

避雷针的发明

风筝试验的成功，启发了富兰克林，他设想能否把天空的电引到地下，以避免雷击灾害。正当他进行这种试验的时候，传来了俄罗斯电学家利赫曼在进行试验时被雷电击毙的消息。这是做强电试验的第一位牺牲者，代价惨重，引起了整个科学界的震惊。但富兰克林没有退缩，夜以继日地工作着。在 1753 年夏季，他终于试制成功了第一根实用的避雷针。富兰克林把一根几米长的铁杆垂直固定在屋顶上，杆上紧拴着一根粗导线，一直通到地面并埋入土里面。当雷电袭来时，就会沿着铁杆并经导线直达大地，使房屋建筑完好无损，得到有效保护。第二年(1754 年)，富兰克林制作的避雷针开始试用，像许多新发明一样，起初并不顺利。富兰克林做了许多副避雷针，分给他的朋友和邻居，但不少人听信教会保守势力的鼓惑，认为装在屋顶的尖杆是不祥之物。然而过了不久，一场夹着雷电的狂风暴雨，使教堂着了大火，而装有避雷针的房屋全都安然无恙。科学最终战胜了愚昧，事实粉碎了宗教的谎言。避雷针很快推广开来，到 1762 年传入英国，1769 年传入德国，很快高楼顶上都竖起了避雷针。雷电终于被制服了，这是科学的胜利。

纵观人类对于雷电这种自然现象以及对静电的研究和认识的历程，前后经历了 2500 年，确实艰辛而漫长。但社会在前进、人类自身也在进步，破解雷电之谜、避雷针的发明，以及不久后(1800 年)伏特发明的世界上第一个电池——伏打电堆，宣告了静电时代的结束，促进了近代电学的发展。

(中国大百科全书)

5.5 避雷器

避雷针(线)虽然可防止雷电对电气设备的直击，但被保护的电气设备仍然有被雷击过电压损坏的可能。当雷击线路和雷击线路附近的大地时，将在输电线路上产生过电压，这种过电压以波的形式沿线路传入发电厂和变电站，危及电气设备的绝缘。为了限制入侵波过电压的幅值，基本的过电压保护装置就是避雷器。

5.5.1 避雷器及其基本要求

避雷器实质上是一种限压器，并联在被保护设备附近，当线路上传来的过电压超过避雷器的放电电压时，避雷器先行放电，把过电压波中的电荷引入地中，限制了过电压的发展，从而保护了其他电气设备免遭过电压的损害而发生绝缘损坏。

为了达到预想的保护效果，避雷器应满足以下基本要求。

(1) 具有良好的伏秒特性。避雷器与被保护设备之间应有合理的伏秒特性的配合，要求避雷器的伏秒特性比较平直、分散性小，避雷器伏秒特性的上限应不高于被保护设备伏秒特性的下限。工程上常用冲击系数来反映伏秒特性的形状。冲击系数是指冲击放电电压与工频放电电压的比值，其比值越小，则伏秒特性越平缓。因此，避雷器的冲击系数越小，保护性能越好。

(2) 具有较强的绝缘自恢复能力。避雷器一旦在冲击电压作用下放电，就会导致电压的突变。当冲击电压的作用结束后，工频电压继续作用在避雷器上。在避雷器中继续通过工频短路电流(称为工频续流)，它以电弧放电的形式出现。当工频短路电流第一次过零时，避雷器应具有能自行截断工频续流、恢复绝缘强度的能力，使电力系统能继续正常运行。

按其发展历史和保护性能的改进过程，避雷器主要分为保护间隙、管型避雷器、普通阀式避雷器及金属氧化物避雷器等。

保护间隙和管型避雷器主要用于限制雷电过电压，一般用于配电线路以及发变电所的进线段保护；阀式避雷器及金属氧化物避雷器用于发电厂、变电站的保护，在220kV及以下系统主要限制雷电过电压，在330kV及以上系统还用来限制操作过电压或作为操作过电压的后备保护。以下主要介绍目前广泛应用的氧化锌(ZnO)避雷器。

氧化锌避雷器是20世纪70年代初开始出现的一种新型避雷器。氧化锌避雷器是由氧化锌非线性电阻片组成的。由于氧化锌电阻片具有优异的非线性伏安特性，可以取消串联火花间隙，实现避雷器无间隙无续流，且造价低廉，因此，氧化锌避雷器已得到广泛应用。

金属氧化物避雷器(Metal Oxide Surge Arrester，MOA)因其保护性能的优越，已经替代了传统的碳化硅避雷器(Silicon Carbide Surge Arrester，SCA)。MOA的主要元件是金属氧化物非线性电阻片(Metal Oxide Variator，MOV)。MOV的主要成分是氧化锌，因而，俗称MOV为氧化锌阀片、MOA为氧化锌避雷器。MOA就其结构不同，可分为无间隙氧化锌避雷器和有间隙氧化锌避雷器。通常，不指明是有间隙，即为无间隙氧化锌避雷器。若按用途不同，可分为交流氧化锌避雷器和直流氧化锌避雷器。在此，只讨论交流氧化锌避雷器。

5.5.2 金属氧化物非线性电阻片

金属氧化物非线性电阻片具有优异的非线性伏安特性，是理想的过电压保护器件。

1. 金属氧化物非线性电阻片的构成

通常，MOV是由氧化锌(ZnO)、氧化铋(Bi_2O_3)、氧化钴(Co_2O_3)、氧化锑(Sb_2O_3)、氧化锰(MnO_2)、氧化铬(Cr_2O_3)、氧化硅(SiO_2)、氧化亚镍(NiO)、氧化铅(PbO)、氧化硼(B_2O_3)等金属氧化物组成的。其中，ZnO占总摩尔数的90%以上。在制作中，先按配方将各组成元素进行配料，经混合、加添加剂、造粒、成型后，在1250℃的高温下烧结成电阻片，再经端面研磨、端面喷涂电极(金属层)、侧面上釉等工序，制成完整的MOV。

MOV 的微观结构如图 5.7 所示。它由 ZnO 晶粒，晶界层和尖晶石三部分组成。ZnO 晶粒是结构的主体，晶粒中固溶有微量的钴、锰等元素，晶粒直径由数微米至百微米，晶粒的电阻率较低，为 $0.5\sim2.7\Omega\cdot cm$。包围在 ZnO 晶粒外的是晶界层。晶界层将各晶粒隔开，晶界层的厚度 $20\sim2000\overset{\circ}{A}$，主要成分是 Bi_2O_3，也包含有微量的锌和其他金属氧化物，其电阻率在低电场下为 $10^{12}\sim10^{13}\Omega\cdot cm$。当层间电位梯度达 $10^4\sim10^5 V/cm$ 时，其电阻骤然下降，此时，MOV 由晶界层所决定的高阻状态过渡至由晶粒电阻决定的低阻状态，使电阻片具有明显的压敏特性。尖晶石是氧化锌和氧化锑为主组成的复合氧化物($Zn_7Sb_2O_{12}$)，其粒径约为 $3\mu m$，零星分散在氧化锌晶粒之间，尖晶石的作用是在烧结过程中，抑制 ZnO 晶粒的过分长大，以免晶界层减少，非线性特性变差。

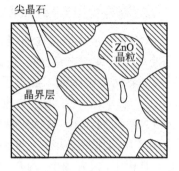

图 5.7 ZnO 电阻片显微结构

MOV 各种原料成分对电阻片结构及性能的影响见表 5-2。

表 5-2 ZnO 电阻片各原料成分对电阻片的影响

原 料	加入量/(%)	对结构的影响	对性能的影响
ZnO	94～97	高温时，氧缺位，Zn 原子过剩，形成 N 半导体	形成 ZnO 晶粒的非线性
Bi_2O_3	0.2～2	ZnO 晶粒间形成富铋高阻晶界层(P 型)	形成 ZnO 烧结体的非线性
Sb_2O_3	0.1～3	受主杂质，抑制晶粒较大，均匀瓷质结构	提高稳定性、U_{1mA} 和 α，降低 I_{ci}
Co_2O_3	0.8～3	受主杂质	提高 α，降低 I_{ci}，提高稳定性
MnO_2	0.1～2	受主杂质，助长晶粒生长	提高 α，降低 U_{1mA}，降低 I_{ci}
Cr_2O_3	0.1～2	受主杂质，降低 ZnO 本体电阻，抑制 ZnO 晶粒长大	提高稳定性，降低 I_{ci}，提高 U_{1mA}
SiO_2	0.5～4	受主杂质，抑制 ZnO 晶粒发育，稳定晶界层	提高 U_{1mA}，提高 α 和冲击稳定性
NiO	0.1～3	受主杂质	降低压比，提高 I_{ci} 和冲击稳定性
B_2O_3	0.01～1	施主杂质，增大 ZnO 电导率，促进 ZnO 晶粒长大，稳定晶界层	提高 I_{ci}，降低压比
$Al(NO_3)_3$	0.0001～0.1	施主杂质，增大 ZnO 电导率	提高 α，提高 I_{ci}，降低压比

注：I_{ci}－电阻片的泄漏电流

受主杂质：若在硅中掺入Ⅲ族元素杂质(如硼 B、铝 Al、镓 Ga、铟 In 等)，这些Ⅲ族杂质原子在晶体中替代了一部分硅原子的位置，由于它们的最外层只有 3 个价电子，在与硅原子形成共价键时产生一个空穴，这样一个Ⅲ族杂质原子可以向半导体硅提供一个空穴，而本身接受一个电子成为带负电的离子，这种杂质称为受主杂质。

施主杂质：在硅中掺入Ⅴ族元素杂质(如磷 P、砷 As、锑 Sb 等)后，这些Ⅴ族杂质替代了一部分硅原子的位置，但由于它们的外层有 5 个价电子，其中 4 个与周围硅原子形成共价键，多余的一个价电子便成了可以导电的自由电子，这样一个Ⅴ族杂质原子可以向半导体硅提供一个自由电子而本身成为带正电的离子，这种杂质称为施主杂质。

2. 金属氧化物非线性电阻片的伏安特性

MOV 的全伏安特性曲线如图 5.8 所示，伏安特性可分 3 个典型区域。区域 I 是低电场区(小电流区或预击穿区)，在此区域中，其导电机理是在外加电场作用下，ZnO 晶粒和晶界层的界面势垒降低，热电子穿过势垒，产生电流——肖特基效应(Schottky Effect)。若以 $U = CI^\alpha$ 表示伏安关系（C 为常数，与 MOV 尺寸和特性有关；α 为 MOV 的非线性系数），α 较大，约为 0.2，故伏安特性曲线陡峭，电压变化对电流的影响较小。区域 II 是中电场区(工作电流区或击穿区)，此区域中的导电机理是隧道效应(场致发射)，非线性系数 α 与低电场时相比，大大减小，为 0.02~0.04，晶界层的电阻率已进入低阻状态，使电阻片在 10^{-3}~10^3 A 的宽广范围内有平坦的伏安特性，呈现出理想的非线性关系。区域 III 是高电场区(超工作电流区或翻转区)，此区域中非线性系数又增大，$\alpha \approx 0.1$，非线性减弱，伏安特性明显上翘。

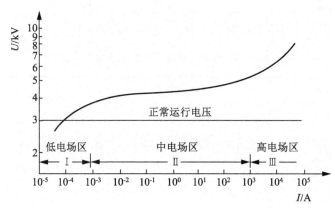

图 5.8 MOV 的全伏安特性曲线

5.5.3 氧化锌避雷器的基本工作原理及特点

氧化锌避雷器(MOA)是将相应数量的氧化锌电阻片(MOV)密封在瓷套或其他绝缘体内而组成的。若因某些特殊需要，也可类似于传统的碳化硅电阻片避雷器(SCA)一样，采用串联间隙隔离工频电压。但一般都是充分利用 MOV 本身所具有的优异的非线性(阀性)，而不用串联间隙，制作成无间隙 MOA。图 5.9 所示为无间隙 MOA 的伏安特性曲线。在选择 MOA 的参数时，要求电力系统最高运行相电压 U_{xg} 不大于参考电压 U_{ref}，并留有一定的差值。例如，U_{xg} 不大于图 5.9 中的持续运行电压 U_{cov} 值，对应于 U_{cov} 值时的电流仅有数百微安，MOV 处于高阻状态。当系统中出现过电压 U_n 时，MOA 将工作于大电流区，MOV 呈现低阻状态，能有效地抑制过电压。

MOA 是无串联间隙避雷器，它虽没有灭弧问题，但却有其独特的热稳定问题。

图 5.10 为 MOA 的热平衡曲线。图中曲线 P 为 MOV 发热功率曲线，因 MOV 在小电流区域内，电流随温度呈指数上升，故曲线 P 亦按指数关系变化。曲线 Q 是 MOA 的散热曲线，它与 MOA 的结构有关，与温度 T 大致呈线性关系，热量由 MOV 通过瓷套向大气散发，所以当 MOV 温度等于环境温度 T_{amb} 时，Q 为零。曲线 P、Q 相交于 A、B 两点，即

是 MOA 的两个热平衡状态。A 点是稳定的热平衡点,当某种原因使温度略有波动时,热平衡都能自动回复到原来的 A 点。例如,温度上升 ΔT,则曲线 Q 高于曲线 P,散热大于发热,温度要下降,回至 A 点的温度 T_A;温度下降 ΔT,发热大于散热,温度回升至 T_A。所以,T_A 为正常工作温度。B 点是不稳定的平衡点,若温度上升 ΔT,发热大于散热,温度更上升,最后达到 MOV 不能承受而损坏,这个过程称热崩溃;若温度下降 ΔT,散热大于发热,经过一段时间,MOV 还可回复到 A 点工作。因此,只有 MOV 受到大能量作用时才会工作在 B 点。B 点温度 T_B 与 T_A 之差值称为 MOV 的极限温升,其值越大,表示 MOV 的热稳定性能越好,一般在 100℃以上。

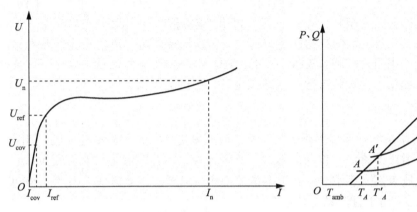

图 5.9　无间隙 MOA 的伏安特性　　　　　图 5.10　MOA 的热平衡

MOV 的老化,会使 MOV 发热曲线上移,如图 5.10 中曲线 P',此时正常工作温度 T_A' 大于 T_A,从而更加速其老化。老化使 MOV 的极限温升($T_B' - T_A'$)明显减小,热稳定性能变化。老化的最终结果是在持续运行电压或过电压作用下,失去热稳定,因热崩溃使 MOV 损坏。

无间隙 MOA 与传统的有间隙 SCA 相比,MOA 有其明显的特点。

1. 无续流及耐受重复动作的能力强

无间隙 MOA 在过电压作用后,可视为无续流通过 MOA。MOV 只吸收过电压能量,不需吸收工频续流能量。这不仅减轻了 MOV 的负载,且对系统的影响也甚微。MOA 无工频续流的特性,使其具有耐受多重雷及重复动作的操作过电压的能力。而碳化硅电阻片必然要吸收几百安培工频续流的能量,承担续流引起的发热。因而,其承受重复动作的能力很差。

2. 保护性能优越

如图 5.11 所示,曲线 1 为入侵过电压波;曲线 3 是 MOA 限制的过电压值,其最大值

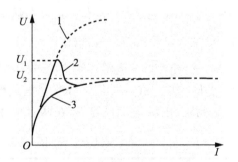

图 5.11　两种避雷器保护效果比较

1—侵入雷电波;2—SiC 避雷电器限制过电压;
3—ZnO 避雷器限制过电压

达 U_2；曲线 2 是有间隙的 SCA 限制过电压值，因间隙放电电压 U_1 有时会高于实际残压，$U_1 > U_2$，故 SCA 的真实保护效果不如 MOA。

MOA 可不装间隙，伏秒特性没有间隙放电时延，陡波响应特性只需考虑陡波头时伏安特性的上翘。这种上翘比 SCA 的低得多，因而易于绝缘配合，并可增加安全裕度。SF_6 电器或 SF_6 气体绝缘变电站(GIS)的内部间隙都采用均匀电场，伏秒特性很平坦，用有间隙的 SCA 往往难以与之配合，而 MOA 则可满足要求。

3. 通流容量大

MOA 吸收能量与 SCA 比较，不受串联间隙的制约，仅与 MOV 本身相关，MOV 单位面积通流能力要比碳化硅电阻片大 4～4.5 倍，可用于限制操作过电压，也可耐受一定持续时间的暂时过电压。另外，MOV 的性能较均一，稍加选择，可组成伏安特性基本相同的电阻片柱，采用并联电阻片柱或整支 MOA 的方法，提高通流能力，易于设计制作特殊用途的重载避雷器，如用于保护长电缆线路或大电容器组的避雷器。

4. 易用于直流系统的保护

SCA 用于保护直流系统是比较困难的。直流电流不像交流电流有自然过零点，间隙灭弧困难。为了灭弧，避雷器将成为复杂的装置，既增加成本，又降低可靠性。而 MOA 对交直流都一样，当电压恢复到正常时，其泄漏电流很小。只要改进配方使电阻片能长期承受直流电场作用，MOA 用于直流系统是可靠的。

5. 有较好的耐污秽和带电水冲洗的性能

有间隙的避雷器瓷套严重污秽，或在带电水冲洗时，由于瓷套表面电位分布不均匀或发生局部闪络，通过电容耦合，使瓷套内部间隙放电电压降低，甚至在正常工作电压下动作，不能熄弧而爆炸。无间隙 MOA 在污秽及带电水冲洗时，情况要好得多，但要保证在严重污秽环境中带电水冲洗时的安全，尚需做些工作。

6. 性能稳定，寿命长

在大电流冲击后，ZnO 电阻片的残压特性变化很小，可靠性高，预期运行寿命长。典型情况下，MOA 吸收能量仅为 SCA 的 69% 以下。据日本资料介绍，MOA 可动作 1000 次以上，而 SCA 规定允许动作 20 次(实际是大于 20 次的)。

7. 适宜大批量生产，造价低

MOA 元件单一通用，结构简单，特别适合于大规模自动化生产。尺寸小、质量轻，与同电压等级的 SCA 相比，体积、重量均可减少 50%，价格也较低。

无间隙 MOA 与有间隙 SCA 两者特性的比较见表 5-3。

表 5-3 无间隙 MOA 与有间隙 SCA 两者特性比较

特　性	SCA	MOA
长期运行特性	依靠间隙绝缘	有微安级工作电流，存在电阻片老化问题
高频过电压	有灭弧问题，不能耐受	有一定的耐受力并与持续时间有关

(续)

特　性	SCA	MOA
保护水平	间隙放电特性易受环境影响，残压特性受间隙弧压降影响	仅由电阻片决定，陡波响应特性好，大电流时伏安特性曲线上翘小
吸收过电压能量	由电阻阀片吸收，但要考虑间隙	仅由电阻片承担，导通早，封闭晚，仅流过电压电流，吸收最少的能量
动作负载	吸收过电压能量和工频续流能量，切断续流灭弧	吸收过电压能量，无工频续流，工作电压下稳定
耐污秽	影响放电特性，灭弧能力下降，防污能力差	可做成防污和带电水冲洗型，严重时影响荷电率，局部过热、老化
结　构	需间隙及均压回路，零部件多，可靠性较差	零部件少，结构简单，可靠性高

5.5.4　氧化锌避雷器的主要特性参数

MOA 与 SCA 的技术特性有较多不同之处，MOA 的主要特性与其热稳定及老化因素密切相关。

1. 额定电压 U_n

U_n 是指施加在 MOA 两端的最大允许工频电压有效值。按此电压设计的 MOA，能在所规定的动作负载试验中确定的工频过电压作用下正常地工作，即 MOA 在一次或多次冲击电流作用后，能承受 10s 的额定电压，随后降至持续运行电压作用 30min，不出现热崩溃现象。这是一种热负载的考验。

动作负载试验是模拟运行条件的试验。对于 SCA，动作负载试验的主要目的是检验能否切断工频续流。但 MOA 动作负载试验的目的不是考验灭弧，而是在吸收过电压暂态能量之后，在工频过电压和持续运行电压作用下能否达到热稳定。

额定电压是 MOA 运行特性的重要指标，是表征 MOA 对工频过电压的耐受能力。

2. 持续运行电压 U_{cov} 和持续运行电流 I_{cov}

U_{cov} 是允许长期连续施加在避雷器两端的工频电压的有效值，国外也将其称为最大持续运行电压。U_{cov} 值小于额定电压，一般应等于或大于系统最高运行相电压。

对于无间隙的 MOA，U_{cov} 值直接影响其 MOV 的老化速度；对于有间隙的 SCA，U_{cov} 值主要考虑其间隙并联电阻的承受能力。

I_{cov} 是指在持续运行电压下，流过 MOA 的工频电流。此电流包括阻性和容性分量。由于温度和杂散电容的影响，MOA 每节的持续运行电流与整支 MOA 不同。同一支 MOA，因环境、污秽，测量仪器的不同，亦有较大的波动。持续运行电流通常在数百至上千微安之间，阻性电流在几十至几百微安之间。

3. 参考电压 U_{ref} 和参考电流 I_{ref}

U_{ref} 包含工频参考电压和直流参考电压。在工频参考电流下测出的避雷器上的工频电

压最大峰值除以 $\sqrt{2}$ 为工频参考电压；在直流参考电流下测出的避雷器上的电压为直流参考电压。多元件串联组成的避雷器参考电压是每个元件参考电压之和。

参考电压的测量依赖于参考电流。工频参考电流是 MOA 两端施加工频参考电压时，泄漏电流阻性分量的峰值。

U_{ref} 值大致位于 MOA 伏安特性曲线由小电流区域进入大电流区域的转折处。从这一电压开始，MOA 进入限制过电压的工作范围，电流将随电压升高而迅速增加。所以，U_{ref} 也称为折转电压或起始动作电压。

有串联间隙的避雷器，其工频放电电压下限值反映承受短时工频过电压的能力；无串联间隙的避雷器，不存在工频放电电压的概念，而用工频参考电压表征其特性。工频参考电压是限制或释放电流的临界点，是反映 MOA 的寿命、热稳定性及保护性能的重要指标。

直流参考电压是选择 MOA 电阻片数目的参考依据，是检验交流 MOA 是否劣化的重要指标。通常，直流参考电压值与工频参考电压的峰值相近。

4. 工频电压耐受伏秒特性

无间隙 MOA 耐受工频过电压的能力不但与工频过电压的幅值有关，也与工频过电压持续时间以及工频过电压前避雷器所吸收的初始能量有关。由于工频过电压可能是由雷击或操作过电压造成系统故障而产生的，所以避雷器在承受工频过电压前，有时会吸收一定的操作波和雷电波的过电压能量，其中主要是操作波的过电压能量。这部分初始能量会引起电阻片温度上升，影响避雷器耐受工频过电压的能力。

MOA 耐受工频过电压的允许时间是施加于 MOA 上工频过电压值和初始过电压能量的函数。制造厂应按有关规定向用户提供 MOA 的工频过电压耐受伏秒特性。在避雷器安装点有可能出现幅值较大、持续时间较长的工频过电压的特殊情况，或为了取得对绝缘更大的保护裕度而选择较低一级额定电压的避雷器时，宜校核工频过电压的耐受特性，如工频过电压幅值或持续时间超过避雷器耐受能力，则需选择额定电压较高一级的避雷器。

5. MOA 的保护水平

MOA 的保护水平完全由它的残压 U_{res} 决定，是陡波冲击电流、标称放电电流和操作冲击电流三者残压的组合。

避雷器雷电过电压保护水平是下列两项数值的较高者：

(1) 陡波冲击电流下最大残压除以 1.15。
(2) 标称放电电流下的最大残压。

避雷器操作过电压保护水平是操作冲击电流下的最大残压。

MOA 的残压通常与额定电压或参考电压成比例。当额定电压一定时，残压是通过避雷器电流的函数，在雷电冲击电流范围内，还与冲击电流的波头时间有关。$8/20\mu s$ 波形标称放电电流下的残压值，是避雷器的基本特性之一。考虑到近区雷击时出现陡波头雷电流的可能性及电站型、配电型避雷器在陡波电流下残压的效应，故取陡波残压试验的波头时间为 $1\mu s$，幅值与标称放电电流相同。

我国有关标准规定，MOA 标称放电电流按电压等级(或轻、重负载)分为：20kA、10kA、5kA、2.5kA、1.5kA、1kA 六级。不同电压等级电网的标称放电电流值主要决定于线路绝缘水平、线路波阻抗 Z 及避雷器残压 U_{res}。通常可按式(5-8)计算通过避雷器的雷电流 I_{BL}，参照 I_{BL} 值选择标称电流等级：

$$I_{BL} = \frac{2U_{50\%} - U_{res}}{Z} \tag{5-8}$$

式中　　$U_{50\%}$——线路绝缘子串 50%放电电压。

一般情况下，110～220kV 系统的 I_{BL} 值不大于 5kA，极少数情况可能大于 5kA，但小于 10kA；330kV 系统一般不大于 10kA；500 kV 系统有多组避雷器时，每组不大于 10kA，只有一组时不大于 20kA。110kV 以下系统，按避雷器的类型和使用条件，标称电流分别为 5kA、2.5kA、1.5kA 和 1kA。2.5kA 级用于旋转电机保护，1.5kA 和 1kA 级用于电力网中性点保护。

避雷器的操作冲击电流残压试验所用的操作冲击电流的波头时间为 30～100μs(在此范围内或波头更长时对残压值无明显影响)，其电流幅值则按避雷器不同标称电流系列、不同类型和用途以及不同额定电压分别规定了不同数值。

操作冲击电流峰值取 100A、250A、500A、1000A、2000A 五个级别。

当雷电或操作过电压作用下，MOA 通过标称电流，在其上呈现残压为 U_{res} 时，可定义 MOA 的保护比 PR 为

$$PR = \frac{U_{res}}{U_{ref}} \tag{5-9}$$

显然，PR 值越小，MOA 保护性能越好。

6. 荷电率

持续运行电压 U_{cov} 与参考电压 U_{ref} 的比值称为避雷器的荷电率 AVR，即

$$AVR = \frac{U_{cov}}{U_{ref}} \tag{5-10}$$

AVR 是表征 MOV 承受电压大小。在 MOV 伏安特性曲线上，U_{ref} 必然大 U_{cov}。选定 U_{cov} 后，U_{ref} 越低，AVR 越大，过电压作用时越易动作，保护性能越好。但正常电压作用下，电压负荷高、易老化、运行寿命缩短。反之，AVR 减小，则保护性能变坏，寿命延长。

考虑到整支避雷器阀片间电容和杂散电容的影响，沿避雷器高度的电压分布将是不均匀的。设电压分布不均匀系数为 η，则某电阻片的荷电率为

$$AVR = \eta \frac{U_{cov}}{U_{ref}} \tag{5-11}$$

在避雷器设计中，荷电率通常取 55%～75%。

7. 通流容量

通流容量分雷电冲击电流和长时间方波电流两种。前者包括 4/10μs、65kA 大电流耐受二次和 18/40μs 标称雷电流耐受 20 次；后者为 2ms 方波电流和长线能量释放，其电流幅值与电压等级、输电线路长度有关，试验时应能耐受 20 次。

根据操作波电流幅值,避雷器分重负载和轻负载两种。对于轻负载避雷器,只进行方波容量试验;对于重负载避雷器,则还需进行比例元件的长线能量释放试验。

在选择低压 MOA 的容量时,主要考虑的是雷电过电压、工频过电压及特殊情况下动作时的释放能量(如投切电容器组)。

5.6 提高氧化锌避雷器保护性能的措施

与传统的 SCA 一样,提高 MOA 保护性能的措施,主要是降低残压和增大通流容量。降低 MOA 的残压就要减少 MOV 的片数,从而参考电压也跟着下降,在运行电压不变的情况下,MOV 的电压负荷增大了,即荷电率增高,将会加速 MOA 的老化和损坏。

为达到既降低残压,又不增大荷电率的目的,可采用并联或串联间隙的办法。

图 5.12 为带并联间隙的 MOA 原理接线图。图中 F 为并联间隙,R_1 为基本电阻片,R_2 为并联间隙电阻片,R_1 和 R_2 均为 MOV。正常运行时,F 不导通,系统电压由 R_1 和 R_2 共同承担,荷电率低。当雷电或操作过电压作用时,流过 R_1、R_2 的电流迅速增大,R_2 上的压降促使 F 击穿,于是 MOA 的残压仅由 R_1 确定。可控制残压在要求的范围之内。此方案的技术关键在于 F 与 R_2 的配合。通常,使间隙 F 的伏秒特性按一定规律上翘,以调整雷电过电压和操作过电压的保护水平。

由于 R_2 是非线性电阻,当电流剧变时,电压变化不大,而间隙 F 的放电电压有分散性,动作不稳定,很可能达不到预期效果。为此,R_2 可采用大电流区域非线性较差的电阻片,或者在 R_2 支路中串入适当的电感。但后者使结构复杂,设计困难。

对于 3~35kV 系统,并联间隙不如串联间隙简单。图 5.13 为串联间隙 MOA 的原理接线,其优点是降低残压的幅度可更大些,MOV 电压负荷可更低一些;缺点是串联了间隙,带来有间隙避雷器固有的问题。

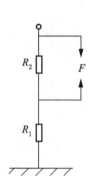
图 5.12 带并联间隙 MOA 原理接线

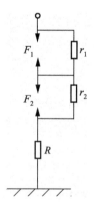
图 5.13 带串联间隙 MOA 原理接线

在图 5.13 中,间隙分路电阻 r_1、r_2 与电阻片 R 组成分压器,可要求 r_1、r_2 与 R 分别承担外加电压的一半,达到既降低 R 的电压负荷,又减轻间隙灭弧负担的目的。这种使 r_1、r_2 担负 50%电压负荷的做法,在 SCA 中是办不到的。因碳化硅电阻片在小电流时,其本身电阻太小，只有 ZnO 电阻片在小电流下电阻才能与分路电阻之值可比较，从而避雷器动作时，在灭弧过程中间隙仅负担 50%的恢复电压，而在 SCA 中间隙几乎要负担 100%的恢复电压。

为了进一步降低避雷器的冲击系数，也可在间隙和电阻片上并联电容 C，如图 5.14 所示的 Y2.5CD-12.7 型 MOA 原理接线。这种 MOA 一般用于旋转电机保护，其保护比可达 1.24 (标称放电电流 3kA)。

带并联、串联间隙的 MOA，其机械结构的可靠性应予以特别重视，因在产品内部同一几何平面上有各种不同电位的连接线，它们间的绝缘不仅有耐压问题，还必须能耐受颠簸、振动、摩擦的考验。

关于增大 MOA 通流容量，通常采用增加电阻片并联数和加大电阻片直径两种方法。

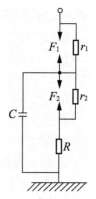

图 5.14　Y2.5CD-12.7 型避雷器原理接线图

将伏安特性和残压基本相同的电阻片柱并联，能近似地使 MOA 通流容量随并联数的增加而正比地增加。在实际应用中，一般是把同一配方、同一工艺、同一炉号的电阻片用于同一段并联元件中，要求并联电阻片柱的参考电压差值不大于 1%，通常为 0.5%；操作残压或标称雷电流残压的差值不大于 1%～2%。最后还应通过分流试验，验证其分流比，各柱电流相差不得超过 10%。

采用并联电阻柱的另一个好处是相对地改善了保护性能。例如，单柱的 U_{10kA}=4.5kV，U_{5kA}=4.25kV。若将相同的两柱并联，则 10kA 时每柱电流为 5kA，并联后 10kA 的残压为 4.25kV。

实际电力系统中往往有多组 MOA 并联运行，在过电压作用下，很可能有两组 MOA 同时动作，它们分担过电压能量，流过每组避雷器的电流也就减小了。这种现象对碳化硅避雷器将是不大可能存在的。

随着并联电阻柱的增多，避雷器整体结构将越复杂。于是，加大电阻片直径的方式显示出其简化结构的优越性，但增大电阻片尺寸后，因密度分布、ZnO 晶粒分布和其他因素的影响，电阻片电性能的均匀性成为严重的问题，均匀性又直接影响电阻片耐受工频过电压的能力及通流容量的大小。所以，通流容量并不与电阻片面积呈正比增加。另外，电阻片直径增大，压制工艺和烧结过程都增加了困难。

上述两种使 MOA 通流容量增大的方法，各有优缺点，应视技术经济条件适当选用。

阅读材料 5-2

氧化锌避雷器的发展历程

1968 年，日本大阪松下电气公司研制出了新一代"无间隙避雷器"，即氧化锌避雷器，开始应用于电子工业。这是一种利用金属氧化物对电压敏感特性来吸收交、直流电路中雷电过电压和操作过电压,以保护电力、电子器件的装置。开始主要用于产生电火花的电触点,用来吸收暂态电压能量。1976 年,迅速向高电压电网发展,日本首先制成 84kV 级耐污型无间隙避雷器,到 20 世纪 80 年代初已制出 275kV 和 500kV 级超高压避雷器。由于开始时造价较高,而性能又大有改进,故其发展和使用在很长一段时间主要用于超高压电网,而且各国多是从超高压使用,待价格下降后才逐步用于较低电压电网。因为前者残压每降低 8%左右,可使设备的绝缘水平降低一级(6%~8%),相应的设备造价可下降 4%~6%。这对于几百万元、上千万元一台的超高压电力设备,采用 MOV 具有很大经济意义,即使一组 MOV 价值数十万元也是值得的。1972 年,我国武汉市一个小厂生产出我国第一批氧化锌压敏元件,属于世界上少数几个继日本之后能制造 MOV 的国家之一。

MOV 在我国的应用也是从高电压向低电压发展的模式。例如,20 世纪 80 年代初,华北 500kV 超高压电网首先从瑞典 ASEA 公司引进 500kV MOV,同期机械工业部同水利电力部共同观察、分析、谈判后决定,西安电瓷厂和抚顺电瓷厂分别从美国 GE 和日本日立公司引进生产专利,不久即造出接近世界水平的 500kV MOV。20 世纪 80 年代中后期,先后在 330kV、220kV、110kV 等电网应用国产 MOV。20 世纪 80 年代后期,又在 10kV 和低压 220/380V 配电网普遍采用氧化锌避雷器,至目前,各电压等级均以 MOV 为主,效果良好。

(中国电力大百科全书)

5.7 接地装置

5.7.1 接地及接地电阻

1. 接地

接地就是将电气设备的某些部位、电力系统的某点与大地相连,提供故障电流及雷电流的泄流通道,稳定电位,提供零电位参考点,以确保电力系统、电气设备的安全运行,同时确保电力系统运行人员及其他人员的人身安全。接地功能是通过接地装置或接地系统来实现的。电力系统的接地装置可分为两类,一类为输电线路杆塔或微波塔的比较简单的接地装置,如水平接地体、垂直接地体、环形接地体等,另一类为发变电站的接地网。

简单而言,接地装置就是包括引线在内的埋设在地中的一个或一组金属体(包括金属水平埋设或垂直埋设的接地极、金属构件、金属管道、钢筋混凝土构筑物基础、金属设备等),或由金属导体组成的金属网,其功能是用来泄放故障电流、雷电或其他冲击电流,稳定电位。而接地系统则是指包括发变电站接地装置、电气设备及电缆接地、架空地线及中性线接地、低压及二次系统接地在内的系统。

2. 接地电阻

表征接地装置电气性能的参数为接地电阻。接地电阻的数值等于接地装置相对于无穷远处零电位点的电压与通过接地装置流入地中电流的比值。如果通过的电流为工频电流,则对应的接地电阻为工频接地电阻;如果通过的电流为冲击电流,接地电阻为冲击接地电阻。冲击接地电阻是时变暂态电阻,一般用接地装置的冲击电压幅值与通过其流入地中的冲击电流的幅值的比值作为接地装置的冲击接地电阻。接地电阻的大小，反映了接地装置流散电流和稳定电位能力的高低及保护性能的好坏。接地电阻越小，保护性能就越好。

5.7.2 接地分类

电力系统交流电气装置的接地按其功能可分为基本的三类：工作接地、保护接地和防雷接地。

1. 工作接地

交流电力系统根据中性点是否接地而分为中性点有效接地系统和中性点非有效接地系统(包括中性点绝缘系统、中性点通过电阻或电感接地的系统)。我国在 110 kV 及以上的电力系统中均采用中性点有效接地的运行方式，其目的是降低电气设备的绝缘水平，这种接地方式称为工作接地。采用中性点有效接地方式后，正常情况下作用在电气设备(如电力变压器)绝缘上的电压为相电压。如果采用中性点绝缘的工作方式，则在发生单相接地故障，且又不跳闸时，作用在设备绝缘上的电压为线电压，二者相差 $\sqrt{3}$ 倍。采用中性点有效接地方式后，作用在设备绝缘上的电压明显降低，因此，设备的绝缘水平也可以降低，即达到缩小设备绝缘尺寸、降低设备造价的目的。对于有效接地系统，在正常情况下，流过接地装置的电流为系统的不平衡电流，而在系统发生短路故障时将有数十千安的短路电流流过接地装置，一般短路电流持续时间为 0.5s 左右。

在两线一地的双极直流输电系统中，有时也将中性点接地。中性点接地后，可以利用大地作为回路，采用单极运行方式。采用单极运行方式时，数千安的电流将长期流过接地装置，这时接地装置的电化学腐蚀是一个特别应当注意的问题。

对于配电系统，降压变压器用来连接高压系统和低压系统，根据变压器低压中性点是否接地，低压配电系统可分为接地系统和非接地系统。图 5.15 即为中性点接地的低压配电系统。人接触低压导线时，将形成回路，流过人体的电流和人体与大地间的接触状况有关，如果人与大地的接触电阻低，将有危险电流流经人体而产生危害。从历史的角度来看，低压配电系统是从非接地系统开始发展的，但在变压器处由于高低压混合经常发生事故，因此，改为接地系统，即将变压器的二次侧中性点接地，以抑制二次侧线路对地电压的异常上升。该系统的缺陷是多个变压器二次侧中性点接地时，如果接地装置比较靠近，一个变压器处发生接地故障时，通过共有的大地，将在另一个系统产生干扰。

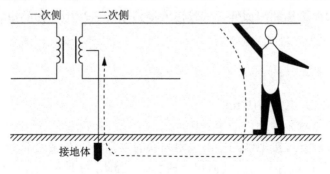

图 5.15 低压配电系统的接地系统

对于水中照明等供电线路，必须增加绝缘变压器，其二次侧中性点不能接地，这种系统为中性点非接地系统。如图 5.16 所示，人接触中性点非接地系统二次侧的线路时，由于仅有分布电容形成的回路而产生的极小电流流过人体，因而比较安全。非接地系统的缺点在于某些原因(如高低压回路间的混合接触、雷电冲击、操作过电压等)使该系统的对地电位上升时，将无法抑制这种异常电位，从而在二次侧产生危害。非接地系统的另一个重要缺点是随着线路绝缘的老化，将可能造成绝缘损坏而形成接地，引起事故。

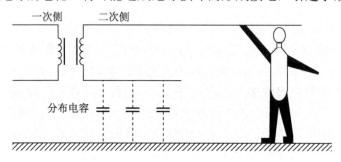

图 5.16 低压配电系统的非接地系统

2. 保护接地

在电气设备发生故障时，电气设备的外壳将带电，如果这时人接触设备外壳，将产生危险。因此，为了保证人身安全，所有电气设备的外壳必须接地，这种接地称为保护接地。当电气设备的绝缘损坏而使外壳带电时，流过保护接地装置的故障电流应使相应的继电保护装置动作，切除故障设备，另外也可以通过降低接地电阻保证外壳的电位在人体安全电压值之下，从而避免因电气设备外壳带电而造成的触电事故。

3. 防雷接地

为了防止雷电对电力系统及人身安全的危害，一般采用避雷针、避雷线及避雷器等雷电防护设备。这些雷电防护设备都必须与合适的接地装置相连，以将雷电流导入大地，这种接地称为防雷接地。流过防雷接地装置的雷电流幅值很大，可以达到数百千安，但持续的时间很短，一般只有数十微秒。

5.7.3 接地电阻与电容的关系

根据静电场和恒流场的相似性，可以很方便地从静电学中已知的电容公式得到电容与接地电阻的关系：

$$R = \rho \frac{\varepsilon}{C} \tag{5-12}$$

式中　ε——土壤的介电常数(F/m)；
　　　C——接地体对无穷远处的电容(F)。

从式(5-12)可以看出，接地体的接地电阻与它的电容成反比，在电阻率 ρ 和介电常数 ε 一定的情况下，接地体的电容与它的几何尺寸成反比。因此，接地网的面积越大，电容就越大，则接地电阻就越小。在接地工程中，接地网的面积确定了，其接地电阻就基本确定了。

一个由很多水平导体构成的接地网可以近似地当作一块孤立的平板，它的电容主要由它的面积大小来确定。如果在此平板上装有较短的垂直接地体，不足以改变决定电容大小的几何尺寸，因此，对电容的影响不大，而接地电阻减小也很小。分析表明，只有当垂直接地体的长度可以和地网的等值半径相比拟时，接地电阻才有较大的减小。

5.7.4 接地体间的屏蔽效应

在实际的接地工程中，一个接地装置往往由多个接地导体组成，当电流通过其中某个接地导体向地中散流时，将会受到其他接地导体的影响。在接地网内增加水平导体或尺寸与地网相比较短的垂直接地体对于减小接地电阻的作用不大。这是由于内部导体被四周导体所屏蔽。严格地讲，只有当各个接地体间的距离为无限大时，各接地导体产生的电场之间才没有相互作用。由于各接地体之间的相互作用，接地装置的接地电阻不等于各接地体接地电阻的并联值。

5.7.5 典型接地体的接地电阻

1. 垂直接地体

设垂直接地体的长度为 l (m)，直径为 d (m)。当 $l \gg d$ 时，单根垂直接地体如图 5.17 所示，其接地电阻为

$$R = \frac{\rho}{2\pi l}\ln\frac{4l}{d} \tag{5-13}$$

当用宽度为 b 的扁钢时，$d = b/2$；当用边长为 b 的角钢时，$d = 0.84b$。

当有 n 根垂直接地体时，总接地电阻 R_Σ 可按并联电阻计算，但需考虑到各根接地极间的屏蔽效应，如图 5.18 所示，R_Σ 为

$$R_\Sigma = \frac{R}{\eta n} \tag{5-14}$$

式中 　R ——每根垂直接地体的接地电阻；

　　　　η ——接地体的利用系数。由于屏蔽效应，$\eta < 1$。接地体间距离 a 与接地体长度 l 的比值越小，η 就越小，一般 $\eta = 0.65 \sim 0.8$。

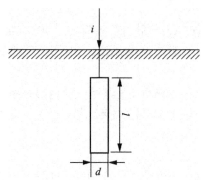

图 5.17　单根垂直接地体

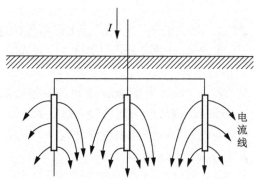

图 5.18　三根垂直接地体的屏蔽效应

2. 水平接地体

$$R = \frac{\rho}{2\pi l}(\ln\frac{l^2}{dh} + A) \quad (5\text{-}15)$$

式中　　l——接地体的总长度(m)；

　　　　h——接地体埋设深度(m)；

　　　　A——因屏蔽影响使接地电阻增加的系数，表示电极间的屏蔽效应，其数值见表 5-4。

表 5-4　水平接地体的形状系数 A

序号	1	2	3	4	5	6	7	8
接地体形式	—	L	人	○	＋	□	※	※
屏蔽系数 A	0	0.38	0.48	0.87	1.69	2.14	5.27	8.81

由表 5-4 可知，总长 l 相同时，由于形状不同，A 值会有明显的不同。

由以上公式算出的是工频接地电阻值。雷电流作用下冲击接地电阻的计算，还需要利用冲击系数 α，其值可根据计算分析和试验得到。

3. 伸长接地体

在土壤电阻率较高的岩石地区，为了减少接地电阻，有时常要加大接地体的尺寸，主要是增加水平埋设的扁钢的长度，通常称这种接地体为伸长接地体。由于雷电流的等值频率很高，接地体自身的电感将会产生很大影响，此时接地体将表现出具有分布参数的传输线的阻抗特性，加之火花效应的出现，将使伸长接地体的电流流通成为一个很复杂的过程。一般在简化条件下通过理论分析，对这一问题作出定性的描述，并结合试验得到工程应用的依据。通常，伸长接地体只在 40~60m 的范围内有效，超过这一范围接地阻抗基本上不再变化。

5.8　降阻剂

5.8.1　降阻剂的降阻机理

大量的工程实践证明：使用降阻剂是降低接地装置接地电阻的有效措施，GB/T 50065—2011《交流电气装置的接地设计规范》中规定：在高土壤电阻率地区，可采取下列降低接地电阻的措施：

(1) 当发电厂、变电所 2000m 以内有较低电阻率的土壤时，可敷设引外接地极。

(2) 当地下较深处的土壤电阻率较低时，可采用井式或深钻式接地极。

(3) 填充电阻率较低的物质或降阻剂。

(4) 敷设水下接地网。

GB 50169—2006《电气装置安装工程接地装置施工及验收规范》也对降阻剂的使用提出了要求。最近随着降阻剂的成功应用，降阻剂的降阻效果已为人们接受，但是，由于降阻剂市场较为混乱，在降阻剂的使用上也出了一些问题，一些厂家出于商业目的，又过分抬高了降阻剂的降阻效果，实际情况并非如此，因为我们知道，接地装置的接地电阻与许多因素有关，对于大型地网存在着屏蔽和散流的问题，降阻剂的降阻效果是通过一定的设计和施工体现出来，并不像一些厂家宣传的施加降阻剂的效果能把接地电阻降到百分之多少。因此，有必要对降阻剂的降阻机理、性能特点和使用中应注意的问题进行讨论。

降阻剂的降阻机理主要有以下 4 个方面。

1. 增大接地体的有效截面

对于水平接地体、垂直接地体和半球形接地体，当加降阻剂后，相当于增大了接地体的有效截面，降低了接地电阻。实际降阻剂的形式千差万别，有的降阻剂施加在接地体周围，确实相当于加大了接地体的有效截面，如某些固体降阻剂、导电水泥、物理降阻剂和膨润土降阻剂都具有这方面的特点。特别是膨润土降阻剂，由于加水后体积会膨胀，有效地扩大了接地体的有效截面且长期稳定，而有些降阻剂如化学降阻剂和胶质流体降阻剂，施加在接地体周围，只能改善周围土壤的电阻率，而且改善后的土壤电阻率是不均匀的，有的会随着时间的推移发生变化，有的还会随着雨水的冲刷渗透而流失。特别是位于山区的风化石土壤和沙石土壤，某些化学降阻剂和流体降阻剂的降阻效果即改善土壤电阻率的效果，会随着雨水的冲刷或渗透而变小，降阻作用随时间而失效。

2. 消除接触电阻

接地体的接地电阻可以分为两部分，一是接地体周围的大地所呈现的电阻 R_d；二是接地体与周围土壤的接触电阻 R_j，即

$$R = R_d + R_j \tag{5-16}$$

以上理论计算都是指 R_d、R_j 是接地体与周围土壤由于接触不良而产生的，R_j 的大小与接地体周围的土壤有关，一般土质越密实、越细，接触电阻越小，土壤越松散，接触电阻越大，这就是要求接地体的回填土要用细土回填，而不能用沙石和建筑垃圾回填的原因。另外，接触电阻的大小还与接地体的表面状况有关，接地体表面越光滑，接触电阻越小，接地体表面越粗糙，接触电阻越大。特别是在风化石土壤里，由于接地体表面生锈后，铁锈是一种半导体，影响了接地体与周围土壤的电接触，使接触电阻 R_j 越来越大。

降阻剂的另一个降阻机理就是减小或者消除接触电阻，但并不是每种降阻剂都具有这种功能，只有某些固体降阻剂、物理降阻剂和膨润土降阻剂才有这方面的功能，尤其是膨润土降阻剂由于吸水后体积膨胀，一方面与接地体紧密接触，另一方面与周围土壤可靠接触，基本上消除了接触电阻，同时由于其自身的防腐功能，接地体不会由于腐蚀产生接触电阻。而化学降阻剂或流质降阻剂则很少具有或不具有这方面的功能，某些化学降阻剂还会由于腐蚀作用使接地体生锈而使接触电阻变大。

3. 降阻剂的渗透改善周围土壤电阻率

降阻剂的一个主要降阻机理就是随着降阻剂的渗透，改善接地体周围的土壤电阻率。而大地导电基本上属于离子导电，土壤电阻率的大小与土壤中含金属离子的浓度有关，还

与土壤中的水分有关，土壤中含导电的金属离子浓度越高，所含水量越多，导电性能就越好。土壤电阻率 ρ 就越小，每种降阻剂都是要增加土壤中的导电离子浓度，并随着降阻剂在土壤中的扩散、渗透，土壤的电阻率也就随着得到改善。在这一点上，化学降阻剂、某些流体降阻剂显示了较强的优势，由于它们的扩散、渗透性好，施加后接地体周围的土壤电阻率很快得到改善，是快速降低接地电阻的有效措施，而固体降阻剂，如水泥(导电水泥)降阻剂则不具备或很少具备这方面的功能。膨润土降阻剂由于其胶质价高、黏性大，不易随水土流失和扩散，其渗透和扩散非常慢，这也就是膨润土降阻剂不能快速降阻的一项缺点，一般要经过 3～6 个月的渗透扩散期才能达到理想的降阻效果，远不如化学降阻剂来得那么快。但是也不能一味地强调渗透和扩散的速度，因为渗透、扩散较快的一般寿命短，特别是在山区风化石土壤和沙石土壤，渗透特快，往往失效也快，这是某些接地装置加降阻剂改造后，接地电阻很快降了下来，但其在一定的时间内接地电阻又迅速回升的原因。

4. 降阻剂的吸水性和保水性改善并保持土壤导电性能

土壤的导电性能除了与土壤所含金属导电离子的浓度有关外，还与土壤的含水量有关。这是因为绝大多数无机盐类只能在水中才能离解为导电的金属离子，因而土壤电阻率会随土壤含水量而变。如果要改善土壤的导电性能，可以增加并保持土壤的含水量。某些降阻剂具有较强的吸水性和保水性，如高效膨润土降阻防腐剂具有较强的吸水性和保水性，1kg 降阻剂能吸收 5kg 的水，吸水后体积膨胀并能长期保持水分成为浆糊状，不但靠吸水和保持水分降低了接地电阻，还使接地电阻一直保持稳定，不受气候的影响，因而具有稳定的降阻特性。

5.8.2 降阻剂的分类和应用

1. 降阻剂的分类

目前降阻剂的种类很多，以物态的不同可分为液态降阻剂和固态降阻剂；以物类的不同可分为有机降阻剂和无机降阻剂，以化学降阻剂为多。

1) 化学降阻剂

化学降阻剂的共同特点是以电解质为导电主体，胶凝物对金属有较强的亲合力，凝固后形成立体网络结构，对储存电解液减少初期流失有一定效果。化学降阻剂的降阻机理主要是以渗透作用改善土壤的电阻率为主，但化学降阻剂以含导电的金属盐类为主，也只能在有水的情况下才能离解，电解液受季节和地下水位的起落而流失，降阻剂的降阻效果与化学降阻剂的含导电盐类的多少有关，盐类过多又会造成对接地体的腐蚀，这是矛盾的两个方面，这类降阻剂有液态的树脂降阻剂和粉类的固态降阻剂。

2) 物理降阻剂

物理降阻剂是以强碱弱酸盐为胶凝物，对金属有很强的亲合力。并以非电解质固体粉末为导电材料，如木炭、石墨和金属粉末等，这类降阻剂的降阻机理主要是加大接地体的有效体积或降低接触电阻，且对接地体的腐蚀较小，但这类降阻剂对土壤的渗透作用很小，或基本上没有渗透作用。因为这类降阻剂不含电解质，所以导电性能不受土壤含水量的影响，但不能很好地改善接地体周围土壤的导电率，因而影响了它的降阻效果。物理降阻剂中导电粉末不溶于水，凝固后不因地下水位变化而流失，降阻性能长效稳定。

3) 导电水泥

导电水泥是以水泥为基料，加入导电的无机盐类，或非电解质的固体粉末为导电材料，降阻机理是以扩大接地体的有效截面和减小接地体与周围土壤的接触电阻为主，不能改善周围土壤的电阻率，但性能稳定，不易随水土的流失而失效，寿命长，对接地体的腐蚀小。

4) 稀土类降阻剂

这类降阻剂以膨润土降阻剂为代表，它是以膨润土(非金属矿)粉为基料，加入一定比例的添加剂，利用了稀土的一些特性，如导电性能、对钢接地体的防腐性能、吸水性和保水性，在添加剂中又强化了降阻剂的降阻性能和防腐性能。降阻机理功能主要有：①扩大接地体的有效截面；②减小接地体与周围土壤的接触电阻；③由于渗透扩散作用改善周围土壤的电阻率；④较强的吸水性和保水性改善土壤的导电状况。这类降阻剂一般性能稳定，对钢接地体的腐蚀小，寿命长。

2. 降阻剂的应用

降阻剂一般是施加在接地体的周围，主要目的是降低接地装置的接地电阻。降阻剂使用在土壤电阻率较高的场所，并不是每个地方都适用，但有些降阻剂除了降阻作用外还具防腐效果，也可用于接地体的防腐。

降阻剂的最佳使用场所是土壤电阻率较高的中小型接地装置，如线路杆塔的接地，中小型变电所的接地和微波塔的接地。

对于大型接地网，在所内接地网使用降阻剂，由于其屏蔽作用，降阻效果不明显，但可以改善其均压特性和接地电阻的稳定性。降阻最好使用引外接地极。因为这样可以减小屏蔽，增大降阻效果。

降阻剂还可用于深埋接地坑、深井接地极，或钻井式接地极，或通过深井爆破的方法，使降阻剂压入裂缝沟通，组成立体地网，形成半球形或圆柱形接地体，达到理想的降阻效果。

3. 降阻剂使用中应注意的问题

降阻剂的降阻效果已为人们接受，同时也写入了国家标准和电力行业标准，在实际工程中也得到了大量的应用，但是在降阻剂的使用中有一些问题应值得我们注意。

1) 关于降阻剂的降阻效果问题

降阻剂的降阻效果是通过一定的设计方案和施工体现出来的，并不是像某些厂家宣传的那样，施加了降阻剂可以把接地装置的接地电阻降低到百分之多少，即降阻剂的降阻率为多少。因为接地装置的接地效果存在着相互屏蔽的问题，施加降阻剂后同样存在屏蔽问题，这也是大型地网在地网内施加降阻剂后降阻效果不明显的原因。在接地设计时，要最大可能地减少屏蔽，在施工时要正确施工，使降阻剂达到最理想的降阻效果，用最小的投资获得最大的经济效益。

2) 关于降阻剂对接地体的腐蚀问题

在使用降阻剂时，人们最关心的是降阻剂对接地体的腐蚀问题。因为在以往的使用中，确实发生了因降阻剂的使用,加速了接地体的腐蚀问题。某些厂家为了强化降阻剂的降阻指标,往往加大了降阻剂中无机盐的含量,如果无机盐的品种选择不当或应用方法不当,往往加速了接地体的腐蚀。由于腐蚀会缩短接地装置的使用寿命,或在以后的时间内接地电阻又迅速回升,产生不利影响,因而降阻剂对接地体的腐蚀问题不能不引起我们的充分重视,认真对待,尽量不用对接地装置产生强腐蚀的降阻剂。

3) 关于稳定性和长效性问题

某些化学降阻剂由于含有大量的无机盐类,在含水的土壤中能迅速离解成导电的离子,也能随水分迅速在土壤中渗透和扩散,较快地改善土壤的导电性能,但是也正是由于快速在土壤中渗透和扩散,不能保证其稳定性和长效性,特别是在地势较高的山区、丘岭地区和沙石、风化石土壤中,会随着雨水的冲刷而流失,使降阻性能失效,同时还会造成接地体的腐蚀。

5.8.3 降阻剂的选择

现在市场上降阻剂种类繁多,如何选择降阻剂和使用降阻剂非常重要,一定要根据使用目的,使用场所的土质、地势以及当地的土壤状况选择合适的降阻剂。一般情况下选择降阻剂应主要考虑以下几个方面。

1. 降阻剂的电阻率

降阻剂本身的电阻率 ρ 值要小,因为降阻剂使用的主要目的是降低接地装置的接地电阻,所以要求降阻剂本身的电阻率要小,降阻剂的电阻率大小可看出厂说明书、试验报告,或经权威部门的检测报告,也可取样自己做试验获取。

2. 腐蚀率

降阻剂对钢接地体的腐蚀率要低,检查降阻剂是否具有防腐作用,一般应检查其对钢接地体的年腐蚀率是否低于当地土壤对钢接地体的年腐蚀率,一般土壤对钢接地体的腐蚀率,扁钢为 0.05～0.2mm/a;圆钢为 0.07～0.3mm/a。降阻剂对钢接地体的年腐蚀率,可看降阻剂由权威部门所做的试验报告和降阻剂的组成、分类和性质。一般化学降阻剂对钢接地体的腐蚀性较强,膨润土类由于其本身的特性对钢接地体具有很好的防腐保护作用。关于腐蚀特性基本上可以分为三类:①对钢接地体具有腐蚀的;②对钢接地体的腐蚀与土壤相同的;③对钢接地体具有防腐保护的。选择降阻剂时一定要选择对接地体具有防腐保护功能的,最少要选择对钢接地体腐蚀性小的。

3. 稳定性和长效性

选择降阻剂第三方面要考虑的就是降阻剂的稳定性和长效性,一般希望接地装置的接地电阻一直稳定在某个值以下,不希望其特性经常变化。而某些降阻剂的降阻效果会随土壤的干湿变化而变化,特别是一些化学降阻剂所含电解质盐类因只有在水中才能离解为导电的金属离子,一旦缺水就会析出颗粒状的晶体,失去导电特性,所以这类降阻剂的降阻效果就不稳定。还有一些靠非电解质导电粉末的降阻剂实际是靠扩大接地体的有效截面降阻,这类降阻剂的降阻效果也会随接地件一样受土壤含水量的影响。另外,有些降阻剂虽然具有较强的渗透性、扩散性，在短期内降阻效果好，但是容易随水土流失而流失，随着时间的推移逐渐失去其降阻效果，甚致失效，使接地电阻回升。如 1987 年前在处理鸡公山微波站接地时，使用了化学降阻剂和水玻璃降阻剂，短期内虽把接地电阻降了下来，但不到 2 年的时间就迅速回升，甚至比原来的接地电阻还高，这是由于降阻剂使接地体受到腐蚀的缘故。因而，在选择降阻剂时对降阻剂的稳定性和使用寿命要认真考虑，必要时可做降阻稳定性试验。

4. 环保性

现在是一个环保时代，对环境的保护要从每个方面做起，降阻剂和接地体一起直接埋在地下的土壤中，如果降阻剂中含有重金属和其他有毒物质就会对周围土壤和地下水构成污染，因而选用降阻剂时一定要选无污染、无毒性，使用安全的降阻剂。对降阻剂要看其组分，要查有无环保部门出的检测报告，使用中和使用后有无构成污染。

5. 使用的方便性

降阻剂有时在发电厂、变电所使用，有时在送电线路杆塔接地和微波站接地使用，关于降阻剂的使用应便于操作、简单、方便，并符合现场使用条件，若操作程序过于复杂，不易被现场人员掌握时，就容易发生错误，甚至影响其使用效果。如有的多组分降阻剂，还有需要模具的降阻剂，若比例配置不当，或现场模具不易做到就影响使用。另外还有运输问题，降阻剂要便于现场运输、施工，所以应尽量选操作简单，便于现场操作的降阻剂。

6. 经济性

现在降阻剂的种类繁多，价格也各异，对其我们要做综合的技术经济分析，既要选用好的产品，也要注意价格问题，但也不能一味地追求价格上的便宜。对于降阻剂应主要考虑其降阻性能，对钢接地体的防腐性能、稳定性和长效性，以及有无污染的问题，不能单纯追求某一方面的指标，如同一类型的降阻剂，有的 ρ 值为 1 点几欧米、有的只有零点几欧米，对钢接地体的腐蚀率也有较大差异。有的用十来吨就可以把电阻降下来，有的多用几倍还不能降下来，应首先考虑其技术指标，再考虑价格。对于一个接地工程来说，应计算整个工程降阻，包括降阻剂的价格、运输和施工，进行总费用比较，实行总费用控制，不要在技术指标不同的情况下进行单位价格比。

总之在整个接地工程中，必须进行仔细的技术经济分析，用最小的投资，达到最大的经济效益。

小　　结

本章首先对雷电放电的过程予以分析，同时给出了衡量雷电效应的一些参数。分析了防止直击雷保护设备——避雷针、避雷线的保护范围，对目前广泛应用的 ZnO 避雷器的性能、参数、主要优缺点予以分析。

为了更好地发挥防雷设备的性能,必须很好地接地,由于接地种类较多,本章主要讨论防雷接地,并对典型接地体给出了计算电阻的经验式。对于有些地区,如果直接接地降阻有困难时(如青藏线冻土、岩石结构等),可考虑采用降阻剂的方法。降阻剂有一定的降阻效果,但同时也带来了一些问题,如对接地极的腐蚀、降阻剂的敷设、以后的维护等,这些均应客观地认识,不能过于依赖。

阅读材料 5-3

"天电"试验

1752年,美国科学家富兰克林通过在雷雨天气将风筝放入云层,证明了雷闪就是云层的放电现象。根据他论述的原理,1745年首先由狄维斯研制出了避雷针,从此人类对雷电现象有了较深的认识。然而,云层是怎样带上电的呢?这却不被人所熟知。

多年来,人们一直以为是水分子受到摩擦使云层带上了电荷,真地是这样的吗?

卫星观测表明,在地球空域的对流层中,平均每天约有八百万次雷电现象,而向太空放电的雷闪,即"高空闪电",每24小时将近十万次。

这些大规模的普遍放电现象,怎么可以用"摩擦带电"来一言以蔽之呢?许多人都知道,"摩擦起电"实验必须让器材保持干燥,否则实验不会成功。在自然界中,各种摩擦起电现象严格受到湿度限制,水分子自身很难在摩擦中带电。即使水分子能够因摩擦带电,因受到范围限制,电荷也会很快中和掉,是不会聚集而产生雷电现象的。

放电现象是正电场和负电场之间的绝缘层被电势击穿,同时产生的声光现象。这需要两个因素:一是相对电势;二是绝缘层。二者缺一不可,特别是绝缘层。

因此,雷电现象严格受到空气导电率的制约,冬天没有雷电,是因为空气干燥使导电率下降,电子运动受到限制。

现代科学早已证实了我们生存的这个大气环境中有大量的负离子,它们弥漫在整个大气层中,在不同的气体物质中以不同的离子态存在。

由于受到地球内部的负电场的"感应作用",必然存在"大气电场"。在导电率较高的云层中,由于地内电场的这种作用,将使云层的上表面聚集大量的负电荷,下表面会感应出大量的正电荷,如果云层本身就是个绝缘层,则下表面将聚集负电荷,上表面感应出正电荷,这都会形成上下两个电场。如果两个电场之间存在足够的绝缘,电势会逐渐积聚,形成强电场。如果不存在这样的绝缘层,则电子将不会聚集在对流层的某个层面,而是直上"九霄云外","逗留"在另一些气体层面上,如臭氧层、电离层等,最终向太空放电。

研究大气物理的专家发现,地表和电离层之间确实存在着较强的大气电场,而局部积雨云层间存在更强的电场。通过实验发现,许多雷雨云中的电场强度通常为(100~400kV)/m。

实验表明,使空气电离需要的电场强度值约在2500kV/m以上。而400kV/m的电场产生闪电是很奇怪的,正如美国佛罗里达技术学院研究闪电的德怀尔所说的:谁也不知道那里发生了什么,许多人做过猜测,可是毫无线索。几百年后,这实际上还是非常令人不解。

1992年,俄罗斯某物理研究所的科学家古列维奇提出"逃逸崩溃论",他认为是宇宙射线引发了电场间空气分子的离子化,产生了连锁反应,导致电荷流动,产生了闪电。他的解释很有道理,宇宙射线可能真的是引发电场放电的原因之一,对此提供证实的有这样的案例:有人在雷雨天接听手机,结果惨遭雷击。原来手机发出的电磁波也可以引发雷电!

但是,人们不要忽略,积雨云中的空气中带有大量的自由电子,它们会使空气的耐压值发生变化。如果我们明白人类其实是生活在电场之中,那么对闪电的研究将不必煞费苦心。

云层中的离子还是造成雨雪的主要原因。云层中的水分子如果没有离子或带电尘埃作为它们的凝聚核心,它们根本不会聚集成雨滴落下来,这早已被物理学的"云室"实验所证实。因此,我们甚至连雪花和冰雹的形成原因都需重新认识。

雪花的六枝状结构历来为科学界所不解,现在,知道它有了电场的核心,就会明白这是由电场引力使水分子按一定的规律排列成的状态。至此,我们也就明白了雪花是一个带电体,所以,它落在电视天线上才会干扰电视信号,落在水面上才会因放电发出次声波。而冰雹也不是人们以前所说的在云层中上下反复起落几次形成的,它也是在离子电场的引力作用下聚集的水分子,降落过程中表面经过热空气的融化,所以形成了球状。

云层所带的正电与大地间的剧烈放电,站在潮湿地面上的人接触到民用输电线时惨遭电击等现象,实质上都是地电场的威力所赐,其本质都是地电场的感应电场在放电,所以说,雷电现象实际上暗示了我们,在地球内部,必然有一个巨大的负电场存在。

站在天文学的角度,地球的大气层本来就属于地球的一部分(我们实际上是生活在地球的两个层面——气态物质和固态物质的结合处)。按照地内电场的"感应"原理,云层与云层之间有放电现象(空中雷电),在云层与地层之间也有放电现象(落雷现象),而在地层与地层之间同样应该有放电现象,一些破坏性地震所表现出来的电现象与雷电有着完全相同的特征,这同样证明了地内电场的存在。

(中国大百科全书)

习　题

5.1 填空题

1. 落雷密度是指_____。
2. 雷电波的波头范围一般为_____,在我国防雷设计中,通常建议采用_____长度的雷电流波头长度。
3. 埋入地中的金属接地体称为接地装置,其作用是_____。
4. 中等雷电活动地区是指该地区一年中听到雷闪放电的天数范围为_____。
5. 对于500kV的高压输电线路,避雷线的保护角α一般不大于_____。

5.2 问答题

6．试述氧化锌避雷器的性能。

7．在过电压保护中对避雷器有哪些要求？这些要求是怎样反映到阀式避雷器的电气特性参数上来的？从哪些参数上可以比较和判别不同避雷器的性能优劣？

5.3 计算题

8．某原油罐直径为 10m，高出地面 10m，若采用单根避雷针保护，且要求避雷针与罐距离不得少于 5m，计算该避雷针的高度。

9．设有 4 根高度均为 17m 的避雷针，布置在边长 40m 的正方形面积的 4 个顶点上，画出它们对于 10m 高的物体的保护范围。

10．计算图 5.18 所示接地装置在流经冲击电流为 40kA 时的冲击接地电阻，垂直接地体为直径为 1.8cm 的圆管，长 3m，土壤电阻率 ρ 为 $2\times10^2\Omega\cdot m$，利用系数 η 为 0.75。

第 6 章
输电线路、发电厂及变电站防雷保护

本章知识架构

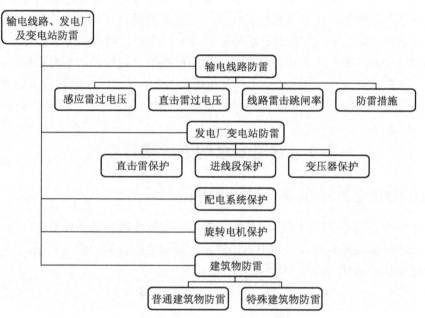

本章教学目标与要求

熟悉输电线路的防雷措施;
掌握雷击跳闸率的计算;
熟悉发电厂变电站主设备的防雷措施;
了解旋转电机的防雷保护;
了解建筑物的防雷保护措施。

由于输电线路长度大、分布面广、地处旷野，易受雷击。据有关部门调查统计，因雷击线路造成的跳闸事故占电网总事故的60%以上。同时，雷击线路时自线路入侵变电站的雷电波也是威胁变电站的主要因素，因此，对线路的防雷保护应予充分重视。

输电线路上出现的大气过电压有两种，一种是雷直击于线路引起的，称为直击雷过电压；另一种是雷击线路附近地面，由于电磁感应所引起的，称为感应雷过电压。

输电线路防雷性能的优劣主要由耐雷水平及雷击跳闸率来衡量。雷击线路时线路绝缘不发生冲击闪络的最大雷电流幅值称为"耐雷水平"，单位为 kA。线路的耐雷水平越高，线路绝缘发生冲击闪络的机会越小。每 100km 线路每年由雷击引起的跳闸次数称为"雷击跳闸率"，这是衡量线路防雷性能的综合指标。

线路防雷问题是一个综合的技术经济问题。在确定线路的具体防雷措施时，应根据线路的电压等级、负荷性质、系统运行方式、雷电活动的强弱、地形地貌的特点和土壤电阻率的高低等条件，特别要结合当地原有线路的运行经验通过技术经济比较来确定。

但是，由于雷电放电的复杂性，线路防雷计算所依据的很多概念、假定和参数都不是十分正确和完善的，故其计算结果只可以作为衡量线路防雷性能的相对指标，以便从中看出多种因素的影响程度与作用大小。工程分析所依据的计算模型、原始数据和计算方法等，都有待于继续总结运行经验，积累资料，开展研究工作，以求进一步完善和精确。

6.1 输电线路的感应雷过电压

6.1.1 雷击线路附近大地时线路上的感应雷过电压

当雷击于线路附近大地时，由于雷电通道周围空间电磁场的急剧变化，电磁感应会在输电线路上产生感应过电压。该过电压由静电分量和电磁分量两部分构成。

感应过电压的形成如图 6.1 所示。

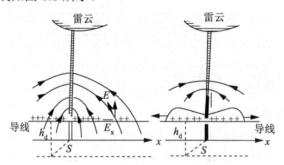

(a) 雷电先导阶段　　(b) 雷电主放电阶段

图 6.1　感应过电压的形成

h_d —导线高度；S —雷击点与导线间的距离

在雷云放电的起始阶段，存在着向大地发展的先导放电过程，输电线路处于雷云与先导通道的电场中，由于静电感应，沿导线方向的电场强度分量 E_x 将导线两端与雷云异号的正电荷吸引到靠近先导通道的一段导线上成为束缚电荷,导线上的负电荷则被 E_x 排斥向导线两端运动,并经线路的泄漏电导和系统的中性点而流入大地。因为先导通道发展速度不大,所以导线上的电荷运动较慢,由此引起的导线中的电流也较小,同时由于导线对地泄漏电导的存在,导线电位将与远离雷云处的导线电位相同。当雷云对线路附近的地面放电时,先导通道中的负电荷被迅速中和,先导通道所产生的电场迅速降低,使导线上的束缚正电荷得到释放,沿导线向两侧运动形成感应雷过电压。这种由于先导通道中电荷所产生的静电场突然消失而立刻引起的感应电压称为感应过电压的静电分量。同时,雷电通道中的雷电流在通道周围建立了强大的磁场,此磁场的变化也将使导线感应出很高的电压,这种由于先导通道中雷电流所产生的磁场变化而引起的感应电压称为感应过电压的电磁分量。

根据理论分析与实测结果,规程建议,当雷击点距线路的距离 $S>60\text{m}$ 时,导线上的感应雷过电压最大值 U_g 可按下式计算:

$$U_g \approx 25 \frac{I_L h_d}{S} (\text{kV}) \tag{6-1}$$

式中　I_L——雷电流的幅值(kA);
　　　h_d——导线悬挂的平均高度(m);
　　　S——雷击点距线路的距离(m)。

从上述可知,感应过电压 U_g 的极性与雷电流极性相反。

从式(6-1)可知,感应过电压与雷电流幅值 I_L 成正比,与导线悬挂平均高度 h_d 成正比,h_d 越高,导线对地电容越小,感应电荷产生的电压就越高;感应过电压与雷击点到线路的距离 S 成反比,S 越大,感应过电压越小。

由于雷击地面时雷击点的自然接地电阻较大,雷电流幅值 I_L 一般不超过 100kA。实测证明,感应过电压一般不超过 500kV,对于 35kV 及以下水泥杆线路会引起一定的闪络事故;对于 110kV 及以上的线路,由于绝缘水平较高,所以一般不会引起闪络事故。

感应过电压同时存在于三相导线,相间不存在电位差,故只能引起对地闪络,如果两相或三相同时对地闪络即形成相间闪络事故。

如果导线上方挂有避雷线,则由于其屏蔽效应,导线上的感应电荷就会减少,导线上的感应过电压就会降低。避雷线的屏蔽作用可用下面的方法算出,设导线和避雷线的对地平均高度分别为 h_d 和 h_b,若避雷线不接地,则根据式(6-1)可算得避雷线和导线上的感应过电压分别为 $U_{g\cdot b}$ 和 $U_{g\cdot d}$,即

$$U_{g\cdot b} = 25 \frac{I_L h_b}{S}, \qquad U_{g\cdot d} = 25 \frac{I_L h_d}{S}$$

两者相比,可得

$$U_{g\cdot b} = U_{g\cdot d} \frac{h_b}{h_d} \tag{6-2}$$

实际上,避雷线都是通过每基杆塔接地的,因此,可假设有一 $(-U_{g\cdot b})$ 电压来保持避雷线为零电位。由于导线的耦合作用,$-U_{g\cdot b}$ 将在导线上产生耦合电压 $K(-U_{g\cdot b})$,K 为导线

和避雷线间的耦合系数。据此，导线上的电位将为 $U'_{g \cdot d}$，并且

$$U'_{g \cdot d} = U_{g \cdot d} - KU_{g \cdot b} = U_{g \cdot d}(1 - K\frac{h_b}{h_d}) \tag{6-3}$$

从式(6-3)可见，架设避雷线的输电线路，导线上的感应过电压可从 $U_{g \cdot d}$ 下降至 $U'_{g \cdot d}$。耦合系数 K 越大，导线上的感应过电压越低。

6.1.2 雷击线路杆塔时导线上的感应过电压

式(6-1)只适用于 $S > 65 \text{m}$ 的情况，更近的落雷事实上将因线路的引雷作用而击于线路。

雷击杆塔时，由于雷电流通道所产生的电磁场的迅速变化，将在导线上感应出与雷电流极性相反的过电压，其计算问题至今尚有争论，不同方法计算的结果差别很大，也缺乏实践数据。目前，规程建议对一般高度(约 40m 以下)无避雷线的线路，此感应过电压最大值可用式(6-4)计算。

$$U_{g \cdot d} = \alpha h_d \tag{6-4}$$

式中 α ——感应过电压系数，单位为 kV/m，其数值等于以 kA/μs 计的雷电流平均陡度，即

$$\alpha = \frac{I_L}{2.6}$$

有避雷线时，由于避雷线的屏蔽作用，导线上的感应过电压为

$$U'_{g \cdot d} = \alpha h_d (1 - K) \tag{6-5}$$

式中 K ——耦合系数。

6.2 输电线路的直击雷过电压和耐雷水平

雷击无避雷线的输电线路时有两种情况，即雷击杆塔顶部和雷击导线。而雷击于有避雷线的输电线路有 3 种情况，即雷击塔顶、雷击避雷线档距中间和雷绕过避雷线击中导线，如图 6.2 所示。

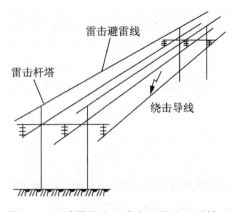

图 6.2 有避雷线线路遭直击雷的 3 种情况

6.2.1 雷击杆塔顶时的过电压和耐雷水平

1. 雷击于无避雷线的杆塔塔顶

当雷击于无避雷线的杆塔塔顶时，雷电流 i 将经杆塔及其接地冲击电阻 R_{ch} 流入大地，如图 6.3 所示，L_{gt} 为杆塔的等效电感。考虑带雷击点的波阻抗较低，故在计算中可忽略雷电流通道波阻抗的影响，则塔顶电位的幅值为

$$U_{td} = I_L \left(R_{ch} + \frac{L_{gt}}{2.6} \right) \tag{6-6}$$

式中 I_L ——雷电流幅值。

除外，雷击塔顶时，导线上产生感应过电压为

$$U_g = \beta h_d = \frac{I_L}{2.6} h_d \tag{6-7}$$

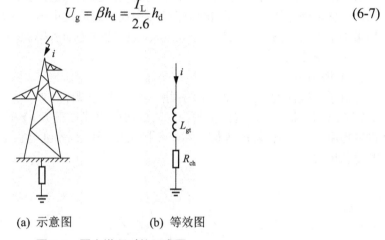

(a) 示意图 (b) 等效图

图 6.3 雷击塔顶时的示意图

由于感应雷过电压的极性与塔顶电位的极性相反，因此，作用于绝缘子串上的电压为

$$U_j = U_{td} - (-U_g) = I_L \left(R_{ch} + \frac{L_{gt}}{2.6} + \frac{h_d}{2.6} \right) \tag{6-8}$$

从式(6-8)可知，线路绝缘子串所加电压的幅值随雷电流的增大而增大，当 U_j 大于绝缘子串冲击闪络电压时，绝缘子串发生闪络，由于此时杆塔电位较导线电位高，故此类闪络称为反击。此时线路的耐雷水平 I_1 可由 U_j 等于线路绝缘子串的 50%冲击闪络电压 $U_{50\%}$ 算出。

$$I_1 = \frac{U_{50\%}}{\left(R_{ch} + \frac{L_{gt}}{2.6} \right) + \frac{h_d}{2.6}} \tag{6-9}$$

由于雷电大部分是负极性的，故雷击塔顶时，绝缘子串导线端为正极性，因此，$U_{50\%}$ 应为绝缘子串的正极性放电电压，它要比 $U_{50\%}$ 绝缘子串的负极性放电电压低一些。

2. 雷击于有避雷线的杆塔塔顶

当线路有避雷线时，由运行经验可知，在线路落雷总数中雷击杆塔的次数与避雷线的根数及线路经过的地形有直接的关系。雷击杆塔的次数与雷击线路的总次数的比值称为击

杆率，用 g 表示。《规程》建议击杆率见表 6-1。

表 6-1 击杆率 g 取值

避雷线根数 地 形	0	1	2
平 原	1/2	1/4	1/6
山 区	—	1/3	1/4

雷击杆塔塔顶时，主放电阶段雷电通道中的负电荷与杆塔、输电线路及大地中的正感应电荷迅速中和形成雷电流。雷电流分布如图 6.4(a)所示。雷击瞬间自雷击点(即塔顶)有一负雷电流波自塔顶向下运动；另有两个相同的负雷电流波分别自塔顶沿两侧避雷线向相邻杆塔运动；与此同时自塔顶有一正雷电流波沿雷电通道向上运动，引起周围空间电磁场的迅速变化，使导线上产生与雷电流极性相反的感应过电压。作用在线路绝缘子串上的电压为塔顶电位与导线电位之差，一旦这一电压超过绝缘子串的冲击放电电压，绝缘子串就发生闪络，形成反击。

1) 塔顶电位

对于一般高度(40m 以下)的杆塔，在工程近似计算中，常将杆塔和避雷线以集中参数电感 L_{gt} 和 L_b 来代替，这样雷击杆塔时的等值电路如图 6.4(b)所示，图中 R_{ch} 为杆塔的冲击接地电阻，L_{gt} 为杆塔的等值电感，不同类型杆塔的等值电感由表 6-2 查出。L_b 为避雷线的等值电感。

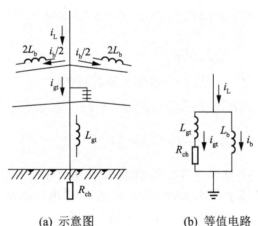

(a) 示意图　　(b) 等值电路

图 6.4 雷击杆塔塔顶时雷电流的分布及等值电路

表 6-2 杆塔的电感与波阻抗的平均值

杆塔类型	杆塔电感/(μH/m)	杆塔电阻/Ω
无拉线水泥单杆	0.84	250
有拉线水泥单杆	0.42	125
无拉线水泥双杆	0.42	125
铁 塔	0.50	150
门型铁塔	0.42	125

考虑到雷击点的阻抗较小，故在计算中可略去雷电通道波阻抗的影响。由于避雷线的分流作用，流经杆塔的电流将小于雷电流。

$$i_{gt} = \beta i_L \tag{6-10}$$

式中 β ——分流系数，即流经杆塔的电流与雷电流的比值。β 小于 1，对一般长度的档距，β 值见表 6-3。

表 6-3 一般长度档距的线路杆塔分流系数 β

额定电压/kV	110	220	330~500
单避雷线	0.9	0.92	—
双避雷线	0.86	0.88	0.88

此时的塔顶电位为

$$u_{td} = R_{ch}i_{gt} + L_{gt}\frac{di_{gt}}{dt} = \beta R_{ch}i_L + \beta L_{gt}\frac{di_L}{dt} \tag{6-11}$$

用 $\frac{I_L}{2.6}$ 代替波前陡度 $\frac{di_L}{dt}$，则塔顶对地的电位幅值为

$$U_{td} = \beta I_L \left(R_{ch} + \frac{L_{gt}}{2.6} \right) \tag{6-12}$$

2) 导线电位和线路绝缘上的电压

当塔顶电位为 U_{td} 时，与塔顶相连的避雷线上也将有相同的电位 U_{td}。由于避雷线和导线之间的耦合作用，使得导线上产生耦合电压 KU_{td}，此电压与雷电流同极性。同时由于雷电通道电磁场的作用，根据式(6-5)，在导线上尚有感应过电压 $\alpha h_d(1-K)$，此电压与雷电流异极性，所以导线电位的幅值 U_d 为

$$U_d = KU_{td} - \alpha h_d(1-K) \tag{6-13}$$

线路绝缘子串上两端电压为塔顶电位与导线电位之差，故绝缘子串两端的电压为

$$U_j = U_{td} - U_d = U_{td} - KU_d + \alpha h_d(1-K) = (U_{td} + \alpha h_d)(1-K) \tag{6-14}$$

将 $\alpha = \frac{I_L}{2.6}$、式(6-8)代入式(6-14)，可得

$$U_j = I_L(\beta R_{ch} + \beta\frac{L_{gt}}{2.6} + \frac{h_d}{2.6})(1-K) \tag{6-15}$$

雷击时导、地线上电压较高，将出现冲击电晕，值应采用修正后的数值。

应该指出，作用在线路绝缘上的电压还有导线上的工作电压，对于 220kV 及以下的线路，其值所占比重不大，一般可以略去不计，但对超、特高压线路，则不可不计，且雷击时导线上工作电压的瞬时值及其极性应作为一个随机变量来考虑。

3) 耐雷水平的计算

由式(6-15)可知，线路绝缘上电压的幅值 U_j 随雷电流增大，当 U_j 大于绝缘子串的冲击

闪络电压时,绝缘子串将发生闪络,由于此时杆塔电位比导线电位为高,故此类闪络称为"反击"。雷击杆塔的耐雷水平 I_1 可由 U_j 等于线路绝缘子串的 50%冲击闪络电压 $U_{50\%}$ 算得。

$$I_1 = \frac{U_{50\%}}{(1-K)\left[\beta\left(R_{ch}+\frac{L_{gt}}{2.6}\right)+\frac{h_d}{2.6}\right]} \tag{6-16}$$

由式(6-16)可知,雷击杆塔时的耐雷水平与分流系数 β、杆塔等值电感 L_{gt}、杆塔冲击接地电阻 R_{ch}、导、地线间的耦合系数 K 和绝缘子串的 50%冲击闪络电压 $U_{50\%}$ 有关。对于一般高度杆塔,冲击接地电阻 R_{ch} 上的电压降是塔顶电位的主要成分,因此,接地电阻可以有效降低塔顶电位和耐雷水平。增加耦合系数可以减少绝缘子串上电压和减小感应过电压,同样也可以提高耐雷水平。常用的措施是将单避雷线改为双避雷线,或在导线下方增设架空地线称为耦合地线,其作用主要是增强导、地线间的耦合作用,同时也增加了地线的分流作用。

6.2.2 雷击导线时的过电压和耐雷水平

当雷击无避雷线的导线时,雷电流沿着导线向两侧流动,形成过电压波向两侧传播。设 Z_0 为雷电流通道的波阻抗,$Z_d/2$ 为雷击点两边导线的并联波阻抗,可建立如图 6.5 所示的等效电路。则流经雷击点的雷电流 i_z 为

$$i_z = \frac{i_L}{1+\frac{Z_d/2}{Z_0}} \tag{6-17}$$

导线上电压幅值 U_d 为

$$U_d = I_L \frac{Z_0 Z_d}{2Z_0 + Z_d} \tag{6-18}$$

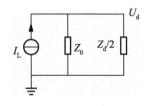

图 6.5 雷击导线的等值电路

从式(6-18)知,雷击导线时,导线上的电压幅值 U_d 与雷电流幅值 I_L 成正比,电压幅值随着雷电流幅值的增加而增加,如果 U_d 超过绝缘子串的冲击闪络电压,则绝缘子串将发生闪络。

雷击导线时的耐雷水平 I_2 可令 U_d 等于绝缘子串的 $U_{50\%}$ 来计算,则

$$I_2 = U_{50\%} \frac{2Z_0 + Z_d}{Z_0 Z_d} \tag{6-19}$$

近似计算中,认为 $Z_0 \approx \frac{Z_d}{2}$(约 200Ω),即不考虑雷击点的反射,则式(6-19)可变为

$$I_2 \approx \frac{U_{50\%}}{100} \tag{6-20}$$

我国 110kV 及以上的高压线路一般都装有避雷线保护,以免导线直接遭受雷击。但由于各种随机因素,如避雷线的屏蔽作用失效,还可发生雷绕过避雷线击中导线的情况,通

常称为绕击，如图 6.6 所示。绕击发生的概率虽然不高，但其危害较大，一旦发生，往往导致绝缘子串的闪络。

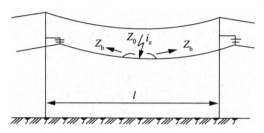

图 6.6 雷绕击导线

Z_b —导线波阻抗； Z_0 —主放电通道波阻抗

根据多年运行经验和模拟试验，绕击率与避雷线对外侧线路导线的保护角、杆塔高度和线路经过地形等条件有关。《规程》规定的绕击率用式(6-21)和式(6-22)计算。

对于平原地区：

$$\lg P_\alpha = \frac{\alpha\sqrt{h}}{86} - 3.9 \tag{6-21}$$

对于山区地区：

$$\lg P_\alpha = \frac{\alpha\sqrt{h}}{86} - 3.35 \tag{6-22}$$

式中　P_α——绕击率；

　　　h——杆塔高度(m)；

　　　α——为保护角（°）。

由式(6-21)、式(6-22)可见，山区的绕击率是平原的 3 倍，或相当于保护角增大 8°的情况。所以从减少绕击率角度出发，应尽量减小保护角。

虽然绕击的概率很低，发生绕击时雷电流的幅值减小，但是一旦发生绕击，就会形成很高的冲击电压，就有可能使线路绝缘子闪络，或侵入变电站危及电气设备的安全。发生绕击后，线路上的过电压及耐雷水平可分别用式(6-18)、式(6-19)计算。

6.2.3　雷击避雷线档距中央

根据模拟试验和实际运行经验，雷击避雷线档距中央约有 10%的概率。雷击避雷线档距中央时也会在雷击点产生很高的过电压，不过由于避雷线半径较小，强烈的电晕使得雷电波快速衰减，加之雷击点距离杆塔有一定的距离，当过电压波传播到杆塔时，已不足以造成绝缘子串击穿闪络，通常只考虑雷击避雷线对导线的反击情况，示意图如图 6.7 所示。

雷击点的电压波沿两侧避雷线向相邻杆塔运动，由于杆塔的接地作用，在杆塔处将有一负反射波返回雷击点。此时，有两种可能出现，第一种情况是负反射波到达雷击点时，雷电流尚未到达幅值，则雷击点的电位自负反射波到达之时开始下降，故雷击点 A 的电位

最高将出现在 $t=\dfrac{l}{v_b}$ 时刻（l 为档距长度，v_b 为避雷线中的波速）。第二种情况是在大跨越档距时，可能出现的传播时间值大于雷电流波头时间，则在负反射波尚未返回雷击点之前，雷电流已过峰值，故雷击点的最高电位由雷电流峰值决定。

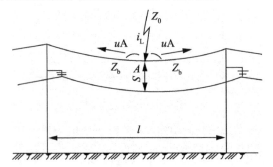

图6.7 雷击避雷线档距中央

Z_b—雷电通道波阻抗；S—档距中央导线与避雷线间距离；Z_0—主放电通道波阻抗

在杆塔接地的反射波返回以前，雷击点电压可由彼德森等值电路进行计算。雷击点电压为

$$U_A = i_L \frac{Z_0}{Z_0+\dfrac{Z_b}{2}} \cdot \frac{Z_b}{2} = i_L \frac{Z_0 Z_b}{2Z_0+Z_b} \tag{6-23}$$

对于第一种情况，若雷击电流取为斜角波，即 $i_L=\alpha t$，则雷击点的最高电位为

$$U_A = \alpha \frac{l}{v_b} \frac{Z_0 Z_b}{2Z_0+Z_b} \tag{6-24}$$

导线和避雷线的耦合作用使得雷击点避雷线与导线间空气隙 S 上承受的电压降 U_S 为

$$U_S = U_A(1-K) = \alpha \frac{l}{v_b} \frac{Z_0 Z_b}{2Z_0+Z_b}(1-K) \tag{6-25}$$

由式(6-25)可知，雷击避雷线档距中央时，雷击处避雷线与导线间的空气隙上的电压 U_S 与陡度 α 成正比，与档距 l 成正比。为防止空气隙被击穿而造成短路事故，就要保证避雷线和导线间有足够的距离 S。经过我国多年运行经验，《规程》认为如果档距中央导线、避雷线间空气距离 S 满足式(6-26)时，一般不会发生击穿事故。

$$S=0.012l+1 \tag{6-26}$$

电力系统多年运行经验表明，按照式(6-26)计算的 S 是足够可靠的，而且仍有减小的潜力。S 减小后，一方面能够降低杆塔高度并便于安装施工，另一方面能加大导线、地线间的耦合系数，从而有利于线路防雷。

对特大档距(如过江档)，采用式(6-26)选择导线、地线间距可能偏大，此时 S 只要满足不反击的条件 $S \approx 0.1I$（I 为线路耐雷水平，单位为 kA）或不建弧的条件 $S \approx 0.1U_e$（U_e 为线路额定电压，单位为 kV）即可。

6.3 输电线路的雷击跳闸率

6.3.1 建弧率

线路遭受雷击引起的冲击闪络，持续时间很短，约为几十微秒，这么短的时间内继电保护来不及动作，导致线路跳闸，必须是冲击闪络转化为稳定的工频电弧。而冲击闪络转为工频电弧的概率和弧道中的平均电场强度有关，也和闪络瞬间工频电压的瞬时值和去游离条件有关。将冲击闪络转化为稳定的工频电弧的概率，称为建弧率，以 η 表示。根据试验和运行经验，η 可按式(6-27)计算

$$\eta = (4.5E^{0.75} - 14) \times 10^{-2} \tag{6-27}$$

式中　E ——绝缘子串的平均运行电压梯度(kV/m)。

对于中性点直接接地系统

$$E = \frac{U_n}{\sqrt{3}l_i} \tag{6-28}$$

对于中性点非直接接地系统

$$E = \frac{U_n}{2l_i + l_m} \tag{6-29}$$

式中　U_n ——额定电压(kV)；

　　　l_i ——绝缘子串的放电距离；

　　　l_m ——木横担线路的线间距离(m)，对铁横担和水泥横担，取为 0。

实践证明，当 $E \leq 6\,\text{kV}$(有效值)/m 时，建弧率很小，可近似认为 $\eta = 0$。

6.3.2 有避雷线线路雷击跳闸率的计算

输电线路的雷击跳闸率是指折算为 40 个雷暴日的条件下，线路长度折合为 100km 时，每年因雷击而引起的线路跳闸次数，单位为次/(100 千米·年)。显然它是各种可能发生的跳闸率之和。

根据经验，对于 110kV 及以上的输电线路，雷击线路附近地面时的感应过电压一般不会引起绝缘子闪络，雷击避雷线档距中央引起的绝缘闪络现象也极其罕见。因此，计算 110kV 及以上有避雷线线路的雷击跳闸率时，往往只考虑雷击杆塔和雷绕击于导线两种情况下的跳闸率。

1. 雷击杆塔时的跳闸率 n_1

由于每 100km 有避雷线的线路每年(40 个雷暴日)落雷次数为 $N = 0.28(b + 4h_b)$ 次(b 为两避雷线间的距离；h_b 为避雷线的平均高度)。

若击杆塔为 g，则每 100km 线路每年雷击杆塔的次数为 $N = 0.28(b + 4h_b)g$ 次；若雷击杆塔的耐雷水平为 I_1，雷电流幅值超过 I_1 的概率为 P_1，建弧率为 η，则 100km 线路每年的雷击杆塔的跳闸次数 n_1 为

$$n_1 = 0.28(b + h_b)g\eta P_1 \tag{6-30}$$

2. 绕击跳闸率

设绕击率为 P_α,每100km 长线路每年绕击次数为 $N = 0.28(b+4h_b)P_\alpha$,绕击时的耐雷水平为 I_2,雷电流幅值超过 I_2 的概率为 P_2,建弧率为 η,则100km 线路每年的绕击跳闸次数 n_2 为

$$n_2 = 0.28(b+4h_b)\eta P_\alpha P_2 \tag{6-31}$$

3. 线路雷击跳闸率

若保证档距中央的避雷线和导线之间的空气距离满足 $s = (0.012l+1)$ m 时,则雷击避雷线档距中央时,一般不会发生击穿事故,可认为雷击避雷线档距中央时跳闸率为0。

因此,线路雷击跳闸率 n 为

$$n = n_1 + n_2 = 0.28(b+4h_b)(gP_1 + P_\alpha P_2) \text{(次/(100km·年))} \tag{6-32}$$

我国不同电压等级输电线路的耐雷水平和雷击跳闸率计算值见表6-4。

表6-4　110～500kV 架空送电线路典型杆塔的耐雷水平和雷击跳闸率

标称电压/kV		500	330	220	110
杆塔形式					
保护角		14°	20°	16.5°	25°
保护方法		双避雷线	双避雷线	双避雷线	单避雷线
绝缘子个数		25×XP2-160	19×XP1-100	13×X-70	7×X-70
50%冲击放电电压(正极性,kV)		2138	1645	1200	700
档距长度/m		400	400	400	300
冲击接地电阻/Ω		7～15	7～15	7～15	7～15
雷击杆塔时的耐雷水平/kA		177～125	155～105	110～76	63～41
建弧率/%		100	100	100	100
平原线路	绕击率/%	0.112	0.238	0.144	0.238
	击杆率	1/6	1/6	1/6	1/4
	跳闸率	0.081	0.12	0.25	0.83
山区线路	绕击率/%	0.40	0.84	0.5	0.82
	击杆率	1/4	1/4	1/4	1/3
	跳闸率	0.17～0.42	0.2～70.60	0.43～0.95	1.18～2.01

注:跳闸率栏,平原对应 R_{ch}=7Ω,山区两数据分别对应 R_{ch}=7Ω 和 R_{ch}=15Ω。

【例 6-1】 平原地区 220kV 双避雷线线路如图 6.8 所示，绝缘子串由 13×X-7 组成，其正极性 $U_{50\%}$ 为 1410kV，负极性冲击放电电压 $U_{50\%}$ 为 1560kV，杆塔冲击接地电阻 R_{ch} 为 7Ω，避雷线的弧垂为 7m，导线弧垂为 12m，避雷线半径为 5.5mm。计算该线路的耐雷水平及雷击跳闸率。

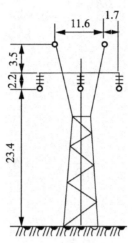

图 6.8 某 220kV 杆塔(图中单位为 m)

解 1) 计算几何参数

(1) 避雷线的平均高度为

$$h_{bp} = h_b - \frac{2}{3}f_b = 29.1 - \frac{2}{3} \times 7 = 24.5(\text{m})$$

(2) 导线的平均高度为

$$h_{dp} = h_d - \frac{2}{3}f_d = 23.4 - \frac{2}{3} \times 12 = 15.4(\text{m})$$

(3) 双避雷线对外侧导线的耦合系数为

$$K_0 = \frac{\ln\dfrac{d'_{13}}{d_{13}} + \ln\dfrac{d'_{23}}{d_{23}}}{\ln\dfrac{2h_b}{r_b} + \ln\dfrac{d'_{12}}{d_{12}}} = \frac{\ln\dfrac{\sqrt{39.9^2+1.7^2}}{\sqrt{9.1^2+1.7^2}} + \ln\dfrac{\sqrt{39.9^2+13.3^2}}{\sqrt{9.1^2+13.3^2}}}{\ln\dfrac{2\times 24.5}{5.5\times 10^{-3}} + \ln\dfrac{\sqrt{49^2+11.6^2}}{11.6}} = 0.229$$

计及电晕后，耦合系数增大，由表 4-1 查出电晕修正系数 K_1，则实际的耦合系数为

$$K = K_1 K_0 = 1.25 \times 0.229 = 0.286$$

(4) 杆塔电感对铁型杆塔，一般杆身电感为 0.5μH/m，则

$$L_{gt} = 0.5 \times 29.1 = 14.5(\mu\text{H})$$

2) 雷击杆塔顶部时的分流系数由表 6-2 查得

$$\beta = 0.88$$

3) 雷击杆塔时的耐雷水平 I_1

由式(6-18)可知

$$I_1 = \frac{U_{50\%}}{(1-K)\left(\beta R_{ch} + \beta \frac{L_{gt}}{2.6} + \frac{h_d}{2.6}\right)} = 116 \text{(kA)}$$

4) 雷电流超过 I_1 的概率

由式(5-1)可得

$$P_1 = 8.4\%$$

5) 计算绕击耐雷水平 I_2

由式(6-7)可得

$$I_2 = \frac{1410}{100} = 14.1 \text{(kA)}$$

6) 雷电流超过 I_2 的概率

由式(5-1)可得

$$P_2 = 75\%$$

7) 击杆率 g、绕击率 P_α、建弧率 η

由表6-1查得击杆率

$$g = \frac{1}{6}$$

由式(6-19)计算可得

$$P_\alpha = 0.144\%$$

由式(6-29)计算可得

$$\eta = 0.80$$

8) 线路的雷击跳闸率 n

$$n = 0.28 \times (11.6 + 4 \times 24.5) \times 0.8 \times \left(\frac{1}{6} \times \frac{8.4}{100} + \frac{0.144}{100} \times \frac{75}{100}\right) = 0.37 \text{ (次/(100km·年))}$$

即该线路每100km每年因雷击而引起的跳闸次数为0.37次。

6.4 输电线路的防雷措施

长期以来，电力系统以提高线路耐雷水平、降低雷击跳闸率为目的，开展了大量的输电线路防雷技术研究和措施改造工作，取得了显著的成效。但是，在输电线路的设计与运行中，由于对线路走廊的雷电活动特征掌握不够全面，线路结构及地形地貌特征未能全面考虑，使得目前的防雷设计及措施改造还处于简单、粗放的状态，缺乏针对性，技术经济性不强。因此，应充分考虑线路走廊雷电活动的差异、线路结构特征的差异以及地形地貌的差异，对输电线路防雷技术及措施的技术原理、应用目标及原则、综合效益、技术前景等进行综合评估，以"差异化防雷"的思想指导输电线路防雷，提高防雷技术的技术性和经济性。

输电线路防雷技术，是根据雷击线路造成故障的原因和特点，采用多种手段来减小线路遭受雷击发生跳闸的概率，降低雷击危害的雷电防护技术。

架空输电线路雷害事故的形成通常要经历4个阶段：线路遭受雷击、线路发生闪络、线路由冲击闪络建立起稳定的工频电弧、线路供电中断。针对雷害事故形成的这4个阶段，目前输电线路防雷技术相应地分为4类。

(1) 防直击导线技术，即防止导线直接遭受雷击，如架设避雷线、减小避雷线保护角、加装各种形式的避雷针等。

(2) 防闪络技术，即防止输电线路遭受雷击后发生闪络，如降低杆塔接地电阻、架设耦合地线、安装线路避雷器等。

(3) 防建弧技术，即防止输电线路发生闪络后建立稳定的工频电弧。

(4) 防停电技术，即防止输电线路雷击跳闸后重合闸不成功造成电力中断，如加装并联间隙等。

另外，从认识雷害、分析雷害、解决雷害的技术来说，目前还有一种用于指导线路防雷设计和防雷措施改造的输电线路防雷实用技术，如雷害活动图技术。

输电线路防雷设计的目的是提高线路的耐雷性能，降低雷击跳闸率。输电线路雷害事故主要是雷击杆塔或避雷线造成的反击事故，感应雷过电压对线路构成的危害较小，在一些特殊地段还易发生绕击事故。结合输电线路雷电的活动规律、地理条件、气象条件采取针对性的防雷措施，如降低杆塔冲击接地电阻、架设耦合地线、装线路避雷器、加侧向避雷针和加强绝缘等可以取得有效的防雷保护效果。

1. 架设避雷线

架设避雷线是高压和超高压输电线路最基本的防雷措施，其主要作用是防止雷直击导线。此外，避雷线对雷电流还有分流作用，可以减小流入杆塔的雷电流，使塔顶电位下降；与导线之间的耦合也可降低绝缘上的过电压。

避雷线通常应在每基杆塔处接地，超高压线路上，正常的工作电流将在每个档距中两个避雷线所组成的闭合回路里感应出电流，并产生附加功率损耗，为了降低正常工作时避雷线中电流所引起的附加损耗和将避雷线兼作通信用，可将避雷线经小间隙对地绝缘起来。线路正常运行时，避雷线对地绝缘；线路遭受雷击时此小隙击穿，避雷线接地。

330kV及以上应全线架设双避雷线，220kV应全线架设避雷线，110kV线路一般应全线架设避雷线，但在少雷区或运行经验证明雷电活动轻微的地区可不沿线架设避雷线，保护角一般取11°～30°，对于330kV和220kV双避雷线路，一般采用20°左右，在南方多雷地区或绕击事故多的山区可采用0°保护角或负保护角。究竟采用多大的保护角，各地要根据各地的雷电活动情况，地理、地貌和运行经验确定。

保护角是影响输电线路绕击耐雷性能的重要因素之一，减小避雷线的保护角，输电线路的绕击率就会随之下降，从而使输电线路的绕击跳闸率降低。根据电气几何模型的观点，减小避雷线的保护角，可以提高避雷线对导线的屏蔽性能，在相同幅值雷电流下，可以减小导线的暴露距离，还可以减小可能发生的最大绕击电流，这两个因素使线路绕击跳闸率减小。

减小避雷线保护角技术是利用适当的方法减小避雷线的保护角，提高避雷线对导线的屏蔽性能，减小导线受绕击的概率，从而有效降低输电线路绕击跳闸率的一种输电线路防雷技术。在南方多雷的山区，减小避雷线的保护角加大避雷线的屏蔽效果是防止绕击事故的有效措施。

减小避雷线保护角的方法大致可以分为以下几种。

(1) 保持避雷线和导线的高度不变，减小它们之间的水平侧向距离，使保护角减小。

(2) 保持避雷线高度不变(即保持杆塔结构高度不变)，通过增加绝缘子片数，降低导线挂线点高度来减小保护角，同时也增加了绝缘子串的长度，提高了绝缘子串的耐受电压。

(3) 保持导线高度不变，通过增加避雷线的高度(即增加杆塔结构高度)来减小保护角。

对旧输电线路进行改造时，虽然减小保护角可以直接有效地降低输电线路的雷击跳闸率，但是改造工程复杂、需要停电对杆塔结构进行改造，施工周期长、费用高、难度大，总体经济性不高。

对于新建线路，应用减小保护角技术只需要对杆塔重新设计，不需要对线路进行额外改造。因此，相对于老线路来说，投资较少。若用外移避雷线的方法来减小避雷线和导线之间的水平距离，由于避雷线外移，杆件的应力增大，杆塔的重量和基础应力都随之增加，线路的投资成本有所增加；若用内移导线的方法来减小保护角，如紧凑型线路，杆塔的尺寸减小，输电走廊也减小，造价会更低；若用增加绝缘子片数，降低导线挂线点高度来减小保护角，杆塔的重量和应力都随之增加，线路的投资成本增加，但同时线路的绝缘得到加强，对提高绝缘子闪络电压较为有利；若用增加避雷线高度来减小保护角，需要增加杆塔投资费用。因此各地应根据实际情况采用适合当地特点的方式。

在使用中减小避雷线保护角应注意如下问题。

(1) 将避雷线外移，减小避雷线和导线之间的水平距离来减小保护角时应注意避雷线不能外移太多，应保证杆塔上两根地线之间的距离不应超过地线与导线间垂直距离的5倍。

(2) 使用将导线内移的方法来减小保护角，可以避免杆塔重量增加和基础应力增大的问题，还可以建造更紧凑的输电线路，减小输电走廊。

2. 降低杆塔接地电阻

架空线路杆塔接地对电力系统的安全稳定运行至关重要，降低杆塔接地电阻是提高线路耐雷水平，减少线路雷击跳闸率的主要措施。特别是一些位于山区、多雷区的线路由于杆塔接地电阻高而产生的雷击闪络事故相当多，经常发生的雷电绕击、反击，使线路跳闸，影响了电网的安全稳定运行。对线路杆塔接地进行降阻改造是提高线路耐雷水平、降低线路雷击跳闸率的有效措施。

架空线路杆塔接地的主要目的是防雷保护，在土壤电阻率高的山区，因雷电活动十分强烈，采取以防雷为主的措施，尽可能降低冲击接地电阻。

雷击杆塔时塔顶电位与杆塔接地电阻密切相关，降低杆塔接地电阻是提高线路耐雷水平，防止反击的最基本、最有效的措施。我国规程规定杆塔的工频接地电阻一般为 10～30Ω。

降低杆塔接地电阻技术是通过降低杆塔的冲击接地电阻来提高输电线路反击耐雷水平的一种输电线路防雷技术。

传统的降低杆塔接地电阻的方法主要分为物理降阻和化学降阻。物理降阻包括更换接地电极周围土壤、延长接地电极、深埋接地电极、使用复合接地体等。化学降阻主要是指在接地电极周围敷设降阻剂，通过降低土壤电阻率来达到降低接地电阻的目的。通过降低杆塔接地电阻来降低输电线路雷击跳闸率的原理是：当杆塔接地电阻降低时，雷击塔顶时，塔顶电位升高的程度降低，绝缘子所承受的过电压程度也降低，从而使线路的反击耐雷水平提高，有效降低线路的雷击跳闸率。

降低杆塔接地电阻原理：接地电阻与接地电极的形式和土壤电阻率有关，通过改变接地电极的形状、尺寸、埋深以及土壤电阻率可以改变杆塔接地电阻。降低杆塔接地电阻的主要方法有：增加射线长度、采用垂直接地体、采用降阻剂或接地模块降低土壤电阻率等。对于平原地区，特别是土壤电阻率较低的区域，按照常规的设计，接地电阻值即能达到要求，而在山区、高土壤电阻率地区，如何有效地降低接地装置的接地电阻值，如何用较少的投资获得较好的降阻效果，目前仍然是电力系统中广大工程技术人员面对的主要技术难题。

输电线路接地电阻超标的杆塔往往是山区地质复杂的地段，在这些地段由于土壤电阻率高，地形复杂，交通不便，要把杆塔的接地电阻降下来往往非常困难，然而越是降阻困难的地段往往又是雷电活动频繁、雷害事故多的地段，这就要求在杆塔接地降阻改造时要根据具体的地形、地势和土壤电阻率，做特殊的设计，充分利用杆塔所在处的地形，采用切实可行的降阻措施。

在测试山区线路杆塔的接地电阻时，往往会因为现场的特殊地形条件或测量方法不当等原因，使得测试的结果不真实，数值偏低，造成误判断。如测量线太短，电流线、电压线分别采用 40m 和 20m，电流线 40m 只相当于杆塔接地体射线的长度，电压极更是在杆塔接地体范围之内。

在实际工程中，还发现采用一些不当的降阻措施，如对杆塔进行降阻时不管地质结构如何，采用打深井的方法进行降阻处理。且不说其降阻效果如何，因为杆塔接地的主要作用是防雷，而雷电流属于高频电流，有很强的趋肤效应，在地中的流动也只是沿地表散流，深层土壤并不起作用。因而送电线路杆塔接地应以水平射线结合降阻剂降阻的方法进行降阻改造。充分利用现场地势，沿等高线做水平射线，或在山岩地带利用山岩裂缝铺设水平接地体并施加膨润土类降阻剂可有效降低杆塔接地电阻。

通过降低杆塔接地电阻来降低线路反击跳闸有明显的效果，对于 220kV 及以下电压等级的输电线路尤其如此。在输电工程中，杆塔接地电极的造价在总造价中所占的比例很低，不到 1%，通过改善接地电阻来提高线路耐雷水平的成本并不高，降低雷击跳闸率的经济效益十分明显。

对于一般高度的杆塔，降低杆塔接地电阻是提高线路耐雷水平、防止反击的有效措施。《规程》规定，有避雷线的线路，每基杆塔(不连避雷线时)的工频接地电阻，在雷雨季节干燥时的数值如表 6-5 所示。

表 6-5　有避雷线线路杆塔的工频接地电阻

土壤电阻率/(Ω·m)	100 及以下	100～500	500～1000	1000～2000	2000 以上
接地电阻/Ω	≤10	≤15	≤20	≤25	≤30

3. 架设耦合地线

架设耦合地线是在雷害事故多发区，在导线下方加设一条接地线，以提高线路的反击耐雷水平，降低反击跳闸率的防雷技术，一般应用在雷害事故较多的线路或线段。根据架设的位置不同，架设耦合地线技术分为两类，把直接增设在线路导线下方的称为直挂式耦合地线，平行架设在线路两侧(或一侧)的称为侧面耦合地线。架设耦合地线提高线路反击耐雷水平的机理包括两个方面，一方面耦合地线可以增加导线和地线之间的耦合作用，雷击塔顶时在导线上产生更高的感应电压，从而减小绝缘子串承受的冲击电压；另一方面耦合地线可以增大分流，特别是在接地电阻较高时，可使雷电流易于通过邻近杆塔的接地装置散流，从而降低塔顶电位。架设在线路两侧的耦合地线即侧面耦合地线，位于导线两侧，有效地增加了地线的屏蔽作用，对线路防绕击有较好的作用。对于线路雷击故障频发的运行线路段可以采用架设耦合地线的补救措施。耦合地线是一种有效的防绕击措施，因为：①它具有分流作用和增大导、地线之间的耦合系数，减少了等值波阻抗，使得绝缘子上的电压减小，使线路不易发生闪络，从而提高耐雷水平；②对雷击杆塔雷电流的分流作用增加，使塔顶电位降低；③能提高杆线处的"地"电位面，使杆塔有效高度相应减小(因导线所处大气电场等电位面相应降低)，从而在雷击塔顶时导线上感应电压分量减小，相当于杆塔本身电感量减少，利于提高耐雷水平，降低跳闸率。运行经验表明，安装耦合地线是降低线路雷击跳闸率的重要措施。

架设耦合地线主要有如下优点。

(1) 在雷害事故频发区，架设耦合地线对于降低线路雷击跳闸率的效果是比较明显的，尤其是山区输电线路，可根据具体条件采用。

(2) 侧面耦合地线因其位于导线两侧，有效地增强了地线的屏蔽作用，对线路防绕击有较好的作用。

(3) 在一些 110kV 山区单杆线路，耦合地线还有平衡另侧导线荷重，减轻歪头的作用。

架设耦合地线的缺点是施工困难，受地形条件限制，增加线路运行的电能损耗，还有可能需要砍伐树木。

架设耦合地线的目的是提高输电线路的反击耐雷水平，降低线路雷击跳闸率。在高土壤电阻率地区，当跳闸事故频繁，而又难以降低接地电阻时，可采取架设耦合地线技术。

耦合地线的装设受杆塔结构、强度、弧垂对地距离、地形地貌等诸多因素的影响和限制，应用此项技术时应注意以下事项。

(1) 应充分考虑耦合地线与导线的电气距离配合，特别是交叉跨越时的配合。

(2) 由于在导线下面增设的耦合地线，增加了杆塔荷载，部分杆塔及挂线点需要补强及增设，因此，应做好杆塔强度的校核工作。

(3) 应按照设计规程要求，在架设耦合地线前，做好耦合地线对地距离的校核工作，以确保人身的安全,同时防止送电线路设施的人为破坏。

表6-6所示为我国两条有耦合地线线路的运行指标。

表6-6 两条有耦合地线线路耐雷性能比较

线 路	对比段线总长/km	架耦合地线前运行/(km·年)	架耦合地线后的跳闸率/(次/(km·年))
220kV GX 线 (82雷暴日)	86.2	681	2.49
		345	1.16
220kV XH 线 (60雷暴日)	49.2	199	4.01
		388	2.57

4. 采用不平衡绝缘方式

为了节省线路走廊用地,在现代高压及超高压线路中,采用同杆架设双回线路的情况日益增多。为了避免线路落雷时双回路同时闪络跳闸而造成完全停电的严重局面,在采用通常的防雷措施仍无法满足要求时,可采用不平衡绝缘的方案。亦即使一回路的三相绝缘子片数少于另一回路的三相,这样在雷击线路时,绝缘水平较低的那一回路将先发生冲击闪络。闪络后的导线相当于地线,增加了对另一回路导线的耦合作用,提高了另一回路的耐雷水平。采用不平衡绝缘的方案由于使其中一回路先发生冲击闪络,影响了电网的供电可靠性,因而在输电线路中已很少采用。

5. 装设自动重合闸

由于雷击造成的闪络大多能在跳闸后自行恢复绝缘性能,大多数雷击造成的冲击闪络和工频电弧在线路跳闸后能迅速去游离,线路绝缘不会发生永久性的损坏或老化,因此,重合闸成功率较高。据统计,我国110kV及以上高压线路重合成功率为75%~95%,35kV及以下线路为50%~80%。因此,各级电压的线路装设自动重合闸可以有效减少线路因雷击引起的事故。

6. 采用消弧线圈接地方式

对于雷电活动强烈、接地电阻又难以降低的地区,可考虑采用中性点不接地或经消弧线圈接地的方式,能使雷电过电压引起的相对地冲击闪络不形成稳定的工频电弧。绝大多数的单相着雷闪络接地故障能被消弧线圈消除,而在两相或三相着雷时,雷击引起第一相导线闪络并不会造成跳闸,闪络后的导线相当于地线,增加了耦合作用,使未闪络相绝缘子串上的电压下降,从而提高了耐雷水平。我国的消弧线圈运行方式效率良好,雷击跳闸率可降至1/3左右。

7. 装设线路避雷器

线路避雷器技术是通过在线路雷电活动强烈或土壤电阻率较高的线路区间以及线路绝缘较弱的地方装设避雷器,一般在线路交叉处和大跨越高杆塔等处将其与线路绝缘子串并联,提高安装处线路的绕击和反击耐雷水平,并有效保护绝缘子不闪络,从而降低雷击跳闸率的一种防雷技术。

线路避雷器因其结构不同分为带串联间隙型线路避雷器和无间隙型线路避雷器。

线路避雷器提高耐雷水平的主要技术原理为：将线路避雷器与绝缘子串并联安装，当雷电绕击线路或雷击杆塔在绝缘子串两端产生的过电压超过避雷器动作电压时，避雷器可靠动作，利用阀片的非线性伏安特性，限制避雷器残压低于线路绝缘子串的闪络电压；雷电流经过避雷器泄放后，流过避雷器的工频电流仅为毫安级，工频电弧在第一次过零时熄灭，线路两端断路器不会跳闸，系统恢复到正常状态。装设线路避雷器后，线路能够耐受的雷电流超过安装前线路的耐雷水平，从而提高了线路的绕击和反击耐雷水平。

线路避雷器技术的目标是提高其保护范围内线路段的绕击和反击耐雷水平，从而降低该线路段的雷击跳闸事故率，从而减少线路的非计划停电时间，提高供电可靠性。

线路避雷器的应用要根据线路所处的地理条件和实际运行情况，因地制宜地安装才能取得较好的效果，使用时应注意以下原则。

(1) 应用线路避雷器对110kV和220kV输电线路进行防雷保护具有较好的技术性及经济性。

(2) 避雷器的保护范围有限。一般一个杆塔上的避雷器只能防护两侧一个档距内的雷击，事先应结合运行经验和理论分析，合理选择线路避雷器的安装地点、位置和数量。

(3) 正确分析线路跳闸是由于雷电绕击导致还是反击导致，根据不同的雷害原因，经济、合理、有效地安装线路避雷器。如果安装线路避雷器的主要目的是防绕击，则只需在易绕击相安装线路避雷器，但需要特别注意：没安装避雷器的相仍有发生闪络的可能性；如果安装线路避雷器主要目的是防反击，一般应安装三相避雷器才有良好的效果。

(4) 从线路运行的可靠性来说，宜采用带串联纯空气间隙的线路型避雷器。

易击段、某些降低接地电阻有困难或对防雷有特殊要求的局部线路段安装合适的线路避雷器是防止雷击跳闸事故的一个非常有效的措施。因为避雷器动作后限制了绝缘子两端的电位差，可以有效防止反击的发生。

线路避雷器安装方案的制定应基于以下方法。

(1) 避雷器的安装方法：安装线路避雷器防雷必须考虑技术经济性，要以最少的投入达到最好的效果，尽量减少安装的避雷器数量又要达到防雷目的，但安装数量应足够，否则由于雷击的分散性、统计性和不确定性，看不出效果。选点、选量、选相是至关重要的，应选择多雷区且易遭雷击的线路段中被雷击频度最大的杆塔。

(2) 安装数量、相别的原则是：安装在易绕击相，并根据易绕击的相数确定数量，既提高杆塔的反击耐雷水平又减少绕击跳闸。由于雷击一相放电最多，其次是两相放电，最少是三相放电，因此，原则上尽量按安装一相考虑，雷击两相放电多的安装两相，雷击三相放电多的安装三相。

8. 加强绝缘

由于输电线路个别地段需采用大档距跨越杆塔，也就增加了杆塔的落雷机会。高塔落雷时塔顶电位高，感应过电压高，而且受绕击的概率也较大。为降低线路跳闸率，可以增加绝缘子串片数，加大档距跨越避雷线与导线之间的距离，以加强线路绝缘。《规程》规定,全高超过 40m 有避雷线的杆塔,每增高 10m 应增加一片绝缘子;全高超过 100m 的杆塔,绝缘子数应结合运行经验通过计算确定。在 35kV 及以下线路可采用瓷横担等冲击闪络电压较高的绝缘子串来降低雷击跳闸率。

阅读材料 6-1

架 空 地 线

德国的 Peterson 于 1914 年提出利用接地避雷线防雷的理论,认为其作用在于降低输电线路绝缘上的感应过电压。到 20 世纪 30 年代初期,避雷线虽已使用多年,对其作用仍无统一认识。美国的 Peek 和 Lewis 认为,威胁输电线路绝缘的不仅是直击雷,还有感应雷。Peek 首先提出了划弧线确定保护范围的计算方法。他认为,架设避雷线,首先是防护感应雷。而 Atherton 和英国的 Simpson、瑞典的 Norrinder 以及德国、瑞士的一些学者则认为感应雷对高压线路并无危险。苏联学者 1931 年提出,对于 66kV 及以上线路只有直击雷是危险的,避雷线应着眼于防止直接雷击。20 世纪 30 年代末期,德国研究了雷击输电线路时雷电流在各相邻杆塔的分布,实际上引入了分流系数的概念。到 20 世纪 30 年代末期已经明确,100kV 及以上线路,避雷线是防护直击雷的基本保护装置,应架设得足够高,并具有良好的接地装置。事实上,从 1928 年开始,Towne 就已研究了管型接地体的冲击特性。以后,又有人研究了放射型和伸长型接地体的冲击特性,以适应直击雷防护的泄流需要。但是,一种新的正确认识往往在相当长的时间内还有旧的认识与之并存。直到 20 世纪 40 年代初,一些文献还认为防感应雷是避雷线的主要目标。有些美国书籍甚至主张将避雷线架设在导线下面,并提出这样的数据:架设一根避雷线,可将感应过电压降低到 1/2;架设两根避雷线,降低到 1/3。不过,到了 20 世纪 40 年代中期,所谓"直击雷理论"就将"感应雷理论"完全取代了。有趣的是,20 世纪 60 年代初,我国输电线路防雷工作者(浙江省电力部门)提出山区线路当接地难于达到要求或雷击频繁地段,可在线路导线下敷设 1~2 根接地耦合线以增大分流系数和导地线间的耦合系数,从而提高耐雷水平和降低雷击跳闸率一半左右(降至原值的)。1976 年开始列入过电压保护规程等标准中,至今仍是山区输电线路防雷的一个有效措施。后来得知,在我国之后若干年,澳大利亚在 330kV 超高压输电线路上也采用耦合地线防雷技术。

(中国电力百科全书)

6.5 发电厂、变电站的防雷保护

发电厂、变电站是电力系统的中心环节,一旦发生雷击事故,将造成大面积停电,此外,发电机、变压器等电气设备价格昂贵,且其内绝缘击穿后大多没有自恢复能力,因此,要求发电厂、变电站的防雷保护必须十分可靠。

发电厂、变电站遭受雷害可能来自两方面:雷直击于发电厂、变电站;雷击线路产生的雷电波沿线路侵入发电厂和变电站。

6.5.1 发电厂、变电站的直击雷保护

发电厂和变电站的直击雷保护一般采取避雷针和避雷线,应使发电厂和变电站所有设备均处于避雷针保护范围之内,但雷击于避雷针或避雷线后,它们的地电位可能提高,如果与被保护设备比如厂房、冷却塔等距离较近,则避雷针避雷线可能向被保护设备放电,这种现象叫反击或逆闪络。按照运行经验,凡符合规程要求装设避雷针和避雷线的发电厂和变电站,发生绕击和反击的事故率很低,每年每100个变电站发生绕击和反击的次数约为0.3次,防雷效果很好。

按照安装方式的不同,避雷针分为独立避雷针和构架避雷针两类。独立避雷针安装在变电站的边缘部分,需单独设置接地装置,其接地电阻一般不超过10Ω;构架避雷针直接安装在构架上,并将其接地与变压器接地网相连。

1. 独立避雷针

当雷击独立避雷针时,如图6.9所示,雷电流流过避雷针和接地装置,避雷针上将出现很高的电位。设避雷器高度h处的电位为u_a,避雷针接地装置上的电位为u_d,则

$$u_a = L\frac{di}{dt} + iR_i \tag{6-33}$$

$$u_d = iR_i \tag{6-34}$$

式中　L——避雷针的等值电感(μH),其值等于避雷针杆塔L_0和雷击点至接地点距离h的乘积。

　　　R_i——避雷针的冲击接地电阻(Ω);

　　　i——雷电流(kA);

　　　$\frac{di}{dt}$——雷电流平均上升速度(kA/μs)。

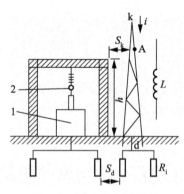

图6.9　雷击独立避雷针
1—变压器;2—母线

取雷电流幅值为100kA,雷电流平均陡度$\frac{di}{dt} = \frac{100}{2.6} = 38.46$kA/μs,避雷针等值电感为1.55μH/m,则

$$u_a = 100R_i + 60h \tag{6-35}$$

$$u_d = 100R_i \tag{6-36}$$

可见，避雷针及其接地装置上的电位 u_a、u_d 与冲击接地电阻 R_i 成正比，接地电阻越小，u_a 和 u_d 越低。

为防止避雷针对被保护物发生反击，避雷针和被保护物间的空气间隙 S_k 应满足一定距离。若取空气的平均耐压强度为 500kV/m，则 S_k 应满足

$$S_k > 0.2R_i + 0.1h \quad (m) \tag{6-37}$$

同样，为防止避雷针接地装置与被保护设备接地装置间发生反击，两接地装置在土壤中的间隙 S_d 也应满足一定距离。取土壤的平均耐电强度为 300kV/m，则 S_d 应满足

$$S_d > 0.3R_i \tag{6-38}$$

一般情况下，S_k 不得小于 5m，S_d 不得小于 3m。

对于 35kV 及以下的变电站，因其绝缘水平较低，必须安装独立避雷针，安装时应满足不发生反击的条件。单独避雷针的接地电阻不应大于 10Ω，如果接地电阻过大，S_k 和 S_d 将增大，使架设的避雷针高度增加，从经济上考虑不合理。

2. 构架避雷针

对于 110kV 及以上电压等级的变电站，由于电气设备的绝缘水平较高，在土壤电阻率不高的地区，可采用构架避雷针，将避雷针直接装设在配电装置的构架上，可以节约投资，便于布置。雷击避雷针时在配电装置上出现的高电位不会造成反击事故。土壤电阻率大于 1000Ω·m 的地区，不宜装设构架避雷针。

装设避雷针的配电构架应装设辅助接地装置，并且此接地装置与变电站接地网的连接点离主变压器接地装置与变电站接地网的连接点之间的距离不应小于 15m，这样雷击避雷针时在避雷针接地装置上产生的高电位沿接地网向变压器接地点传播的过程中逐渐衰减，不会造成变压器的反击事故。变压器的绝缘较弱，所以变压器门型构架上不应装设避雷针。

安装避雷针时还应注意以下问题。

(1) 独立避雷针应距道路 3m 以上，否则应敷设碎石或沥青路面(厚度 5~8cm)，以确保人身不受跨步电压的危害。

(2) 严禁将架空照明线、电话线等装在避雷针上或其下的构架上。

(3) 如确需要在独立避雷针上或者在装有针的构架上装设照明灯时，则这些灯的电源线必须采用铅皮，或将全部装入金属管内，并应将电缆或金属管道直接埋入地中长度 10m 以上时，才允许电缆或金属管道的端头与 35kV 及以上配电装置的接地网相联，低压电源线与屋内低压配电装置相联。机力通风冷却塔上电动机的电源线、烟囱下引风机的电源线也应如此处理。

(4) 发电厂主厂房上一般不装避雷针，以免发生感应或反击使保护误动或造成绝缘损坏。

关于线路终端塔上的避雷线能否与变电站构架相联的问题，由于避雷线有两端分流的作用，所以其规定比避雷针放宽一些。即 110kV 及以下时允许相联(但 ρ > 1000Ω·m 时应

加装 3～5 根接地极),35kV 时只有当 ρ 不大于 500Ω·m 时才允许相联,但需加装 3～5 根接地极。220kV 及以上则不允许相联,两端应独立接地。终端塔上则允许装设避雷针以保护最后一档线路。

6.5.2 35kV 及以上变电站的进线段保护

运行经验表明,变电站的雷电侵入事故中 50%是由雷击离变电站 1km 以内的线路引起的,70%是由雷击 3km 以内的线路引起的。所以,要求变电站的线路进线段有专门的保护方式,进线保护的作用是限制流经避雷器的雷电流和限制入侵波的陡度。

当线路遭受雷击时,将有行波沿输电线向变电站移动,而导线的冲击耐压比变电站内设备耐压强度高,线路一旦遭受雷击,流过避雷器的雷电流幅值和陡度都可能超过规定值,所以在靠近变电站 1～2km 的一段进线上需加强防雷保护措施,称此段线路为进线段。对于 35～110kV 全线无避雷线的线路,进线段必须架设避雷线,避雷线对导线的保护角取为 20°,以尽量减少绕击率。架设避雷线后可以保证雷电波只在进线段外出现,进线段内出现雷电波的概率大大降低;对于 110kV 及以上全线架设避雷线的输电线路,把靠近变电站的 2km 长的这段线路也称为进线段,在这段线路内应使保护角减少,并使进线段线路有较高的耐雷水平。进线段耐雷水平较高,规程规定的不同电压等级进线段耐雷水平见表 6-7。

表 6-7 进线保护段耐雷水平

额定电压/kV	35	66	110	220	330	500
耐雷水平/kA	20～30	60	40～75	75～110	10～150	125～175

当进线段外发生雷击事故时,由于进线段导线本身有阻抗,限制了流过避雷器的雷电流幅值,同时,进线段内导线上产生的冲击电晕,使入侵波的幅值和陡度都下降。而变电站内设备距离避雷器的最大电气距离是根据进线段以外落雷计算的,这样就可以保证进线段以外落雷时变电站不发生事故。

未沿全线架设地线的 35～110kV 线路,其变电站的进线段应采用图 6.10 所示的保护接线。在雷季,变电站 35～110kV 进线的隔离开关或断路器经常断路运行,同时线路侧又带电时,应在靠近隔离开关或断路器处装设一组 MOA。

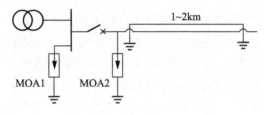

图 6.10 35kV 及以上变电站的进线段保护接线

对于全线架设地线的 66～220kV 变电站,当进线的隔离开关或断路器经常断路运行,同时线路侧又带电时,宜在靠近隔离开关或断路器处装设一组 MOA。

为防止雷击线路断路器跳闸后待重合时间内重复雷击引起变电站电气设备的损坏,多雷区及运行中已出现过此类事故的地区的 66～220kV 敞开式变电站和电压范围Ⅱ(252kV

$<U \leqslant 800kV$)变电站的 66~220kV 侧,线路断路器的线路侧宜安装一组 MOA。

发电厂、变电站的 35kV 及以上电缆进线段,电缆与架空线的连接处应装设 MOA,其接地端应与电缆金属外皮连接。对于三芯电缆,末端的金属外皮应直接接地,如图 6.11 所示。对于单芯电缆,应经金属氧化物电缆护层保护器(CP)接地,如图 6.12 所示。电缆长度不超过 50m 或虽超过 50m,但经校验装一组 MOA 即能符合保护要求时,图 6.11、图 6.12 中可只装 MOA1 或 MOA2。电缆长度超过 50m,且断路器在雷季经常断路运行时,应在电缆末端装设 MOA。连接电缆段的 1km 架空线路应架设地线。全线电缆—变压器组接线的变电站内是否装设 MOA,应根据电缆另一端有无雷电过电压波侵入的可能,经校验确定。

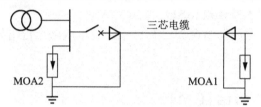
图 6.11 三芯电缆段的变电站进线保护段

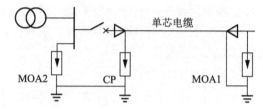
图 6.12 单芯电缆段的变电站进线保护段

6.5.3 三绕组变压器的防雷保护

前面已经介绍过变压器绕组中波的传递过程,当变压器高压侧有雷电波侵入时,通过绕组间的静电和电磁耦合,低压侧也会出现过电压。但实际上,双绕组变压器正常工作时,高低两侧断路器都是闭合的,而且两侧都装有避雷器,一侧来波,传递到另一侧的过电压不会损坏绕组。

三绕组变压器正常运行时,可能出现只有高、中绕组工作低压绕组断开的情况。这时,如果高压或中压侧有雷电波作用时,处于开路状态的低压绕组对地电容较小,低压绕组上的静电感应分量可达到很高的数值以致危及低压绕组的绝缘。静电分量使得低压绕组三相电压同时升高,因此,为了限制这种过电压,可以在低压绕组任一相出线端对地加装一个避雷器。如果变压器低压绕组连有 25m 以上金属外皮电缆,因其对地电容增大,足以限制静电感应分量,可以不加装避雷器。三绕组变压器的中压侧开路运行时,由于中压侧绝缘水平较高,一般不用装设为限制静电耦合电压的避雷器。

对于自耦变压器,应在其两个自耦合的绕组上装设 MOA,该 MOA 应装在自耦变压器和断路器之间,如图 6.13 所示。

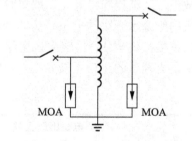
图 6.13 自耦变压器的 MOA 保护

6.6 配电系统的防雷保护

配电网一般设备较多,担负向广大用户供电的任务。由于配电网电压等级较低,往往容易发生雷害事故。

根据运行经验,10~35kV 配电系统中,配电变压器的高压侧应靠近变压器装设 MOA。该 MOA 接地线应与变压器金属外壳连在一起接地。

10~35kV 配电变压器的低压侧宜装设一组 MOA,以防止反变换波和低压侧雷电侵入波击穿绝缘。该 MOA 接地线应与变压器金属外壳连在一起接地。

10~35kV 柱上断路器和负荷开关应装设 MOA 保护。经常断路运行而又带电的柱上断路器、负荷开关或隔离开关,应在带电侧装设 MOA,其接地线应与柱上断路器的金属外壳连接,接地电阻不宜超过 10Ω。

装设在架空线路上的电容器宜装设 MOA 保护。MOA 应靠近电容器安装,其接地线应与电容器金属外壳连在一起接地,接地电阻不宜超过 10Ω。

架空配电线路使用绝缘导线时,应根据雷电活动情况和已有运行经验采取防止雷击导线断线的防护措施。

6.7 旋转电机过电压防护

6.7.1 概述

旋转电机是电力系统的重要设备,主要包括发电机、同步调相机、变频机和大型电动机等。旋转电机的防雷保护比变压器困难,雷害率也较高,所以要求有可靠的防雷保护。

旋转电机与输电线的连接有两种形式,一种是经变压器与导线相连的电机,简称非直配电机;另一种是直接与导线连接的电机,简称直配电机。

旋转电机的防雷保护包括电机主绝缘、匝间绝缘和中性点绝缘保护。

(1) 旋转电机具有高速旋转的转子,绕组绝缘只能依靠固体介质绝缘,与变压器以液体和固体联合绝缘相比较,其绝缘更易受潮和被污染;制造过程中也易受损或如留有气隙等,运行时这些绝缘隐患部位易发生游离,在过电压作用下,电场不均匀的地方易发生局部放电,逐渐使绝缘老化,严重时可能引起绝缘击穿。由于结构和制造工艺的特点,旋转电机的绝缘水平比同电压等级的变压器低得多。试验证明,电机主绝缘结构比较均匀,其冲击系数接近于 1。旋转电机主绝缘的出厂冲击耐压值与变压器出厂冲击耐压值及相应等级避雷器残压的比较见表 6-8。电机的冲击耐压值为变压器的 1/2.5~1/4。

表 6-8 发电机和变压器的冲击耐压值

电机额定电压 (有效值,kV)	电机出厂工频 耐压值 (有效值,kV)	电机出厂冲击 耐压值 (有效值,kV)	同级变压器出厂 冲击耐压值 (有效值,kV)	ZnO 避雷器 3kA 下残压 (幅值,kV)
10.5	$2U_n+3$	34	80	26
13.8	$2U_n+3$	43.3	108	34.2
15.75	$2U_n+3$	48.8	108	39

从表 6-8 可知,保护旋转电机用的避雷器的保护性能与电机绝缘水平的配合裕度很小。因此,仅靠避雷器保护电机是不够的,还必须与电容器、电抗器和电缆段等相互配合才能

实现对电机的保护。

(2) 电机匝间绝缘要求严格限制侵入波的陡度,因为发电机绕组的匝间电容很小并且不连续,迫使过电压波进入绕组后只能沿着绕组导线传播,而每匝绕组的长度远大于变压器绕组,作用在相邻两匝间的过电压与进波的陡度成正比,所以,为保护好电机的匝间绝缘,要求 $\alpha < 5\text{kV}/\mu\text{s}$。

(3) 发电机中性点一般不接地,三相进波时在直角波头情况下,中性点电压可达相端电压的 2 倍,因此,必须保护电机中性点绝缘。试验表明,将入侵波陡度限制在 $\alpha < 2\text{kV}/\mu\text{s}$ 以内时,中性点绝缘即能得到保护。

理论分析和运行经验均表明:非直配电机所受到的过电压均需经过变压器绕组间的电磁耦合,如前所述,只要变压器的低压绕组不是空载,传递过来的电压都不大,一般不会对电机绝缘造成威胁。所以只要把变压器防雷保护做好,不必对电机采取专门的保护措施。不过,对于地处多雷区的经升压变压器送电的大型发电机,可以装设一组避雷器,必要时,也可再装设并联电容和中性点避雷器,这样防雷保护可以认为足够可靠了。若发电机与变压器间有长于 50m 的架空母线或软连线时,应在电机每组出线上架设不小于 $0.15\mu\text{F}$ 的电容器或避雷器。

6.7.2 防雷保护措施

直配电机因直接与架空线相连,过电压波可直接从线路入侵,幅值和陡度都比较大,对电机威胁较大。

作用于直配电机上的过电压有两类:一类是与电机相连的架空线路上的感应雷过电压,另一类是由雷直击于与电机相连的架空线路而引起的。感应雷出现的机会较多,通过增加导线对地电容可以降低感应过电压,所以,可在发电机电压母线上装设电容器来限制作用在电机上的感应过电压。而雷直击于与电机相连的架空线路,雷电波会沿着线路侵入发电机,这是直配电机防雷的主要方面。

一般直配电机的电压等级不高,绝缘水平相对较低,所以直配电机的防雷保护要根据电机的容量、重要程度以及当地雷电活动的强度特点,采取合适的防雷保护措施,其防雷保护的主要措施如下。

单机容量在 25000~60000kW 的旋转电机,宜采用图 6.14 所示的保护接线。60000kW 以上的旋转电机,不应与架空线路直接连接。进线电缆段宜直接埋设在土壤中,以充分利用其金属外皮的分流作用;当进线电缆段未直接埋设时,可将电缆金属外皮多点接地。进线段上的 MOA 的接地端,应与电缆的金属外皮和地线连在一起接地,接地电阻不应大于 3Ω。

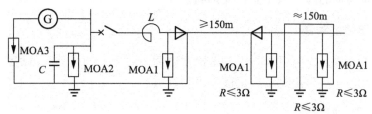

图 6.14 25000~60000kW 旋转电机的保护接线

单机容量在 6000～25000kW 的旋转电机，宜采用图 6.15 所示的保护接线。在多雷区，可采用图 6.15 所示的保护接线。

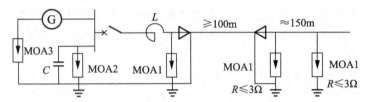

图 6.15　6000～25000kW(不含 25000kW)旋转电机的保护接线

单机容量在 1500～6000kW 或少雷区 60000kW 及以下的旋转电机，可采用图 6.16 所示的保护接线。在进线保护段长度内，应装设避雷针或地线。

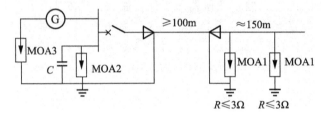

图 6.16　1500～6000kW(不含 6000kW)或少雷 6000kW 及以下旋转电机的保护接线

6.8　建筑物防雷

建筑物落雷次数的多少，不仅与当地的雷电活动频繁程度有关，还与建筑物本身的结构特征有关。旷野中孤立的建筑物和建筑群中高耸的建筑物，容易遭受雷击；另外，金属屋顶、金属构架、钢筋混凝土结构的建筑物，容易遭受雷击；地下有金属管道、金属矿藏的建筑物，以及地下水位较高的建筑物也易遭受雷击。

根据建筑物的重要性、使用性质，以及发生雷电事故的可能性和影响后果等，把建筑物按照防雷要求分为 3 类。其中一类防雷要求最高，其他以此类推。

建筑物的防雷措施，应当在当地气象、地形、地貌、地质等环境条件下，根据雷电活动规律和被保护建筑物的特点，因地制宜地采取措施，做到安全可靠、经济合理。对于第一、二类防雷建筑物，应有防直击雷和防止雷电波侵入的措施；对于第三类防雷建筑，应有防止雷电波沿低压架空线路侵入的措施，至于是否需要防止直击雷，要根据建筑物所处的环境特征，建筑物的高度以及面积来判断。

6.8.1　普通建筑物的防雷

对于普通建筑物，均要采取防止直击雷和防雷电波侵入的措施。当防雷装置与其他设施和建筑物内人员无法隔离时，应采取等电位连接。

1. 防止直击雷的措施

防止直雷击的装置一般由接闪器、引下线和接地装置 3 部分组成。

第6章 输电线路、发电厂及变电站防雷保护

1) 接闪器

接闪器的种类及安装位置见表 6-9。

表 6-9 接闪器种类及安装位置

接闪器种类	避雷针	避雷环	避雷带、避雷网	避雷线
安装位置	屋面、烟囱、水塔	烟囱、水塔顶部	屋面	架空线路的杆塔

当建筑物太高或其他原因难以装设独立避雷针、架空避雷线、避雷网时，可将避雷针、避雷网或混合组成的接闪器直接装在建筑物上，避雷网应沿屋角、屋脊、屋檐和檐角等易受雷击的部位敷设。

2) 引下线

引下线规格及安装方式见表 6-10。

表 6-10 引下线规格及安装方式

种 类	安装位置	材 料 规 格	间 距	
人工引下线	外墙(最短路径接地)	圆钢直径 8mm，扁钢厚度 4mm，截面面积 48mm²	一类防雷建筑	≤12m
			二类防雷建筑	≤18m
			三类防雷建筑	≤25m
建筑物金属构架、烟囱、金属爬梯	烟囱、水塔	圆钢直径 12mm，扁钢厚度 4mm，截面面积 100mm²		

金属屋面兼作接闪器时，金属屋面周边每隔 18～24m 应采用引下线接地 1 次；现场浇制的或由预制构件组成的钢筋混凝土屋面，其钢筋宜绑扎或焊接成闭合回路，并应每隔 18～24m 采用引下线接地 1 次。

3) 接地装置

在无爆炸危险的民用建筑内一般是共用接地装置；当与电力系统的中性点重复接地、保护接地及共用天线电视系统等接地共用接地装置时，要求联合接地装置的接地电阻应不大于 1Ω。防雷接地也可通过敷设人工接地体实现，具体包括敷设水平接地体、人工接地体和利用钢筋混凝土基础接地。

2. 防止雷电波侵入的措施

为防止雷电波入侵，可以把进入建筑物的各种线路及金属管道全线埋地引入，并在进户处将其有关部分与接地装置相连接。当低压线全线埋地有困难时，采用一段长度不小于 50m 的铠装电缆直接埋地引入，并在进户端将电缆的金属外皮与接地装置相连接；当低压线采用架空线直接进户时，应在进户处装设避雷器，该避雷器的接地引下线应与进户线的绝缘子铁脚、电气设备的接地装置连在一起。

3. 防止雷电反击的措施

雷电流流经引下线产生的高电位会对附近金属物体产生放电。当防雷装置遭受雷击时，在接闪器、引下线和接地体上都产生很高的电位，如果防雷装置与建筑物内外的电气

设备、电线或其他金属管线之间的绝缘距离不够，它们之间就会发生反击。反击也会造成电气设备绝缘破坏，金属管道烧穿，甚至引起火灾和爆炸。

防止反击的措施有两种。

(1) 将建筑物的金属物体(含钢筋)与防雷装置的接闪器、引下线分隔开，并且保持一定的安全距离 S_k：

$$S_k > 0.5 P_l \tag{6-39}$$

式中　P_l——引下线计算点到地面的长度(m)。

如果距离不能满足上述要求，金属物应与引下线相连。

(2) 当防雷装置不易与建筑物内的钢筋、金属管道分隔开时，将建筑物内的金属管道系统，在其主干管道处与靠近的防雷装置相连接，有条件时宜将建筑物每层的钢筋与所有的防雷引下线连接。

6.8.2　特殊建筑物的防雷

1. 高层建筑物的防雷

高层建筑物由于落雷次数较多，并且设置在建筑物屋面的防雷装置的保护范围不能覆盖建筑物的下部，易受雷电的侧击，所以，高层建筑物防雷保护措施比较特殊。

高层民用建筑为防止侧击雷，应在外墙表面均匀设置多层避雷带、均压环和在转角处设引下线。并且，在高层建筑物的边缘和凸出部分，少用避雷针，多用避雷带，以防雷电侧击。

目前，高层建筑的防雷设计是把整个建筑物的梁、板、柱、基础等主要结构的钢筋，通过焊接连成一体；建筑物的顶部设避雷网护顶；建筑物的腰部设置多处避雷带、均压环。这样可使整个建筑物及各层分别连成整体笼式避雷网，对雷电起到均压作用。当雷击时，建筑物各处均为等电位面，同时由于屏蔽作用，笼上各处电位基本相等，笼内空间电场强度为0，则导体间不发生反击现象，对人体和设备都安全。

建筑物内部的金属管道由于与房屋建筑的结构钢筋做电气连接，也能起到均衡电位的作用。此外，各结构钢筋连为一体，并与基础钢筋相连。由于高层建筑基础深、面积大，利用钢筋混凝土基础中的钢筋作为防雷接地体，它的接地电阻一般都能满足 4Ω 以下的要求。

2. 其他建筑物防雷

对于古迹等重要建筑，接闪装置首先应根据建筑物的特点选择避雷带或避雷针的安装方式；其次引下线应按照规定间距设置，并着重注意引下线弯曲的两点间的垂直长度；接地装置应根据建筑物的性质和游人的情况选择接地装置的方式和位置，必要的地点应做均压措施。例如，当房屋宽度较窄时，采用水平周围式接地装置较易拉平电位；采用垂直独立接地装置时，其电位分布曲线很陡，容易产生跨步电压，故其顶端应埋深在 3m 以下。对于重要的古建筑物，还应安装金属屏蔽网并可靠地接地，若条件受限，至少门窗应安装玻璃，不要留孔洞；此外，建筑内照明、动力、电话等设备都有室内和室外的管线路，应

第6章 输电线路、发电厂及变电站防雷保护

着重注意防雷系统和这些设备及其管线路的距离，建筑附近高大树木距建筑物的距离也不能太近；室外的架空线路容易引入高电位，应当加装避雷器。

对于有爆炸危险的建筑物，要考虑防止直击雷、雷电感应和沿线路的入侵波。除满足一般防雷要求外，避雷网或避雷带的引下线应加多，每隔 12m 应做 1 根，其接地电阻应不大于 10Ω；防雷系统结构及金属管线路与防雷系统连接成闭合回路，不得有放电间隙；对所有平行或交叉的金属构架和管道应在接近处彼此跨接；采用避雷针保护时，必须高出有爆炸性气体的放气管顶 3m，其保护范围也要高出管顶 1～2m。

对于有火灾危险的建筑物，最好用独立避雷针保护。如果采用屋顶避雷针或避雷带保护时，在屋脊上的避雷带应支起 60cm，斜脊及屋檐部分的连接条应支起 40cm，所有防雷引下线应支起 10～15cm。此外，防雷装置的金属部件不应穿入屋内或贴近易燃物；电源进户线及屋内电线都要与防雷系统有足够的绝缘距离。

对于烟囱或放气管，因其工作时从里冒出的热气柱和烟气，其中含有大量导电质点和气团，加之本身高度较高再加上烟气气团上升的高度，极易遭受雷击。经验证明，烟囱或放气管的实际高度在 15～20m 时，应安装避雷装置。

小　　结

首先分析了输电线路感应雷和直击雷过电压导致线路跳闸的原因，给出了雷击跳闸率的理论计算公式，通过定量计算，可以获知线路一年来遭受雷击的概率，从而提出线路防雷的有效措施；其次详细阐述了发电厂变电站的防雷保护，具体包括防直击雷保护、进线段保护、变压器防雷保护以及旋转电机和直配电机的防雷；最后简单介绍了配电网络的防雷保护和建筑物防雷的基本知识。

通过本章的学习，可以系统掌握电力系统各种情况下遭受雷击的特点以及防雷措施，在生产工作中有很强的实用性。

阅读材料 6-2

避　雷　带

避雷带是在建筑物的屋脊和屋顶四周敷设的接地导体，是由避雷针、避雷线发展而来的。德国最先采用这项技术。避雷网是在避雷带的中间敷设接地导体，以保护建筑物的中间部位。用于保护建筑物，其优点是敷设简便、造价低。而且同高耸的避雷针相比，引雷的概率大为减少。而且它接闪后一般是由多根引下线泄散电流，室内设备上的反击电压相对较低。我国建筑防雷工作者提出并在全国广泛应用的笼型防雷方式则是利用建筑物钢筋形成的法拉第笼，同时解决了等电位连接问题，极大地提高了建筑防雷的可靠性。此外，它也便于笼内(屋内)电力、电信、电子设施统一接地(共地式)。在我国，发电厂厂房、机房、变电站及主控室，包括控制和信号电缆等不同用途、不同电压设备，自 20 世纪 50 年代初

即全部采用共地式，使全站实现等电位，并制订 1952 年、1956 年以来各版过电压和接地标准。这同 IEC 近年规定、国外公司广泛宣传的统一接地和等电位连接相比，要早 40 年以上。

(中国电力百科全书)

习　题

6.1 选择题

1. 根据我国有关标准，220kV 线路的绕击耐雷水平是_____。
   A．12kA　　　　B．16kA　　　　C．80kA　　　　D．120kA
2. 避雷器到变压器的最大允许距离_____。
   A．随变压器多次截波耐压值与避雷器残压的差值增大而增大
   B．随变压器冲击全波耐压值与避雷器冲击放电电压的差值增大而增大
   C．随来波陡度增大而增大
   D．随来波幅值增大而增大
3. 对于 500kV 的线路，一般悬挂的瓷绝缘子片数为_____。
   A．24　　　　　B．26　　　　　C．28　　　　　D．30
4. 接地装置按工作特点可分为工作接地、保护接地和防雷接地。保护接地的电阻值对高压设备为_____Ω。
   A．0.5~5　　　 B．1~10　　　　C．10~100　　　D．小于 1
5. 在发电厂和变电站中，对直击雷通常采用_____、_____保护方式。
   A．避雷针　　　B．避雷线　　　C．并联电容器　D．接地装置

6.2 填空题

6. 工程上输电线路防雷性能的优劣主要用_____和_____两个指标来衡量。
7. GIS 的绝缘水平主要取决于_____。
8. 降低杆塔接地电阻是提高线路耐雷水平防止_____的有效措施。
9. 避雷针加设在配电装置构架上时，避雷针与主接地网的地下连接点到变压器接地线与主接地网的地下连接点之间的距离不得小于_____m。
10. 我国 35~220kV 电网的电气设备绝缘水平是以避雷器_____kA 下的残压作为绝缘配合的设计依据。

6.3 问答题

11. 防雷的基本措施有哪些？简要说明。
12. 电容器在直配电机防雷保护中的主要作用是什么？
13. 感应过电压是怎么产生的？如何计算？
14. 简述避雷针的保护原理和单根保护范围的计算。

15．输电线路防雷的基本措施是什么？

16．35kV 及以下的输电线路为什么一般不采取全线架设避雷线的措施？

17．变电站的直击雷防护需要考虑什么问题？为防止反击应采取什么措施？

18．一般采取什么措施来限制流经避雷器的雷电流使之不超过 5kV，若超过则可能出现什么后果？

19．说明变电站进线保护段的作用及对它的要求。

20．试述变电站进线保护段的标准接线中各元件的作用。

21．说明直配电机防雷保护的基本措施、其原理及电缆对防雷保护的作用。

第 7 章

电力弱电系统防雷保护

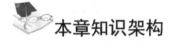 本章知识架构

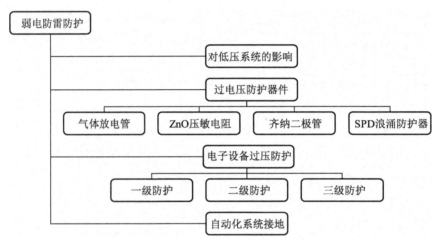

 本章教学目标与要求

熟悉雷电对电压供电系统的影响；
掌握弱电系统防护过电压器件的原理及用途；
了解电子设备过电压防护的级别；
熟悉综合自动化系统的接地技术。

第 7 章 电力弱电系统防雷保护

随着电力系统的发展,微机控制技术大量应用于现场。据我国南方某市防雷中心统计资料显示,在半年时间,某省有 30 多家电力、通信、金融及高校科研院所的计算机控制系统遭到雷击,导致网络系统瘫痪。

防雷中心专家提醒,雷击也是对网络运行安全的一大危害。雷灾与高新技术关系密切,受灾的对象也多集中在微电子器件设备上,由此每年造成的直接经济损失上千万元;其中间接雷击比直接雷击的破坏性还要强,尽管雷电不直接打在室内机房,但雷电可以通过信息传输线等导体将强电流传递到计算机终端网络,造成巨大破坏。因此,电力弱电防雷保护不容忽视。

7.1 低压供电系统的防雷保护

雷电或大容量电器设备的操作在供电系统内部产生浪涌,其供电系统(中国低压供电系统标准:AC 50 Hz,220/80V)和用电设备的影响已成为人们关注的焦点。低压供电系统的外部浪涌主要来自雷击放电,由一次或若干次单独的闪电组成,每次闪电都携带若干幅值很高、持续时间很短的电流。一个典型的雷电放电将包括二次或三次的闪电,每次闪电之间大约相隔 1/20s 的时间。大多数闪电电流在 10～100kA 的范围之内降落,其持续时间一般小于 10μs。

7.1.1 雷电对供电系统的影响

雷击对地闪电可能有如下两种途径作用在低压供电系统上。

(1) 直接雷击。雷电放电直接击中电力系统的部件,注入很大的脉冲电流,发生的概率相对较低。直接雷击是最严重的事件,尤其是如果雷击击中靠近用户进线口的架空输电线。在发生这些事件时,架空输电线电压将上升到几十万伏,通常引起绝缘闪络。雷电电流在电力线上传输的距离为一公里或更远,在雷击点附近的峰值电流可达 100kA 或以上,在用户进线口处低压线路的电流每相可达 5～10kA。在雷电活动频繁的地区,电力设施每年可能有好几次遭受雷电直击事件引起的严重雷电事故。而对于采用地下电缆供电或在雷电活动不频繁的地区,上述事件是很少发生的。

(2) 间接雷击。雷电放电击中设备附近的大地,在电力线上感应中等程度的电流和电压。间接雷击发生的概率较高,绝大部分的用电设备损坏与其有关。所以电源防雷电浪涌的重点是对这部分浪涌能量的吸收和抑制。

7.1.2 供电系统的雷电保护

对于低压供电系统,雷电浪涌引起的瞬态过电压(TVS)保护,最好采用分级保护的方式来完成。从供电系统的入口(如大厦的总配电房)开始逐步进行浪涌能量的吸收,对瞬态过电压进行分阶段抑制,如图 7.1 所示。

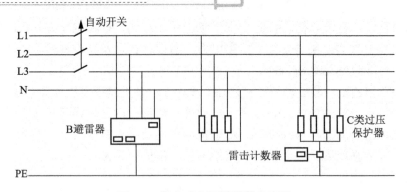

图 7.1 组合式电源避雷器示意图

(1) 第一道防线应是连接在用户供电系统入口进线各相和大地之间的大容量电源防浪涌保护器。一般要求该级电源保护器具备 100kA/相以上的最大冲击容量,要求的限制电压应小于 1500V。称为 CLASS I 级电源防浪涌保护器。这些电源防浪涌保护器是专为承受雷电和感应雷击的大电流和高能量浪涌能量吸收而设计的,可将大量的浪涌接入大地。它们仅提供限制电压(冲击电流流过 SPD 时,线路上出现的最大电压成为限制电压)为中等级别的保护,因为 CLASS I 级的保护器主要是对大浪涌电流的吸收。仅靠它们不能完全保护供电系统内部的敏感用电设备。

(2) 第二道防线应该是安装在向重要或敏感用电设备供电的分路配电设备处的电源防浪涌保护器。这些 SPD 对于通过了用户供电入口浪涌放电器的剩余浪涌能量进行更完善的吸收,对于瞬态过电压具有极好的抑制作用。该处使用的电源防浪涌保护器要求的最大冲击容量为 45kA/相以上,要求的限制电压应小于 1200V。我们称为 CLASS II 级电源防浪涌保护器。一般的用户供电系统作到第二级保护就可以达到用电设备运行的要求了。

(3) 第三道防线。可在用电设备内部电源部分使用一个内置式的电源防浪涌保护器,以达到完全消除微小瞬态的瞬态过电压的目的。该处使用的电源防浪涌保护器要求的最大冲击容量为 20kA/相或更低一些,要求的限制电压应小于 1000V。对于一些特别重要或特别敏感的电子设备,具备第三级的保护是必要的。同时也可以保护用电设备免受系统内部产生的瞬态过电压影响。

7.2 弱电系统防雷保护器件

7.2.1 气体放电管

1. 气体放电管结构

气体放电管采用陶瓷密闭封装,内部由两个或数个带间隙的金属电极,充以惰性气体(氩气或氖气)构成。当加到两电极的电压达到使气体放电管内的气体击穿时,气体放电管便开始放电,并由高阻变成低阻,使电极端的电压不超过击穿电压。

火花间隙为两个形状像牛角的电极,彼此间有很短的距离。当两个电极间的电位差达到一定程度时,间隙被击穿打火放电,由此将过电流释放入地。气体放电管可以用于数据线、有线电视、交流电源、电话系统等方面进行浪涌保护，一般期间电压范围为75～10000V，耐冲击峰值电流为20000A，可承受高达几千焦耳的放电。

优点：放电能力强，通流容量大(可做到100kA以上)，绝缘电阻高，漏电流小。

缺点：残压高(2～4kV)，反应时间慢(不大于100ns)，动作电压精度较低，有跟随电流(续流)。

2. 气体放电管的特性

气体放电管也称为避雷管。气体放电管具有很强的浪涌吸收能力、很高的绝缘电阻和很小的寄生电容，对正常工作的设备不会带来任何有害影响。但它对浪涌的起弧响应，与对直流电压起弧响应之间存在很大差异。如90V气体放电管对直流的起弧电压就是90V，而对50kV/μs的浪涌起弧最大值可达到1000V。这表明气体放电管对浪涌电压的响应速度较低，故它比较适合作为线路和设备的一次保护。

气体放电管是把一对放电间隙封装在充以放电介质(如惰性气体)的玻璃或陶瓷中，即构成气体放电管。常用的放电管冲击击穿电压在一百多伏到几千伏，一旦冲击过电压达到放电管冲击击穿电压时，管内气体电离，放电管由原来的开路状态变为近似短路。

气体放电管在电路中和被保护的设备并联。没有浪涌电压时，放电管的阻抗非常大，不会导通。当浪涌电压入侵时，放电管里的气体分子发生电离，产生出自由电子和正离子，这时气体就变得能导电了。此时，管压降下降，使设备两端电压降低，这样给浪涌电压提供了泄放通路，保护设备或系统免受雷电过电压的损坏。

放电管允许的放电电流和放电时间有关。电流越大，不损坏放电管所允许的时间就越短。放电后，放电管要经过一段所谓恢复时间才能恢复原来的特性，放电电流越小，放电时间越短，恢复时间也越短。气体放电管由于气体放电的特性，所以，它的浪涌吸收能力较大，可大于10kA(几十微秒)，但它对浪涌电压响应速度较低。

虽然放电管具有可承受很大电流冲击的能力，且体积小、价格低，但它响应速度慢，在导通期间近似变为短路，有可能造成上一级空气开关跳闸。在一些不允许短暂中断电源的场合不应采用放电管来保护。但由于其价格便宜，在一般要求不高的场合，可用它作为第一级或第二级保护元件。

3. 气体放电管的主要参数

(1) 反应时间。反应时间是指从外加电压超过击穿电压到产生击穿现象的时间，气体放电管的反应时间一般在μs数量级。

(2) 功率容量。功率容量是指气体放电管所能承受及散发的最大能量，其定义为在固定的8/20μs电流波形下，所能承受及散发的电流。

(3) 电容量。电容量是指在特定1MHz频率下测得的气体放电管两极间的电容量。气体放电管电容量很小，一般小于等于10pF。

(4) 直流击穿电压。当外施电压以500V/s的速度上升时，放电管产生火花时的电压为击穿电压。气体放电管具有多种不同规格的直流击穿电压，其值取决于气体的种类和电极间的距离等因素。

(5) 温度范围。气体放电管的工作温度范围一般为-55~+125℃。

(6) 绝缘电阻。绝缘电阻是指在外施 50V 或 100V 直流电压时测量的气体放电管电阻，一般大于 1010Ω。

7.2.2 氧化锌压敏电阻

1. 氧化锌压敏电阻器微观结构及特性

氧化锌压敏电阻器是一种以氧化锌为主体、添加多种金属氧化物、经典型的电子陶瓷工艺制成的多晶半导体陶瓷元件。它的微观结构如图 7.2 所示。氧化锌陶瓷是由氧化锌晶粒及晶界物质组成的，其中氧化锌晶粒中掺有施主杂质而呈 N 型半导体，晶界物质中含有大量金属氧化物形成大量界面态，这样，每一微观单元是一个背靠背的肖特基势垒，整个陶瓷就是由许多背靠背肖特基垫垒串并联的组合体。

氧化锌压敏电阻器的典型 V-I 特性曲线如图 7.3 所示。

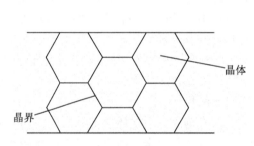

图 7.2 微观结构

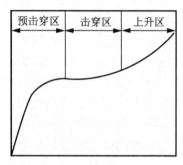

图 7.3 压敏电阻器伏安特性曲线

预击穿区：在此区域内，施加于压敏电阻器两端的电压小于其压敏电压，其导电属于热激发电子电导机理。因此，压敏电阻器相当于一个 10 MΩ 以上的绝缘电阻（R_b 远大于 R_g），这时通过压敏电阻器的阻性电流仅为微安级，可看作开路。该区域是电路正常运行时压敏电阻器所处的状态。

击穿区：压敏电阻器两端施加一个大于压敏电压的过电压时，其导电属于隧道击穿电子电导机理（R_b 与 R_g 相当），其伏安特性呈优异的非线性电导特性，即

$$I = CU^\alpha \tag{7-1}$$

式中 I——通过压敏电阻器的电流；
  C——与配方和工艺有关的常数；
  U——压敏电阻器两端的电压；
  n——非线性系数，一般大于 30。

由式(7-1)可知，在击穿区，压敏电阻器端电压的微小变化就可引起电流的急剧变化，压敏电阻器正是用这一特性来抑制过电压幅值和吸收或对地释放过电压引起的浪涌能量。

上升区：当过电压很大，使得通过压敏电阻器的电流大于 $100A/cm^2$ 时，压敏电阻器的伏安特性主要由晶粒电阻的伏安特性来决定。此时压敏电阻器的伏安特性呈线性电导特性，即

$$I = U/R_g \tag{7-2}$$

上升区电流与电压几乎呈线性关系,压敏电阻器在该区域已经劣化,失去了其抑制过电压、吸收或释放浪涌的能量等特性。

根据压敏电阻器的导电机理,其对过电压的响应速度很快,如带引线式和专用电极产品,一般响应时间小于25ns。因此,只要选择和使用得当,压敏电阻器对线路中出现的瞬态过电压有优良的抑制作用,从而达到保护电路中其他元件免遭过电压破坏的目的。

2. 特点

(1) 通流容量大。
(2) 限制电压低。
(3) 响应速度快。
(4) 无续流。
(5) 对称的伏安特性(即产品无极性)。
(6) 电压温度系数低。

3. 氧化锌压敏电阻器应用及注意事项

(1) 氧化锌压敏电阻器应用原理。压敏电阻器与被保护的电器设备或元器件并联使用。当电路中出现雷电过电压或瞬态操作过电压U_s时,压敏电阻器和被保护的设备及元器件同时承受U_s,由于压敏电阻器响应速度很快,它以纳秒级时间迅速呈现优良非线性导电特性(如图7.3中的击穿区),此时压敏电阻器两端电压迅速下降,远远小于U_s,这样被保护的设备及元器件上实际承受的电压就远低于过电压U_s,从而使设备及元器件免遭过电压的冲击。

(2) 氧化锌压敏电阻器的参数选择。根据被保护电源电压选择压敏电阻器的规定电流下的电压U_{1mA}一般对于直流回路,$U_{1mA} \geqslant 2.0 U_{DC}$;对于交流回路,$U_{1mA} \geqslant 2.2 U_{有效值}$。

如果电器设备耐压水平U_0较低,而浪涌能量又比较大,则可选压敏电压U_{1mA}较低、片径较大的压敏电阻器;如果U_0较高,则可选择压敏电压U_{1mA}较高的压敏电阻器,这样既可以保护电器设备,又能延长压敏电阻的使用寿命。

(3) 氧化锌压敏电阻器的使用方法。压敏电阻器是一种无极性过电压保护元件,无论是交流还是直流电路,只需要将压敏电阻器与被保护电器设备或元器件并联即可达到保护设备的目的,如图7.4所示。

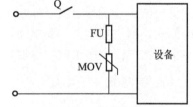

图7.4 压敏电阻器接线图

当过电压幅值高于规定电流下的电压,过电流幅值小于压敏电阻器的最大峰值电流时(若无压敏电阻器足以使设备元器件破坏),压敏电阻器处于击穿区,可将过电压瞬时限制在很低的幅值上,此时通过压敏电阻器的浪涌电流幅值不大(小于100A/cm^2),不足以对压敏电阻器产生劣化;当过电压幅值很高时,压敏电阻器将过电压限制在较低的水平上(小于设备的耐压水平),同时通过压敏电阻器的冲击电流很大,使压敏电阻器性能劣化即将失效,这时通过熔断器的电流很大,熔断器断开,这样既可使电器设备、元器件免受过电压冲击,也可避免由于压敏电阻器的劣化击穿造成线路 L-N、L-PE 之间短路。推荐的熔断器规格见表 7-1。

表 7-1 推荐熔断器规格

品　种/A	5	7	10	14	20
推荐熔断器规格/A	3	5	7	10	10

压敏电阻器在电路的过电压防护中，如果正常工作在预击穿区和击穿区，理论上是不会损坏的。但由于压敏电阻器要长期承受电源电压，电路中暂态过电压、超能量过电压随机地不断冲击及吸收电路储能元件释放能量，因此，压敏电阻器也是会损坏的，它的寿命根据所在电路经受的过电压幅值和能量的不同而不同。

7.2.3　齐纳二极管

齐纳二极管(Transient Voltage Suppressor，TVS)的工作有点像普通的稳压管，是钳位型的干扰吸收器；其应用是与被保护设备并联使用。TVS 具有极快的响应时间和相当高的浪涌吸收能力，可用于保护设备或电路免受静电、电感性负载切换时产生的瞬变电压，以及感应雷所产生的过电压。

1. TVS 的特性

TVS 的电路符号和普通的稳压管相同。其正向特性与普通二极管相同，反向特性为典型的 PN 结雪崩器件。在浪涌电压作用下，TVS 两极间的电压由额定反向关断电压 U_{WM} 上升到击穿电压 U_{BR} 而被击穿。随着击穿电流的出现，流过 TVS 的电流将达到峰值脉冲电流 I_{PP}，同时在其两端的电压被钳位到预定的最大钳位电压 U_C 以下。其后，随着脉冲电流按指数衰减，TVS 两极间的电压也不断下降，最后恢复到初态，这就是 TVS 抑制可能出现的浪涌脉冲功率，保护电子元器件的过程。当 TVS 两极受到反向高能量冲击时，它能以 10^{-9} 数量级的速度，将其两极间的阻抗由高变低，吸收高达数千瓦的浪涌功率，使两极间的电位钳位于预定值，有效保护电子设备的元器件免受浪涌脉冲的损害。TVS 具有响应时间快、瞬态功率大、漏电流低、击穿电压偏差小、钳位电压容易控制、体积小等优点，目前已被广泛应用于家用电器、电子仪表、通信设备、电源、计算机系统等各个领域。

2. TVS 的主要参数

(1) 最大反向漏电流 I_D。当最大反向工作电压施加到 TVS 上时，产生的一个恒定电流称为最大漏电流。当 TVS 用于高阻抗电路时，这个漏电流是一个重要的参数。

(2) 击穿电压 U_{BR}。它是 TVS 最小击穿电压，指器件在发生击穿的区域内，在规定的试验电流条件下所测得的器件两端的电压值。在 25℃时，低于这个电压，TVS 是不会发生雪崩的。当 TVS 流过规定的 1mA 电流(I_R)时，加于 TVS 两极的电压为其最小击穿电压 U_{BR}。按 TVS 的 U_{BR} 与标准值的离散程度，可把 U_{BR} 分为 5%和 10%两种。对于 5%的 U_{BR} 来说，U_{WM} =0.85U_{BR}；对于 10%来说，U_{WM} =0.81U_{BR}。

(3) 击穿电流 I_R。指器件在发生击穿的区域内，在规定的试验电压条件下所测得的流过器件的电流值。

(4) 最大反向工作电压 U_{WM}。该电压是指器件反向工作时，在规定的漏电流下，器件两端的电压值，流过它的电流应小于或等于其最大反向漏电流 I_D。通常取

$$U_{WM} = (0.8 \sim 0.9)U_{BR} \tag{7-3}$$

在这个电压下，器件的功率消耗很小。

(5) 最大反向峰值脉冲电流 I_{PP}。该参数是指在反向工作条件下，在规定的脉冲时间内器件所允许通过的最大峰值脉冲电流。

(6) 最大钳位电压 U_C。当持续时间为 20μs 的脉冲峰值电流 I_{PP} 流过 TVS 时，在其两端出现的最大峰值电压称为最大钳位电压。最大钳位电压与击穿电压之比称为钳位系数。一般钳位系数取为 1.33(在总的额定功率下)或 1.20(在 50%的额定功率下)。最大钳位电压 U_C 和最大峰值脉冲电流 I_{PP} 反映了 TVS 的浪涌抑制能力。

(7) 电容量 C。它是由 TVS 雪崩结截面积决定的，是在特定的 1MHz 频率下测得的。C 的大小与 TVS 的电流承受能力成正比，C 太大将使信号衰减。因此，C 是数据接口电路选用 TVS 的重要参数。

(8) 最大峰值脉冲功耗 P_M。P_M 是 TVS 能承受的最大峰值脉冲功率耗散值。在给定的最大钳位电压下，功耗 P_M 越大，其浪涌电流的承受能力越大；对于给定的功耗 P_M，钳位电压 V_C 越低，其浪涌电流的承受能力越大。另外，峰值脉冲功耗还与脉冲波形、持续时间和环境温度有关。而且，TVS 所能承受的瞬态脉冲是不重复的，器件规定的脉冲重复频率(持续时间与间歇时间之比)为 0.01%。如果电路内出现重复性脉冲，应考虑脉冲功率的累积，有可能损坏 TVS。

7.2.4 SPD 浪涌防护器

1. 性能特点

在正常情况下，SPD 呈现高阻状态；当电路遭遇雷击或出现过电压时，SPD 呈现低阻状态，在纳秒级时间内实现低阻导通，瞬间将能量泄入大地。将过电压控制到一定水平，当瞬态过电压消失后，SPD 立即恢复到高阻状态，熄灭在过电压通过后产生的工频续流。

(1) 最大持续运行电压 U_C。在 220/380V 三相系统中选择 SPD 时，其最大持续运行电压 U_C 根据不同的接地系统形式来选择，具体见表 7-2。

表 7-2 最大持续运行电压 U_C

U_C	接 地 系 统			
	TT	TN-S	TN-C	IT
共模保护(MC)	≥155U_0	≥155U_0	≥155U_0	≥155U_0
差模保护(MD)	≥155U_0	≥155U_0	—	—

注：U_C 为最大持续运行电压；U_0 为相线中性线间的标称电压。在 220/380V 三相系统中，U_C=220V；共模保护(MC)指的是相线对地和中性线对地的保护；差模保护(MD)指的是相线对中性线目的保护，对于 TT 系统和 TN-S 系统是必需的。

当电源采用 TN 系统时，从建筑物内总配电盘(箱)开始引出的配电线路和分支线路必须采用 TN-S 系统。在下列场所应视具体情况对氧化锌压敏电阻 SPD 提高上述规定的 U_C 值：①供电电压偏差超过所规定的 10%的场所；②谐波使电压幅值加大的场所。

(2) 冲击电流 I_{imp}。规定包括幅值电流 I_{peak} 和电荷 Q。

(3) 标称放电电流 I_n。流过 SPD、8/20μs 电流波的峰值电流，用于对 SPD 做 II 级分类试验，也用于对 SPD 做 I 级和 II 级分类试验的预处理。对于 I 级分类试验，I_n 不宜小于 15kA，对于 II 级分类试验，I_n 不宜小于 5kA。

(4) 电压保护水平 U_p。即在标称放电电流 I_n 下的残压，或浪涌保护器的最大钳压。

为使被保护设备免受过电压的侵害，SPD 的电压保护水 U_p 应始终小于被保护设备的冲击耐受电压 U_{choc}，并应大于根据接地类型得出的电网最高运行电压 U_{smax}，即要求 $U_{smax} < U_p < U_{choc}$，如表 7-2 所示。

(5) II 级分类试验的最大放电电流 I_{max}。即流过 SPD、8/20μs 电流波的峰值电流。用于 II 级分类试验，$I_{max} > I_n$。

2. 浪涌保护器的分类

(1) 电压开关型 SPD。无电涌时呈高阻态，在电涌瞬态过电压下突变为低阻态，如放电间隙、充气放电管等，一般用于 LPZ0 区、LPZ1 区。

(2) 限压型 SPD。无电涌时呈高阻态，随着电涌增大，阻抗连续变小，如压敏电阻、抑制二极管等，一般用于 LPZ1 区、LPZ3 区等。

(3) 组合型 SPD。由电压开关型和限压型组件组合而成。

3. 浪涌保护器选择的原则

(1) SPD 的电压保护水平 U_p 应始终小于被保护设备的冲击耐受电压 U_{choc}，并且大于根据接地类型得出的电网最高运行电压 U_{smax}，即 $U_{smax} < U_p < U_{choc}$，若线路无屏蔽，尚应计入线路感应电压，$U_{choc}$ 宜按其值的 80%考虑。

(2) SPD 与被保护设备两端引线应尽可能短，控制在 0.5m 以内。

(3) 如果进线端 SPD 的 U_p 加上其两端引线的感应电压以及反射波效应与距其较远处的被保护设备的冲击耐受电压相比过高，则需在此设备处加装第二级 SPD，其标称放电电流 I_n 不宜小于 3kA(8/20μs)；当进线端 SPD 距被保护设备不大于 10m 时，若该 SPD 的 U_p 加上其两端引线的感应电压小于设备的 U_{choc} 的 80%，一般情况在该设备处可不装 SPD。

(4) 当按上述(3)点的要求装的 SPD 之间设有配电盘时，若第一级 SPD 的 U_p 加上其两端引线的感应电压保护不了该配电盘内的设备，应在该配电盘内安装第二级 SPD，其标称放电电流 I_n 不宜小于 5kA(8/20μs)。

(5) 当在线路上多处安装 SPD 时，电压开关型 SPD 与限压型 SPD 之间的线路长度不宜小于 10m，限压型 SPD 之间的线路长度不宜小于 5m。例如，被保护设备与配电中心距离较近，在线路敷设上可特意多绕一些导线。

(6) 当进线端的 SPD 与被保护设备之间的距离大于 30m 时，应在离被保护设备尽可能近的地方安装另一个 SPD，通流容量可为 8kA。

(7) 选择 SPD 时应注意保证不会因工频过压而烧毁 SPD，因 SPD 是防瞬态过电压(纳秒级),工频过电压是暂态过电压(毫秒级),工频过电压的能量是瞬态过电压能量的几百倍,因此,应注意选择较高工频工作电压的 SPD。

(8) SPD 的保护。每级 SPD 都应设保护,可采用断路器或熔断器进行保护,保护器的断流容量均大于该处的最大短路电流。

此外,选用 SPD 时还应注意响应时间尽可能快,使用寿命的长短、价格因素、可维护性要好、通流容量的大小、耐湿性能等方面的因素。

7.3 电子设备的防雷保护

随着微电子技术的发展,电力系统中广泛采用了微波通信和各种自动化系统,电子设备的防雷问题已提到日程上。变电所传统防雷措施对高压电气设备的保护是有效的,但对子设备的防护并不恰当。为了适应智能化变电所的发展需要,必须在原定防雷措施基础上,更进一步进行防范。采取措施的原则是分区防护、三级过压保护、多重屏蔽,均衡电位、浮点电位牵制。根据 1992 年国际建筑物防雷会议上 IEC/TC81 中提出的防雷保护区的新概念,对于变电所的防雷划分为 3 个区进行分级保护,根据设备的敏感性和重要性进行加强屏蔽可以起到事半功倍的效果。

7.3.1 一级防护

第一级防护区为全所范围内的高压设备部分和高压线路的进线段保护范围。主要措施为独立避雷针、构架避雷针、架空避雷线、高压避雷器、设备引下线、主接地网和微波塔及其接地。其主要任务为引雷、泄流、限幅、均压,完成基本的防雷功能。

由于避雷针的采用增加了雷击概率,感应雷对电子设备的危害概率也增加了。为了减轻雷击感应辐射,有些工程采用了带屏蔽作用的引下线,有的采用多条引下线分流,这些措施均可起到一定作用。

7.3.2 二级防护

第二级防护区包括进出变电所管线、二次电缆、端子箱、用电系统及微波天馈线。其主要任务是防感应雷过电压和侵入波过电压的传递,以及危险电位内引外进。

1. 进出所管线处理

进出变电所管线包括水管、煤气管、热力管、电源线、纵联保护导引线、信息传输线等。进变电所金属管类均应直埋,并与地网分几处连接,且宜在进所前经绝缘管道隔离后引入。变电所用电源一般不外送,如外引线应经隔离变压器引入,引入前穿管直埋 15m 进变电所。导引线应经隔离变压器引入,进变电所部分穿管直埋。进出变电所的信息传输线缆应穿管直埋入变电所经保安单元或相应的数据避雷器后引入机房。有金属线的光缆穿管直埋入变电所先经接地汇接排后才能引入机房。接地的波导管本身具有良好的防雷作用,不需要加避雷器,按规程做好接地即可,对同轴电缆天馈线应加装相应高频避雷器,避雷器的地线就近与机房的接地汇接排相连。

2. 二次电缆及端子排

直接与电子设备屏蔽柜和装置相连接的控制信号电缆，电流、电压回路电缆都应该采用屏蔽电缆，且金属保护层及备用芯均应两端接地。端子箱及断路器机构箱、汇控柜等不管内部是否安装电子设备均应避开避雷器或构架避雷针的主要散流线接地。

3. 变电所用电系统

电子设备雷害事故大多与电源相关；一方面是防护力度不够；另一方面说明从变电所用电入侵的雷电波能量足够大，经几级高压泄放仍具有强大的破坏力。

GB 50057－2010《建筑物防雷设计规范》规定，对电子设备的供配电系统应采取三级过电压保护。三级分别为变电所低压出口、变电所用电配电柜各分路出口、各设备 UPS 电源出口。

低压配电系统避雷器一般以 MOV 为主。MOV 是效率较高虽说经过改进后的 MOV 通流容量越做越大，且有一些产品采用熔断器和温度断开装置予以保护，但仍有损坏，有必要采取三级冗余以增强可靠性。

7.3.3 三级保护

第三级保护区包括变电所主控室、远动通信机房及全部电子设备。其主要任务是多重屏蔽、电源过电压钳位、信号限幅滤波、地电位均压和浮点电位牵制。

1. 多重屏蔽

微电子设备工作电压低、击穿功率小，靠单一屏蔽难以达到预期效果，必须采取多重屏蔽。利用建筑物钢筋网组成的法拉第笼，以及设备屏柜金属外壳、装置金属外壳等逐级屏蔽。早期的变电所建筑物留下了许多防雷的先天不足，新建的变电所必须按 GB 50057－2004《建筑物防雷设计规范》及 YD 5098－2005《微波站防雷与接地设计规范》，DL/T 548－2012《电力系统通信站防雷运行管理规程》等要求利用建筑物围墙、屋面防雷网及结构钢筋、基础钢筋焊接成一体构成屏蔽网，以及设备特殊要求的金属幕墙组成第一级屏蔽。设备屏柜、装置本体订货时必须注明电磁兼容防护等级及使用环境。

2. 地电位均压

室内采用联合地网，地母线与地网采用多条引下线对称引下连接，对于数字地、模拟地等功能地与保护地确实需要分开的，可采用接地网防雷器连接。

对于电子设备之间电的联系跨度较大的部分，跨越几个防护区的部分，常因地电位不均衡造成工作出错或损害。应在变电所主控室电缆层敷设不小于 $100mm^2$ 的铜地网延伸至 200kV 耦合电容结合滤波器处连接。这一措施不仅仅是高频保护，目前就地布置的电子设备与分控室或主控室之间的通信如果采用电的联系，应根据具体情况采取地电位均衡措施。

3. 浮点电位牵制

建筑物内金属门窗、玻璃幕墙、吊顶龙骨、灯具等均可能随雷电二次效应危害电子设备，应就近多点接地以防对电子设备产生干扰。

变电所二次回路直流蓄电池长期为浮电运行。为防雷害，应采用直流避雷器和在绝缘监察装置内加装气体放电管。

雷击对变电所电子设备的危害主要表现为感应过电压、侵入波过电压、地电位反击、雷电二次效应等。

对变电所电子设备的防雷应分级防护，引雷、分流、散流、屏蔽、均压、隔离、限幅、钳位、滤波相结合，充分利用当代先进技术，根据电子设备工作特点选用低压避雷器，如高频避雷器、数据避雷器、放电管、硅瞬变二极管、瞬态过电压保护器、结合式避雷器等将雷害事故和干扰减少到最低程度。

7.4 微机保护与综合自动化系统的接地

随着变电自动化技术得到越来越快的发展，从自动跟踪消弧线圈到微机保护，以及变电综合自动化装置，大多设备都实现了微机自动控制。

微机监控系统一般都安装在中心控制室，而被控制的一次设备往往在高压室或室外设备区，微机监控系统与被控制设备的连接，一般通过屏蔽电缆连接，这是主要讨论屏蔽电缆的接地方式与地电位干扰，而屏蔽电缆主要是采用一点接地方式，这个接地点要么在一次设备处，要么在控制设备处。下面主要讨论的是接地点位置的影响。

1. 屏蔽电缆在一次被控设备处接地，在微机监控系统处悬空

屏蔽电缆的屏蔽层在一次被控设备处接地，在微机控制器处悬空的接线如图7.5所示，其等值电路如图7.6所示。

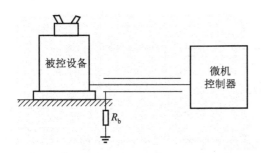
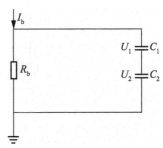

图7.5 屏蔽电缆在一次设备处接地，控制器处悬空　　图7.6 等值电路

设被控设备的接地电阻为 R_b，当从被控设备处有接地电流 I_b 流入大地时，这时在电阻 R_b 上将产生压降，这个压降同时加在屏蔽电缆的屏蔽层对芯线电容 C_1 和芯线与计算机各器件对地的杂散电容 C_2 上，则

$$U_b = U_1 + U_2 \tag{7-4}$$

由于 C_1 和 C_2 是串联的，电容上所分配的电压与电容的大小成反比，即

$$\frac{U_1}{U_2} = \frac{C_2}{C_1} \tag{7-5}$$

式中　　C_1——电缆芯线对屏蔽层电容(μF)；

　　　　C_2——计算机器件对地杂散电容(mF)。即电容量小时分压大，电容大时分压小，因 $C_1 \gg C_2$，故屏蔽层对芯线的电容量远远大于计算机器件对地的杂散电容，此时有

$$U_1 = \frac{C_2}{C_1} U_2 = \frac{\frac{C_2}{C_1} U_b}{1 + \frac{C_2}{C_1}} = \frac{U_b}{1 + \frac{1}{\frac{C_2}{C_1}}} \approx 0$$

$$U_2 = \frac{U_b}{1 + \frac{C_2}{C_1}} = U_b \tag{7-6}$$

即升高的电位通过电容的耦合，几乎全部加到计算机的内部器件对地之间，对微机监控系统构成了很大的威胁。1997年在云南通海做消弧线圈试验时多次打坏计算机芯片就是这个原因造成的，因而在微机监控系统中不能使用此种接地方式，因为这样的方式会把地网的局部电位升高引入计算机而打坏芯片。

2. 屏蔽电缆在一次被控设备处悬空在计算机控制器处接地

如图7.7所示，当被控的一次设备有接地电流通过接地电阻 R_b 入地时，由于屏蔽电缆的屏蔽层在此点悬空，只要 R_b 上的电压不足以高到向电缆反击，这个升高的电位就不会被引到微机监控系统内。

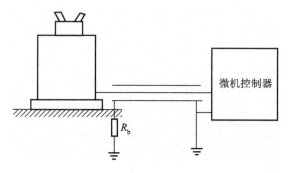

图7.7　屏蔽电缆地计算机控制器处接地，一次设备处悬空

这种接地方式主要是防止反击问题，这就要求被控设备的接地电阻要小，与地的连接要就近连接，以限制反击电压。

计算机的机壳一般情况下可接地也可浮空。外围设备相距近时，为防止静电感应，故应接地。相距远时，环境中有大电流设备时，为防止地电流干扰采取隔离浮空。

多个分机机壳接地有3种方式，直接一点接地干扰少，但引线长；高频时就近接地可减少分布参数的影响；串联后接地因共阻将产生串扰。

高频电路要考虑分布参数的影响，应多点就近接地；低频电路要防止地电流产生的共模干扰，应单点接地。

关于微机控制系统的电源要采用隔离变压器进行隔离,并应采取一系列的措施以防止各种干扰,如谐波干扰、雷电干扰和地电位干扰,特别是地网的均压可靠,以保证控制和系统可靠运行。

小　　结

电力系统的可靠运行,离不开弱电系统的控制,本章论述了 4 种弱电防护器件的工作原理及主要参数。提出了对电子设备进行分级防护,同时对敏感和重要设备采用加强屏蔽的方法,取得了很好的效果。对微机保护与综合自动化系统的接地位置也做了分析。

阅读材料 7-1

过电压保护与防雷技术的历史、现状和未来

1. 电磁兼容(EMC)

电力线和电信线发展初期,虽然两者难免互相交叉和平行接近,但因电力线电压低、电流小,一般是各行其道,相安无事。电力系统大发展之后,才产生干扰影响,出现电磁兼容问题。近阅 1947 年 5 月的《中国电力》(《电力技术》近年更为现名《中国电力》,这或许巧合),建设委员会和交通委员会联合发布《电话线及电力线交叉、平行设置规则》18 条。规定:①交叉时,电力线在上,电信线在下;②街道架设线路,一侧设电力线,另一侧设电话线;③交叉处 60kV 及以下导线对电话线最小垂直距离标准;④平行架设线路电话线务求多实行导线换位,电力线也应尽力实行导线换位;⑤两者平行接近时,电话线距各级电压电力线的最小距离;⑥后架设一方为满足此要求需另方改建时,后架一方承担费用。在 3 月、4 月号刊中,东北已有 140kV 线路运行,但在《规则》中对该电压级的交叉垂直距离和平行线路水平距离标准中未做规定。当年 140kV 线路属中性点消弧线圈接地系统。实际上这是我国最早一部电磁兼容标准(虽然电磁兼容术语和学科是在 20 年以后逐渐形成)。当时是按感应雷理论制订的,也是世界范围内向直击雷理论过渡的时期,以当时国家所处的条件,我们的前辈能制订该建设标准,实属难能可贵。

科学发展史上常见的有趣现象是,历史在这里似乎走了一个螺旋式回归(高级重复),初期电力系统从电报、电话线那里"引进"放电器作为主要的防雷装置,并使其由阀式避雷器发展到 500kV、750kV 和 1200kV 级特高电压的庞然大物(高达 5～10m 以上)。后来又广泛用到 10kV 高压配电和 220/380V 低压配电网,可小到柿子般大小。而其诸特性,如残压、通流能力、分散性的统计分布以及过载能力、老化过程和寿命等所有性能均属大同小异。现在,它又回过头来为电信、信息系统承担保护的任务了。更有意思的是,早在 1936—1940 年,苏联对于保护电信台(站)的玻璃管内装铝电极间隙和充气的放电器(如 PA-350,放电电压 300～400V),就其要求间隔一定时间(如 10s)能承受 10 次放电,至少是 3～4 次放电而言，思路正确(如研究单位 HC 和 HKC)。而且 PA-350 若不能达到此要求，就并联一个由铁板电极做成的放电电压为 1000～1500V 的空气间隙做后备保护。相比之下，今天一些外国公司，对其 SPD 所标电流只是一次承受值(也有是二次承受值)，不能满足约占 90% 的多重雷击要求以及寿命要求，只有商业宣传价值。而它与现在电力系统广泛应用的氧化锌避雷器的 5kA，允许承受 20 次，而且试后残压变化不大于 10%，更是不可直接比较的。这一规定各国同此，而且是 IEC 标准。大量试验和 MOV 特性曲线表明，它同一次、二次相，分别相差至少 3 和 4 倍以上。这种商业宣传与科学和工程需要之间的分离是防雷工作者应该知道，而且要使用户选用时知此实情的。

研究科技史文献可知，早期电力工程、电信工程著作，防雷问题几乎不涉及，因为当时防雷的重要性，包括它的危害程度，因工程规模小而未引人注目。例如，Holmyard 等编著的科技史鸿篇巨著 *A History of Technology* 及国内电工史专著，对于电工发展前期的防雷也是或不涉及或语焉不详。从避雷针到出现简单间隙、电容、线圈，经过了漫长的 158 年。到制出原始型避雷器，又经过了 10 年。这绝非因为人类智慧贫困，而是电力工业的发展，才有了防雷的需要。各种防雷和过电压保护装置的出现，与输电电压等级相关充分说明了这一问题。直到出现几千万和上亿千瓦的联合电力系统(如华北 500kV 网架连接的系统装机容量已近 4000 万千瓦)，其一次雷击足以导致大地区的灾难，如美国有名的纽约大停电，才迫使人们利用几千万元的高压试验设备进行不断的研究，使防雷系统日臻完善。与此相似，正是由于早期室内只有电灯和电机这类电器，其防雷要求不高，建筑物防雷独特之处不多。

近年来，随着电子设备的广泛应用，而且多数装在户内，才使建筑物防雷逐渐引起人们的重视，其防雷理论和防雷手段才与日俱增。例如，IEC 自 1934 年成立，到现在先后共成立 80 多个技术委员会(TC)，以制订电力、电子、电信等行业使用的大量标准。主要是 20 世纪 80 年代末、90 年代初，TC81 等委员会才开始系统地提出一系列建筑物防雷标准，因为当建筑物内的微电子元件、电子设备的雷害影响人们生活和国民经济日趋严重时，这一课题才受到重视。

2. 电信、电子设施当前的防雷与 EMC 现状和主要问题

20 世纪 70 年代，中国电机工程学会成立高电压专委会和过电压保护与绝缘配合分委会(另有高电压测试、开关设备、高电压绝缘 3 个分委会)，定期参与组织全国电力部门、机械部、高校和其他科研单位进行学术交流，以及应邀到一些单位进行学术交流和技术咨询，因此，对于这类防雷大体有个轮廓认识。当然，国家之大，科技问题之复杂，不能说是深入了解，不少是走马观花，或会上听说，难免有视而未见，见而不深，甚至是理解错误之处。

当前全国电信、电子设施(南到海南三亚，北到达拉特旗、加格达旗，东北到吉林、梅河口，沿海从长山列岛、大连旅顺、青岛、上海、厦门到深圳、珠海，西北到酒泉，西南到西昌、西藏查龙)，其防雷状况参差不齐。有一小部分是基本符合现行规范、标准，相当多的台(站)不符合标准，其余是部分项目符合标准。主要问题是：①直击雷防护采用非标准、非常规装置，引发大量事故；②未采用共地式和等电位连接技术，存在电力部门规定

第7章 电力弱电系统防雷保护

中的严禁状态(低电位引内和高电位引外);③电源线、信息线的多级防护不完善,有的只有一级防护,甚至全无防护;④电子设施防护中最普遍的一个大毛病是,在并无通过试验、计算,进行绝缘配合分析的条件下,对那些机柜内的低压电气、电子控制回路(网络)、信息回路(网络)中,制造厂未带细保护的条件下,其电源线的防护只按常规安装一级(或二级)保护,而未按加大"防护纵深"的原则就近增加一级特设保护器或波阻尼措施,以降低机柜内低压电路中诸多"节点"上因波的折射、反射产生的过电压(甚至有个别的多网孔振荡过电压)。即缺乏场、路、波结合分析以及"结点"效应的分析方法,致使雷害增大几倍,甚至一个数量级;忽视 EMC 问题。

此外,涉及国内外一些公司的几个极端情况如下。①美国一个公司在昌平某电信局以每组(设计、实施)10 万元推销其两组所谓阻值可调的(2Ω、4Ω)接地,实际还兼有推行分地式这一违反我国标准和 IEC 标准的不良作用。②英国 ATS 公司说按英国标准(据了解 BS 等标准中不是分地式)在深圳某港口 10kV 配电站群(户内式共 5 站)按投标书要求,每站分设高压地、低压及继保自动化地(各 0.1Ω)、防雷地(10Ω)和测试备用地(0.1Ω)共 4 组,因受地面限制无法实现。若坚持此标准,不仅耗资,人身、设备还有被雷击危险。按照中国电气标准和建筑防雷标准均采用共地式,IEC 和美国亦如此,经几个月磋商不成。经质问变压器、互感器高低压在同一铁壳内如何分接两个地网,才勉强合并,一站做 3 组接地。③美国某公司在京广铁路广州段 50 多个无线电信号台,推行其只保护 220V 电源线的单打一方案,通流 40kA 单片一级过电压保护(超过 40kA 即击穿,对后续重复雷击失去保护)用来顶替我们与电子总公司共同设计研制的电源线 60kA(超过它还有 45kA、30kA、20kA)多级后备芯片(引起国内和美国公司重视的专利产品)保护器做第 2 级,入口有 1 级保护,电话线路 20kA(后备 15kA、10kA)保护器作第 2 级,另有入口 1 级保护以及天线保护和信号电缆两级保护,两方案费用均为 1000 元。显然按美国方案保护的这 50 多台(站)的防护处于极不完善状态。④广东某市民航机场的油库周围为水泥地,油罐及其监测电子设备的防雷、防静电接地全无,市安委请专家咨询,提出了补做接地的特殊措施,后美国一公司手持不锈钢"宝贝",说每库埋地两只即可云云,果然洋物埋于地下,有如古代的镇妖宝。然而,接地装置散流能力是接地网的足够大面积,哪里有违反电工原理和欧姆定律的神物,是严重违反强制性安全标准,令人心惊。⑤广州某机场的导航台,原无直击雷防护,后装西南某公司非常规、不符规范"优化避雷针",不久,于 1993—1994 年,导航台被雷击停运,机场封锁数小时之久。据悉,该公司因在广州所做工程雷击频发,该地有关部门已对其工程不予验收。

归纳起来,凡按规程、标准执行的台(站),如电力部门的调度通信中心运行 10 余年无雷害,或 20 余年只发生一次雷暴时暖气片冒火。可估计为平均无雷害时间 MTBF≥40 年(按 1KL=40d/a 统计,下同)。微波站早期平均 100 年,近期全国上千站多年平均 60 年,基本达到原设计 MTBF=100 年。其中江苏某地,执行规程的达到 40 站年,雷害为 0,连同另一地区统计共 60 站年为 0,而同地违反规程、采用分地式的每 1~3 年一次雷害(后已按规程改正)。原邮电部的微波站等,自 20 世纪 80 年代中期改为共地式,近年并制订规程加强管理,微波站执行规程的,MTBF 也达几十年到百年,而某些违反规程的,则几年发生一次事故(近年已按规程改造)。而日本微波站每站年好的 0.1 左右,中等 0.2~0.4,坏的 0.6

~0.9。平均 1KL≈20d/a，换算 1KL=40d/a，事故率加倍，其保护好的站 MTBF≈5 年，可见我国微波站的防雷可靠性比日本高 10 倍以上。但我国很多电信、电子台(站)由于诸多违反标准的防雷措施，雷害时有发生，有的频繁发生。甚至有的因雷害严重，以至每遇雷暴即停止运行，或是由自备柴油机电源发电，这种状况亟待改变，而关键问题，是执行国家标准和规程，凡新建验收不合标准者，不得投入。

但标准从何而来？过电压与防雷、接地、绝缘配合、电磁兼容，在 20 世纪 50 年代均采用苏联标准，1955—1959 年陆续结合我国情况和国内外经验逐步改进，到 1972—1980 年，已经有很大变化和中国特色，20 世纪 90 年代已经中国化并基本达到世界水平，我国的电力系统质量和造价以及各环节(发、送、变、配、通信和继电保护及自动化等)的耐雷水平、耐雷指标，包括防雷的 MTBF 值也多数达到世界先进水平，与 1997 年发电总装机容量(2.7 亿千瓦)和发电量世界排名第二位相当。我们在过电压保护与防雷方面的理论分析、科学试验、设计、试用、运行、总结经验，然后部分内容提高到修改、制订新的规程标准。为进行试验研究，部级高电压试验基地有两处，各大区均有参数略低的大中型实验室，各省电力实验研究所均有相当规模的高电压试验设备。

另一个重要方法是，从一开始就注重分析的定量化。从 1952 年、1956 年版过电压保护导则起，即引入雷电流等概率的绝缘配合概念及简易算法。到 1954 年，全国防雷学习班(3 个多月)、1958 年(约 10 天)、1960 年(约 10 天)、1963 年(4 个月)、1977 年(约两周)，在讲解中，很少是只讲概念而不讲计算。已养成这样习惯：如果不定量计算，一般认为还没有真正是学会了，可以应用了。大工程的过电压保护设计和绝缘配合研究，已全面采用统计法和可行性工程以及计算机数值计算，开发了大量计算程序。而从 20 世纪 50 年代起各地所设防雷负责人、安全工程师还要正规作事故记录，定期总结经验。从这一点来看，目前全国大多数电信、电子设施的防雷工作还未达到既有理论分析，又有科研试验和定量计算(当然就要求有系统的、可信的计算方法并与运行统计数据一致)，以及能积累足够数量的运行指标如 MTBF 值等。

3. 严格执行国家标准、国家行业标准和部门、企业标准

从前述各地运行实践可知，出现可靠性相差很多倍的主要原因是：有无先进的标准、是否认真执行。对强制性国家标准漠视或完全不知都是不对的。此外，对于一些大型工程和复杂工程，还需经充分分析，参考采用 IEC 等国际标准和一些发达国家的先进标准。

4. 推广防雷技术中的多道防线、多结点、多界面、全难度、全工况的防护原则

电力系统防雷从 20 世纪 50 年代起，在过电压保护导则等规定和工程实践中，实际上是按几道防线进行防护的。例如，变电所场区由避雷针防止直接雷击(直击雷第一道防线)；输电线路是侵入 LEMP 的主要通道，其接近变电所 1~2km 进线保护段加强防雷措施，是防侵入波的第一道防线(全线有避雷线者，此段的接地要求从严，耐雷水平提高，全线无避雷线者，此段架设避雷线)；避雷器则是第二道防线，侵入后，它将电压限到不危险的水平，对约为 0.5%绕击率(平均 1400 年一遇)，是专家统计 4272 所年(1KL=40d/a)的绕过避雷针直击于母线或设备的工况，避雷器的额定通流容量 5~10kA(试验通流 20 次，残压变化不大

于±10%)。虽然会超过,其限制电压值也会超过,但它仍应具有对绕过避雷针的直击雷具有一定的保护功能。极限通流容量 65kA 和 100kA 量级、承受 2 次的能力。残压增高已不能严格规定,绝缘配合系数(我国一般取 1.4)中还有一定百分数可以挖潜,但也能使站内设备少损坏,或不致达到无法修复的程度。多少万个发电厂、变电所半个世纪的经验证明,虽然调查、记录到若干次绕击,但都未发生无法修复或长期停电的大事故——灾难性事故,证明防雷系统完善。

由于 20 世纪 50 年代初即在全国各省、市、地区建立防雷专责人、安全专责人,厂站建立严格事故记录,至少每两年全国召开过电压与绝缘配合分专委学术年会。每隔一定时间修订规程、标准,进行广泛调研,所以上述结论是可靠的。输电线路防雷,避雷线及其接地为第一道防线,自动重合闸为第二道防线(对于雷击故障跳闸,约 85%瞬间重合成功),不影响电动机、电热、电路等各种装置的照常运行,将事故减少到 15%。发电厂基本与变电所相同,由多道防线和波组抗变化形成的结点处经计算设置多道保护装置。

在研究电信台(站)防雷时,可使用发电厂、变电所防雷计算波过程的方法,如用 EMTP,程序逐结点计算过电压和电流分布,选择保护接线、保护装置及其参数。

(20 世纪中国防雷技术论坛,刘继)

习　　题

7.1 问答题

1. 雷电对供电系统有哪些影响?
2. 选用浪涌保护器的原则是什么?
3. 对于二次电缆的接地来说,如何处理其接地问题?

第 8 章

操作过电压及其防护

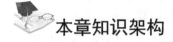 本章知识架构

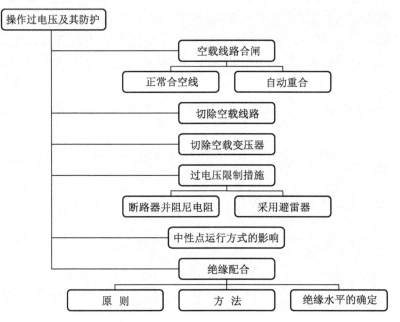

 本章教学目标与要求

  了解内过电压的分类；
  掌握空载线路合闸、分闸过电压的产生机理；
  掌握切空变过电压产生的物理过程；
  熟悉限制内过电压的措施；
  了解中性点运行方式不同对内过电压的影响；
  掌握绝缘配合的原则及方法；
  了解绝缘水平确定的方法。

电力系统内过电压是因正常操作或故障等原因使电路状态或电磁状态发生变化，引起电磁能量振荡而产生的。其中衰减较快、持续时间较短的称为操作过电压；无阻尼或弱阻尼、持续时间长的称为暂态过电压。我国南方某大型电厂曾在一季度内多次发生避雷器爆炸事故，经技术人员鉴定分析，认为确系由内过电压所致。由于内过电压持续时间较长，而该电压等级避雷器中的阀片电阻热容量均存在不能满足其通流量要求的缺陷，散热不畅，因而导致瓷罐炸裂。后经技改进，更换了该型避雷器后，再无爆炸事故发生。本章将对内过电压的产生机理予以分析，旨在有效地对其进行防护。

8.1 概 述

在电力系统运行中由于运行状态的突然变化，例如，正常操作或故障操作，会导致系统内电感和电容元件间电磁能的互相转换，引起振荡性的过渡过程，因而在某些设备或局部电网上会出现过电压，即操作过电压，也称内过电压，以别于由雷电引起的外过电压。

在中性点直接接地系统中，常见的操作过电压有合闸空载线路过电压、切除空载线路过电压、切除空载变压器过电压以及解列过电压等。近年来，由于断路器及其他设备性能的改善，切除空载线路及切除空载变压器过电压已变得不严重了，产生高幅值的解列过电压的概率实际上很少，因此，在超高压系统中以合闸(包括重合闸)过电压最为严重。

在中性点非直接接地系统中，主要是弧光接地过电压，其防护措施是使系统中性点经消弧线圈接地。为克服中性点经消弧线圈接地的种种弊病，近年来在我国许多地区，6～10kV甚至35kV系统的中性点采用了低电阻、中电阻或高电阻的接地方式。

其他还有解列过电压、谐振过电压等。

另外，由空载长线路的容生效应、不对称短路、突然甩负荷等原因引起的工频电压升高，在超高压系统的绝缘配合中，虽然幅值远不如操作过电压高，但持续时间长，并且有时其大小还直接影响操作过电压的幅值，因此，也必须对其升高的数值及持续时间给予限制。由于操作过电压是电网本身振荡引起的，所以其过电压幅值和电网本身电压大致有一定的倍数关系，通常以发生过电压处设备的最高运行相电压(峰值)的倍数来表示操作过电压的大小。

为绝缘配合许可的相对地操作过电压倍数如下：

30～65kV 及以下系统(非直接接地)，4.0 倍；

110～145kV 系统(非直接接地)，3.5 倍；

110～220kV 系统(直接接地)，3.0 倍；

330kV 系统(直接接地)，2.75 倍；

500kV 系统(直接接地)，2.0 倍。

相间操作过电压倍数如下：

35～220kV，相对地过电压的 1.3～1.4 倍；

330kV，相对地过电压的 1.4～1.45 倍；

500kV，相对地过电压的 1.5 倍。

由于操作过电压的数值与系统的额定电压有关,所以随着系统额定电压的提高,操作过电压的幅值也迅速增长。对于 220kV 及以下系统,通常设备的绝缘结构设计允许承受可能出现的 3~4 倍的操作过电压,因此,不必采取专门的限压措施。然而对于 330kV 及以上超高压系统,如果仍按 3~4 倍的操作过电压考虑,势必导致设备绝缘费用的迅速增加;此外,外绝缘及空气间隙的操作冲击强度对绝缘距离的"饱和"效应会使设备的绝缘结构复杂、体积庞大,从而进一步影响到设备的造价、工程的投资等经济指标。

因此,在超高压系统中必须采取措施将操作过电压强迫限制在一定水平以下。目前采取的有效措施主要有线路上装设并联电抗器,采用金属氧化物避雷器(MOA)等。随着这些限制措施的采用以及其本身性能的改善,超高压系统中操作过电压倍数将会有所降低。

8.2 空载线路合闸过电压

合闸空载线路是电力系统中常见的一种操作,通常分为两种情况,即正常合闸和自动重合闸。由于初始条件的差别,其中以重合闸过电压的情况更为严重。

8.2.1 正常空载线路合闸过电压

由于正常的运行需要而进行的合闸操作叫正常合闸,也称计划性合闸。例如,线路检修后投入运行,根据调度需要对送电线路进行合闸操作等。在这种情况下,合闸前线路上不存在任何异常,线路上的起始电压为零。若设三相接线完全对称,且三相断路器同期合闸,则可按照单相线路进行分析。利用分布参数电路分析空载线路合闸过电压是比较复杂的,这里仅对集中参数电路作一简单分析。

在图 8.1(a)所示电路中,线路用 T 型等值回路代替;L_T、C_T 分别为线路等值电感、电容;L_S 为电源等值电感;$e(t) = E_m \sin(\omega t + \phi)$ 为单相电源,以最大工作相电压计。在图 8.1(b)简化后的等效电路中,$L = L_S + L_T/2$,E_m 为电源电势最大值。因为在电压峰值处合闸时过电压最大,且过渡过程的振荡频率比电源频率高,所以在电源电压峰值附近合闸,电源电压变化是比较缓慢的,近似认为 E_m 不变。

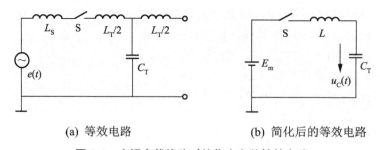

(a) 等效电路 (b) 简化后的等效电路

图 8.1 合闸空载线路时的集中参数等效电路

对图 8.1(b)所示的电路在 $t=0$ 时合闸,很容易解得

$$u_C(t) = E_m(1 - \cos\omega_0 t) \tag{8-1}$$

式中 $\varOmega_0$——过渡过程的振荡角频率，$\omega_0 = \dfrac{1}{\sqrt{LC_T}}$。对于超高压线路，$\omega_0$ 较低，为电源角频率的 1.5～4 倍，对于低压线路，ω_0 较高。

从式(8-1)易见，当 $t = \pi/\omega_0$ 时，$u_C(t)$ 达最大值，$U_{C.\max} = 2E_m$。也可以将式(8-1)改写为

$$u_C(t) = E_m - E_m \cos\omega_0 t \tag{8-2}$$

式中 E_m——稳态分量；

$-E_m \cos\omega_0 t$——自由振荡分量，当仅关心过电压幅值时，显然有

过电压幅值=稳态值+振荡幅值=稳态值+(稳态值-起始值) =2×稳态值-起始值 (8-3)

对于空载线路，线路上不存在残余电压，起始值为零，故从式(8-3)也可得 $U_{C.\max} = 2E_m$。

实际线路中总有衰减、有阻尼，因而 $u_C(t)$ 是衰减振荡的波形，$U_{C.\max} < 2E_m$。考虑电压变化时的线路电压 $u_C(t)$ 的波形如图 8.2(a)所示。若合闸能在 $e(t) = 0$ 时进行，则似乎无此衰减振荡过程。但实际上很难在 $e(t) = 0$ 时合闸，因为开关触头相向运动时，动静触头尚未接触前，触头两端的电压就可能击穿触头间隙。而在这种情况下，往往会导致触头间电压达最大，即在最严重的条件下合闸。油断路器合闸时，合闸相位多处于电压最大值附近±30°之内。若采用三相同期合闸，则至少有两相线路不可能在 $e(t) = 0$ 时合闸。

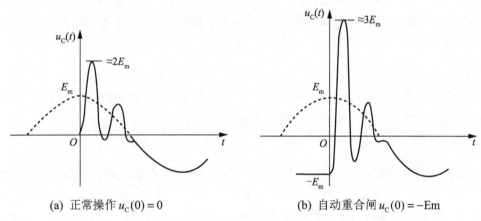

图 8.2 合闸空载线路时线路电压的波形图

8.2.2 重合闸过电压

自动重合闸是线路发生故障后，由继电保护系统控制的合闸操作，这也是系统中经常遇到的一种操作。图 8.3 为系统中常见的单相短路故障的示意图。在中性点直接接地系统中，A 相发生对地短路，短路信号先后到达断路器 S_2、S_1。断路器 S_2 先跳闸，健全相 B、C 相从断路器 S_1 侧看过来变成空载线路，只有 B、C 相导线的对地电容，其上的电压电流相位相差 90°。S_1 再跳闸时，断路器 B、C 两相触头处的电弧分别在电容电流过零时熄灭。这时在 B、C 相线路上的残余电压正好达到峰值，数值为 u_{phm}，大约 0.5s 以后，断路器 S_2 自动重合，如果线路上的残余电荷没有泄放掉，而且 B、C 相中有一相的电源电势达最大值，且极性恰与残余电压相反时，断路器两端触头间电位差最大，最容易击穿。这时该相上过电压的幅值据式(8-3)可算得

$$起始值 = u_{phm} = -E_m$$

$$过电压幅值 = 2 \times 稳态值 - 起始值 = 2E_m - (-E_m) = 3E_m$$

所以，重合闸时在线路上可能出现的最大过电压幅值为 $3E_m$，其波形图如图 8.2(b) 所示。

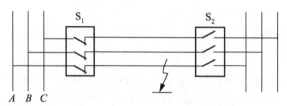

图 8.3 中性点接地系统单相短路故障示意图

8.2.3 空载线路合闸过电压的影响因素及限制措施

1. 合闸相位

前面已经分析，合闸相位的不同将直接影响过电压幅值，若需在较有利的情况下合闸，一方面需改进高压断路器的机械特性，提高触头运动速度，防止触头间预击穿的发生；另一方面通过专门的控制装置选择合闸相位，使断路器在触头间电位极性相同或电位差接近于零时完成合闸。

2. 线路损耗

线路中不可避免地存在一定的电阻，同时过电压较高时，线路将发生强烈的电晕，这两方面的损耗将消耗过渡过程中的能量，使过电压幅值降低。

3. 线路上残压的变化

在自动重合闸过程中(约 0.5s)，由于绝缘子存在一定的泄漏电阻，在 0.3～0.5s 的时间内，线路残压可下降 10%～30%。另外，电磁式电压互感器与线路电容组成的阻尼振荡回路，可将线路上残余电荷泄放入地，降低线路上的残压，从而降低过电压幅值。实测表明，这时在几个工频周期内，残余电荷甚至可以全部泄放。

4. 单相自动重合闸

三相断路器合闸时总存在一定程度的不同期，而这将加大过电压幅值，因而在超高压系统中多采用单相自动重合闸。

8.3 切除空载线路过电压

切除空载线路也是常见的系统操作，在切空线的过程中，虽然断路器切断的是几十到几百安培的容性电流，比短路电流小得多，但在分闸初期，由于断路器触头间恢复电压的上升速度超过绝缘介质恢复强度的上升速度，造成触头间电弧重燃，因而引起电磁振荡，造成过电压。

这里仍用单相集中参数的简化等效电路来进行分析,如图 8.4 所示,在 S 断开之前,线路电压 $u_C(t) = e(t)$,设触头开始分离后,当 t_1 时刻流过断路器的工频电容电流 $i_C(t)$ 过零时熄弧,如图 8.5 所示,线路上电荷无处泄放,$u_C(t)$ 保留为 E_m,触头间电压 $u_r(t)$ 为

$$u_r(t) = e(t) - E_m = E_m(\cos\omega t - 1) \tag{8-4}$$

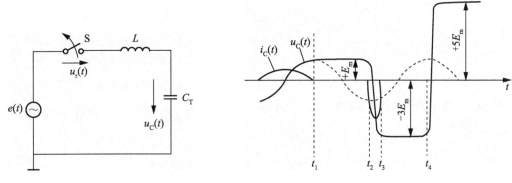

图 8.4 切除空载线路时的等值计算电路图　　图 8.5 切除空载线路过电压的发展过程

随断口触头开距的逐渐增大,加在触头上的恢复电压 $u_r(t)$ 也在增加,在 $t = t_2 = t_1 + T/2$ 时,$u_r(t) = -2E_m$。若在 t_2 时触头间隙击穿重燃,相当于一次反极性重合闸,$U_{C.max}$ 将达 $-3E_m$,设在 $t = t_3$ 时,高频(重合闸过程,回路振荡的角频率为 $\omega_0 = 1/\sqrt{LC_T}$ 大于工频下的 ω)电容电流第一次过零时熄弧,则 $u_C(t)$ 将保持 $-3E_m$,又经过 $T/2$ 后,$e(t)$ 又达最大值,触头间电压 $u_r(t)$ 为 $4E_m$。若此时触头再度重燃,则会导致更高幅值的振荡,$U_{C.max}$ 将达 $+5E_m$。以此类推,每工频半周重燃一次,线路电压将达很高数值,直至触头间绝缘足够高,不再重燃为止。

显然,要想避免切空线过电压,最根本的措施就是要改进断路器的灭弧性能,使其尽量不重燃,而且线路上的泄漏将降低过电压幅值,高频电容电流若不在第一次过零时熄弧,而是在后几次过零时熄弧,也将降低切空线过电压幅值。

20 世纪 70 年代以前,在 110~220kV 系统中,由于断路器的重燃问题没有得到很好的解决,致使这种过电压可高达 3 倍以上,持续时间长达 0.5~1 个工频周期,因此,切空线过电压成为当时决定设备操作冲击绝缘水平的主要依据。随着断路器灭弧能力的改进以及断路器采用并联电阻,断路器在切断小电流时基本不重燃,切空线过电压已经得到了有效的限制,使得重合闸过电压成为设备操作冲击绝缘水平的决定性因素。

8.4　切除空载变压器过电压

系统中利用断路器切除空载变压器、并联电抗器及电动机等都是常见的操作方式,它们都属于切断感性小电流的情况。

断路器灭弧性能的改进有效地抑制了切空线过电压,但灭弧能力过强将会导致切空变

时的过电压。因为空载变压器的电流不大，电流未达过零点时即可熄弧，即发生截流现象，$di_L(t)/dt$ 很大，从而引起变压器线圈上的感应电压 $L \cdot di_L(t)/dt$ 达很高的数值。

假设三相完全对称，切除空载变压器的单相等效电路如图 8.6 所示。图 8.6 中，L_S 为电源内电感，L 为变压器励磁电感，C 为变压器等值对地电容。由于 C 较小，$i_C(t) \ll i_L(t)$，所以开断前 $i(t) \approx i_L(t)$，又由于是空载电流，$i(t)$ 本身并不大，电弧很容易熄灭。设在某时刻截流，L-C 并联回路与电源失去能量交换关系，在电感中残留初始电流 $i_L(0)$，在电容中残留初始电压 $u_C(0)$。即 L-C 回路中初始能量为 $\frac{1}{2}Li_L^2(0) + Cu_C^2(0)$，截流后，此初始电磁能在 L-C 回路中振荡交换。全部初始能量转换为电能的瞬间，电容 C、电感 L 上的电压达最大值 $U_{C.max}$，即

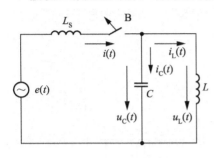

图 8.6 切除空载变压器单相等效电路

$$\frac{1}{2}CU_{C.max}^2 = \frac{1}{2}Li_L^2(0) + \frac{1}{2}Cu_C^2(0) \tag{8-5}$$

所以

$$U_{C.max} = \sqrt{u_C^2(0) + \frac{L}{C}i_L^2(0)} = \sqrt{u_C^2(0) + (Z_T i_L(0))^2} \tag{8-6}$$

式中，$Z_T = \sqrt{\dfrac{L}{C}}$ 称为变压器的特征阻抗。

若在 $i_L(t) = I_{L.max}$ 最大电流时截流，则 $i_L(0) = I_{L.max}$，$u_C(t) = 0$，于是切空变时的最大预期过电压为

$$U_{C.max} = I_{L.max} \cdot Z_T \tag{8-7}$$

截流不仅造成了过电压，同时也在断路器的触头间形成很大的恢复电压，而且恢复电压上升速度很快（ω_0 较大），因此，在切断过程中，当触头之间分开的距离还不够大时，可能发生重燃。实际上，在大多数情况下，空载变压器的切除伴随着产生多次复杂的电弧重燃过程。

显然在多次重燃过程中，能量的减少限制了过电压的幅值。与切除空载线路的情况正相反，重燃对降低过电压是有利因素。所以常称按式(8-7)算得的 $U_{C.max}$ 为预期过电压幅值。另外，变压器的参数显然也影响切空变过电压的幅值，又由于在振荡过程中变压器铁心及铜线的损耗，相当部分的磁能将会损失，因而实际的过电压将大大低于上述最大预期过电压。

由于这种过电压持续时间短、能量小，故容易限制。用来限制切空变过电压的避雷器应装设在断路器的变压器器侧，否则在切空变时将使变压器失去避雷器的保护。另外，这组避雷器在非雷雨季节也不能退出运行。如果变压器高低压侧电网中性点接地方式一致，则可不在高压侧而仅在低压侧装设避雷器，这样就比较经济方便。如果高压侧中性点直接接地，而低压侧中性点非直接接地，则只在变压器低压侧装设避雷器。

在断路器的主触头上并联一个线性或非线性电阻也能有效降低这种过电压。不过为了发挥足够的阻尼作用和限制激磁电流的作用,其阻值应接近于被切电感的工频激磁阻抗(数万欧),故为高值电阻,这对于限制切、合空载线路过电压就显得太大了。

8.5 操作过电压的限制措施

8.5.1 利用断路器并联电阻限制分合闸过电压

为了限制分合闸过程中的过电压,在断路器主触头上并联一个大容量电阻,并在主触头外串联一个辅助触头,将分合闸过程分为两阶段进行,缩小了每一阶段过渡过程的起始值与稳态值的差,从而减小了每一阶段的过电压,大容量电阻的阻尼加速了振荡过程的衰减,从而有效抑制了分合闸过电压。

1. 利用并联电阻限制合空线过电压

图 8.7 电路中的合闸过程是:辅助触头 S_2 先合闸,将主触头 S_1 的并联电阻 R 串入 L-C 回路中;经过 1.5~2 个工频周期后,主触头 S_1 再合闸;将 R 短接,完成整个合闸操作。整个合闸过程被分成两个阶段,每一个阶段过渡过程的起始值与稳态值的差值减小,即减小了振荡分量的幅值。又由于电阻的阻尼作用,振荡过程的衰减加快,从而使过电压幅值受限。

实践证明,并联电阻的作用是明显的,为了充分发挥并联电阻的作用,要求有足够的并联电阻接入时间,使 S_1 合闸时前一阶段的过渡过程基本结束,不再对第二阶段产生不利的影响。我国 500 kV 断路器并联电阻的接入时间一般为 10~15ms。

并联电阻的阻值对合闸过电压也有影响,如图 8.8 所示。第一阶段过电压的幅值随 R 的增大而迅速下降;但第二阶段中,若 R 增大,则第二阶段的过电压幅值也逐渐加大。显然两曲线交点为最佳的电阻值,这样两阶段的过电压大小一样。研究表明,此时 $R \approx (0.5 \sim 2.0)Z$,$Z$ 为线路波阻抗,一般取 400Ω,因而并联电阻应取 200~800Ω。

考虑到制造低值电阻时通流容量方面的困难,实际选用的电阻值均大于最佳电阻值,好在图 8.8 中的曲线 2 比较平缓,R 的增加不会使过电压上升太多。

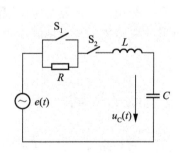

图 8.7 利用带并联电阻的断路器切、合空载线路简化等效电路

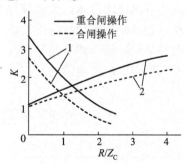

图 8.8 合闸电阻值与过电压倍数 K 的关系

在重合闸情况下，由于在 S_2 闭合的第一阶段，线路上残余电荷经并联电阻泄放，削弱了残余电压的影响，从而也就降低了第二阶段的合闸过电压。重合闸时并联电阻阻值对两阶段过电压倍数的影响见图 8.8，其最佳电阻值比合闸时的最佳值稍大。

2. 利用并联电阻限制切空线过电压

图 8.7 的分闸过程是：第一阶段主触头 S_1 先断开，将 R 接入电路；经过 1.5～2 个工频周期后辅助触头 S_2 于第二阶段再断开，完成整个分闸过程。

引起切空线过电压的原因是断路器触头间的重燃。并联电阻限制切空线过电压的作用有两种：首先是降低了触头间的恢复电压，减小了重燃的机会；其次是本身即可降低重燃后的过电压。

从降低触头间恢复电压的角度，打开 S_1 时，希望 R 小些，这样触头 S_1 间的恢复电压低；而断开 S_2 时希望 R 大些，以阻尼重燃过电压。选 $R = \dfrac{3}{\omega C_T}$ 时，两触头恢复电压最大值相同。如 110kV、200km 长的线路等值电容 $C_T = 1.8\mu F$；220kV、400km 长的线路等值电容 $C_T = 3.5\mu F$，则 $R \approx 3 \sim 5 k\Omega$。

可见切空线与合空线要求的断路器的并联电阻是不同的。对于切空变过电压，要想用并联电阻进行限制，需更高的阻值，为几万欧姆，无法统一，于是干脆不予考虑，而用避雷器来限制切空变过电压。在实际的断路器制造中，R 是按切空载线路选的，为几千欧姆，这样的阻值对限制合空线过电压当然也有用。

8.5.2 利用避雷器限制操作过电压

长期以来，避雷器一直是限制电力系统雷电过电压的主要措施，随着新型无间隙金属氧化物避雷器的发展及广泛应用，利用避雷器限制操作过电压成为可能。在我国的超高压系统中，设备的操作冲击绝缘水平是由避雷器的操作冲击残压决定的，由于采用了带并联电阻的断路器，因而只有在并联电阻失灵或其他意外情况下，才会出现幅值较高的操作过电压，避雷器才动作。

随着电力系统容量的增大，系统的短路故障电流甚至达近 100 kA，对高压断路器的开断容量提出了极大的挑战。目前的一种努力方向是发展快速限流装置，当故障电流出现时，先由限流装置迅速将原本巨大的短路电流限制下来，如将故障电流降低到一个数量级，再由常规断路器开断。超导故障电流限制器即为其中的一种，分电阻限流器与电感限流器两类，它们都是利用超导体的超导态与正常态的转变，在几十微秒内由极低电阻变到较高电阻，从而达到限制故障电流的目的。

8.6　中性点接地方式对内过电压的影响

电力系统的中性点接地方式是一个综合性的技术问题，它与系统的供电可靠性、人身安全、设备安全、绝缘水平、过电压保护、继电保护、通信干扰(电磁环境)及接地装置等问题有密切的关系。

我国的电力系统按照中性点接地方式的不同可划分为两大类：大电流接地方式和小电流接地方式。简单地说，大电流接地方式就是指中性点有效接地方式，包括中性点直接接地和中性点经低阻接地等。小电流接地方式就是指中性点非有效接地方式，包括中性点不接地、中性点经高阻接地和中性点经消弧线圈接地等。

8.6.1 中性点接地方式的特点

采用大电流接地方式的系统称为大电流接地系统，采用小电流接地方式的系统称为小电流接地系统。

1. 大电流接地系统的特点

(1) 当发生单相接地故障时，由于采用中性点有效接地方式存在短路回路，所以接地相电流很大。

(2) 为了防止损坏设备，必须迅速切除接地相甚至三相，因而供电可靠性低。

(3) 由于故障时不会发生非接地相对地电压升高的问题，对于系统的绝缘性能要求也相应降低。

2. 小电流接地系统的特点

(1) 由于中性点非有效接地，当系统发生单相短路接地时，故障点不会产生大的短路电流。因此，允许系统短时间带故障运行。

(2) 此系统对于减少用户停电时间、提高供电可靠性非常有意义。

(3) 当系统带故障运行时，非故障相对地电压将上升很高，容易引发各种过电压，危及系统绝缘，严重时会导致单相瞬时性接地故障发展成单相永久接地故障或两相故障。

8.6.2 中性点接地方式对内过电压的影响

1. 中性点直接接地的系统

从经济角度看，中性点直接接地是一种投资最小的接地方式，其主要原因如下。

(1) 系统的过电压较低，可以采用保护特性较好的阀式避雷器，设备的绝缘水平可取得低一点。

(2) 不需要任何附加的接地设备。

(3) 在电压为 110kV 以上的电力系统中，可以采用分级绝缘的电力变压器。

但是在这种系统中，一切故障都将引起断路器的跳闸，且单相接地电流很大，有时还会超过三相短路电流，因此，这要影响对断路器遮断能力的选择。另外，接地电流过大有时还会严重烧坏导体和影响通信系统的正常工作。

2. 中性点不接地方式

中性点不接地方式，即中性点对地绝缘，结构简单、运行方便、不需任何附加设备、投资省，适用于农村 10kV 架空线路长的辐射形或树状形的供电网络。

对于中性点不接地方式，电网中的电磁式电压互感器由于磁饱和可引起中性点位移，由于参数的配合不同可能产生工频谐振,也可能产生分频或高次谐波谐振,过电压的幅值最高可达 $3U_\varphi$,可引起绝缘弱点击穿,避雷器若在此期间动作,会因熄不了弧和过电压时间长而发生爆炸。另外,若产生分频谐振,虽然过电压幅值不高($2U_\varphi$),但由于谐振频率低,互感器的阻抗小,以及铁心元件的非线性特性,使电压互感器励磁电流大大增加。这时,容易使电压互感器的高压保险熔断,或使电压互感器严重过热、冒油、烧损、爆炸,因而造成较大的危害。

中性点不接地系统的主要优点是它能自动清除单相接地故障,而不会跳闸。但当线路很长时,电容电流将很大,接地电弧则不能自动熄灭,前述优点就不存在了。

中性点不接地系统的致命缺点是最大长期工作电压与过电压较高,特别是存在电弧接地过电压的危险。

中性点不接地方式系统弧光接地过电压的产生可分为如下两种情况。

一种是电网对地电容电流小于熄弧临界值 11.4A,此时接地电流由于能在电流过零时可靠熄灭,不形成间歇性的接地电弧,也就不容易产生弧光接地过电压。

另一种情况是电网电容电流大于熄弧临界值 11.4A,此时接地电弧在电流过零时短暂熄灭,在峰值附近重燃,形成时断时续的间歇性电弧。由于电网是由电感、电容和电阻等元件组成的网络,电弧间歇性的熄灭与重燃会导致网络强烈的电磁振荡,产生严重的过渡过程过电压,且过电压持续时间长,遍及全网,会使电网中绝缘弱点发生击穿,如电缆头爆炸、避雷器爆炸等,此时过电压的幅值可达 $3.5U_\varphi$,因而弧光接地过电压对电网构成了较大的危害。

3. 中性点经消弧线圈接地方式

采用中性点经消弧线圈接地方式,即在中性点和大地之间接入一个电感消弧线圈,中性点经消弧线圈接地又叫谐振接地(共振接地),采用这种接地方式的电网又称为补偿接地电网系统。这种系统中,用消弧线圈的目的是补偿或中和电网中的接地电容电流。经消弧线圈接地系统,单相接地电流将可以被补偿或中和到很小的数值,因此,一般情况下,接地电弧不能维持,而且在电流经过零点使电弧熄灭后,消弧线圈的存在还能显著减小故障相电压的恢复速度,减小了电弧重燃的可能性。正是这样,单相接地故障将会自动消除。应用消弧线圈,不但可以使单相接地故障所引起的停电事故大大减小,还将大大减少发生多相短路故障的次数。但是该系统也有它自己的缺点,补偿电网的运行比较复杂,接地投资也比较大,接地选线保护存在一些困难。

4. 中性点经电阻接地方式

中性点经电阻接地方式,即中性点与大地之间接入一定阻值的电阻。该电阻与系统对地电容构成并联回路,由于电阻是耗能元件,也是电容电荷释放元件和谐振的阻压元件,对防止谐振过电压和间歇性电弧接地过电压,有一定优越性。在中性点经电阻接地方式中,一般选择电阻的阻值较小,在系统单相接地时,控制流过接地点的电流在 500A 左右,也有的控制在 100A 左右,通过流过接地点的电流来启动零序保护动作,切除故障线路。

中性点经电阻接地系统,可以直接消除中性点不接地系统的两个严重缺点,实现灵敏而有选择性的接地保护,并减小电弧接地过电压的危险。

该系统的主要缺点如下。

(1) 同中性点不接地系统相似,要求有较高的绝缘水平。

(2) 同大电流接地系统一样,发生单相接地故障时,必须开断线路。

(3) 电阻器制造困难。

8.7 绝缘配合的原则及方法

8.7.1 绝缘配合的原则

电力系统的运行可靠性主要由停电次数及停电时间来衡量。造成电力系统故障、停电的原因不外乎电压升高和电压下降两大类,因此,除了尽可能限制电力系统出现的过电压外,还要尽量提高电气设备的绝缘水平。

20世纪前半叶,是按照使设备绝缘,以耐受运行中可能出现的最大过电压的原则来满足系统安全要求的。但是随着电力系统电压等级的提高,输变电设备的绝缘部分占总投资的比重越来越大,一味地提高设备的绝缘水平不仅技术上越来越困难,而且经济上也越来越不划算。

因此,如何选择采用合适的限压措施及保护措施,在不过多增加设备投资的前提下,既限制可能出现的高幅值过电压,保证设备与系统安全可靠地运行,又降低对各种输变电设备绝缘水平的要求,减少主要设备的投资费用,已日益得到重视,这就是绝缘配合问题。

所谓绝缘配合就是根据设备在系统中可能承受的各种电压(工作电压及过电压),并考虑限压装置的特性和设备的绝缘特性来确定必要的耐受强度,以便把作用于设备上的各种电压所引起的绝缘损坏和影响连续运行的概率,降低到在经济和运行上能接受的水平。这就要求在技术上处理好各种电压、各种限压措施和设备绝缘耐受能力三者之间的配合关系,以及在经济上协调设备投资费、运行维护费和事故损失费(可靠性)三者之间的关系。这样,既不因绝缘水平取得过高使设备尺寸过大,造价太贵,造成不必要的浪费;也不会由于绝缘水平取得过低,虽然一时节省了设备造价,但增加了运行中的事故率,导致停电损失和维护费用大增,最终不仅造成经济上更大的浪费,而且造成供电可靠性的下降。

在上述绝缘配合总体原则确定的情况下,对具体的电力系统如何选取合适的绝缘水平,还要按照不同的系统结构、不同的地区以及电力系统不同的发展阶段来进行具体的分析。

例如,不同的系统,因结构不同,过电压水平不同,且同一系统中不同地点的过电压水平也不同,同类事故发生的地点不同,造成的损失也是不同的。在系统发展初期,往往采用单回路长距离线路送电,系统联系薄弱,一旦发生故障经济损失较大。到了发展的中期或后期,系统联系加强,而且设备制造水平提高,保护性能改善,设备损坏概率减小,并且即使单个设备损坏,所造成的经济损失也相对下降。因此,从经济方面考虑,对同一电压等级、不同地点、不同类型设备,允许选择不同的绝缘水平。此外,许多系统的绝缘水平往往初期较高,中后期较低。不同的系统在发展的不同阶段应该允许根据实际情况选择不同的绝缘水平。我国早期建设的 330kV 及 500kV 系统均选取了较高的绝缘水平。

所谓电气设备的绝缘水平是用设备可以承受(不发生闪络、放电或其他损坏)的试验电压值表示的。对应于设备绝缘可能承受的各种工作电压，分全波基本冲击绝缘水平(Basic Implse Level，BIL)、基本操作冲击绝缘水平(Basic Switching Level，BSL)以及工频绝缘水平。在进行绝缘试验时对应于以下几类试验：雷电冲击试验、操作冲击试验、短时(1min)工频试验以及特殊情况下的长时间工频试验。

8.7.2 绝缘配合的基本方法

为决定电气设备的绝缘水平，采用的绝缘配合的具体计算方法有以下几种。

1. 惯用法

这是到目前为止已被广泛采用的方法。这个方法是按作用于绝缘上的最大过电压和最小绝缘强度的概念来配合的，即首先确定设备上可能出现的最危险的过电压；然后根据经验乘上一个考虑各种因素的影响和一定裕度的系数，从而决定绝缘应耐受的电压水平。但由于过电压幅值及绝缘强度都是随机变量，很难按照一个严格的规则去估计它们的上限和下限，因此，用这一原则选定绝缘，常要求有较大的安全裕度，即所谓的配合系数(或安全裕度系数)，而且也不可能定量地估计可能的事故率。

确定电气设备绝缘水平的基础是避雷器的保护水平(雷电冲击保护水平和操作冲击保护水平)，因而需将设备的绝缘水平与避雷器的保护水平进行配合。雷电或操作冲击电压对绝缘的作用，在某种程度上可以用工频耐压试验来等价。工频耐受电压与雷电过电压、操作过电压的等价关系如图 8.9 所示。图中 β_1、β_2 为雷电和操作冲击电压换算成等值工频电压的冲击系数。

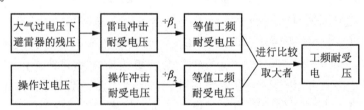

图 8.9 工频耐受电压与雷电、操作冲击电压的关系

可见，工频耐压值在某种程度上也代表了绝缘对雷电、操作过电压的耐受水平，即凡通过了工频耐压试验的设备，可以认为在运行中能保证一定的可靠性。由于工频耐压试验简便易行，220kV 及以下设备的出厂试验应逐个进行工频耐压试验。而 330～500kV 设备的出厂试验只有在条件不具备时，才允许用工频耐压试验代替。

2. 统计法

由于对非自恢复绝缘进行绝缘放电概率的测定费用很高，难度也很大，目前难于使用统计法，仍主要采用惯用法。对于降低绝缘水平经济效益不是很显著的 220kV 及以下系统，通常仍采用惯用法。对于 330kV 及以上系统，设备的绝缘强度在操作过电压下的分散性很大，降低绝缘水平具有显著的经济效益。因而国际上自 20 世纪 70 年代以来，相继推荐采用统计法对设备的自恢复绝缘进行绝缘配合，从而也可以用统计法对各项可靠性指标进行预估。

统计法是根据过电压幅值和绝缘的耐电强度都是随机变量的实际情况，在已知过电压幅值和绝缘闪络电压的概率分布后，用计算的方法求出绝缘闪络的概率和线路的跳闸率，在进行了技术经济比较的基础上，正确地确定绝缘水平。这种方法不只定量地给出设计的安全程度，并能按照使设备费、每年的运行费以及每年的事故损失费的总和为最小的原则，确定一个输电系统的最佳绝缘设计方案。

设 $f(u)$ 为过电压的概率密度函数，$p(u)$ 为绝缘的放电概率函数，如图 8.10 所示，出现过电压 u 并损坏绝缘的概率为 $p(u)f(u)\mathrm{d}u$，将此函数积分得

$$A = \int_0^\infty p(u)f(u)\mathrm{d}u \tag{8-8}$$

这就是图 8.10 中阴影部分的总面积，即为绝缘在过电压下遭到损坏的可能性，也就是由某种过电压 u 造成的事故的概率，即故障率。

从图 8.10 中可以看到，增加绝缘强度，即曲线 $p(u)$ 向右方移动，绝缘故障概率将减小，但投资成本将增加。因此，统计法可能需要进行一系列试验性设计与故障率的估算。根据技术经济的比较，在绝缘成本和故障概率之间进行协调，在满足预定故障率的前提下，选择合理的绝缘水平。

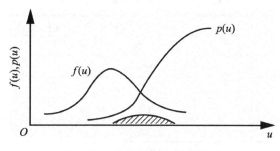

图 8.10　绝缘故障概率的估算

利用统计法进行绝缘配合时，绝缘裕度不是选定的某个固定数，而是与绝缘故障率的一定概率相对应的。统计法的主要困难在于随机因素较多，而且各种统计数据的概率分布有时并非已知，因而实际上采用得更多的是对某些概率进行一些假定后的简化统计法，此处不再详述。

8.8　输电线路和变电所的绝缘配合

输电线路发生的事故主要是绝缘子串的沿面放电和导线对杆塔或线与线之间的击穿。确定输电线路绝缘水平，包括确定绝缘子串的片数及线路绝缘的空气间隙。虽然这两种绝缘都属于自恢复绝缘，但除了某些 330kV 和 500kV 线路采用简化统计法作绝缘配合外，其余 500kV 及以下线路仍采用惯用法作绝缘配合。

8.8.1 绝缘子串的选择

根据我国的运行经验，工作电压一般是确定绝缘子个数的决定条件。通常按工作电压所要求的泄漏距离确定线路绝缘子串每串的绝缘子片数(根据机械负载先选定绝缘子的形式)，再按内、外过电压的要求进行验算。

1. 按工作电压要求

绝缘子串应有足够的沿面爬电距离以防止在工作电压下发生污闪。我国多年来的运行经验证明，线路的闪络率与该线路的爬电比距 S 密切相关。爬电比距定义如下

$$S = \frac{n\lambda}{U_e} \quad (\text{cm/kV}) \tag{8-9}$$

式中　n ——每串绝缘子的片数；
　　　λ ——每片绝缘子的泄漏距离(cm)；
　　　U_e ——线路的最高工作线电压有效值(kV)。

各级要求的最小爬电比距值见表 8-1。根据线路所在地区的污秽等级按此表选定最小爬电比距(S_0)，就能保证必要的运行可靠性。

表 8-1　最小爬电比距分级数值

外绝缘污染等级	最小爬电比距/(cm/kV)	
	线　路	电站设备
0	1.39	1.48
Ⅰ	1.6	1.6
Ⅱ	2.0	2.0
Ⅲ	2.5	2.5
Ⅳ	3.1	3.1

由此可以得出根据最高工作线电压确定每串绝缘子的片数为

$$n_1 \geqslant \frac{S_0 U_m}{\lambda} \tag{8-10}$$

需要指出的是，表 8-1 中的 S_0 值已计及可能存在的零值绝缘子(已丧失绝缘性能的绝缘子)，式(8-10)中所得 n_1 即为实际应取的数值；式(8-10)能适用于中性点接地方式不同的电网。

【例 8.1】 处于清洁区(0 级，$S_0=1.39$)的 110kV 电网采用的是 XP-17(或 X-4.5)型悬式绝缘子(其泄漏距离 $\lambda=29$cm)，试按工作电压的要求计算每串绝缘子的片数 n_1。

解　$n_1 \geqslant \dfrac{1.39 \times 110 \times 1.15}{29} = 6.06$

取 $n_1 = 7$ 片。

2. 按操作过电压要求

绝缘子串在操作过电压作用下也应不发生湿闪。在没有完整的绝缘子串在操作冲击波下的湿闪电压数据的情况下，只能近似地用绝缘子串的工频湿闪电压来代替。

对于最常用的 XP-17(或 X-4.5)型悬式绝缘子而言，n 片该型绝缘子的工频湿闪电压幅值 U_W 可按此经验公式计算

$$U_W = 60n + 14 (\text{kV}) \tag{8-11}$$

考虑工频湿闪电压时，应保证在每串绝缘子中扣除一个预留零值绝缘子(见表 8-2)后，它们的工频湿闪电压或操作波下的湿闪电压 U_W 仍比内部过电压的计算值高 10%。因此，设此时应有的绝缘子为 n_2' 片，则由 n_2' 组成的绝缘子串的工频湿闪电压幅值应为

$$U_W = 1.1 K_0 U_\varphi \tag{8-12}$$

式中　K_0——内部过电压倍数，见表 8-3；
　　　U_φ——系统最高运行相电压的幅值。

表 8-2　零值绝缘子片数 n_0

额定电压/kV	35～220		330～500	
绝缘子串类型	悬垂串	耐张串	悬垂串	耐张串
n_0	1	2	2	3

表 8-3　操作过电压的计算倍数 K_0

系统额定电压/kV	中性点接地方式	相对地操作过电压计算倍数
35 及以下	有效接地(经小电阻)	3.2
66 及以下	非有效接地	4.0
110～220	有效接地	3.0

只要知道各种类型绝缘子串的工频湿闪电压与其片数的关系，就可利用式(8-13)算得应有的 n_2' 值。再考虑到零值绝缘子片数，就可得到操作过电压所要求的绝缘子片数为

$$n_2 = n_2' + n_0 \tag{8-13}$$

对于 500kV 线路，由于系统中采取了降低操作过电压的措施，确定的绝缘子片数 $n_2 < n_1$。

【**例 8.2**】试按操作过电压的要求，计算 110kV 线路的 XP-70(或 X-4.5)型悬式绝缘子串应有的片数 n_2。

解　由式(8-12)，该绝缘子串应有的工频湿闪电压幅值为

$$U_W = 1.1 K_0 U_{ph} = 1.1 \times 3 \times \frac{1.15 \times 110 \times \sqrt{2}}{\sqrt{3}} = 341 \text{ (kV)}$$

将该值代入式(8-11)，得

$$n_2' = \frac{341 - 14}{60} = 5.45$$

取 $n_2' = 6$ 片。

由式(8-13),得

$$n_2 = n_2' + n_0 = 6+1 = 7(片)$$

表 8-4 为按以上方法算得的不同电压等级线路应有的绝缘子片数 n_1、n_2 和 n_3 以及实际采用的片数 n。

表 8-4 各级电压线路悬垂串应有的绝缘子片数

线路额定电压/kV	35	66	110		220	330	500
中性点接地方式	非直接接地	非直接接地	直接接地	非直接接地	直接接地		
按工作电压要求的 n_1 值	2	4	6~7		12~13	18~19	28
按工作电压要求的 n_2 值	3	5	7	7~8	12~13	17~18	19
按工作电压要求的 n_3 值	3	5	7	7	13	19	25~28
实际采用的 n 值	3	5	7	7	13	19	28

3. 按雷电过电压的要求

按前面所得的 n_1 和 n_2 中较大的值,还需用雷电过电压进行复核。一般情况下,按爬电比距及操作过电压的要求选定的绝缘子片数都能满足耐雷水平的要求。在特殊高杆塔或高海拔地区,按雷电过电压要求的片数 n_3 往往最大,成为确定 n 的决定性因素。

对于耐张塔或变电站内的绝缘子串,串数不多,但重要性较大,一般应增加一片绝缘子。

8.8.2 空气间距的选择

输电线路的绝缘水平不仅取决于绝缘子的片数,也取决于线路上各种空气间隙的极间距离,而且后者对线路建设费用的影响远大于前者。

1. 线路上的空气间隙

(1) 导线对大地主要考虑的是穿越导线下面的最高物体与导线间的安全距离,在超高压下,还应考虑地面物体的静电感应问题。

(2) 导线对导线主要考虑导线弧垂的最低点在风力作用下,当导线发生摇摆时的最小间隙应能耐受工作电压。因这种极端的摇摆现象很少发生,因此,在电压等级较低时,就以不碰线为原则来确定。

(3) 导线对避雷线是以雷击避雷线档距中央不引起对导线的空气间隙击穿的原则来确定的。

(4) 导线对杆塔和横担主要考虑的是线路上的空气间隙的问题。

为了使绝缘子串和空气间隙的绝缘能力都能得到充分的发挥,显然应使气隙的击穿电压与绝缘子串的闪络电压大致相等。

在具体实施时,应考虑导线受风力而使绝缘子串倾斜摇摆的不利因素。就塔头空气间隙上可能出现的电压幅值来看,雷电过电压最高,操作过电压次之,工作电压最低,但电压的作用时间恰恰相反。由于工作电压长期作用在导线上，故应按线路最大设计风速(取 20 年一遇的最大风速，在一般地区为 25～35m/s)计算其风偏角 θ_0；操作过电压持续时间较短，按最大设计风速的 50%考虑风偏角 θ_S；雷电过电压持续时间最短，通常取其计算风速为 10～15m/s，风偏角 θ_L 也为最小。3 种情况下计算用风偏角随电压持续时间的增长而增长，如图 8.11 所示。

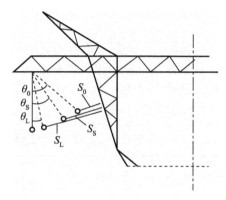

图 8.11 偏角 θ 及其对杆塔的距离 S

2. 塔头上空气间隙的确定过程

(1) 按工作电压选定绝缘子串风偏后的间隙 S_0 时，应保证在工作电压下不发生闪络，即其 50%工频放电电压为

$$U_{50\%} = K_1 U_{ph} \tag{8-14}$$

式中　U_{ph}——系统最高工作相电压的有效值；

　　　K_1——考虑工频电压升高、气象条件、必要的安全裕度等因素的空气间隙工频配合系数。对于 66kV 及以下线路，K_1=1.2；对于 110～220kV 线路，K_1=1.35；对于 330kV 及以上线路，K_1=1.4。

(2) 按操作过电压选定绝缘子串风偏后的间隙 S_S 时，应保证其在操作过电压下不发生闪络。间隙的正极性操作冲击电压波的 50%放电电压为

$$U_{50\%} = K_2 U_s = K_2 K_0 U_{phm} \tag{8-15}$$

式中　U_s——计算用最大操作过电压；

　　　K_2——空气间隙操作配合系数，对于 330kV 及以上线路取 1.1，对于 220kV 及以下线路取 1.03；

　　　K——操作过电压计算倍数；

　　　U_{phm}——最大相电压的幅值。

(3) 按雷电过电压选定绝缘子串风偏后的间隙 S_L 时，应使其冲击强度与非污秽地区绝缘子串的冲击放电强度相适应。根据我国的运行经验，通常取 S_L 的 50%雷电冲击击穿电压 $U_{50\%(L)}$ 等于绝缘子串的 50%雷电冲击放电电压 U_{CFD} 的 85%，即

$$U_{CFD50\%(L)} = 0.85 U_{CFD} \tag{8-16}$$

其目的是减少绝缘子串的沿面闪络，减小釉面受损的可能性。

按上述方法确定净间距 S 后，即可求得绝缘子串在垂直位置时对杆塔的水平距离，即

$$\left. \begin{array}{l} L_0 = S_0 + l\sin\theta_0 \\ L_S = S_S + l\sin\theta_S \\ L_L = S_L + l\sin\theta_L \end{array} \right\} \tag{8-17}$$

式中　l——绝缘子串长度。

按式(8-17)算得的 3 个距杆塔的水平距离中的最大值即为最终选定的空气间隙。一般情况下，对空气间隙的确定起决定作用的是雷电过电压。

表 8-5 列出了各级电压线路所需的净间距值，当海拔超过 1000m 时，应进行修正；对于发、变电站，在计算 S 值时应增加 10%的裕度。

表 8-5　各级电压线路所需的净间距值　　　　　　　　　　(单位：cm)

额定电压/kV	35	66	110	220	330	500
X-4.5 型绝缘子片数	3	5	7	13	19	28
S_0	10	20	25	55	90	130
S_S	25	50	70	145	195	270
S_L	45	65	100	190	260	370

8.8.3　变电站电气设备绝缘水平的确定

所谓某一电压等级电气设备的绝缘水平，就是指该设备可以承受(不发生闪络、击穿或其他损坏)的试验电压标准。这些试验电压标准在各国的国家标准中都有明确的规定。考虑到电气设备在运行时要承受运行电压、工频过电压、雷电过电压及内部过电压的作用，在试验电压中分别规定了各种电气设备绝缘的工频试验电压(1min)(对外绝缘还规定了干闪和湿闪电压)、雷电冲击试验电压及操作冲击试验电压。考虑到在运行电压和工频过电压作用下绝缘的老化和外绝缘的污秽性能，还规定了某些设备的长时间工频试验电压。

1. 雷电过电压下的绝缘配合

电气设备在雷电过电压下的绝缘水平通常用它们的基本冲击绝缘水平(BIL)来表示，它可由下式计算

$$\text{BIL} = K_1 U_{P(L)} \tag{8-18}$$

式中　$U_{P(L)}$——避雷器在雷电过电压下的保护水平，通常简化为以配合电流下的残压 U_R 来表示，在惯用法中，该值是按避雷器通过 5kA(对于超高压用 10~15kA)雷电流时的残压来决定。

式(8-18)中的 K_1 为雷电过电压下的配合系数，一般为 1.2~1.4，国际电工委员会规定 K_1 ≥1.2；我国根据自己的传统与运行经验，规定在电气设备与避雷器相距很近时取 1.25、相距较远时取 1.4，即

$$\text{BIL} = (1.25 \sim 1.4)U_R \tag{8-19}$$

2. 操作过电压下的绝缘配合

在按内部过电压作绝缘配合时，因为在系统设计和选择运行方式时均应设法避免谐振过电压的出现，故通常不考虑谐振过电压；此外也不单独考虑工频电压升高，而把它的影响包括在最大长期工作电压内。因此，按内部过电压作绝缘配合实际上就是操作过电压下的绝缘配合。

对于不同的电压等级，由于避雷器的保护对象不同，其绝缘配合方式也不一样。

对于220kV及以下的电网，变电站内的阀式或ZnO避雷器只用来保护雷电过电压而不保护操作过电压。我国标准规定的220kV及以下线路的操作过电压计算倍数 K_0 见表8-3。对于这一类变电站中的电气设备而言，其操作冲击绝缘水平(BIL)可按下式求得

$$\text{SIL} = K_S K_0 U_\varphi \tag{8-20}$$

式中　K_S——操作过电压下的配合系数，一般取 1.15～1.25；

　　　U_φ——系统最高运行相电压的幅值。

对于330kV及以上电网，变电站内的阀式或ZnO避雷器同时用来保护雷电过电压和操作过电压，此时的最大操作过电压取决于避雷器的保护水平。对于ZnO避雷器，它等于规定的操作冲击电流下的残压值；对于磁吹避雷器，它等于下面两个电压中的较大者：①标准冲击电压下的放电电压；②规定的操作冲击电流下的残压值。

对于这一类变电站内的电气设备，其操作冲击绝缘水平应按下式计算

$$\text{SIL} = K_S U_{P(S)} \tag{8-21}$$

式中　K_S——操作过电压的绝缘配合系数，K_S=1.15～1.25；

　　　$U_{P(S)}$——避雷器在操作过电压下的保护水平。

K_S 较雷电过电压配合系数 K_1 小，主要原因在于操作波的波前陡度远较雷电波小，被保护设备与避雷器之间的电气距离所引起的电压差很小，可以忽略不计。

为了统一规范，BIL、SIL值应从下列标准值中选取，不宜采用中间值，即 325kV、450kV、550kV、650kV、750kV、850kV、950kV、1050kV、1175kV、1300kV、1425kV、1550kV、1675kV、1800kV、1950kV、2100kV、2250kV、2400kV、2550kV、2700kV。

现以500kV变电所为例，说明绝缘水平的确定方法。

【例 8.3】 某500kV变电所，母线避雷器额定电压为420kV，20kA雷电流残压为1046kV。断路器线路侧避雷器的额定电压和残压分别为444kV和1106kV，确定其绝缘水平。

解　变压器绝缘的雷电冲击耐受电压为

$$\text{BIL} = 1.4 \times 1046 = 1464.4 \text{(kV)}$$

按标准值取 1550kV。

其他设备绝缘的雷电冲击耐受电压为

$$\text{BIL} = 1.4 \times 1106 = 1548.4 \text{(kV)}$$

按标准值取 1675kV。

在某些情况下，考虑到设备长期运行的可靠性，按经验会取比1550kV更高一级的BIL值，即1675kV。

已知变电所避雷器在操作过电压作用下的残压分别为 858kV、907kV，故变压器绝缘的操作冲击耐受电压为

$$SIL =1.15×858＝986.7(kV)$$

取 1050kV。

其他设备绝缘的操作冲击耐受电压为

$$SIL =1.15×907=1043.1(kV)$$

取 1050kV 或 1175kV。

3. 工频绝缘水平的确定

对于 220kV 及以下电压等级的设备，往往采用比较简便的短时(1min)工频耐压试验等效地代替雷电冲击与操作冲击试验。为了达到这个目的，短时工频耐压试验所采用的试验电压值往往比额定电压高出数倍。由于工频耐压试验实际上代表了绝缘对内、外过电压的总的耐受水平。一般除了形式试验要进行冲击耐压试验外，只要能通过工频耐压试验就认为在运行中遇到内外过电压都能保证安全。

需要指出的是，对于超高压电气设备而言，用短时工频耐受电压代替操作过电压对绝缘可能要求过高，且二者等价性不能确切肯定。为了更加可靠和直观，IEC 规定：对于 300kV 及以上的电气设备，不采用这种替代试验的方式，绝缘在雷电波下的性能用雷电冲击耐压试验来检验。

4. 长时间工频高压试验

当内绝缘的老化和外绝缘的污染对绝缘在工频工作电压和过电压下的性能有影响时，还需要进行长时间工频高压试验。

由于试验的目的不同，长时间工频高压试验时所加的试验电压和加压时间均与短时工频耐压试验不同。

依照惯用法的计算，根据我国电力系统发展情况及电气设备的制造水平，结合我国的运行经验，并参考 IEC 推荐的绝缘配合标准，在我国国家标准 GB/T 16927－2013 中对各电压等级电气设备的试验作了规定。即对 220～500kV 的设备给出了两种基准绝缘水平，由用户根据电网特点和过电压保护装置的性能等具体情况加以选用，制造厂可按客户要求选择基准。

8.9　中性点接地方式对绝缘水平的影响

中性点接地方式分为有效接地(包括直接接地和经小阻抗接地)和非有效接地(包括对地绝缘和经消弧线圈接地)两种。选择中性点接地方式是一个综合性的问题，它直接影响到设备绝缘水平的确定、系统运行的可靠性、保护设备的工作条件和对通信线路的干扰等。

8.9.1 中性点接地的优点

中性点接地方式的不同，使系统过电压水平及其所决定的设备绝缘水平有很大的差异。在这方面，中性点直接接地系统有很大的优越性。

1. 最大长期工作电压(指相对地所承受的电压，下同)为相电压

在中性点非有效接地系统中，由于单相接地故障时不必立即跳闸，可以带故障运行一段时间(一般不大于 2h)，此时非故障相上的工作电压升高到线电压 U_n。考虑到调压的需要，实际运行电压可能较 U_n 高出 10%～15%，因此，其最大长期工作电压为 $(1.1～1.15) U_n$。中性点有效接地系统中，最大长期工作电压为 $\frac{(1.1～1.15)U_n}{\sqrt{3}}$，220kV 及以下系统为 $\frac{1.15U_n}{\sqrt{3}}$，330kV 及以上系统为 $\frac{1.1U_n}{\sqrt{3}}$。这样，对避雷器的灭弧较为有利，相应的阀片数目及间隙均可减少，避雷器的结构尺寸可以减小。

2. 大气过电压低

由于实际作用在设备绝缘上的大气过电压幅值取决于避雷器的保护水平，而在中性点直接接地系统中，根据较低的最大长期运行电压确定的阀片及间隙的数目也少，因此，其残压和冲击放电电压也较中性点非直接接地系统低 20%左右。

3. 内部过电压低

在中性点非有效接地系统中，内部过电压是在线电压的基础上发展的；而在中性点有效接地系统中，内部过电压是在相电压的基础上发展的，因此，其数值一般较中性点非有效接地系统低 20%～30%。

综合上述三方面的因素，中性点有效接地系统中设备的绝缘水平可比同电压等级的中性点非有效接地系统低 20%左右。因此，对于 110kV 以上系统而言，由于绝缘费用占总建设费用的比例较大，采用中性点有效接地的方式可以获得显著的经济效益。而对于 66kV 及以下的系统，由于绝缘费用所占比重较低，降低绝缘水平在经济上的好处不明显，因此，供电可靠性成为主要考虑的因素，故一般采用中性点非有效接地的方式。不过，随着 6～35kV 系统的迅速发展，采用电缆的比重不断增加，且运行方式经常变化，给消弧线圈的调谐带来困难，并易引发多相短路，因此，有些以电缆网络为主的 6～10kV 大城市或大型企业的配电网改用中性点经低值或中值电阻接地的有效接地方式，在发生单相接地故障时立即跳闸。

8.9.2 中性点直接接地的缺点

1. 可靠性降低

在电力系统中，单相接地故障所占比例很大，若中性点直接接地，一旦出现很大的单相短路电流，线路立即跳闸，不但给断路器造成严重的负担，也造成突然停电，影响供电的可靠性。

2. 感应过电压大

中性点非直接接地系统发生单相接地故障时,故障电流很小,不会对邻近通信线路产生很强的干扰;而中性点直接接地系统中很大的故障电流的电磁感应作用很强,将在邻近通信线路上产生很危险的感应电压,造成对设备或人身的危害。

3. 产生大的电动力

中性点直接接地系统中发生单相接地故障时,甚大的故障电流产生很大的电动力,可能造成电气设备绝缘的损坏。

综合以上所述,不同电压等级的电网采取不同的中性点接地方式,以便兼顾电网运行可靠性及经济性两方面的要求。

小　　结

前面所讨论的过电压都是大气环境中雷电放电所引起的过电压,故称大气过电压、雷电过电压或外部过电压。除此以外,电力系统中还会出现由于内部原因所引起的过电压,统称内部过电压。与雷电过电压产生的单一原因(雷电放电)不同,内部过电压因其产生原因、发展过程、影响因素的多样性而具有种类多,机理各异的特点。

内过电压持续时间比大气过电压(仅几十微秒)长得多,但一般操作过电压的持续时间在 0.1 s 以内,而暂时过电压的持续时间要长得多,有些甚至能长期存在,故又称稳态过电压。

本章主要介绍切、合空载线路;切空载变压器过电压产生的机理及防护措施。分析了中性点接地方式不同时,系统出现过电压值的大小也不同。

不论是工频电压还是过电压,均应由绝缘来承担隔离任务,绝缘强度选取的是否合理,将影响系统运行的安全及杆塔等设备投资建设的经济性。因此,掌握绝缘配合的原则和方法,对合理选择设备的绝缘将有很好的指导意义。

阅读材料 8-1

苏联特高压交流输电的启示

随着电力负荷的不断快速增长,同时对大容量和远距离输电的需求,从 20 世纪六七十年代开始,苏联、美国、日本、意大利等国开始了特高压输电技术的研究工作。其中,苏联是国际上最早开展特高压输电技术研究的国家之一,也是迄今为止世界上唯一有特高压输电工程运行经验的国家。

1. 特高压输电发展历程

从 20 世纪 60 年代开始,苏联为解决特高压输电的工程设计、设备制造问题,组织多个研究、设计和制造单位开展了特高压输电的基础研究。

20 世纪 70 年代是苏联统一电力系统蓬勃发展和形成的时期，电力技术不断升级。为满足西部核电外送需要，开始在西部地区建设 750kV 输电线路，同时也促进了国际联网；为满足东部大型水、火电源送出，开始建设 1150kV 特高压交流和±750kV 直流输电线路。哈萨克、西伯利亚区域联合电力系统先后并入苏联欧洲统一电力系统，1979 年苏联统一电力系统与经互会各国联合电力系统以 750kV 线路并联运行，使苏联电网与东欧各国形成原东欧同步电网，最大装机容量曾达到 4.6 亿千瓦。

从 20 世纪 80 年代开始，随着大型能源基地的建设，苏联着手建设连接西伯利亚、哈萨克斯坦和乌拉尔联合电网的 1150kV 输电工程，计划将东部地区的廉价电能送往乌拉尔和欧洲部分负荷中心。已经建成的线路长度有 2344km，包括库斯坦奈、科克契塔夫、埃基巴斯图兹、巴尔瑙尔等特高压变电站。从 1985 年起，哈萨克斯坦境内的埃基巴斯图兹—科克契塔夫—库斯坦奈段 900km 线路，按 1150kV 设计电压运行。

1985 年 8 月，世界上第一条 1150kV 线路埃基巴斯图兹—科克契塔夫在额定工作电压下带负荷运行。1992 年 1 月 1 日，哈萨克斯坦中央调度部门把 1150kV 线路段电压降至 500kV 运行，在此期间，埃基巴斯图兹—科克契塔夫线路段及两端变电设备在额定工作电压下运行时间达到 23787h，科克契塔夫—库斯坦奈线路段及库斯坦奈变电站设备在额定工作电压下运行时间达到 11379h。

总体上说，苏联特高压交流输电线路整体运行情况良好，运行期间主设备没有发生大的事故，线路也没有发生污闪。特高压输电线路后来降压运行的主要原因是苏联于 1991 年解体后，由于国民经济条件的恶化，用电及发电量长期停滞不前，送端电源无法按预计目标建设，导致特高压线路负载过轻，输送容量仅为额定容量的 20%～30%，因此，逐渐降压运行，原计划扩建的特高压线段也未能按计划建设。

2. 电磁环境

由于苏联是一个地广人稀的国家，因此，就电磁环境来说，具有其特殊性。

交流输电工程的环境问题主要分为电晕损耗、无线电干扰、可听噪声、工频电场及静电感应、工频磁场及电磁感应等几方面。它们可能对人们的生活环境和生活质量，甚至安全与健康产生一定的影响，但是只要采取一定的技术措施，是可以将影响降低到可以接受的程度的。

1) 电晕损耗和导线选择

苏联对 1150kV 电压等级采用小截面导线作为分裂导线的子导线。为此，利用小截面导线架设了试验线段进行电晕损耗、可听噪声和无线电干扰特性的研究。子导线直径为 23.5mm 的 8 分裂 1150kV 试验线段的测试表明，好天气时电晕损失小，恶劣天气如雾凇天气(雾凇通称"树挂"，是雾气和水汽遇冷凝结在枝叶上的冰晶，分为粒状和晶状两种。粒状雾凇结构紧密，形成一粒粒很小的冰块，而晶状雾凇结构比较松散，呈较大的片状)。电晕损失急剧增加，可达 300～500kW/km，但是考虑到苏联中亚、乌拉尔、西伯利亚地区的气候条件，对 1150kV 线路通过的地区，导线表面的电位梯度为 28～30kV/cm，年平均电晕损失按每小时 20～30kW/km 考虑是可行的。

导线的选择和分裂方式是特高压输电线路设计中参数选择的重要环节之一。关于导线的电流密度，不少国家取得比较低，只有 0.5A/mm²，按照苏联的考虑，1150kV 输电线路，年最大负荷运行时间为 5000～7000h 时，经济电流密度可取 1.1～1.5A/mm²。埃基巴斯图兹—车里雅宾斯克线路输送容量 570 万千瓦，采用 8 分裂、交流、300/45mm² 导线，电流密度为 1A/mm²。

2) 无线电干扰

输电线路电晕和某些部位放电时，会辐射电磁波，可能对无线电和电视信号产生干扰；输电线路的无线电干扰与导线参数有关，如导线高度、相间距离、导线截面和子导线分裂数等。

按照苏联标准(GOST 22012—1982)，距架空输电线路边相导线对地投影外 100m 的地方，频率 0.5Hz，一年中 80%的时间无线电干扰场强不超过 43dB(μV/m)。

3) 可听噪声

输电线路的可听噪声是指导线周围的电晕和火花放电所产生的一种能直接听到的噪声。苏联规定，距边相导线对地投影外 100m 处可听噪声的年当量水平小于 53 dB。试验测得雨天的噪声水平为 54 dB，雪天和雾天分别为 51.3 dB 和 52 dB。按照一年四季不同气象条件所有天数的比例，采用统计公式求得可听噪声的年当量水平可以达到所规定的指标。苏联架设的 750kV、1150kV 线路，运行初期往往可听噪声指标稍高于规定值，运行一段时间后，由于导线表面"老化"，可听噪声水平很快降低到允许的指标以内。应当指出，苏联一般多采用小断面导线，而且导线表面的电位梯度取得较高，尚且可以满足对可听噪声所规定的限制，由此可知，特高压输电线路引起的可听噪声是可以被接受的。

4) 工频电场和磁场

苏联土地多，人口少，每条线路距离均很长，在 330kV 以上电压等级线路下设置防护区。防护区的宽度按边缘场强为 1kV/m 为界，在保护区内不允许设置永久的和临时性的可住人的生产性建筑。

苏联在建设特高压输电线路时，对线下地面最大电场强度规定为：跨越公路等地方，取 10kV/m；无人居住，但人类活动可以到达的地区，取 15 kV/m；人员难以到达的地方，取 20 kV/m。苏联是目前世界上少数几个规定变电所电场限值的国家之一，规定 1200kV 变电所的绝对安全电场限值为 5kV/m。

目前大多数国家尚未提出工频磁场标准要求，只有少数几个国家制定了磁场照射的限值。苏联基于暂态电击造成的刺痛感和电磁场对人体健康可能的效应考虑，规定 50Hz 工频磁场暴露限值为 1.8～7.5mT(毫特斯拉)，这取决于每个工作日暴露的持续时间(8～1h)。

工频电场和磁场对人体的影响程度取决于电场和磁场强度的大小。包括苏联在内的一些国家在研究交流特高压输电时，就工频电场和磁场对人和动物的影响进行了大量研究，世界卫生组织也就极低频电场和磁场(包括工频场)对健康的影响进行过评价。结果表明：工频电场和磁场对人和动物有确定的有害影响的阈值，远高于输电线路下的工频电场和磁场的限值；特高压输电线路工频电场和磁场取上面提到的限值不会对生态环境造成不利影响。

3. 过电压与绝缘配合

苏联特高压、超高压送电线路和设备的绝缘，不是像以前低压送电线路那样按内过电压可能值选取，而是变为强行限制过电压到技术经济情况最适宜的水平。研究表明，降低允许内过电压10%，则每千米线路的造价降低3%，变电站造价降低4%。

在世界上，这个原则首先是苏联在设计和建设500kV输电线路时采用的，然后推广到330kV、750kV和1150kV。当时认为将内过电压限制到最大工作相电压的下述倍数是合理的：330 kV线路为2.7，500kV线路为2.5，750 kV线路为2.1，1150 kV线路为1.8。

在操作过电压的限制措施方面，苏联采取了并联电抗器、断路器带合闸电阻和避雷器几种措施。

苏联特高压工频间隙距离明显低于日本，主要原因是：苏联只考虑最高运行电压，不考虑单相接地系数。苏联考虑特高压线路经过地区的海拔为500m以下，日本考虑的为1800m，两者气象修正系数相差较大。

苏联特高压前期的操作波间隙距离较大。因为它的过电压倍数和运行电压均较高。后期采用MOA(开放式结构)，过电压倍数下降，间隙距离减小，与日本特高压数值比较接近。

通过对系统可能发生的过电压进行分析，苏联1150kV输电线路的基本绝缘水平，按照操作过电压取最高运行相电压的1.8倍进行选择。从埃基巴斯图兹—科克契塔夫长约500km的一段线路实际调试测得，变电站设备上的最大过电压只有1.4~1.5倍，预计线路中部产生的过电压为1.65~1.7倍。通过实际运行，进一步改善避雷器和断路器的性能。

4. 线路防雷

苏联1150 kV输电线路的防雷设计从超高压输电线路的雷电特性中吸取了许多有益的经验。一方面，1150 kV线路的反击耐雷水平很高，可以承受高达250kA的冲击电流，所以，当雷击杆塔或避雷线时，不会对线路造成威胁。另一方面，由于特高压输电线路杆塔高度很高，导线上的工作电压幅值大，比较容易由导线上产生向上先导，使得架空地线的屏蔽性能变差。当雷绕击导线时，20~30kA的雷电冲击电流就可能造成威胁。

为了研究1150 kV线路的雷电特性以及雷击跳闸的概率，苏联对于雷电日、杆塔上雷电流的测量、雷击线路的位置等的综合性研究从1985年就已经开始了。研究确定出特高压线路运行期间的雷击跳闸率平均为0.5次/(100km·年)，在1989年和1990年，实测雷击跳闸率为0.3/(100km·年)和0.4/(100km·年)，主要是发生在耐张转角塔上的绕击。

5. 线路外绝缘

苏联在哈萨克斯坦—乌拉尔1150kV架空线路计划建设的第一阶段(20世纪70年代)时，考虑了线路不同塔型、相间配置、绝缘子串形选择。考虑到减少工时和节省材料，最初建设的两段线路(埃基巴斯图兹—科克契塔夫—库斯坦奈)采用了边相悬垂I串中相V串的拉V塔M型布置方式。1150kV线路外绝缘配置选择考虑了以下方面。

(1) 外绝缘的选择以1150kV线路经过地区的污区分布图为依据，而污区图是以当地110~750kV架空线路的自然积污状况和运行经验为基础制定的。

(2) 一般设计参数爬电比距λ采用了一些修正系数，设计用的修正系数考虑了绝缘子形状影响和不同串型的影响。

(3) 在确定线路污秽等级方面开展了大量工作，为确定污秽等级，采用了污秽源特征参数，作为电气设计初级阶段的参考信息。

(4) 在1150kV架空线路的绝缘水平时，引入了统计方法，可靠性要求为每100km线路的年污闪次数不应超过0.1。

1150kV输电线路大量采用玻璃绝缘子，按线路通过地区的气象和污秽条件，选用两种型号的玻璃绝缘子。V串采用单联40T绝缘子，I串采用单联30T绝缘子。

苏联按不同污秽分区规定的泄漏爬距要求：对于部分接近咸水湖和工业污秽地区的线路，取1.8 cm/kV；大多数通过普通尘埃地区，按一般污秽地区的标准，取1.5cm/kV。按最高运行线电压求出绝缘子片数后，增加2～3片作为安全裕度，串长的加长，不影响大风时导线带电部分离塔体的最小距离。

为了确保线路运行的可靠性，在早期设计阶段沿规划的1150kV线路建立了试验站，专门研究了该线路绝缘子的污秽状况、土壤状况及该区域35～500kV线路的运行经验。

6. 无功补偿和电压控制

特高压电网的重要任务之一是承担大区域电网的功率交换，潮流变化大而频繁，对系统无功及电压控制压力较大。特高压输电线路充电容量大，对于100km的特高压线路而言，在额定电压为1000kV及最高电压为1100kV的条件下，线路充电功率可达到400～500MVar。

从无功平衡和限制过电压的角度出发，特高压线路需要采用高压电抗器进行补偿。就补偿线路电容效应引起的工频过电压而言，线路上高抗补偿度越大，线路一端断路器三相跳闸后工频过电压也越低。但线路正常输送重负荷时，高抗补偿度越大，需系统向线路提供的无功功率也越大，送端系统的暂态等值电势和受端系统等值电压也越大，断路器三相跳闸后，工频过电压也相对较大。

在埃基巴斯图兹—科克契塔夫—库斯坦奈线路上，每段线路都配置了3组高抗，每组高抗容量为3×300MVar。

苏联特高压线路试运行期间，线路潮流轻，因此，虽然高抗补偿度很高，无功补偿和电压控制问题并不突出。但计算分析工作表明，采用固定电抗器作为无功并联补偿手段，一方面，虽然能够限制过电压水平，但在重负荷方式下会降低特高压线路的输送能力；另一方面，重负荷方式下，为保证正常功率输送，通道及受端电网需要补偿大量低压电容。

为维持系统电压合理水平，限制系统过电压，满足系统无功分层平衡要求，特高压电网的无功电压控制仅依靠固定高抗加低压电容、电抗的模式不够灵活方便。由于以上原因，需要研究特高压电网采用可控高抗或快速分组投切高抗的可行性。

可控高抗作为一种动态无功补偿设备，其无功输出可以在动态过程中快速调节，有效抑制电压波动，提高供电质量。一方面提高了系统的电压水平，降低了系统的网损，另一方面也不需要为可控高抗配备相应的无功补偿设备，可控高抗的调压功能还能减少诸如低压电容器和高抗等设备的操作，减少对电网的冲击，提高了电网的安全性及可靠性。当系统发生扰动时，可控高抗可作出快速响应，根据其母线电压或线路功率调节其无功容量，抑制电压和功率振荡。

苏联在建特高压输电线路时，曾研制过单相容量 330MWVar 可控电抗器，每相容量调节范围为 90～330MVar，计划替代采用火花间隙投入技术的固定高抗，但未投入实际运行。

7. 结论

总起来说，苏联在特高压工程的电磁环境、过电压与绝缘配合、空气间隙、线路防雷、外绝缘等方面开展了大量卓有成效的工作，这些科研成果都可以作为我国特高压工程建设参考资料。同时，苏联特高压交流工程整体运行情况良好，积累了丰富的运行经验。

(国家电网公司，李启盛)

习　题

8.1 选择题

1. 空载线路合闸的时候，可能产生的最大过电压为_____。
   A. $1.5E_m$　　　B. $2E_m$　　　C. $3E_m$　　　D. $4E_m$

2. 在 110～220kV 系统中，为绝缘配合许可的相对地操作过电压的倍数为_____。
   A. 4.0 倍　　　B. 3.5 倍　　　C. 3.0 倍　　　D. 2.75 倍

3. 空载线路合闸过电压的影响因素有_____。
   A. 合闸相位　　　　　　　B. 线路损耗
   C. 线路上残压的变化　　　D. 单相自动重合闸

4. 以下属于操作过电压的是_____。
   A. 工频电压升高　　　　　B. 电弧接地过电压
   C. 变电所侵入波过电压　　D. 铁磁谐振过电压

8.2 填空题

5. 在中性点非直接接地系统中，主要的操作过电压是_____。

6. 对于 220kV 及以下系统，通常设备的绝缘结构设计允许承受可能出现的_____倍的操作过电压。

7. 三相断路器合闸时总存在一定程度的不同期，而这将加大过电压幅值，因而在超高压系统中多采用_____。

8. 要想避免切空线过电压，最根本的措施就是要_____。

9. 目前切空变过电压的主要限制措施是采用_____。

10. 工频耐受电压的确定，通常是通过比较_____和_____的等值工频耐受电压来完成的。

11. 在污秽地区或操作过电压被限制到较低数值的情况下，线路绝缘水平主要由_____来决定。

12. 设变压器的激磁电感和对地杂散电容为 100mH 和 1000pF，则当切除该空载变压器时，设在电压为 100kV、电流为 10A 时切断，则变压器上可能承受的最高电压为_____。

8.3 问答题

13. 试说明电力系统中限制操作过电压的措施。
14. 为什么在断路器的主触头上并联电阻有利于限制切除空载长线时的过电压?
15. 简述绝缘配合的原则和基本方法。
16. 试述工频电压升高的机理。
17. 分析影响空载线路电容效应引起工频电压升高的原因。
18. 消弧线圈起何作用? 其补偿度如何选择?
19. 分析断路器灭弧性能对切除空载线路和切除空载变压器过电压两者有何不同?
20. 说明对用来限制操作过电压避雷器的要求。
21. 输电线路绝缘子串中,绝缘子的片数是如何确定的?
22. 什么是电气设备绝缘的 BIL 和 SIL ?

附　　录

附表 1　球隙放电标准 1　(IEC 1960 年公布)

一球接地的球隙，标准大气压条件下，球隙的击穿电压(峰值，kV)。适用于交流电压、负极性的雷电冲击电压和长尾冲击电压、正或负极性的直流电压。

球隙距离 S/cm	球直径 D/cm											球隙距离 S/cm
	2	5	6.25	10	12.5	15	25	50	75	100	150	200	
					195	(209)	244	263	265	266	266	266	10
						(219)	261	286	290	292	292	292	11
						(229)	275	309	315	318	318	318	12
							(289)	331	339	342	342	342	13
							(302)	353	363	366	366	366	14
							(314)	373	387	390	390	390	15
							(326)	392	410	414	414	414	16
0.05	2.8						(337)	411	432	438	438	438	17
0.10	4.7						(347)	429	453	462	462	462	18
0.15	6.4						(357)	445	473	486	486	486	19
0.20	8.0	8.0											
0.25	9.6	9.6					(366)	460	492	510	510	510	20
								489	530	555	560	560	22
0.30	11.2	11.2						515	565	595	610	610	24
0.40	14.4	14.3	14.2					(540)	600	635	655	660	26
0.50	17.4	17.4	17.2	16.8	16.8	16.8		(565)	635	675	700	705	28
0.60	20.4	20.4	20.2	19.9	19.9	19.9							
0.70	23.2	23.4	23.2	23.0	23.0	23.0		(585)	665	710	745	750	30
								(605)	695	745	790	795	32
0.80	25.8	26.3	26.2	26.0	26.0	26.0		(625)	725	780	835	840	34
0.90	28.3	29.2	29.1	28.9	28.9	28.9		(640)	750	815	875	885	36
1.0	30.7	32.0	31.9	31.7	31.7	31.7	31.7	(665)	(775)	845	915	930	38
1.2	(35.1)	37.6	37.5	37.4	37.4	37.4	37.4						
1.4	(38.5)	42.9	42.9	42.9	42.9	42.9	42.9	(670)	(800)	875	955	975	40
									(850)	945	1050	1080	45
1.5	(40.0)	45.5	45.5	45.5	45.5	45.5	45.5		(895)	1010	1130	1180	50
1.6		48.1	48.1	48.1	48.1	48.1	48.1		(935)	(1060)	1210	1260	55
1.8		53.0	53.5	53.5	53.5	53.5	53.5		(970)	(1110)	1280	1340	60
2.0		57.5	58.5	59.0	59.0	59.0	59.0	59.0					
2.2		61.5	63.0	64.5	64.5	64.5	64.5	64.5	(1160)	1340	1410		65
									(1200)	1390	1480		70
2.4		65.5	67.5	69.5	70.0	70.0	70.0	70.0	(1230)	1440	1540		75
2.6		(69.0)	72.0	74.5	75.0	75.5	75.5	75.5		(1490)	1600		80
2.8		(72.5)	76.0	79.5	80.0	80.5	81.0	81.0		(1540)	1660		85
3.0		(75.5)	79.5	84.0	85.0	85.5	86.0	86.0	86.0				
3.5		(82.5)	(87.5)	95.0	97.0	98.0	99.0	99.0	99.0	(1580)	1720		90
										(1660)	1840		100
4.0		(88.5)	(95.0)	105	108	110	112	112	112	(1730)	(1940)		110
4.5			(101)	115	119	122	125	125	125	(1800)	(2020)		120
5.0			(107)	123	129	133	137	138	138	138	(2100)		130
5.5				(131)	138	143	149	151	151	151			
6.0				(138)	146	152	161	164	164	164	(2180)		140
											2250		150
6.5				(144)	(154)	161	173	177	177	177			
7.0				(150)	(161)	169	184	189	190	190			
7.5				(155)	(168)	177	195	202	203	203			
8.0					(174)	(185)	206	214	215	215			
9.0						(198)	226	239	240	241	241		

注：(1) 本表不适用于测量 10kV 以下的冲击电压。
　　(2) 当 $S/D > 0.5$ 时，括号内数值准确度较低。

附表2 球隙放电标准2 (IEC 1960年公布)

一球接地的球隙，标准大气压条件下，球隙的击穿电压(峰值，kV)。适用于正极性的雷电冲击电压和长尾冲击电压。

球隙距离 S/cm	球直径 D/cm												球隙距离 S/cm
	2	5	6.25	10	12.5	15	25	50	75	100	150	200	
					215	(226)	254	263	265	266	266	266	10
						(238)	273	287	290	292	292	292	11
						(249)	291	311	315	318	318	318	12
						(308)	334	339	342	342	342		13
						(323)	357	363	366	366	366		14
						(337)	380	387	390	390	390		15
						(350)	402	411	414	414	414		16
0.05						(362)	422	435	438	438	438		17
0.10						(374)	442	458	462	462	462		18
0.15						(385)	461	482	486	486	486		19
0.20													
0.25						(395)	480	505	510	510	510		20
							510	545	555	560	560		22
0.30	11.2	11.2					540	585	600	610	610		24
0.40	14.4	14.3	14.2				(570)	620	645	655	660		26
0.50	17.4	17.4	17.2	16.8	16.8	16.8	(595)	660	685	700	705		28
0.60	20.4	20.4	20.2	19.9	19.9	19.9							
0.70	23.2	23.4	23.2	23.0	23.0	23.0	(620)	695	725	745	750		30
							(640)	725	760	790	795		32
0.80	25.8	26.3	26.2	26.0	26.0	26.0	(660)	755	795	835	840		34
0.90	28.3	29.2	29.1	28.9	28.9	28.9	(680)	785	830	880	885		36
1.0	30.7	32.0	31.9	31.7	31.7	31.7	31.7	(700)	(810)	865	925	935	38
1.2	(35.1)	37.8	37.6	37.4	37.4	37.4	37.4						
1.4	(38.5)	43.3	43.2	42.9	42.9	42.9	42.9	(715)	(835)	900	965	980	40
									(890)	980	1060	1090	45
1.5	(40.0)	46.2	45.9	45.5	45.5	45.5	45.5		(940)	1040	1150	1190	50
1.6		49.0	48.6	48.1	48.1	48.1	48.1		(985)	(1100)	1240	1290	55
1.8		54.5	54.0	53.5	53.5	53.5	53.5		(1020)	(1150)	1310	1380	60
2.0		59.5	59.0	59.0	59.0	59.0	59.0	59.0					
2.2		64.0	64.0	64.5	64.5	64.5	64.5	64.5		(1200)	1380	1470	65
										(1240)	1430	1550	70
2.4		69.0	69.0	70.0	70.0	70.0	70.0	70.0	70.0	(1280)	1480	1620	75
2.6		(73.0)	73.5	75.5	75.0	75.0	75.5	75.5	75.0		(1530)	1690	80
2.8		(77.0)	78.0	80.5	80.5	80.5	81.0	81.0	81.0		(1580)	1760	85
3.0		(81.0)	82.0	85.5	85.0	85.0	86.0	86.0	86.0	86.0			
3.5		(90.0)	(91.5)	97.5	98.0	98.5	99.0	99.0	99.0	99.0	(1630)	1820	90
											(1720)	1930	100
4.0		(97.5)	(101.0)	109	110	111	112	112	112	112	(1790)	(2030)	110
4.5			(108)	120	122	124	125	125	125	125	(1860)	(2120)	120
5.0			(115)	130	134	136	138	138	138	138	(2200)		130
5.5				(139)	145	147	151	151	151	151			
6.0				(148)	155	158	163	164	164	164	(2280)		140
											(2350)		150
6.5				(156)	(164)	168	175	177	177	177			
7.0				(163)	(173)	178	187	189	190	190			
7.5				(170)	(181)	187	199	202	203	203			
8.0					(189)	(196)	211	214	215	215			
9.0					(203)	(212)	233	239	240	241			

注：当 $S/D > 0.5$ 时，括号内数值准确度较低。

附表3 国外一些高电压实验室的主要特性参数

实验室名称	国别	实验厅 长×宽×高/m	工频试验变压器 电压/MV	工频试验变压器 电流/A	冲击电压发生器 电压/MV	冲击电压发生器 能量/kJ	直流电压发生器 电压/MV	直流电压发生器 电流/A
魁北克水电站	加拿大	82×68×50	2.1	1.2	6.4	400	2.2	30
苏联新高压实验室	俄罗斯	115×50×60	3.0		8.0			
列宁格勒工业大学	俄罗斯	60×30×22.5 露天	1.0 2.25	1.0 2.0	2.2		1.0	
扎波罗什变压器厂	俄罗斯	65×36×25	1.5	1.0	5.0	281		
通用电气公司高压实验室	美国	54×29×23 露天	1.75		2×5.1 5.0	2×84 250	1.0	15
斯坦福大学	美国	53×24×15	2.1		3.0			
中央电力研究所	英国	41×28×22	1.2 0.5	1.0 10.0	4.0	100	1.0	30
实验研究中心	意大利	45×40×35	2.0	0.5	4.8	300	2.0	
电力公司雷纳第试验站	法国	65×65×45	2.2	0.5	6.0	450		
慕尼黑工业大学	德国	34×23×19	1.2	0.5	3.0	50	1.6	60
德累斯登工业大学	德国	45×21×18	1.5	1.0	2.0	30		
曼海姆高压实验室	德国	24×25×14 露天	1.2	1.0	1.2 4.8	14 200		
海尔姆道尔夫电瓷厂	德国	18×18×13 露天	2.25	2.0	3.6 7.2	100 312		
ASEA公司	瑞典	55×32×35	1.5	1	3.2	140	1.2	300
瑞典试验研究所	瑞典	37×25×30	1.05	1.5	3.2	240	1.2	300
Micafil公司	瑞士	24×25×20	1.35	2.1	4.4	176		
Delft大学	荷兰	50×40×22	1.5	1	4.0	200		
超高压研究所	日本	露天	1.5 1.05	12 4.3	10.0	750	2.5	
电瓷公司	日本	40×40×40	1.65		6.0			
电力公司	日本	露天	1.65		6.0	300		
东芝公司	日本	54×61×43	2.35	25MVA	6.0	640		

附表4 国内一些高电压实验室的主要特性参数

实验室名称	实验厅 长×宽×高 /m	工频试验变压器 电压 /MV	工频试验变压器 电流 /A	冲击电压发生器 电压 /MV	冲击电压发生器 能量 /J	直流高压发生器 电压 /MV	直流高压发生器 电流 /mA
西安高压研究所	72×36×30	2.25	1	4.8	194	1.5	100
沈阳变压器研究所	100×34×32	2.25	2	3.6	162		
天威集团保定变压器厂	60×40×40	1.6	4	4.8	48		
上海电缆研究所	60×36×24	1.5	4	4.2	220.5		
中国电力科学研究院高电压研究所（北京）	43×30×26.5	2×0.55	2	3.6	300		
	露 天	0.75	4	6.0	300		
武汉高压研究院	露 天	2.25	4	5.4	530		
国家高压计量站	50×40×30	1.35	2	4.0	300	2	25
沈阳高压开关厂	72×40×32.5	4×0.4	每台2	4.8	360		
东北电力试验研究院(沈阳)	露 天	1.5	2	4.5	439		
华东电力试验研究院(上海)	48×33×24	2×0.6	4	3.6	360		
华北电力试验研究院(北京)	露 天	1.5	1	5.4			
北京开关厂	36×24×17	0.5	1	2.5	30	0.75	5
上海交通大学	36×24×19.5	1.0	1	3.0	63		

习题参考答案

第1章

1.1 选择题

1. B、 2. C、 3. A、 4. C、 5. B、 6. D、 7. C、 8. A、 9. D、 10. B、 11. A、 12. C、 13. A

1.2 填空题

14. 辉光放电、电晕放电、刷状放电、火花放电、电弧放电

15. 极小(最低)

16. 提高

17. 光电离

18. 棒-棒

19. 扩散

20. 改善(电极附近)电场分布

21. 101.3

22. NaCl

23. 增加

24. 250/2500

25. 空间电荷

26. 先导、主放电、余光

27. 增大

1.3 问答计算题

28. 当外施电压足够高时,一个电子从阴极出发向阳极运动,由于碰撞游离形成电子崩,则到达阳极并进入阳极的电子数为 $e^{\alpha s}$ 个(α 为一个电子在电场作用下移动单位行程所发生的碰撞游离数;s 为间隙距离)。因碰撞游离而产生的新的电子数或正离子数为 $(e^{\alpha s}-1)$ 个。这些正离子在电场作用下向阴极运动,并撞击阴极。若 1 个正离子撞击阴极能从阴极表面释放 γ 个(γ 为正离子的表面游离系数)有效电子,则 $(e^{\alpha s}-1)$ 个正离子撞击阴极表面时,至少能从阴极表面释放出 1 个有效电子,以弥补原来那个产生电子崩并进入阳极的电子,则放电达到自持放电。即汤森理论的自持放电条件可表达为 $\gamma(e^{\alpha s}-1)$ 。

29. (1) 当棒具有正极性时,间隙中出现的电子向棒极运动,进入强电场区,开始引起电离现象而形成电子崩。随着电压的逐渐上升,到达到自持放电、爆发电晕之前,在间隙中形成相当多的电子崩。当电子崩达到棒极后,其中的电子就进入棒极,而正离子仍留

在空间，相对来说缓慢地向板极移动。于是在棒极附近，积聚起正空间电荷，从而减少了紧贴棒极附近的电场，而略为加强了外部空间的电场。这样，棒极附近的电场被削弱，难以造成流柱，这就使得自持放电也即电晕放电难以形成。

(2) 当棒具有负极性时，阴极表面形成的电子立即进入强电场区，造成电子崩。当电子崩中的电子离开强电场区后，电子就不再能引起电离，而以越来越慢的速度向阳极运动。一部分电子直接消失于阳极，其余的可为氧原子所吸附形成负离子。电子崩中的正离子逐渐向棒极运动而消失于棒极，但由于其运动速度较慢，所以在棒极附近总是存在着正空间电荷。结果在棒极附近出现了比较集中的正空间电荷，而在其后则是非常分散的负空间电荷。负空间电荷由于浓度小，对外电场的影响不大，而正空间电荷将使电场畸变。棒极附近的电场得到增强，因而自持放电条件易于得到满足、易于转入流柱而形成电晕放电。

30．(1) 电场分布情况和作用电压波形的影响。
(2) 电介质材料的影响。
(3) 气体条件的影响。
(4) 雨水的影响。

31．(1) 由于含有卤族元素，这些气体具有很强的电负性，气体分子容易和电子结合成为负离子，从而削弱了电子的碰撞电离能力，同时又加强了复合过程。
(2) 这些气体的分子量都比较大，分子直径较大，使得电子在其中的自由行程缩短，不易积聚能量，从而减少了碰撞电离的能力。
(3) 电子在和这些气体的分子相遇时，还易引起分子发生极化等过程，增加能量损失，从而减弱碰撞电离的能力。

32．保护设备的伏秒特性应始终低于被保护设备的伏秒特性。这样，当有一个过电压作用于两设备时，总是保护设备先击穿，进而限制了过电压幅值，保护了被保护设备。

33．气体中带电质点是通过游离过程产生的。游离是中性原子获得足够的能量(称游离能)后成为正、负带电粒子的过程。根据游离能形式的不同，气体中带电质点产生有4种不同方式。

(1) 碰撞游离方式在这种方式下，游离能为与中性原子(分子)碰撞瞬时带电粒子所具有的动能。虽然正、负带电粒子都有可能与中性原子(分子)发生碰撞，但引起气体发生碰撞游离而产生正、负带电质点的主要是自由电子而不是正、负离子。

(2) 光游离方式在这种方式下，游离能为光能。由于游离能需要达到定的数值，因此引起光游离的光主要是各种高能射线而非可见光。

(3) 热游离方式在这种方式下，游离能为气体分子的内能。由于内能与绝对温度成正比，因此只有温度足够高时才能引起热游离。

(4) 金属表面游离方式严格地讲，应称为金属电极表面逸出电子，因此这种游离的结果在气体中只得到带负电的自由电子。使电子从金属电极表面逸出的能量可以是各种形式的能。

气体中带电质点消失的方式有如下3种。

(1) 扩散带电质点从浓度大的区域向浓度小的区域运动而造成原区域中带电质点的消失，扩散是一种自然规律。

(2) 复合是正、负带电质点相互结合后成为中性原子(分子)的过程，复合是游离的逆过程，因此在复合过程中要释放能量，一般为光能。

(3) 电子被附。这主要是某些气体(如 SF_6 蒸气)分子易吸附气体中的自由电子成为负离子，从而使气体中自由电子(负的带电粒子)消失。

34. 汤森放电理论与流注放电理论都认为放电始于起始有效电子通过碰撞游离形成电子崩，但对之后放电发展到自持放电阶段过程的解释是不同的。汤森放电理论认为通过正离子撞击阴极，不断从阴极金属表面逸出自由电子来弥补引起电子碰撞游离所需的有效电子。而流注放电理论则认为形成电子崩后，由于正、负空间电荷对电场的畸变作用导致正、负空间电荷的复合，复合过程所释放的光能又引起光游离，光游离结果所得到的自由电子又引起新的碰撞游离，形成新的电子崩且汇合到最初电子崩中构成流注通道，而一旦形成流注，放电就可自己维持。因此汤森放电理论与流注放电理论最根本的区别在于放电达到自持阶段过程的解释不同，或自持放电的条件不同。

汤森放电理论适合于解释低气压、短间隙均匀电场中的气体放电过程和现象，而流注理论适合于大气压下，非短间隙均匀电场中的气体放电过程和现象。

35. 极不均匀电场中的气体放电过程有如下两个不同于均匀电场、稍不均匀电场中气体放电的特性。

(1) 持续的电晕放电。电晕放电是在不均匀电场中，电场强度大的区域中发生的局部区域的放电。此时整个气体间隙仍未击穿，但在局部区域中气体已击穿。在强度不均匀电场中，电晕放电起始电压很接近(略低于)间隙的击穿电压，也观察不到明显的电晕放电现象。而在极不均匀电场中则可观察到明显的电晕放电现象，且电晕放电起始电压要低于(或大大低于——取决于电场均匀程度)间隙的击穿电压。

(2) 长间隙气体放电过程中的先导放电。当气体间隙距离较长(>1m)时，流注通道是通过具有热游离本质的先导放电不断向前方(另一电极)推进的。由于间隙距离较长，当流注通道发展到一定距离时，由于前方电场强度不够强，(由 f 电场小均匀)流注要停顿。此时通过先导放电而将流注通道前方电场加强，从而促使流注通道进一步向前发展。就这样，不断停顿的流注通道通过先导放电而不断推进从而最终导致整个间隙击穿。

(3) 不对称极不均匀电场中的极性效应。不对称极不均匀电场气体间隙(典型电极为棒板间隙)的电晕起始电压及间隙击穿电压随电极正、负极性的不同而不同。正棒-负板气体间隙的击穿电压要低于相同间隙距离负棒-正板气体间隙的击穿电压，而电晕起始电压则相反。解释这种结果的要点是间隙中正空间电荷产生电场时，原电场的增强或削弱。判断间隙击穿电压的高低是看放电发展前方的电场是加强还是削弱。判断电晕起始电压的高低是看出现电晕放电电极附近的电场是增强还是削弱。出现正空间电荷的原因是由于气体游离产生的正、负带电粒子定向运动速度差异很大，带负电的自由电子很快向正极性电极移动，而正空间电荷(正离子)由于移动缓慢，此时几乎仍停留在原地从而形成正空间电荷，对于正棒-负板气体间隙-正空间电荷的电场加强了放电发展前方的电场，有利于流注向前方发展，有利于放电发展。但此空间电荷的电场对于棒电极附近的电场是起削弱作用的，从而抑制了电晕放电。对于负棒-正板气体间隙，情况则相反。这就导致上面所述击穿电压和电晕起始电压的不同。

36．电晕放电与气体间隙的击穿都是自持放电，区别仅在于放电是在局部区域还是在整个区域。若出现电晕放电，将带来许多危害。首先是电晕放电将引起功率损耗、能量损耗，因电晕放电时的光、声、热、化学等效应都要消耗能量。其次，电晕放电还将造成对周围无线电通信和电气测量的干扰，因用示波器观察，电晕电流为一个个断续的高频脉冲。另外，电晕放电时所产生的一些气体具有氧化和腐蚀作用。而在某些环境要求比较高的场合，电晕放电时所发出的噪声有可能超过环保标准。为此，高压、超高压电气设备和输电线路应采取措施力求避免或限制电晕放电的产生。反过来，在某些场合下，电晕放电则被利用，如利用冲击电晕放电对波过程的影响作用可达到降低侵入变电站的雷电波波头陡度和幅值。电晕放电也被工业上某些方面所利用而达到某种用途。

37．气体间隙的击穿电压 U_F 是气体压力 p 和间隙距离 s 乘积的函数，这一规律称为帕邢定律。这种函数关系常用曲线表示，气体种类不同，电极材料不同，这种函数关系的曲线也不同，帕邢定律是由实验而不是通过解析的方法得到的气体放电规律。帕邢定律的曲线是表示均匀电场气体间隙击穿电压与 ps 乘积之间的关系，它不适用于不均匀电场，此外，帕邢定律是在气体温度不变的情况下得出的。对于气温并非恒定的情况应为 $U_F = F(\delta t)$，δ 为气体的相对密度。

38．在持续电压（直流、工频交流）作用下，气体间隙在某一确定的电压下发生击穿。而在雷电冲击电压作用下，气体间隙的击穿就没有这种某一个确定的击穿电压，间隙的击穿不仅与电压值有关，还与击穿过程的时间（放电时间）有关。这就是说，气体间隙的冲击击穿特性要用两个参数（击穿电压值和放电时间）来表征，而气体间隙在持续电压作用下击穿特性只要用击穿电压值一个参数来表征，用来表示气体间隙的冲击特性的是伏秒特性。冲击电压作用下气体间隙在电压达到 U_0（持续电压下间隙的击穿电压）值时，气体间隙并不能立即击穿而要经过一定时间后才击穿。这段时间称为放电时延。放电时延包括如下两部分时延。

(1) 统计时延。从电压达到 U_0 值起至出现第一个有效电子为止的这段时间。统计时延的分散性较大。

(2) 放电形成时延。从出现第一个有效电子至间隙击穿为止的这段时延。

39．同一波形、不同幅值的冲击电压作用下，气体间隙（或固体绝缘）上出现的电压最大值和放电时间（或击穿时间）的关系，称为气体间隙（或固体绝缘）的伏秒特性。伏秒特性常用曲线（由实验得到）来表示，所以也称伏秒特性曲线。它就表征了气体间隙（或固体绝缘）在冲击电压下的击穿特性。在过电压保护中，如何能保证被保护电气设备得到可靠的保护（即限制作用至电气设备绝缘上的过电压数值），就要保证被保护电气设备绝缘的伏秒特性与保护装置（如避雷器）的伏秒特性之间配合正确。两者正确的配合应是被保护电气设备绝缘伏秒特性的下包络线始终（即在任何电压下）高于保护装置伏秒特性的上包络线。

40．影响气体间隙击穿电压的因素主要有如下两个。

(1) 间隙中电场的均匀程度。间隙距离相同时，电场越均匀，击穿电压越高。

(2) 大气条件气压、温度、湿度不同时，同一气体间隙的击穿电压也不同。气压和温度变化引起气体相对密度变化，而气体相对密度变化使得间隙击穿电压变化。气压增大或温度降低使气体相对密度变大自由电子容易与中性原子（分子）发生碰撞，但不容易引起碰撞游离(因碰撞前自由行程短、动能积聚不够),所以击穿电压提高,湿度改变,则改变了水蒸气分子吸附气体中自由电子的数目,自由电子数目的改变使电子碰撞游离程度改变而使间隙击穿电压改变。湿度增大,水蒸气分子吸附能力增强,自由电子数减少,电子碰撞游离程度削弱,间隙击穿电压提高。由于这种吸附自由电子需要一定时间而均匀电场放电过程又很快,因此湿度对均匀电场气体可隙的击穿电压影响很小,海拔高度对气体间隙击穿电压的影响实际上也是通过气体相对密度来实现的。

提高气体间隙击穿电压主要从如下两个方面考虑。

(1) 改善电场分布,使电场变得均匀。具体措施有改变电极形状和采用极间屏障。要注意的是:负棒-正板气体间隙极间加屏障后不一定都能提高击穿电压,这要看屏障的位置。

(2) 削弱游离过程。气体击穿的根本原因是发生了游离,若采取措施削弱这种游离过程,当然击穿电压就提高了。具体措施是采用三"高":高气压、高真空、高绝缘强度的气体(如 SF_6 气体)。

41．沿面闪络是指沿面放电以贯通两电极。电极放入固体介质后的沿面闪络电压要比相同电极空气间隙的击穿电压低,这是因为沿固体介质表面的电场与空气间隙间电场相比已经发生了畸变。这种畸变使固体介质表面的电场更为不均匀。而造成沿面电场畸变的主要原因如下。

(1) 固体介质与电极间气隙中放电产生的正、负电荷聚集在沿面靠电极的两端。

(2) 固体介质表面由于潮气形成很薄的水膜,水膜中正、负离子积聚在沿面靠电极的两端。

(3) 由于固体介质表面电压分布不均匀,在表面电场强度大的区域中出现电晕放电。

(4) 固体介质表面的不平整造成沿面电场畸变。

42．套管表面的电场强度与表面斜交,表面的电场强度可分解成与表面垂直的分量和与表面平行的分量。垂直分量要比平行分量大许多。正由于表面电场的垂直分量较平行分量强,所以其放电过程具有不同的特点。

(1) 首先,在套管的法兰边缘处发生电晕放电,随电压升高而变成线状火花放电,

(2) 随着电压进一步提高到某个数值,出现明亮的树枝状火花放电,这种火花放电位置不固定,此起彼伏,这种放电称为滑闪放电。滑闪放电是强垂直分量电场型沿面放电所特有的,它具有热游离的性质。出现滑闪放电时,放电仍未达到沿面闪络。

(3) 电压升高至沿面闪络电压,滑闪放电发展成侧面闪络。

要提高套管沿面闪络电压,可以从以下两个方面来考虑。

(1) 增大沿面闪络距离。要注意:闪络电压的提高与闪络距离的增大不成正比,前者提高得慢。

(2) 提高套管的电晕起始电压和滑闪电压。这可以通过采用介电常数小的介质和加大套管绝缘厚度从而减小体积电容来提高;也可以通过靠近法兰处的套管表面涂以半导体漆以减小绝缘表面电阻来提高。

43．绝缘子串由多片绝缘子相串联,每片绝缘子具有等值电容 C(当然还有等值电导,但电导电流比电容电流小许多,故忽略)。每片绝缘子的金属部分与铁塔间有分布电容 C_E,与导线间也有分布电容 C_L(分布电容的极可绝缘就是空气)。若 C_E 和 C_L 都不存在,每片绝

缘子等值电容 C 上流过电流相等,则每片绝缘子上的电压分布均匀(C 上压降相等)。实际情况是存在 C_E 和 C_L,由下 C_E 和 C_L 上电流的分流作用使得各片绝缘子上的电压分布不均匀(由于流过电流不相等而压降不相等),中间绝缘子上分到的电压小而两头绝缘子上分到的电压大。由于 $C_E > C_L$, C_E 的分流作用要大于 C_L 的分流作用,所以靠近导线绝缘子上分到的电压最大。为了使绝缘子串电压分布均匀,可以在靠近导线的绝缘子外面套上一金属屏蔽环(称均压环),此均压环与导线等电位,以此增大 C_L,从而使绝缘子串电压分布的均匀性得以改善。

44. 户外绝缘子在污秽状态下发生的沿面闪络称为绝缘子的污闪。污秽绝缘子的闪络往往发生在大气湿度很高等不利的气候条件下,此闪络电压(污闪电压)大大降低,可能在工作电压下发生闪络,从而加剧了事故的严重性。防止绝缘子发生污闪的主要措施如下。

(1) 清除污秽层。这要通过监测手段及时确定清扫的时间。

(2) 提高绝缘子的表面耐潮性和憎水性。这是因为污秽绝缘子在受潮情况闪络电压降低最多。具体可采用憎水性材料或绝缘子表面涂各种憎水性材料。

(3) 采用半导体釉绝缘子。

1.4 计算题

45. 查《高电压工程》附录 A 中的表 A-2,亦即 GB 311.1—2012 的规定可知,35kV 母线支柱绝缘子的 1min 干工频耐受电压应为 100kV,则可算出制造厂在平原地区进行出厂 1min 干工频耐受电压实验时,其耐受电压 U 应为

$$U = K_a U_0 = \frac{U_0}{1.1 - H \times 10^{-4}} = \frac{100}{1.1 - 4500 \times 10^{-4}} = 154(\text{kV})$$

46. 此球形电极与四周墙壁大致等距离,可按照上述同心球电极结构来考虑。变压器的球电极为同心球的内电极,四周墙壁为同心球的外电极。

按题意必须保证点要求升压到 1000kV(有效值)时,球电极表面最大场强 E_{max} 小于球电极的电晕起始场强 E_0,即保证

$$\frac{RU}{r(R-r)} < 24\delta(1+1/\sqrt{r\delta})$$

将 U =1414V, R =500cm, δ =1 代入此不等式,算得 r =60cm 时球电极表面最大场强 E_{max} =26.7kV/cm,小于同心球内电极的电晕起始场强 E_0 =27.1 kV/cm。球电极的起始电晕电压 U_c =1012kV>1000kV。

因此,在这种距离四周墙壁仅 5m 的空间尺寸下,球电极的直径应达 120cm 才能保证当变压器升压到 1000kV 额定电压时球电极不发生电晕放电。

第 2 章

2.1 选择题

1. ABCDEF、I、HG、 2. BE

2.2 填空题

3. 能在其中建立静电场的物质、非极性(弱极性)电介质、偶极性电介质、离子性电介质

4. 电子位移极化、离子位移极化、偶极子极化、夹层极化

5. $\tan\delta = \dfrac{I_\mathrm{R}}{I_\mathrm{c}}$、交流下的介质损耗

6. 气体、油纸

7. 差别很大、差别很小、冲击击穿电压作用时间太短，杂质来不及形成桥

8. 不均匀场强处扰动大，杂质不易形成桥

9. 温度、介质经受热作用的时间

10. 减小、先增加后减小

11. 电子碰撞电离理论、气泡击穿理论

12. 电压作用时间、电场均匀程度、温度、累积效应、受潮程度

2.3 问答题

13. 因为直流电压作用下的介质损失仅有漏导损失，而交流作用下的介质损失不仅有漏导损失还有极化损失。所以在直流电压下，更容易测量出泄漏电流。

14. 泄漏电流是电介质中少量带电粒子在电场(电压)作用下形成的电导电流。这种电导电流是很小的(为此冠以"泄漏"的名称)。但在高电压下可达到能被检测出的数值。电介质对电导电流的阻力称为绝缘电阻。作用电压(直流电压)、泄漏电流、绝缘电阻三者的关系符合欧姆定律。介质的电导过程表明电介质并非绝对不导电，即绝缘电阻不等于无穷大。当固体电介质受电压作用时，除了有泄漏电流流过电介质内部(称为体积泄漏电流)外，还有电流沿电介质表面流过，这部分电流称为表面泄漏电流。绝缘实验中的泄漏电流测量是要测量体积泄漏电流，并以此来判断绝缘状况的好坏，若不采取措施消除表面泄漏电流，实际上所测到的电流应是体积泄漏电流和表面泄漏电流之和。

15. 电导过程是带电粒子在电场(电压)作用下定向移动形成电导电流的过程。电介质的电导与金属导体的电导有两个本质的区别。其一是形成电导电流的带电粒子不同，电介质为离子，而金属导体为自由电子。所以电介质电导为离子性电导，而金属导体电导为电子性电导。其二是带电粒子数量上的区别，在电介质中有少量带电质点，而在金属导体中则有大量带电粒子。正由于两者带电粒子数差别悬殊，才使两者电导受温度影响的结果绝然不同。

16. 电介质上加上直流电压后，流过电介质的电流开始较大，而后随时间衰减变小，最后稳定于某一数值，这现象称为"吸收"现象。表面看起来似乎有一部分电流被电介质"吸收"掉了，但出现"吸收"现象的实质是电介质在直流电压(电场)作用下，电介质发生极化、电导过程综合的结果。在直流电压作用下，电介质要发生极化过程和电导过程。由于极化过程，就有有损极化对应的电流 i_a。由于电导过程，就有泄漏电流 i_g。此外还有纯电容性电流 i_c，它表示无电介质时等值电容的充电电流。i_c 存在时间极短，很快衰减至零。i_a 经过一定时间(时间长短与常数有关)后也衰减至零，而 i_g 不随时间变化。流过介质的总

电流为 $i = i_c + i_a + i_g$，将 3 个电流分量按时间相加就得到了总电流随时间变化的曲线，从而说明了出现"吸收"现象的必然性。"吸收"现象是电介质在直流电压作用下发生的。此外，若电介质的等值电容很小，吸收现象不明显。

17. $\tan\delta$ 表征电介质在交流电压作用下内部损耗特性的参数(物理量)。$\tan\delta$ 反映了电介质在交流电压作用下电导损耗、极化损耗以及在电压(电场强度)较高时游离损耗的综合结果。$\tan\delta$ 与外加电压、频率无关(指在一定范围内)，与电介质尺寸结构无关，仅取决于内在的损耗特性。研究测量 $\tan\delta$ 的目的不在于介质损耗掉了多少功率(比其他原因引起的功率损耗，其要小得多)，而在于若介质损耗大，将加速老化，最终导致绝缘性能失去而造成绝缘故障。电压在一定范围内(不是过高)，$\tan\delta$ 不随电压变化。但当电压过高时，由于介质内部的游离损耗而使 $\tan\delta$ 增大。在工频电压下，频率的变动(50Hz 左右变动)不会改变 $\tan\delta$ 值。但当频率变动很大(数倍、数十倍)，$\tan\delta$ 会受到频率变化的影响。在频率不很高时，$\tan\delta$ 随频率的升高而增大(单位时间内极化次数增多造成极化损耗增大)。但当频率过高时，由于偶极子来不及转向而造成极化作用减弱，使 $\tan\delta$ 随频率升高而减小。温度变化对 $\tan\delta$ 的影响随电介质种类的不同而不同。中性或弱极性电介质的 $\tan\delta$ 随温度升高而增大。对于极性电介质，$\tan\delta$ 随温度的变化则要考虑电导损耗、极化损耗随温度变化的综合结果。$t < t_1$ 时，两种损耗都随温度升高而增大，所以 $\tan\delta$ 随温度升高而增大。$t_1 < t < t_2$ 时，极化损耗随温度升高而减小且超过电导损耗随温度升高而增大，所以 $\tan\delta$ 随温度升高而减小。$t > t_2$ 时，电导损耗增大很快且超过极化损耗的减小，所以 $\tan\delta$ 随温度升高而增大。

18. 实际使用的变压器油是非纯的液体电介质，其击穿过程与纯液体电介质是根本不同的。变压器油中在电极间一旦形成"气泡"通道，由于气体击穿场强要比变压器油低得多，因此就发生电极之间的击穿。"气泡"通道可由两种途径形成。一种途径是油中原先存在的气泡中发生气体游离，由于游离而得到的正、负电荷向两电极方向运动而使气泡拉长，当这种气泡增多并头尾相接贯通两电极时就形成气泡通道。另一种途径是油中水分或纤维分子受电场极化而顺电场方向排列，当这些极化的水分或纤维分子排列成贯通电极的"小桥"时，流过此小桥的泄漏电流要比流过油中的泄漏电流大，发热增加，从而使水分汽化或使周围油汽化，就在"小桥"周围形成气泡通道。

影响变压器油击穿电压的因素如下。

(1) 油的品质。油的品质即油中所含水分、纤维、气泡等杂质的多少。含杂质越多，油的品质越差，击穿电压越低。

(2) 温度。温度对击穿电压的影响是通过油中悬浮状态水分的多少(在 0~80℃时)和油中含气量的多少(在 80℃以上时)间接影响的。在大约 80℃以下时，温度高，油中溶解状态的水分增加，则悬浮状态水减少，从而不易形成导致击穿的"小桥"，击穿电压就高。在大约 80℃以上时，由于油中水分和油的汽化，温度升高，形成气泡增多，易形成气泡通道，击穿电压降低。

(3) 压力。压力增大，油中溶解状态的气体增多，从而使能形成气泡通道的自由态气体减少而使击穿电压提高。

(4) 电压作用时间。这主要是由于形成气泡通道需要一定的时间，所以电压作用时间越短(如雷电冲击电压)，击穿电压越高。

(5) 电场均匀程度。电场越均匀，击穿电压越高。

19．气体电介质的相对介电常数接近 1，极化率极小，气体电介质的损耗就是电导损耗，当电场强度小于使气体分子电离所需要值时，气体介质损耗很小，所以标准电容器采用气体绝缘。

而电力电容器采用油纸绝缘是因为油纸绝缘具有优良的电气性能，干纸和纯油组合后，油填充了纸中薄弱点的空气隙，纸在油中又起了屏障作用，使总体的耐电强度提高很多。

20．提高固体电介质击穿电压措施如下。

(1) 改进绝缘设计。这主要从绝缘材料(选用绝缘强度高的材料)、绝缘结构(使绝缘尽量处于均匀电场中)以及组合绝缘这 3 个方面来考虑。

(2) 改进制造工艺。使绝缘材料保持良好的先天绝缘性能，主要是减少杂质、气泡、水分等。其中尤其是所含气泡，因不能采取措施补救(如所含水分可通过烘干减少)而埋下今后引起电老化的隐患。

(3) 改善运行条件。这主要是防潮和加强散热冷却，这也是运行部门应注意的。

21．固体电介质的老化主要有电老化和热老化两种形式。电老化的主要原因是介质内部气泡中的局部放电。由于这种局部放电造成长期的机械作用(带电粒子撞击固体介质)、热作用(放电引起温度升高)、化学作用(放电产生某些腐蚀性气体)而使介质逐渐老化。热老化的原因是介质长期受热作用发生裂解、氧化等变化而使机械和绝缘性能降低。热老化的进程与电介质的工作温度有关，不同介质为保证一定热老化进程(运行寿命 10 年)所允许的最高工作温度是不同的，以这种允许最高工作温度的不同，固体绝缘材料被划分成 7 个耐热等级。要注意的是：每种耐热等级的最高允许温度并不是绝对不可超过的(后果是寿命缩短)。运行寿命 10 年是指此种耐热等级固体绝缘材料持续保持此最高允许工作温度时的运行寿命为 10 年，而一般电气设备不可能持续保持在此最高允许工作温度下运行，所以一般运行寿命可达 20～25 年。

第 3 章

3.1 选择题

1．ＡＢＣＤ、 2．Ａ、 3．Ｂ、 4．ＡＢＣ

3.2 填空题

5．逻辑诊断、模糊诊断、统计诊断

6．较高、较慢、较低、较快

7．微安表直读法，光电法，光电法，安全、可靠、准确度高

8．绝缘油的气相色谱分析、超声波探测法、脉冲电流法

9．直流、交流、雷电过电压、操作冲击波

10．高电压试验变压器

11. 使几台变压器高压绕组的电压相叠加
12. 吸收功率极小，外界电场对表的影响严重、不宜用于有风的环境
13. 研究雷闪电流对绝缘材料和结构以及防雷装置的热能或电动力的破坏作用
14. 球隙法、分压器-峰值电压表法、分压器-示波器法、光电测量法
15. 球面的尘污、球隙间空气游离不充分
16. 电阻分压器、电容分压器、串联阻容分压器、微分积分系统

3.3 问答题

17. 正接法一般应用于实验室内的测试材料及小设备，实现样品的对地绝缘。实际上，绝大多数电气设备的金属外壳是直接放在接地底座上的，即当试品有一极是固定接地时，就宜采用反接法。

18. 国际电工委员会规定 I_1 不低于 0.5mA。一般 I_1 选择为 0.5～2mA。

19. 利用气体放电测量交流高电压，如静电电压表；利用静电力测量交流高电压，如静电电压表；利用整流电容电流测量交流高电压，如峰值电压表；利用整流充电电压测量交流高电压，如峰值电压表。

20. 第一类波形，中国和 IEC 标准规定了 4 种该类冲击波，即 1μs/20μs、4μs/10μs、8μs/20μs 和 30μs/80μs 冲击电流波。第二类规定的冲击电流波形峰值持续时间规定为 500μs、1000μs、2000μs，或者 2000μs 与 3200μs 之间。

21. 由一组高压大电容量的电容器，先通过直流高压并联充电，充电时间为几十秒到几分钟；然后通过触发球隙的击穿，并联对试品放电，从而在试品上流过冲击大电流。

22. 球隙的冲击放电电压是有分散性的，球隙的 50%放电电压是指在此电压作用下，相应的球隙距离的放电概率为 50%

23. 测量用的射频同轴电缆外皮中通过的瞬态电流引起的干扰，间隙放电时产生的空间电磁辐射，仪器电源线引入的干扰。

24. 改善接地回线；实验室采用全屏蔽；专为应用于高压测试中的通用数字示波器及其附属设备建一个小屏蔽室或屏蔽盒；分压器应置于紧靠集中接地极的地点，并以最短的连线相接；由分压器到测量仪器敷设宽度较大的金属板或金属带作为接地连线；测量电缆采取两端匹配的接线方式；测量电缆长度应尽可能短；采用双屏蔽同轴电缆，或在单屏蔽同轴电缆外再套一个金属管，甚至在双屏蔽同轴电缆外再套金属管；在测量电缆上加设共模抑制器；提高传递信号环节的信噪比。

25. 兆欧表测绝缘电阻实质上是测流过绝缘的电流并将此电流值转化为电阻值从兆欧表上直接读出。

当绝缘等值电容量较大时，由于吸收现象(电流由大变小并趋于一稳定值)较为明显，所以兆欧表读数由小逐渐增大并趋于一稳定值。出现此种现象的根本原因是，绝缘介质在直流电压作用下发生极化、电导过程的综合结果。兆欧表屏蔽端子的作用主要是为了消除测量过程中表面泄漏电流引起的测量误差(使测得绝缘电阻偏小)。采用屏蔽端子后，表面泄漏电流经屏蔽端子直接流回直流发电机而不再经过电流线圈，这样就消除了表面泄漏电流。

26．吸收比规定为测绝缘电阻时 60s 时读数与 15s 时读数的比值。对于等值电容量较大电气设备的绝缘，可以根据吸收比 K 的大小来判断绝缘是干燥还是受潮，这是因为绝缘干燥时，泄漏电流分量 i_r 很小，在 15s 时的电流 i 要比在 60s 时的电流 i 大许多，这样吸收比就较大(一般大于 1.3)；而若绝缘受潮，泄漏电流分量 i_r 要比干燥时大，在 15s 时的电流比 60s 时的电流相对大得要少一些，这样吸收比就较小(K<1.3)。

27．被试品一端接地(如被试对象为电气设备对地绝缘)时，测量直流泄漏电流的接线图如图 3.3 所示。试验变压器 T 为升压变压器以获得交流高压。调压器 T_1 调节加至试验变压器低压绕组上的电压以从高压绕组获得试验规定所要求的电压。试验所需的高压直流电压由高压交流整流而得，一般用高压硅堆经半波整流而得到。当所需试验电压较高时可采用倍压整流或串级直流整流线路获得。图 3.3 中的 C 为滤波电容器，当被试品等值电容 C_x 较大时，C_x 就兼作滤波电容而不需要另加 C。保护电阻 R_0 的作用是限制试验中万一被试品被击穿时的短路电流以保护试验变压器、整流硅堆，以及防止避免被试品绝缘损坏的扩大。微安表是用来测量泄漏电流的，由于此时被试品一端已接地，所以微安表只能串接于被试品的高电位侧，微安表及微安表至被试品的高压引线必须采用屏蔽接法以使微安表至被试品间高压引线的对地漏电流以及被试品的表面泄漏电流不通过微安表。要注意屏蔽层对地处于高电位。另外还要注意：凡是直流试验(直流泄漏、直流耐压)，试验电压都是对地负极性的电压，为此，硅堆整流方向不能接错。

28．采用正接线测 $\tan\delta$ 时，电桥本体对地处于低电位，如图 3.6(a)所示。采用反接线测 $\tan\delta$ 时，电桥本体对地处于高电位，如图 3.6(b)所示。正接线适用于被试品 C_x 一端不接地或虽一端为外壳但被试品可采用绝缘支撑起来(如在实验室中)的场合，而反接线则适用于被试品一端接地的场合。由于现场电气设备绝缘一端(铁心和外壳)都是接地的，因此现场试验时都采用反接线。在现场测量 $\tan\delta$ 时可能会受到交变电场和磁场的干扰，一般电场干扰影响较大。为消除外电场的干扰，可采取两种具体措施，一是移相法，二是倒相法。两种方法都可以消除外电场对测量结果的影响(倒相法时，根据正相、反相两次测量结果由 $\tan\delta = \dfrac{C_1 \tan\delta_1 + C_2 \tan\delta_2}{C_1 + C_2}$ 计算得出)，但采用倒相法比较简便(不需要移相设备)，实际上往往采用算术平均法计算 $\tan\delta = \dfrac{\tan\delta_1 + \tan\delta_2}{2}$。交变磁场对 $\tan\delta$ 测量的影响主要通过检流计来影响。消除这种磁场影响的措施是通过检流计极性转换开关(将检流计正接、反接)测量两次，然后取两次测量结果的算术平均值。

29．工频交流耐压试验原理接线图如图 3.10 所示。试验变压器 T_2 为升压变压器以获得工频高压。调压器 T_1 调节试验变压器初级电压以使试验变压器高压侧电压达到规程规定的试验电压值。保护电阻 r 起到保护试验变压器在被试品万一被击穿或闪络时不受损坏，这种作用不仅由于 r 的接入而限制了被试品击穿或闪络后的短路电流，而且限制了在此过程中试验变压器内部的电磁振荡而保护了试验变压器绕组的纵绝缘(匝间或层间绝缘)。保护球隙 F 用以限制试验过程中可能出现的过电压，其放电电压可整定为试验电压的 1.1～1.15 倍。R 为球隙的保护电阻，R 限制球隙放电时的电流从而避免球隙表面烧毛。

工频交流耐压试验时所加的试验电压应根据不同电压等级按规程确定。规程中所规定的试验电压值不仅考虑到电气设备绝缘在实际运行中可能受到的工频过电压，而且考虑到可能受到的雷电过电压和内部过电压，尤其是 220kV 及以下电压等级电气设备，通过工频交流耐压试验间接地考验了绝缘耐受内外过电压的能力。

当被试品等值电容量较大时，工频交流耐压试验的试验电压不能在低压侧测量后按试验变压器的变比换算至高压侧，而应该在高压侧的被试品上直接测量。若在低压侧加上按试验电压折算到低压侧的应加电压，即加上电压 $\frac{U_{试}}{K}$，K 为试验变压器的变比。当被试品等值电容量很小时，高压侧电流（$I_1 \approx I_c \approx U\omega C_x$）很小，可忽略。高压侧接近开路，高压侧被试品上电压接近 $U_{试}$。当被试品等值电容量较大时，高压侧电流 $I_1 \approx I_c$ 不能忽略。此时，在高压侧回路中 U_1 为试验变压器高压绕组中的感应电势，其数值等于高压侧的开路电压。按变比的定义，当低压侧加上 $\frac{U_{试}}{K}$ 的电压时，U_1 就等于 $U_{试}$。根据高压侧回路的等值电路及相量图可知，此时实际作用在被试品上的电压已大大超过试验电压 $U_{试}$，这就是"容升效应"。由于工频耐压试验电压已大大高于额定工作电压，所以这种实际试验作用电压的"过量"（超过规定的试验电压）将导致电气设备绝缘不必要的损坏。为避免此种情况，就需在被试品两端间直接进行高压测量。

30．进行直流耐压试验主要是出于以下几个方面的需要。

(1) 直流电气设备的耐压试验。为考验设备绝缘耐受各种电压（包括过电压）的能力，这与交流电气设备的工频交流耐压试验相对应。

(2) 替代工频交流耐压试验。有些交流电气设备的等值电容量较大（如电容器、电缆），若进行工频交流耐压试验则需要很大容量的试验设备而不容易做到，为此用直流耐压试验替代，当然试验电压值必须考虑到绝缘在直流电压作用下的击穿强度要比在交流电压下高这一特点。

(3) 旋转电机绕组端部的绝缘试验。对于绕组端部绝缘的缺陷，采用工频交流耐压试验不易发现，而采用直流耐压试验易发现。

(4) 结合直流泄漏试验同时进行。直流耐压试验和直流泄漏试验都采用直流电压，只不过电压高低不同，所以在进行直流泄漏试验时，可同时进行直流耐压试验，并可根据泄漏电流随所加电压变化的不同特点来判断绝缘的状况。

直流高压可用以下几种方法测量。

(1) 用球隙测量，直流有脉动时测到的是最大值。

(2) 用静电电压表测量，直流有脉动时测到的是有效值。

(3) 用高阻值电阻串微安表测量，直流有脉动时测到的是平均值。

(4) 用高阻值电阻分压器测量，直流有脉动时测到的是平均值。

工频交流高压可用以下几种方法测量。

(1) 用球隙测量，测量工频交流电压的幅值。

(2) 用静电电压表测量，测量工频交流电压的有效值。

(3) 用电容分压器配低压仪表测量，测量何种值取决于低压仪表。

(4) 用电压互感器测量。

3.4 计算题

31. 根据《规程》，35kV 电力变压器的试验电压为

$$U_S = 85 \times 85\% = 72\text{kV}$$

因为电力变压器的绝缘性能基本上不受周围大气条件的影响，所以保护球隙的实际放电电压应为

$$U_0 = (1.05 \sim 1.15)U_S$$

若取 $U_0 = 1.05 U_S = 1.05 \times 72 \times \sqrt{2} = 106.9$ (kV)

即球隙的实际放电电压等于 106.9kV(最大值)。因为球隙的放电电压与球极直径和球隙距离之间关系是在标准大气状态下得到的，所以应当把实际放电电压换算到标准大气状态下的放电电压 U_0，即

$$U_0 = \frac{273+27}{0.289 \times 1050} \times 106.9 = 105.7 \text{ (kV)}$$

查球隙的工频放电电压表，若选取球极直径为 10cm，则球隙距离为 4cm 时，在标准大气状态下的放电电压为 105kV(最大值)。而在试验大气状态下的放电电压为

$$U_0' = \frac{0.289 \times 1050}{300} \times 105 = 106.2 \text{ (kV)}$$

32. 试验变压器高压侧电流和额定容量都主要取决于被试品的电容。

$$I = 2\pi f C U \times 10^{-3} = 5.02 \times 10^{-4} \text{ (A)}$$

$$P = 2\pi f C U^2 \times 10^{-3} = 200.96 \text{(kVA)}$$

第4章

4.1 选择题

1. A、 2. C、 3. B

4.2 填空题

4. 3×10^8 m/s

5. 单位长度电感 L_0、电容 C_0

6. 提高一倍

7. 导线电阻和线路对地电导、大地电阻和地中电流等值深度的影响、冲击电晕的影响

8. $-1 \leqslant \beta \leqslant 1$

4.3 问答题

9. 当波沿传输线路传播，遇到线路参数发生突变，即有波阻抗发生突变的节点时，会在波阻抗发生突变的节点上产生折射与反射。

10. 在计算线路中一点的电压时，可以将分布电路等值为集中参数电路：线路的波阻抗用数值相等的电阻来代替，把入射波的 2 倍作为等值电压源。这就是计算节点电压的等值电路法则，也称彼德森法则。

利用这一法则，可以把分布参数电路中波过程的许多问题简化成一些集中参数电路的暂态计算。但必须注意，如果 Z_1、Z_2 是有限长度线路的波阻抗，则上述等值电路只适用于在 Z_1、Z_2 端部的反射波尚未回到节点以前的时间内。

11. 波投射到线路首端时，尽管幅值可能发生变化，但其陡度不变。而波投射到变压器绕组首端时，由于变压器入口电容的作用，起始电位陡度降低。

12. 在冲击波的作用下，波前部分电压上升速度很高，感抗比容抗大得多，此时作用于绕组上的过电压主要取决于 C_0、K_0。由于变压器沿绕组高度方向单位长度对地电容 C_0 的分流作用，将使沿 K_0 中通过的电流沿绕组高度的不同线段中的差别也越大。从而使绕组对地的单位不均。因定义 $\alpha = \sqrt{\dfrac{L_0}{C_0}}$，用此来衡量电压不均匀的程度，$C_0$ 越大，α 就越大，则对地电压分布越不均匀。

13. 因入口电容 $C_T = \sqrt{C_0 K_0} = \sqrt{C_0 l \dfrac{K_0}{l}}$，即入口电容等于每匝对地电容与匝间电容的几何平均值。$C_0 l$ 是变压器绕组的全部对地电容的并联值，其值虽然很大，但绕组的全部纵向电容的串联值 $\dfrac{K_0}{l}$ 很小，所以二者的乘积不会很大，这就是 C_T 值比 $C_0 l$ 小得多的原因。

14. 波阻抗与集中参数阻抗虽都用 Z 表示，但有以下几点不同。

(1) 波阻抗是表示分布参数线路（或绕组）的参数，阻抗是表示集中参数电路（或元件）的参数。

(2) 波阻抗为分布参数线路（或绕组）上同一方向（即前行或反行）电压波与电流波的比值，且 $\dfrac{u_q}{i_q} = Z$，$\dfrac{u_f}{i_f} = -Z$，但 $\dfrac{u}{i}$ 不一定等于 Z。而阻抗则等于此阻抗上电压与电流之比。

(3) 波阻抗不消耗能量，而当 $R \neq 0$ 时阻抗消耗能量。

(4) 波阻抗与线路（或绕组）长度无关，而阻抗与长度（如线路长度）有关。

另外需要指出的是，同样的一条线路在讨论雷电或操作过电压作用下要用分布参数的波阻抗来表征，而讨论工频稳态电压作用下则用集中参数电路（如 π 型）的阻抗来表征。

4.4 计算题

15.
$$\dfrac{U_0^2}{Z_1} = \dfrac{U_2^2}{Z_2} + \dfrac{U_1^2}{Z_1} = \dfrac{(\alpha U_0)^2}{Z_2} + \dfrac{(\beta U_0)^2}{Z_1}$$

$$= \dfrac{U_0^2}{Z_1}\left(\dfrac{Z_1 \alpha^2}{Z_2} + \beta^2\right) \quad (\text{将 } \alpha \text{、} \beta \text{ 的定义式代入，即可得到结论})$$

$$= \dfrac{U_0^2}{Z_1}$$

16. (1) $u(t)=\dfrac{2}{3}\times 1000=666.67\,(\text{kV})$

(2) 由于相同电压同时沿两条线路侵入，所以此两条线路离变电站母线对应点是等电位的，所以两条线路 Z 同时进波就等价于一条波阻抗为 $\dfrac{Z}{2}$ 的线路进波，故母线上电压为

$$u_2(t)=\dfrac{2}{\dfrac{Z}{2}+Z}u(t)=\dfrac{4}{3}u(t)=1333.33\,(\text{kV})$$

此题也可采用叠加原理求解，即每次一条线路进波，两条线路不进波，即(1)的情况，然后将两种结果叠加，同样得到相同的结果。

17. 电容为 0.14μF。

18. 在冲击电压作用下，变压器绕组要用具有分布的电感、电容和电阻电路来等值。对于这种分布参数的电路，初始($t=0_+$)电压分布(绕组各点对地电位)与稳态($t\to\infty$时)的电压分布是不同的，所以在冲击电压作用下此等值电路必有一个从起始电压分布变为稳态电压分布的暂态过程，而由于此等值电路中既存在电感又存在电容，电阻又很小，因此这种暂态过程表现为振荡型的。

冲击电压波前部分，电压对时间的变化率很大，即这种电压的等值频率很高，使绕组分布电容的阻抗($\dfrac{1}{\omega C}$)很小，而分布电感的阻抗(ωL)很大，这样起始电压基本上按电容分布，使电压分布很不均匀，绕组靠近冲击电压作用端分到的电压大，而绕组另一端分到的电压很小。当暂态过程结束而达到稳态的，电感近于短路，电容近于开路，电压按绕组的电阻均匀分布，这就是引起绕组起始电压分布与稳态电压分布不均匀的原因。

19. $Z=480\,\Omega$；$C=0.347\,\mu\text{F}$；$L=0.08\,\text{H}$；$I=208\,\text{A}$；$U=250\,\text{kV}$；$I=-104\,\text{A}$。

第5章

5.1 填空题

1．每雷暴日中每平方公里地面内落雷的次数

2．(1～5)μs、2.6μs

3．降低接地电阻

4．15～40

5．15°

5.2 问答题

6．阀式避雷器与氧化锌避雷器的工作原理相同，且都能避免在被保护设备上产生截波，但由于两者采用的非线性阀片电阻材料不同，使得两种避雷器的性能有以下不同。

(1) 保护性能。由于氧化锌避雷器的阀片电阻非线性更好以及一般无放电间隙，氧化锌避雷器抑制过电压的能力要比阀式避雷器好。

(2) 适用范围。阀式避雷器阀片的通流容量较小，所以一般只适用于限制雷电过电压以及过电压能量较小的内部过电压(如切空载变压器过电压)，而氧化锌避雷器不仅可限制雷电过电压，由于阀片通流容量大，所以也可以用以限制内部过电压(如切合空载线路过电压)；阀式避雷器动作后工频电弧的熄灭要依赖于工频续流的过零，但在直流系统中无这种过零，所以阀式避雷器就不能用于直流系统，氧化锌避雷器工频续流的切断是依靠阀片电阻优良的非线性(在工频电压下电阻异常大)，所以可用于直流系统中。

(3) 运行环境的影响作用。阀式避雷器有放电间隙，间隙放电电压的分散性使阀式避雷器性能易受温度、湿度、气压、污秽等环境条件的影响，而氧化锌避雷器由于无放电间隙，所以不会受到这些运行环境的影响。

此外，氧化锌避雷器维护简单，省去了放电间隙定期清理。氧化锌避雷器具有各种优点，但运行过程中由于没有放电间隙隔离工频工作电压而应注意阀片电阻的老化问题，所以应定期检测氧化锌避雷器的工频泄漏电流，尤其是工频泄漏电流中的阻性电流分量(其大小直接反映出阀片电阻的老化程度)。

7. 避雷器是限制过电压从而使与之相并联电气设备绝缘免受过电压作用的器件。对避雷器的第一个要求是能将过电压限制到电气设备绝缘能耐受的数值，这就要求避雷器的最大残压(残压为冲击电压作用下，流过避雷器的冲击电流在避雷器上的压降)应低于设备绝缘的冲击耐压值。对于阀式避雷器还需要保证避雷器的伏秒特性(取决于放电间隙)与被保护设备绝缘的伏秒特性有正确的配合，以免发生电气设备绝缘先于避雷器间隙放电前发生击穿。避雷器仅满足上述要求还是不够的。对避雷器的第二个要求是应在过电压作用结束之后，能迅速截断随后发生的工频续流以不至于发生工频短路引起跳闸而影响正常供电。阀式避雷器与氧化锌避雷器利用阀片电阻在工频电压下电阻很大的非线性特性使工频续流能在第一次过零时就截断。第三个要求是避雷器还应具有一定的通流容量以免发生热过度而造成瓷套爆裂。

表征阀式避雷器与氧化锌避雷器的电气参数有所不同。

(1) 阀式避雷器。冲击放电电压和残压(一般两者数值相同)是衡量限制过电压能力的参数，其数值越低对被保护设备绝缘越有利。灭弧电压是保证避雷器可靠灭弧(即截断工频续流)的参数，避雷器安装点可能出现的最高工频电压应小于灭弧电压。工频放电电压是保证阀式避雷器不在内过电压下动作的参数。体现阀式避雷器保护性能与灭弧性能的综合参数是保护比(残压与灭弧电压之比)和切断比(工频放电电压与灭弧电压之比)。

(2) 氧化锌避雷器。残压(雷电冲击残压、操作冲击残压、陡波冲击残压)是衡量氧化锌避雷器对不同冲击过电压限压能力的参数。持续运行电压和额定电压是保证氧化锌避雷器可靠运行所允许的最大工频持续电压和最高工频电压(非持续性)。1mA 下，直流和工频参考电压是反映氧化锌避雷器热稳定性及寿命的参数。荷电率(持续运行电压峰值与参考电压之比)是表征氧化锌阀片电阻在运行中承受电压负荷的指标。

5.3 计算题

8. 设针高 h 小于 30m，则高度影响系数 $p=1$，被保护物高度 $h_x = 10$m，在 h_x 下的保护范围为 $r_x = 15$m。若 $h \leqslant 2h_x$ (即 $h \leqslant 20$ m)，则有

$$h - h_x = r_x$$
$$h = 15 + 10 = 25 \text{(m)}$$

这与 $h \leqslant 20$ m 不符，舍去。

若 $h \geqslant 2h_x$（即 $h \geqslant 20$ m），则有

$$1.5h - 2h_x = r_x$$
$$h = \frac{1}{1.5}(15 + 20) = 23.34 \text{ (m)}$$

（注意：不能用四舍五入法），所以避雷针针高至少应为 23.34m。

9. 此题为等高 4 针联合保护。第一步将 4 针分成两个等高 3 针，第二步在每个等高 3 针中，计算出在被保护高度 h_x 下在每二等高双针间的最小保护距离 b_x，若 3 个 b_x 都大于等于 0，则在此 3 针所构成三角形内的所有范围都能得到保护，若有一个 $b_x < 0$，则由此等高三针联合保护范围仅为 $b_x \geqslant 0$ 双针保护范围的组合。

对于 1 和 2 的等高双针

$$r_x = h - h_x = 7 \text{ (m)}$$
$$h_0 = h - \frac{D}{7} = 11.28 \text{ (m)}$$
$$b_x = 1.5(h_0 - h_x) = 1.93 \text{ (m)}$$

对于 1 和 3 的等高双针

$$r_x = h - h_x = 7 \text{ (m)}$$
$$h_0 = h - \frac{D}{7} = 17 - \frac{40\sqrt{2}}{7} = 8.92$$
$$b_x = 1.5(h_0 - h_x) = 1.5 \times (8.92 - 10) < 0$$

所以，对于 1、2、3 等高 3 针，其保护范围仅为 1 和 2、2 与 3 两等高双针保护范围的组合。同理，对于 1、3、4 等高 3 针，保护范围也是 3 和 4、1 和 4 两等高双针保护范围的组合。4 针对 10m 高度被保护机体的保护范围如答案图 5.1 所示(实线所围区域，不包括中间的一块)。

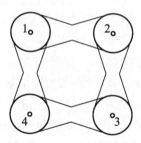

答案图 5.1　等高 4 针联合保护范围

10. 单个垂直接地体的工频接地电阻 R_g 为

$$R_g = \frac{\rho}{2\pi l} \ln \frac{4l}{d} = 69 (\Omega)$$

单个垂直接地体的冲击接地电阻为

$$R'_{ch} = \alpha_{ch} R_g = 45(\Omega)$$

由 3 根垂直接地体连接后的整个接地装置的冲击接地电阻为

$$R_{ch} = \frac{R'_{ch}}{3} \frac{1}{\eta} = 20(\Omega)$$

第 6 章

6.1 选择题

1．A、 2．A、 3．C、 4．B、5．AB

6.2 填空题

6．耐雷水平、雷击跳闸率

7．雷电冲击水平

8．反击

9．3

10．5

6.3 问答题

11．基本措施是设置避雷针、避雷线、避雷器和接地装置。避雷针(线)可以防止雷电直接击中被保护物体，称为直击雷保护；避雷器可以防止沿输电线侵入变电所的雷电冲击波，称为侵入波保护；接地装置的作用是减少避雷针(线)或避雷器与大地之间的电阻值，达到降低雷电冲击电压幅值的目的。

12．作用是限制侵入波陡度和降低感应雷过电压。

13．对地放电过程中，放电通道周围的空间电磁场将发生急剧变化。因而当雷击输电线附近的地面时，虽未直击导线，由于雷电过程引起周围电磁场的突变，也会在导线上感应出一个高电压来，这就是感应过电压，它包含静电感应和电磁感应两个分量，一般以静电感应分量为主。

设地面雷击点距输电线路正下方的水平距离为 S，一般当 S 超过 65m 时，规程规定，导线上感应过电压的幅值可按下式计算：$U \approx 25Ih/S$ (kV)，其中，I 为雷电流幅值，单位为 kA；S 为地面雷击点距线路的水平距离，单位为 m；h 为导线平均对地高度，单位为 m。

14．避雷针的保护原理是当雷云放电时使地面电场畸变，在避雷针的顶端形成局部场强集中的空间，以影响雷闪先导放电的发展方向，使雷闪对避雷针放电，再经过接地装置将雷电流引入大地，从而使被保护物体免遭雷击。避雷针的保护范围是指被保护物体在此空间范围内不致遭受直接雷击。对于单根避雷针的保护范围，有计算公式为

$$\left. \begin{array}{l} r_x = (h - h_x)p = h_a p, \quad h_x \geqslant h/2 \\ r_x = (1.5h - 2h)p, \quad h_x < h/2 \end{array} \right\}$$

式中，h、h_x、h_a、r_x、p 的单位均为 m。p 是避雷针的高度影响系数，$h \leqslant 30\mathrm{m}$ 时，$p=1$；$30\mathrm{m} < h \leqslant 120\mathrm{m}$ 时，$p=5.5/\sqrt{h}$；$h > 120\mathrm{m}$ 时按照 120m 计算。

15. 雷电放电是一种自然现象，至今尚未有有效措施能阻止雷电发生。输电线路的防雷措施中，最基本或首要的措施就是架设避雷线防止雷直接击于线路的输电导线上，更严格地讲，架设避雷线后使雷直接击于导线上的概率(即绕击率)比无避雷线时大大降低。此外，架设避雷线后，由于分流作用与耦合作用，也有利于防止雷击塔顶后通过"反击"使导线上形成过电压，也有利于降低导线上的感应雷过电压。

架设避雷线后虽然大大降低了雷电直接击于导线上形成过电压的概率，但仍有很大可能出现雷电击于线路杆塔塔顶，塔顶电位升高后通过绝缘子串闪络(称为反击)在导线上形成过电压，对此可采取降低杆塔接地电阻，架设耦合地线，加强线路绝缘(通过增加绝缘子片数)以及双回路线路采用不平衡绝缘等措施防止受雷击后绝缘子串发生闪络。然而，采取以上各种措施后仍不能完全避免绝缘子串不发生闪络。万一出现这种情况，线路防雷的进一步措施是防止绝缘子串由冲击闪络转变为工频电压下的闪络(这种闪络，建立稳定的工频电弧而引起线路跳闸)，这可采用消弧线圈接地(在中性点不接地系统中)。

最后，尽管采取了上述一道道"防线"，但仍不能绝对保证不会引起工频闪络导致线路跳闸，对此可装设线路自动重合闸装置来提高供电可靠性，而且实践证明，对由雷电引起线路跳闸的重合成功率是很高的。

16. 35kV 及以下电压等级输电系统一般都为中性点不接地系统，当发生由雷电引起的冲击闪络后，随后出现的工频闪络电流很小，不能形成稳定的工频电弧，因此不会引起线路跳闸，所以当一相由于雷击而引起闪络后仍能正常工作，这样虽不装设避雷线，雷击引起闪络概率增大，但这种闪络并不会导致线路跳闸而影响正常用电。故 35kV 及以下输电线路一般不架设避雷线，一相闪络后再出现第二相闪络，形成相间短路，出现大的短路电流，才可能引起线路跳闸。只有当雷电流很大时才会出现这种情况。

17. 变电所防止直击雷的措施是装设避雷针或避雷线，并配以良好的接地。为了使避雷针或避雷线能对被保护对象进行有效的保护，首先应使被保护对象处于避雷针或避雷线的保护范围之内，其次还应防止避雷针或避雷线受到雷击后发生对被保护对象的闪络(即反击)。因为即使被保护对象处于保护范围之内，但若出现反击，高电位就会加到被保护对象(如电气设备)上，所以防止反击与保护范围同样重要。为了防止反击，应使避雷针(线)与被保护对象之间的空间距离以及两者地下接地体之间的距离具有足够的数值。

当独立式避雷针的工频接地电阻不大于 10Ω 时，上述两种距离不应小于 5m 和 3m。为了防止反击，35kV 及以下变电所不能采用构架式避雷针；易燃、易爆设备(如储油罐)也不能采用构架式避雷针。对于 110kV 及以上电压等级中的构架式避雷针应使避雷针构架的地下接地体与系统接地体之间的距离保持在 15m 以上。另外，主变压器的构架也一般不装避雷针。

18. 避雷器与被保护电气设备的绝缘配合中，都以避雷器的最大残压来配合，避雷器的最大残压为允许流过避雷器最大冲击电流下的残压。在 220kV 及以下系统中，流过避雷器的最大冲击电流为 5kA(保护旋转电机的阀式避雷器为 3kA)。若在实际运行过程中出现流过避雷器的冲击电流超过此规定值，则由于避雷器最大残压的升高而危及被保护电气设备绝缘。要使流过避雷器的冲击电流不超过规定的 5kA(500kV 为 10kA)，具体措施就是采用进线段保护。由于进线段(靠近变电所 12km 的一段线路)的耐雷水平要比其余部分线路的耐雷水平高，所以可以认为雷电侵入波主要由来自 12km 进线段之外的线路落雷造成。这样，雷电侵入波沿进线段再作用到避雷器上，在此过程中由于进线段波阻抗的串入，减小了流过避雷器的冲击电流并将其限制到不超过 5kA(10kA)。此外，雷电侵入波在进线段传播时由于出现冲击电晕，从而同时又降低了进入变电所雷电侵入波的波头陡度，有利于对电气设备的保护。

19. 变电所进线保护段的作用有两个，其一是限制雷电侵入波电压作用下流过避雷器的电流，其二是降低最终进入变电所雷电侵入波的波头陡度。对进线保护段的要求是其应具有比线路更高的耐雷水平，为此这段线路的避雷线应具有更小的对导线的保护角，而全线无避雷线线路则当然应在这段线路上架设避雷线。

20. 变电所进线段保护标准接线中，对 1~2km 这段线路采取加强防雷措施(如减小保护角)，使其具有较高的耐雷水平。保护进线段的作用是限制避雷器动作时流过的冲击电流不超过允许值以及降低进入变电所的雷电侵入波电压的波头陡度。对于线路在雷雨季节可能处于开路状态而线路另一侧又带电(如双端电源线路)时，应在进线段末端对地装设排气式避雷器(或阀式避雷器)，目的在于防止线路上有雷电波侵入时，由于断路器打开而在线路末端发生全反射引起冲击闪络，再导致工频对地短路，造成断路器或隔离开关绝缘部件烧毁。要注意的是，断路器或隔离开关合闸时，该排气式避雷器不应在雷电侵入波作用下动作，以免产生截波危及有绕组电气设备的纵绝缘。

21. 直配电机是指不经变压器直接与架空线相连接的旋转电机(发电机或高压电动机)。直配电机防雷保护的主要措施如下。

(1) 在电机母线上装设 FCD 型阀式避雷器或氧化锌避雷器以限制雷电侵入波的幅值。

(2) 在电机母线上对地并电容器，每相 0.25~0.5μF(若接有电缆段，电缆对地电容包括在内)。电容器的作用是降低雷电侵入波的陡度以保护电机纵绝缘，同时还起到降低架空线上的感应雷过电压(此过电压也作用到电机上)。

(3) 在直配电机进线处加装电缆段和排气式避雷器(或阀式避雷器线)、电抗器，联合保护作用以限制避雷器动作电流小于规定值(3kA)。

(4) 发电机中性点有引出线且未直接接地(发电机常这样)时，应在中性点上加装避雷器保护中性点的绝缘，或者加大母线并联电容以进一步限制雷电侵入波陡度。

电缆段的作用不在于电缆具有较小波阻抗和较大的对地电容，而在于在等值频率很高的雷电流作用下，电缆外皮的分流(由于 FE1 动作)及耦合作用。当雷电侵入波使电缆首端排气式避雷器(为使此避雷器由于发生负反射不能可靠动作而前移 70m，即 FE1)动作时，电缆芯线与外皮短接，相当于把电缆芯和外皮连在一起并具有同样的对地电压 iR_1。在此电压作用下，电流沿电缆芯和电缆外皮分两路流向电机。由于流过电缆外皮绝缘所产生的磁通全部与电缆芯交链(由于电缆芯被电缆外皮所包围)，在芯线上感应出接近等量的反电势阻止芯线中电流流向电机，使绝大部分电流如同高频集肤效应那样从电缆外皮流，从而减小了流过避雷器(与芯线相连)的电流，也即限制了避雷器的动作电流。电缆芯中的反电势是建立在电缆外皮与电缆芯导线的耦合作用基础之上的，为了加强这种耦合作用(以加强反电势),常采取将 70m 段的接地引线平行架设在导线下方,并与电缆首端的金属外皮在装设 FE2 杆塔处连接在一起后接地,工频接地电阻不应大于 5。在电缆首端保留 FE2 以便在强雷时动作(即一般情况下不动作)以进一步限制避雷器动作电流(在强雷时也不超过 3kA)。

第 7 章

1. 一种是直击雷,由于其电压很高,电流很大,虽然持续时间很短,但其功率极大,导致设备绝缘损坏;另一种是间接雷,当雷电放电时,击中设备附近的大地,从而在线路上感应出中等强度的电流和电压,导致弱电设备容易损坏。

2. 见教材相应内容。

3. 当被控设备的接地电阻较小时,宜采用电缆在被控设备处悬空,在计算机控制器处接地的方式,以防止反击。

第 8 章

8.1 选择题

1. C、 2. C、 3. ABCD、 4. B

8.2 填空题

5. 弧光接地过电压

6. 3～4

7. 单相重合闸

8. 改进断路器的灭弧性能

9. 阀式避雷器

10. 雷击冲击耐受电压、操作冲击耐受电压

11. 最大工作电压

12. $100\sqrt{2}$ kV

8.3 问答题

13. (1) 利用断路器并联电阻限制分合闸过电压:①利用并联电阻限制合空线过电压;②利用并联电阻限制切空线过电压。

(2) 利用避雷器限制操作过电压。

14. 如答案图 8.1 所示,切除空载长线时,主触头 S_1 首先断开,而电阻 R 和辅助触头 S_2 并未开断,因此线路上的残余电荷通过电阻 R 释放,电阻 R 能抑制振荡,这时主触头两端的电压仅为 R 上的压降。然后辅助触头 S_2 开断,线路上的残压已较低,辅助触头 S_2 上的恢复电压也较低,所以断路器两端不容易发生电弧重燃,也就不至于形成很高的过电压。

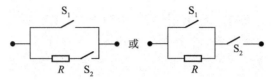

答案图 8.1　有并联电阻的断路器触点接线

15. 原则如下。所谓绝缘配合就是根据设备在系统中可能承受的各种电压，并考虑限压装置的特性和设备的绝缘特性来确定必要的耐受强度，以便把作用于设备上的各种电压所引起的绝缘损坏和影响连续运行的概率降低到在经济和运行上能接受的水平。这就要求在技术上处理好各种电压、各种限制措施和设备承受能力之间的配合关系，以及经济上协调设备投资费、运行维护费和事故损失费三者之间的关系。这样，既不因绝缘水平取得过高使设备尺寸过大，造价太贵，造成不必要的浪费；也不会由于绝缘水平取得太低，虽然一时节省了设备造价，但增加了运行中的事故率，导致停电损失和维护费用大增，最终不仅造成经济上更大的浪费，而且造成供电可靠性的下降。

绝缘配合的基本方法如下。

(1) 惯用法。按作用于绝缘上的最大过电压和最小绝缘强度的概念来配合，即首先确定设备上可能出现的最危险的过电压；然后根据经验乘上一个考虑各种因素的影响和一定裕度的系数，从而决定绝缘应耐受的电压水平。

(2) 统计法。统计法是根据过电压幅值和绝缘的耐电强度都是随机变量的实际情况，在已知过电压幅值和绝缘闪络电压的概率分布后，用计算的方法求出绝缘闪络的概率和线路的跳闸率，在进行了技术经济比较的基础上，正确地确定绝缘水平。

16. 工频过电压也称工频电压升高，因为此类过电压表现为工频电压下的幅值升高。引起工频电压升高的原因有空载线路的电容效应、不对称短路和突然甩负荷。

空载线路可看作由分布的 L-C 回路构成，在工频电压作用下，线路的总容抗一般远大于导线的感抗，因此由于电容效应使线路各点电压均高于线路首端电压，而且越往线路末端，电压越高。系统发生不对称短路时，短路电流的零序分量会使健全相电压升高，而在不对称短路中以单相接地最为常见且引起健全相上电压升高也最为严重。由于某种原因线路突然甩负荷，作为电源的发电机，根据磁链守恒原理，通过激磁绕组的磁通来不及变化，与其相应的电源电势 E_d' 维持原来数值从而使线路上工频电压升高。

17. 影响空载线路电容效应引起工频电压升高的因素主要有 3 个。其一是线路的长度。线路越长，空载线路末端比首端电压升高越大，可采用 $u_2 = \dfrac{u_1}{\cos \alpha l}$ 进行计算。其二是电源容量。电源容量越大，电源电抗 X_s 越小，电压升高越小。另外，也与线路是否有并联电抗器有关。线路接入并联电抗器后，通过补偿空载线路的电容性电流从而削弱电容效应来达到降低工频电压升高的目的。

18. 消弧线圈是一个有铁心的电感线圈，接在系统中性点与地之间，消弧线圈的基本作用是补偿流过故障点的容性接地电流，使接地电弧容易熄灭，同时消弧线圈能降低故障相上恢复电压的上升速度，减小电弧重燃的可能性，这样接地电弧出现后会很快熄灭且不重燃，从而限制了间歇电弧接地过电压。消弧线圈电感电流能补偿系统对地电容电流的百分数称为消弧线圈的补偿度。根据补偿度的不同,可选择消弧线圈参数使系统处于欠补偿、全补偿、过补偿状态下运行。为了充分发挥消弧线圈的消弧作用(若欠补偿,则随电网发展使补偿度更低)以及避免出现或接近全补偿(若欠补偿,运行时由于部分线路退出而成为全补偿)后因三相对地电容不对称导致中性点上出现较大的位移电压危及绝缘,所以常采用过补偿运行方式来选择消弧线圈参数。

19. 空载线路分闸过电压是由于断路器分闸后触头间发生电弧重燃而引起的,所以断路器灭弧性能好,重燃次数少或基本不重燃,分闸过电压就较低。而切除空载变压器过电压是由于断路器分闸时发生空载电流的突然"截断"(从某一数值突然降至零),所以断路器灭弧性能好,空载电流"截断"值大,截断电流对应的磁场能量大,截流后转变成的电场能量也大,切除空载变压器过电压就高。

20. 切除空载变压器过电压的限制措施主要是采用避雷器,由于切空变过电压虽幅值较高但其持续时间短,能量小,故可采用阀式避雷器(当然也可用氧化锌避雷器)加以限制,此种过电压也是阀式避雷器所能限制的唯一操作过电压。对于切合空载线路过电压,避雷器不是主要限制措施(主要措施是断路器并电阻),因为这种操作非常频繁,若采用避雷器限制过电压,会使避雷器动作过于频繁。另外,即使作为辅助限制措施,也应选用通流能力较大的氧化锌避雷器。对于电弧接地过电压一般不采用避雷器限制而主要采用接消弧线圈的措施。当然,为保护中性点绝缘和消弧线圈,中性点对地可接避雷器。

21. 线路绝缘子串中绝缘子的片数首先按工作电压下满足所要求的泄漏距离(按泄漏比距计算)来确定,然后再按内、外过电压下的要求进行校验(若不满足需增加片数)。

22. 电气设备绝缘的 BIL 称为电气设备的基本冲击绝缘水平,它表征电气设备绝缘耐受雷电过电压的能力。电气设备绝缘的 SIL 称为电气设备的操作冲击绝缘水平,它表征电气设备绝缘耐受操作冲击过电压的能力。

参 考 文 献

[1] 邱毓昌，施围，张文元．高电压工程．西安：西安交通大学出版社，1995．
[2] 周泽存，沈其工，方瑜，等．高电压技术．3版．北京：中国电力出版社，2007．
[3] 杨保初，刘晓波，戴玉松．高电压技术．重庆：重庆大学出版社，2012．
[4] 严璋，朱德恒．高电压绝缘技术．北京：中国电力出版社，2002．
[5] 张仁豫，陈昌渔，王昌长．高电压试验技术．2版．北京：清华大学出版社，2003．
[6] 解广润．电力系统过电压．北京：中国水利电力出版社，1985．
[7] 梁曦东，陈昌渔，周远翔．高电压工程．北京：清华大学出版社，2003．
[8] 颜怀梁，顾乐观，周泽存．高电压技术．北京：电力工业出版社，1980．
[9] 关根志．高电压工程基础．北京：中国电力出版社，2003．
[10] 李景禄．高电压技术．北京：中国水利水电出版社，2008．
[11] 何金良，曾嵘．电力系统接地技术．北京：中国电力出版社，2007．
[12] 赵智大．高电压技术．北京：中国电力出版社，1999．
[13] 王伟，屠幼萍．高电压技术．北京：机械工业出版社，2011．
[14] 张一尘．高电压技术．北京：中国电力出版社，2007．
[15] 李景禄，胡毅，刘春生．实用电力接地技术．北京：中国电力出版社，2002．
[16] 张纬钹，何金良，高玉明．电力系统过电压与绝缘配合．北京：清华大学出版社，2002．
[17] DL/T 596—1996．电力设备预防性试验规程．北京：中国电力出版社，1997．
[18] GB 311.1—2012．高压输变电设备的绝缘配合．北京：国家技术监督局，1997．
[19] GB/T 50064—2014．交流电气装置的过电压保护和绝缘配合设计规范．北京：中国计划出版社，2014．

北京大学出版社本科电气信息系列实用规划教材

序号	书名	书号	编著者	定价	出版年份	教辅及获奖情况
	物联网、大数据					
1	大数据导论	7-301-30665-9	王道平	39	2019	电子课件/答案
2	大数据处理	7-301-31479-1	王道平	36	2020	电子课件/答案
3	物联网概论	7-301-23473-0	王 平	38	2015重印	电子课件/答案，有"多媒体移动交互式教材"
4	现代通信网络(第3版)	7-301-31855-0	胡珺珺、赵瑞玉	49	2020	电子课件/答案
5	无线通信原理	7-301-23705-2	许晓丽	42	2016重印	电子课件/答案
6	家居物联网技术开发与实践	7-301-22385-7	付 蔚	39	2014重印	电子课件/答案
7	传感器技术及应用电路项目化教程	7-301-22110-5	钱裕禄	30	2013，2018第5次重印	电子课件/视频素材，宁波市教学成果奖
8	电磁场与电磁波(第2版)	7-301-20508-2	邬春明	32	2016重印	电子课件/答案
9	现代交换技术(第2版)	7-301-18889-7	姚 军	36	2013，2018第4次重印	电子课件/习题答案
10	传感器基础(第2版)	7-301-19174-3	赵玉刚	32	2016重印	视频
11	通信技术实用教程	7-301-25386-1	谢 慧	36	2015	电子课件/习题答案
12	物联网工程应用与实践	7-301-19853-7	于继明	39	2015	电子课件
13	传感与检测技术及应用	7-301-27543-6	沈亚强 蒋敏兰	43	2016	电子课件/数字资源
14	物联网的商业应用	7-301-31644-3	司文 邴璐	32	2020	电子课件
	单片机与嵌入式					
1	嵌入式系统基础实践教程	7-301-22447-2	韩 磊	35	2015重印	电子课件
2	单片机原理与接口技术	7-301-19175-0	李 升	46	2017第3次重印	电子课件/习题答案
3	单片机系统设计与实例开发(MSP430)	7-301-21672-9	顾 涛	44	2013	电子课件/答案
4	单片机原理与应用技术(第2版)	7-301-27392-0	魏立峰 王宝兴	42	2016	电子课件/数字资源
5	单片机原理及应用教程(第2版)	7-301-22437-3	范立南	43	2016重印	电子课件/习题答案，辽宁"十二五"教材
6	单片机原理与应用及C51程序设计	7-301-13676-8	唐 颖	30	2017第7次重印	电子课件
7	单片机原理与应用及其实验指导书	7-301-21058-1	邵发森	44	2012	电子课件/答案/素材
8	MCS-51单片机原理及应用	7-301-22882-1	黄翠翠	34	2013	电子课件/程序代码
	物理、能源、微电子					
1	物理光学理论与应用(第3版)	7-301-29712-4	宋贵才	56	2019	电子课件/习题答案，"十二五"普通高等教育本科国家级规划教材
2	现代光学	7-301-23639-0	宋贵才	36	2014	电子课件/答案
3	平板显示技术基础	7-301-22111-2	王丽娟	52	2014重印	电子课件/答案
4	集成电路版图设计(第2版)	7-301-29691-2	陆学斌	42	2019	电子课件/习题答案
5	新能源与分布式发电技术(第2版)	7-301-27495-8	朱永强	45	2016，2019第4次重印	电子课件/习题答案，北京市精品教材，北京市"十二五"教材
6	太阳能电池原理与应用	7-301-18672-5	靳瑞敏	25	2011，2017第4次重印	电子课件
7	新能源照明技术	7-301-23123-4	李姿景	33	2013	电子课件/答案
8	集成电路EDA设计——仿真与版图实例	7-301-28721-7	陆学斌	36	2017	数字资源

序号	书名	书号	编著者	定价	出版年份	教辅及获奖情况
		基 础 课				
1	电路分析	7-301-12179-5	王艳红 蒋学华	38	2017第5次重印	电子课件, 山东省第二届优秀教材奖
2	运筹学(第2版)	7-301-18860-6	吴亚丽 张俊敏	28	2016第5次重印	电子课件/习题答案
3	电路与模拟电子技术（第2版）	7-301-29654-7	张绪光	53	2018	电子课件/习题答案
4	微机原理及接口技术	7-301-16931-5	肖洪兵	32	2010	电子课件/习题答案
5	数字电子技术	7-301-16932-2	刘金华	30	2010	电子课件/习题答案
6	微机原理及接口技术实验指导书	7-301-17614-6	李干林 李 升	22	2018第4次重印	课件(实验报告)
7	模拟电子技术	7-301-17700-6	张绪光 刘在娥	36	2016第3次重印	电子课件/习题答案
8	电工技术（第2版）	7-301-31278-0	张玮 张莉 张绪光	43	2020	课件/答案, 山东省"十二五"教材修订版
9	电路分析基础	7-301-20505-1	吴舒辞	38	2012	电子课件/习题答案
10	数字电子技术	7-301-21304-9	秦长海 张天鹏	49	2017第3次重印	电子课件/答案, 河南省"十二五"教材
11	模拟电子与数字逻辑	7-301-21450-3	邬春明	48	2019第3次重印	电子课件
12	电路与模拟电子技术实验指导书	7-301-20351-4	唐 颖	26	2012	部分课件
13	电子电路基础实验与课程设计	7-301-22474-8	武 林	36	2013	部分课件
14	电文化——电气信息学科概论	7-301-22484-7	高 心	30	2013	
15	实用数字电子技术	7-301-22598-1	钱裕禄	30	2019第3次重印	电子课件/答案/其他素材
16	模拟电子技术学习指导及习题精选	7-301-23124-1	姚娅川	30	2013	电子课件
17	电工电子基础实验及综合设计指导	7-301-23221-7	盛桂珍	32	2016重印	
18	电子技术实验教程	7-301-23736-6	司朝良	33	2016第3次重印	
19	电工技术	7-301-24181-3	赵莹	46	2019第3次重印	电子课件/习题答案
20	电子技术实验教程	7-301-24449-4	马秋明	26	2019第4次重印	
21	微控制器原理及应用	7-301-24812-6	丁筱玲	42	2014	
22	模拟电子技术基础学习指导与习题分析	7-301-25507-0	李大军 唐 颖	32	2015	电子课件/习题答案
23	电工学实验教程(第2版)	7-301-25343-4	王士军 张绪光	27	2015	
24	微机原理及接口技术	7-301-26063-0	李干林	42	2015	电子课件/习题答案
25	简明电路分析	7-301-26062-3	姜 涛	48	2015	电子课件/习题答案
26	微机原理及接口技术(第2版)	7-301-26512-3	越志诚 段中兴	49	2016, 2017重印	二维码数字资源
27	电子技术综合应用	7-301-27900-7	沈亚强 林祝亮	37	2017	二维码数字资源
28	电子技术专业教学法	7-301-28329-5	沈亚强 朱伟玲	36	2017	二维码数字资源
29	电子科学与技术专业课程开发与教学项目设计	7-301-28544-2	沈亚强 万 旭	38	2017	二维码数字资源
		电子、通信				
1	DSP技术及应用	7-301-10759-1	吴冬梅 张玉杰	26	2018第10次重印	电子课件, 中国大学出版社图书奖首届优秀教材奖一等奖
2	电子工艺实习（第2版）	7-301-30080-0	周春阳	35	2019	电子课件
3	电子工艺学教程	7-301-10744-7	张立毅 王华奎	45	2019第10次重印	电子课件, 中国大学出版社图书奖首届优秀教材奖一等奖

序号	书名	书号	编著者	定价	出版年份	教辅及获奖情况
4	信号与系统	7-301-10761-4	华容 隋晓红	33	2016第6次重印	电子课件
5	信息与通信工程专业英语(第2版)	7-301-19318-1	韩定定 李明明	32	2018第4次重印	电子课件/参考译文，中国电子教育学会2012年全国电子信息类优秀教材
6	高频电子线路(第2版)	7-301-16520-1	宋树祥 周冬梅	35	2013重印	电子课件/习题答案
7	MATLAB 基础及其应用教程	7-301-11442-1	周开利 邓春晖	39	2019第16次重印	电子课件
8	通信原理	7-301-12178-8	隋晓红 钟晓玲	32	2018第3次重印	电子课件
9	数字信号处理	7-301-16076-3	王震宇 张培珍	32	2019第4次重印	电子课件/答案/素材
10	光纤通信（第2版）	7-301-29106-1	冯进玫	39	2018	电子课件/习题答案
11	数字信号处理	7-301-17986-4	王玉德	32	2010	电子课件/答案/素材
12	电子线路CAD	7-301-18285-7	周荣富 曾技	41	2011	电子课件
13	MATLAB 基础及应用	7-301-16739-7	李国朝	39	2011	电子课件/答案/素材
14	现代电子系统设计教程（第2版）	7-301-29405-5	宋晓梅	45	2018	电子课件/习题答案
15	信号与系统（第2版）	7-301-29590-8	李云红	42	2018	电子课件
16	MATLAB 基础与应用教程	7-301-21247-9	王月明	32	2013	电子课件/答案
17	微波技术基础及其应用	7-301-21849-5	李泽民	49	2013	电子课件/习题答案/补充材料等
18	网络系统分析与设计	7-301-20644-7	严承华	39	2012	电子课件
19	DSP 技术及应用	7-301-22109-9	董胜	39	2013	电子课件/答案
20	通信原理实验与课程设计	7-301-22528-8	邬春明	34	2015	电子课件
21	信号与系统	7-301-22582-0	许丽佳	38	2015重印	电子课件/答案
22	信号与线性系统	7-301-22776-3	朱明旱	33	2013	电子课件/答案
23	信号分析与处理	7-301-22919-4	李会容	39	2013	电子课件/答案
24	MATLAB 基础及实验教程	7-301-23022-0	杨成慧	36	2016重印	电子课件/答案
25	DSP 技术与应用基础(第2版)	7-301-24777-8	俞一彪	45	2015	实验素材/答案
26	EDA 技术及数字系统的应用	7-301-23877-6	包明	55	2015	
27	算法设计、分析与应用教程	7-301-24352-7	李文书	49	2014	
28	Android 开发工程师案例教程	7-301-24469-2	倪红军	48	2014	
29	ERP 原理及应用（第2版）	7-301-29186-3	朱宝慧	49	2018	电子课件/答案
30	综合电子系统设计与实践	7-301-25509-4	武林 陈希	32	2015	
31	高频电子技术	7-301-25508-7	赵玉刚	29	2015	电子课件
32	信息与通信专业英语	7-301-25506-3	刘小佳	29	2015	电子课件
33	信号与系统	7-301-25984-9	张建奇	45	2015	电子课件
34	数字图像处理及应用	7-301-26112-5	张培珍	36	2015	电子课件/习题答案
35	Photoshop CC 案例教程(第3版)	7-301-27421-7	李建芳	49	2016	电子课件/素材
36	激光技术与光纤通信实验	7-301-26609-0	周建华 兰岚	28	2015	数字资源
37	Java 高级开发技术大学教程	7-301-27353-1	陈沛强	48	2016	电子课件/数字资源
38	VHDL 数字系统设计与应用	7-301-27267-1	黄卉 李冰	42	2016	数字资源
39	光电技术应用	7-301-28597-8	沈亚强 沈建国	30	2017	数字资源
	自动化、电气					
1	自动控制原理	7-301-22386-4	佟威	30	2013	电子课件/答案
2	自动控制原理	7-301-22936-1	邢春芳	39	2016重印	
3	自动控制原理	7-301-22448-9	谭功全	44	2013	

序号	书名	书号	编著者	定价	出版年份	教辅及获奖情况
4	自动控制原理	7-301-22112-9	许丽佳	30	2017第4次重印	
5	自动控制原理(第2版)	7-301-28728-6	丁 红	45	2017	电子课件/数字资源
6	现代控制理论基础（第2版）	7-301-31279-7	侯媛彬等	49	2020	课件/素材，国家级"十一五"规划教材修订版
7	计算机控制系统(第2版)	7-301-23271-2	徐文尚	48	2017第3次重印	电子课件/答案
8	电力系统继电保护(第2版)	7-301-21366-7	马永翔	46	2019第4次重印	电子课件/习题答案
9	电气控制技术(第2版)	7-301-24933-8	韩顺杰 吕树清	28	2014，2016重印	电子课件
10	自动化专业英语(第2版)	7-301-25091-4	李国厚 王春阳	46	2014，2017重印	电子课件/参考译文
11	电力电子技术及应用	7-301-13577-8	张润和	38	2008	电子课件
12	高电压技术(第2版)	7-301-27206-0	马永翔	43	2016	电子课件/习题答案
13	控制电机与特种电机及其控制系统	7-301-18260-4	孙冠群 于少娟	42	2011	电子课件/习题答案
14	供配电技术	7-301-16367-2	王玉华	49	2012	电子课件/习题答案
15	PLC技术与应用(西门子版)	7-301-22529-5	丁金婷	32	2013	电子课件
16	电机、拖动与控制	7-301-22872-2	万芳瑛	34	2013	电子课件/答案
17	电气信息工程专业英语	7-301-22920-0	余兴波	26	2013	电子课件/译文
18	集散控制系统(第2版)	7-301-23081-7	刘翠玲	36	2013，2019第4次重印	电子课件，2014年中国电子教育学会"全国电子信息类优秀教材"一等奖
19	工控组态软件及应用	7-301-23754-0	何坚强	56	2014，2019第3次重印	电子课件/答案
20	发电厂变电所电气部分(第2版)	7-301-23674-1	马永翔	54	2014，2019第3次重印	电子课件/答案
21	自动控制原理实验教程	7-301-25471-4	丁 红 贾玉瑛	29	2015	
22	自动控制原理(第2版)	7-301-25510-0	袁德成	35	2015	电子课件/辽宁省"十二五"教材
23	电机与电力电子技术	7-301-25736-4	孙冠群	45	2015	电子课件/答案
24	虚拟仪器技术及其应用	7-301-27133-9	廖远江	45	2016	
25	智能仪表技术	7-301-28790-3	杨成慧	45	2017	二维码资源

如您需要更多教学资源如电子课件、电子样章、习题答案等，或者需要浏览更多专业教材，请扫下面的二维码，关注北京大学出版社第六事业部官方微信（微信号：pup6book），随时查询专业教材、浏览教材目录、内容简介等信息，并可在线申请纸质样书用于教学。

感谢您使用我们的教材，欢迎您随时与我们联系，我们将及时做好全方位的服务。联系方式：010-62750667，szheng_pup6@163.com，pup_6@163.com，欢迎来电来信。客户服务QQ号：1292552107，欢迎随时咨询。

北京大学出版社本科计算机系列实用规划教材

序号	标准书号	书名	主编	定价	序号	标准书号	书名	主编	定价
1	7-301-30665-9	大数据导论	王道平	39	21	7-301-28263-2	C#面向对象程序设计及实践教程(第2版)	唐燕	54
2	7-301-24352-7	算法设计、分析与应用教程	李文书	49	22	7-301-30420-4	Java 程序设计教程(第2版)	杜晓昕	58
3	7-301-25340-3	多媒体技术基础	贾银洁	32	23	7-301-19386-0	计算机图形技术(第2版)	许承东	44
4	7-301-31479-1	大数据处理	王道平	36	24	7-301-20630-0	C#程序开发案例教程	李挥剑	39
5	7-301-21752-8	多媒体技术及其应用(第2版)	张明	39	25	7-301-19313-6	Java 程序设计案例教程与实训	董迎红	45
6	7-301-23122-7	算法分析与设计教程	秦明	29	26	7-301-19389-1	Visual FoxPro 实用教程与上机指导（第2版）	马秀峰	40
7	7-301-23566-9	ASP.NET 程序设计实用教程(C#版)	张荣梅	44	27	7-301-21088-8	计算机专业英语(第2版)	张勇	42
8	7-301-23734-2	JSP 设计与开发案例教程	杨田宏	32	28	7-301-31841-6	程序设计方法及算法导引	王桂平	59
9	7-301-28246-5	PHP 动态网页设计与制作案例教程(第2版)	房爱莲	58	29	7-301-14259-2	多媒体技术应用案例教程	李建	30
10	7-301-27421-7	Photoshop CC 案例教程(第3版)	李建芳	49	30	7-301-30627-7	Android 开发工程师案例教程(第2版)	倪红军	69
11	7-301-20523-5	Visual C++程序设计教程与上机指导(第2版)	牛江川	40	31	7-301-16910-0	计算机网络技术基础与应用	马秀峰	33
12	7-301-21295-0	计算机专业英语	吴丽君	34	32	7-301-25714-2	C 语言程序设计实验教程	朴英花	29
13	7-301-21341-4	计算机组成与结构教程	姚玉霞	42	33	7-301-25712-8	C 语言程序设计教程	杨忠宝	39
14	7-301-21367-4	计算机组成与结构实验实训教程	姚玉霞	22	34	7-301-16850-9	Java 程序设计案例教程	胡巧多	32
15	7-301-25469-1	Photoshop 中国画技法实训教程	邹晨 陈军灵	39	35	7-301-28262-5	数据库原理与应用(SQL Server 版)(第2版)	毛一梅 郭红	52
16	7-301-22965-1	数据结构(C 语言版)	陈超祥	32	36	7-301-21052-9	ASP.NET 程序设计与开发	张绍兵	39
17	7-301-18514-8	多媒体开发与编程	于永彦	35	37	7-301-15463-2	网页设计与制作案例教程	房爱莲	36
18	7-301-20328-6	ASP.NET 动态网页案例教程(C#.NET 版)	江红	45	38	7-301-04852-8	线性代数	姚喜妍	22
19	7-301-17578-1	图论算法理论、实现及应用	王桂平	54	39	7-301-15461-8	计算机网络技术	陈代武	33
20	7-301-27833-8	数据结构与算法应用实践教程(第2版)	李文书	42	40	7-301-20898-4	SQL Server 2008 数据库应用案例教程	钱哨	38

感谢您使用我们的教材，如您需要更多教学资源如电子课件、素材代码、习题答案等，欢迎您随时与我们联系，我们将及时做好全方位的服务。联系方式：010-62750667， szheng_pup6@163.com 欢迎来电来信。客户服务 QQ 号：1292552107，欢迎随时咨询。